线损与降损措施

XIANSUN YU JIANGSUN CUOSHI

党三磊 李 健 肖 勇 林声宏 编著

中国电力出版社
CHINA ELECTRIC POWER PRESS

内 容 提 要

电能损耗（俗称线损）是发供电企业综合管理水平的重要体现，因此现代化电力线损管理需要精益化、信息化的管理模式，应采用规范的、合理的管理方法，切实有效的降损措施。因此，根据多年线损管理经验，结合标准规程和管理规范，组织编写了《线损与降损措施》一书。

本书共分为六章，主要内容包括线损基础知识、线损理论计算、线损管理与统计分析、技术降损措施、降损管理措施、线损管理信息化等。

本书可作为全国各网省电力公司、地市县供电企业以及发电企业等的线损管理人员、线损专业人员的培训用书，也可供从事电能计量、装表接电、营销稽查、用电检查等相关技术人员使用。

图书在版编目（CIP）数据

线损与降损措施/党三磊等编著. —北京：中国电力出版社，2013.12（2020.5重印）
ISBN 978 - 7 - 5123 - 5295 - 7

Ⅰ. ①线… Ⅱ. ①党… Ⅲ. ①线损计算②降损措施 Ⅳ. ①TM744②TM714.3

中国版本图书馆 CIP 数据核字（2013）第 288592 号

中国电力出版社出版、发行

（北京市东城区北京站西街 19 号　100005　http://www.cepp.sgcc.com.cn）
三河市百盛印装有限公司印刷
各地新华书店经售

*

2013 年 12 月第一版　　2020 年 5 月北京第四次印刷
787 毫米×1092 毫米　16 开本　20 印张　538 千字
印数 5001—6000 册　　定价 **60.00** 元

前　言

　　节能是缓解能源供应矛盾的重要措施，是提高经济增长质量和效益的重要途径，是国家的基本国策。电力行业是节能工作重要的领域之一，电力生产单位和电力使用单位的节能潜力都很大，在电力输送过程中通过采取有效的技术和管理等措施，降低电力线损，打造节约型的现代化绿色电力，是电力企业的根本目的。

　　电力企业对节能政策的贯彻落实主要在于提高电力线损管理水平。电力线损是一个综合性指标，涉及电力规划、设计、基建、更新改造、运行维护、检修、计量、管理等众多方面，既反映了电力企业的技术管理水平，又体现了电力企业的经营管理水平。电力系统中各种电气设备产生的电能损耗的机理错综复杂，且影响电能损耗的因素众多，只有掌握电力线损相关方面的理论知识和基本概念，才能制订行之有效的管理措施和技术措施，降低电力电能损耗，提高电力企业经济效益，促进降损节能工作的深入开展。

　　线损已经成为电力企业经营管理的重要指标。电力企业必须将线损管理作为企业经营工作的重中之重，抓住线损管理不松，深挖内部潜力，向管理要效益，向线损要效益，这是电力企业必须长期坚持的战略定位，这也是提高企业经济效益的根本途径。近年来广东电网公司按照重点降低管理线损、努力降低技术线损的工作思路，大力推进降损工作和线损精益化、信息化工作，在电力线损管理与节能降损方面取得一定成果。

　　本书依据电力标准规程、管理规范和各项线损专题研究成果，并结合编者在广东电网公司多年来从事电力线损管理积累的丰富工作经验编写而成。书中重点从线损四分管理、线损理论计算、技术降损、管理降损、线损管理信息化等方面，系统全面介绍了线损管理内容方法和工作流程，是一本实用性很强的指导书，可广泛应用于电力企业和基层单位的各个部门。

　　由于编者水平所限，难免有不足之处，恳请读者多提宝贵意见和建议。

编著者

2013 年 10 月

目　录

前言

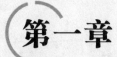

第一章

线 损 基 础 知 识

2010 年末，英国《经济学人》杂志推出了一项用于评估中国 GDP 增长量的新指标——克强指数（Li keqiang index），是三种经济指标：耗电量、铁路运货量和银行贷款发放量的结合。由此可见，用电量作为经济发展速度的重要衡量标准已得到世界的公认。电力行业作为国民经济发展的基础早已深入人心。随着社会经济的快速增长，电力改革的持续推进，我国电力行业呈现了又好又快的发展态势，具体体现在以下几个方面：

（1）电力建设实现了跨越式发展。截至 2011 年年底，全国发电装机总容量达 10.6 亿 kW，同比 2010 年增长 9.3%；年发电量达 4.72 万亿 kWh，同比 2010 年增长 11.9%；220kV 及以上输电线路回路长度达 48 万 km，同比 2010 年增长 7.9%；变电容量达 22 亿 kVA，同比 2010年增长 10.5%。我国发电量和电网规模已居世界第一位。图 1-1 为我国 2003～2011 年电力投资情况。

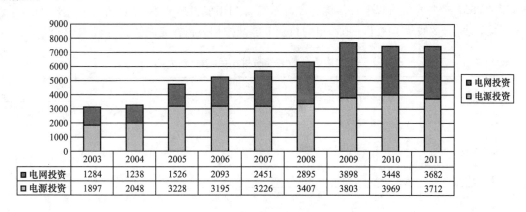

图 1-1　2003～2011 年我国电力投资情况（亿人民币）

（2）转变发展方式进展明显。电力能源结构逐步优化，30 万 kW 以上火电机组占火电装机容量比重超过 70%，百万千瓦级超超临界机组建成投产已超过 50 台。新能源和可再生能源快速发展，2011 年，水电装机 2.3 亿 kW，年发电量 6900 亿 kWh，风电并网运行规模超过 4500 万 kW，均居世界第一。核电已投运装机 1191 万 kW，在建规模占世界 40% 以上。图 1-2 所示为 2011 年末我国的发电装机结构图，图 1-3 所示为 2011 年全国发电量结构图。

（3）技术装备水平显著提高。火电机组从中高压参数发展到超超临界参数，单机容量由十万千瓦等级发展到百万千瓦等级，并且在大型空冷机组、循环流化床机组应用等方面取得国际领先地位。我国百万机组的投运情况如表 1-1 所示。

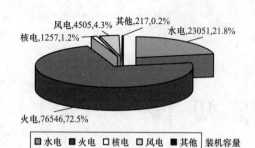

图1-2 2011年末全国发电装机结构（万kW）

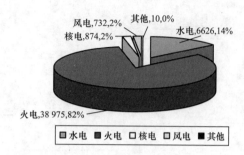

图1-3 2011年全国发电量结构（kWh）

表1-1 100万kW超超临界机组投产统计

投产时间	投产机组（台）	累计投产机组（台）	投产时间	投产机组（台）	累计投产机组（台）
2006年	3	3	2010年	13	33
2007年	4	7	2011年	13	46
2008年	4	11	2012年	6	52（截止8月16日）
2009年	9	20			

（4）电力节能降耗成效明显。2011年，火电供电标准煤耗为330g/kWh，比2005年下降11%，达到世界先进水平；烟气脱硫机组占燃煤总装机容量的89%，单位火电发电量二氧化硫排放比2005年减少了60%以上；煤泥、煤矸石综合利用发电装机达2600万kW，比2005年增长约3倍。表1-2展示了"十一五"电力行业节能减排相关指标完成情况。

表1-2 "十一五"电力行业节能减排相关指标完成情况

指标	2005年基准值	2010年			
		目标值	实际值	目标完成情况	目标来源
供电标准煤耗（g/kWh）	370	355	333	2008年实现	能源发展"十一五"规划
综合线损率（%）	7.21	7.00	6.53	2007年实现	
发电水耗（kg/kWh）	3.10	2.80	2.45	2008年实现	
电力二氧化硫排放总量（万t）	1350	951.7	956*	2009年实现	全国主要污染物排放总量控制计划
脱硫机组投运容量（亿kW）	0.53	"十一五"期间投运3.55	截至2010年底脱硫机组5.78亿kW	实现	节能减排综合性工作方案
工业固体废物综合利用率（%）	55.8	60.0	粉煤灰综合利用率68.0%，脱硫石膏综合利用率69.0%	实现	"十一五"规划纲要

* 956万t为环境保护部核定值，行业统计值为926万t。

　　总之，我国电力事业的发展极其迅猛，成绩斐然，影响深远。图 1-4 为 2011 年末我国电力系统的互联示意图。

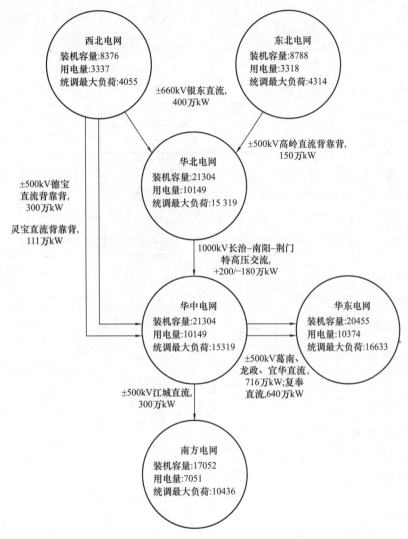

图 1-4　2011 年末全国联网示意图（装机容量，MVA；用电量，
亿 kWh；统调最大负荷，MW）

　　尽管我国电力行业取得了突飞猛进的成绩，但由于我国资源分布不均，经济发展不平衡，电力供需仍然存在一定的矛盾。而节能是缓解能源供应矛盾的重要措施，是提高经济增长质量和效益的重要途径，是国家的基本国策。电力行业是节能工作重要的领域之一，电力生产单位、电力输配单位和电力使用单位都具有巨大的节能潜力。厂网分离以来，发电侧的节能降损任务主要由发电企业承担，而输配侧的节能降损工作则由电网公司负责。

　　1. 发电侧

　　发电公司作为电力的生产单位，如何降低电力生产成本，提高一次能源的利用效率是其一直需要高度重视的问题。表 1-3 列出了被电力监管委员会督查的部分发电集团公司"十一五"节能减排规划目标完成情况，主要关注节能。

表1-3　　　　被电力监管委员会督查集团公司"十一五"节能减排规划目标完成情况

关停小火电机组（万 kWh）			供电标准煤耗（g/kWh）		
集团公司	"十一五"关停目标	"十一五"实际关停	集团公司	2010 年目标值	2010 年实际值
中国华能集团公司	251.20	519.60	中国华能集团公司	329	323
中国大唐集团公司	401.15	750.80	中国大唐集团公司	335	325
中国华电集团公司	468.30	625.10	中国华电集团公司	340	328
中国国电集团公司	505.00	641.10	中国国电集团公司	333	326
中国电力投资集团公司	398.81	796.30	中国电力投资集团公司	340	332
神华集团有限责任公司	—	99.00	神华集团有限责任公司	321	319

2010 年，全国发电厂用电率 5.43%，比 2005 年下降 0.44 个百分点。其中，水电 0.33%，比 2005 年下降 0.11 百分点；火电 6.33%，比 2005 年下降 0.47 个百分点。表 1-4 列出了 2010 年 21 家发电集团公司平均火电厂用电率及与全国水平比较情况。

表1-4　　　2010 年 21 家发电集团公司平均火电厂用电率及与全国水平比较情况一览表

序号	公司名称	2010 年火电厂用电率（%）	与全国平均水平比较（%）	序号	公司名称	2010 年火电厂用电率（%）	与全国平均水平比较（%）
1	申能（集团）有限公司	4.3	−2	12	中国国电集团公司	6.0	−0.3
2	新力能源开发有限公司	4.5	−1.8	13	广东省粤电集团有限公司	6.1	−0.2
3	江西省投资集团公司	4.7	−1.6	14	四川省水电投资经营集团有限公司	6.4	−0.6
4	江苏省国信集团	5.1	−1.2	15	中国华电集团公司	6.5	0.2
5	安徽省能源集团有限公司	5.3	−1	16	河南投资集团有限公司	6.6	0.3
6	广州发展集团有限公司	5.4	−0.9	17	神华集团有限责任公司	6.7	0.4
7	国投电力公司	5.6	−0.7	18	河北省建设投资公司	6.8	0.5
8	浙江省能源集团有限公司	5.6	−0.7	19	天津市津能投资公司	7.2	0.1
9	中国华能集团公司	5.7	−0.6	20	中国电力投资集团公司	7.2	0.9
10	中国大唐集团公司	5.8	−0.5	21	甘肃省电力投资集团公司	7.5	1.2
11	华润电力控股有限公司	5.9	−0.4				

2. 电网侧

电网公司作为电力的输配单位，在电力的传输和配送过程中，通过采取有效的技术和管理措施，降低电能损耗，打造资源节约型和环境友好型的现代化绿色电网，是其根本目的和生存之道。表 1-5 列出了 2011 年全国主要电网公司生成能力及其线损情况。

表1-5　　　　　　　　2011 年全国主要电网公司生成能力及其线损情况

企业名称＼指标	全国	国家电网	南方电网	蒙西电网
220kV 及以上公用变压器容量（万 kVA）	238280	174678	58693	4909
220kV 及以上线路长度（km）	465144	361354	90006	13784

企业名称 指 标	全国	国家电网	南方电网	蒙西电网
供电量（亿 kWh）	41499	33003	7062	1434
线损量（亿 kWh）	2611	2155	402	54
线损率（%）	6.29	6.53	5.69	3.77

在电力生产过程中，发电厂发出来的电能经过电力网供给电力用户使用，而在输送电能时，发电、输电、变电、配电和用电设备内部均将产生电能损耗。根据电力监管部门的管理分工和电能损耗的性质，电力系统总的电能损耗由发电损耗、电力网损耗和用电损耗三部分组成。发电损耗主要是发电厂内与发电生产有关的电气设备的用电和损耗的总和；电力网损耗是全部输电、变电、配电设备损耗的总和，一般称为线损；用电损耗则是指电力用户电气设备损耗的总和。

2010 年，全国电网综合线损率 6.53%，比"十一五"确定的 7% 的目标值低 0.47 个百分点。目前我国电网综合线损率低于 2007 年的英国（7.4%）、澳大利亚（7.5%）、俄罗斯（11.95%），接近 2007 年美国（6.38%）水平，居同等供电负荷密度条件国家的先进水平。"十一五"期间，线损累计下降 0.68 个百分点，累计节约电量 321 亿 kWh。其中，国家电网公司和南方电网公司均提前超额完成国家规定的目标值，2010 年，国家电网公司综合线损率 5.98%，"十一五"期间共下降 0.61 个百分点，低于"十一五"考核目标值 0.32 个百分点；南方电网公司综合线损率 6.28%，"十一五"期间共下降 1.1 个百分点，低于"十一五"考核目标值 0.02 个百分点。2010 年部分电网企业综合线损率水平见表 1-6。

表 1-6　　　　　　　　2010 年部分电网企业综合线损率情况一览表

序号	电力公司名称	2010 年综合线损率（%）	序号	电力公司名称	2010 年综合线损率（%）
1	江西省电力公司	4.89	5	吉林省电力公司	6.42
2	甘肃省电力公司	5.61	6	北京市电力公司	6.68
3	广西电网公司	5.65	7	福建省电力公司	6.73
4	云南电网公司	5.65			

近年来，部分发达国家电网企业的线损率均处于 6% 以下，日本更是低达 3.83%，我国电网的线损率与国外先进水平仍存在差距。2011 年全国全社会用电量达 46928 亿 kWh，全国电网输电线路损失率为 6.31%，如果将全国的线损率降低一个百分点，以 0.5 元/kWh 的电价折算，将减少 234.64 亿元的浪费，可见我国节能降损潜力巨大。从发电到用电过程中，电气设备总的电能损耗在系统发电量中所占比重很大，电力企业（发电企业和电网公司）本身所直接承担的电能损耗为发电损耗和电力网损耗，所以电力企业本身的节约用电和降损工作具有相当重大的意义。

尽管电力网中的这些电能损耗是客观存在的，但是可以通过相应的管理措施和技术措施，使之保持在一个合理的水平。然而，电力网中各种电气设备产生的电能损耗的机理错综复杂，而且影响电能损耗的因素众多，只有掌握电网线损相关方面的理论知识和基本概念，才能制定行之有效的管理措施和技术措施，降低电网电能损耗，提高电力企业经济效益，促进降损节能工作的深入开展。

第一节 基 本 概 念

电能需要通过电力网进行传输和分配，而电力网在输送电能时产生的电能损耗直接影响到电力的使用效率和供电企业的经济效益。电力网电能损耗有在输电、变电和配电设备中消耗的，也有在电网运营管理环节中发生的，情况比较复杂，本节将对电网线损基本概念进行详细介绍。

一、线损与线损率

1. 线损

电能从发电企业输送到电力客户终端的过程中，要流经输电、变电、配电中的各种设备，一方面由于这些设备存在着电阻，因此电能通过这些设备时就会产生电能损耗，并以热能的形式散失在周围的介质中；另外，还有管理方面的因素所造成的电能损耗等，这两部分电能损耗称为线损电量，简称线损。

按照国家电网公司电力工业生产统计规定，在实际运行中，实际线损电量是指从发电厂与电网结算上网电量的关口表计至电力用户结算关口表计之间所有的电能损耗，它反映了一个电力网的规划设计、生产技术和运营管理水平。实际线损电量不能直接计量，一般是按规定时间统计出来的，如月、季、年度线损电量，它可通过供电量与售电量相减计算得到，即

$$线损电量 = 供电量 - 售电量 \tag{1-1}$$

供电量是指供电企业生产活动的全部投入电量，即是指发电厂、供电地区或配电网向电力用户提供的电量，包括输电和配电运行中的电能损耗的电量。

$$供电量 = 发电厂上网电量 + 外购电量 + 电网输入电量 - 电网输出电量 \tag{1-2}$$

(1) 发电厂上网电量：指本地区统调发电厂送入电网的总电量，该电量的计量点规定在发电厂出线侧（一般情况为发电厂与电网的产权分界处），对于一次电网的上网电量是指发电厂送入一次电网的电量，对于地区电网的上网电量是指发电厂送入地区电网的电量。

(2) 外购电量：指各供电公司从本公司供电区域以外的电网购买的电量。

(3) 电网输入电量：指高于本供电区域管理的电压等级的电网输入的电量。

(4) 电网输出电量：指各供电公司从本公司供电区域向外部电网输出的电量。

售电量是指所有电力用户的抄见电量的总和。是供电企业售给电力用户（含趸售用户）的电量和电力企业供给本企业非电力生产、基建和非生产部门所使用电量的总和。

为了分级统计线损的需要，规定把输往下一级电网的电量视为售电量。因此，售电量是营业收费的依据，它包含当地电厂供给的电量和购入或送入后又转售给电力用户的电量，但不包括电力企业之间的输出电量，这部分电量应由输入单位计算售电量，以免重复计量。

按线损的性质一般可分为统计线损、技术线损、管理线损、经济线损和定额线损等。

(1) 统计线损也称实际线损，是根据电能表指示数计算出来的线损，是供电量和售电量两者之间的差值。它是上级考核线损指标完成情况的唯一依据。

(2) 技术线损又称理论线损，是根据供电设备的参数（导线的规格型号、长度，设备的额定容量等）和电力网当时的运行方式、潮流分布以及负荷情况，由理论计算得出的损耗电量。主要包括：

1) 与电流平方成正比的变压器绕组和输配电线路中的电能损耗。

2) 与运行电压有关的变压器铁芯、电容器和电缆的绝缘介质损耗。

3) 包括高压电晕损耗在内的其他不变损耗和可变损耗。

技术线损可通过理论计算来预测，技术线损的理论计算是加强线损管理的一项重要技术手

段，通过线损理论计算，可以发现电网线损的分布规律，暴露出电网管理和技术上存在的问题和薄弱环节，为电网降损改造提供理论和技术依据，使降损工作抓住关键和重点，提高降损和节能的效果，从而使线损管理更加科学合理。所以在电网的建设、改造及正常运行管理中都要经常进行线损理论计算。

（3）管理线损是指在电网运行及营销管理过程中，由于管理方面的原因造成的电量损耗，它等于统计线损（实际线损）与理论线损之间的差值，通常是指不明损失，也称其他损失。主要包括：

1）各种电能表的综合误差。

2）抄表不同时，漏抄、错抄、错算所造成的统计数值不准确。

3）无表用户和窃电等造成的电量损失。

4）带电设备绝缘不良引起的漏电损耗等。

由此可见，可以通过提高线损管理水平来降低管理线损。

（4）经济线损是对于设备状况固定的线路，理论线损并非为一固定值，而是随着供电负荷大小的变化而变化，实际上存在一个最低的线损率，这个最低的理论线损率称为经济线损，相应的电流称为经济电流。

（5）定额线损也称目标线损，是根据电力网实际线损，结合下一考核期内电网结构、负荷潮流情况以及降损措施安排情况，经过测算所确定的线损指标，是须经过努力才能争取和达到的目标。据 GB/T 3485—1998《评价企业合理用电技术导则》规定，降低企业受电端至用电设备之间的线损率应达到：

1）一次变压 3.5% 以下。

2）二次变压 5.5% 以下。

3）三次变压 7.0% 以下。

2. 线损率

线损率是指有功电能损失与输入端输送的电能总量之比，或有功功率损失与输入的有功功率之比的百分数。线损率的大小反映了电网的规划设计、生产技术和运营管理水平，是电网企业一项综合性技术经济指标，是衡量线损高低的标志。线损率的计算公式为

$$线损率 = （线损电量 / 供电量）\times 100\%$$
$$= [（供电量 - 售电量）/ 供电量] \times 100\% \tag{1-3}$$

一个网、省（市、区）电网公司管辖范围内地、市、县（市）供电公司及一次电网的统计线损电量的总和与其供电量之比的百分数，称为网、省（市、区）电网公司的综合线损率，即

$$综合线损率 = （管辖范围内线损电量总和 / 供电量）\times 100\%$$
$$= [（供电量 - 售电量）/ 供电量] \times 100\% \tag{1-4}$$

其中，供电量是指本单位电网的输入电量。

（1）对省级供电企业供电量为

供电量 = 发电厂上网电量 + 外购电量 + 电网输入电量 - 电网输出电量

（2）对地区供电企业供电量为

供电量 = 省对地关口表计电量 + 小电厂的外购电量

（3）对县级供电企业供电量为

供电量 = 地对县关口表计电量 + 小电厂的外购电量

由于供电量与售电量抄表时间不统一，综合线损率中存在错月电量，造成综合线损率波动性

较大，其线损值是统计值，而不是真实的实际线损。

二、线损率分类

根据电力网的生产特点、电网公司管辖范围和电压等级，整个电网线损划分为一次网损率和地区线损率，目前一次网损率可分为 500、330kV 和 220kV 网损率，而地区线损又可分为地区网损率和配电网线损。电力网线损分网、分压示意图如图 1-5 所示。

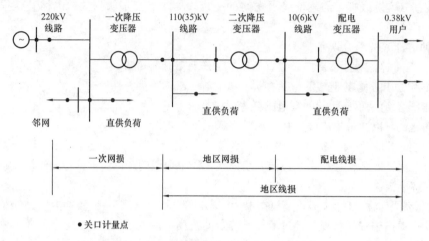

图 1-5　电力网线损分网、分压示意图

1. 一次网损率

由省、市电力公司调度管理的送、变电设备（包括调相机）产生的电能损耗，称为一次网损，又称一次供电损失。一次供电损失的电量占一次供电量的百分率，称为一次网损率，或称一次供电损失率。一次网损电量由一次供电量与一次售电量相减计算得到。即

$$一次网损电量 = 一次供电量 - 一次售电量 \tag{1-5}$$

$$
\begin{aligned}
一次网损率 &= （一次网损电量 / 一次供电量）\times 100\% \\
&= [（一次供电量 - 一次售电量）/ 一次供电量] \times 100\% \tag{1-6} \\
&= [1 - （一次售电量 / 一次供电量）] \times 100\%
\end{aligned}
$$

一次供电量是指送入 220kV 及以上电网的全部投入量，计算公式为

$$一次供电量 = 发电厂上网电量 + 邻网输入电量 - 向邻网输出电量$$

一次售电量是指一次电网向地区电网输出的电量和一次电网用户的电量之和。

2. 地区线损率

由地区供电局调度管理的送、变、配电设备（包括调相机）产生的电能损耗，称为地区线损电量，又称地区供电损失。地区线损电量是由地区供电量与售电量相减得到。计算公式为

$$地区线损电量 = 地区供电量 - 售电量 \tag{1-7}$$

地区线损电量占地区供电量的百分率，称为地区线损率。计算公式为

$$
\begin{aligned}
地区线损率 &= （地区线损电量 / 地区供电量）\times 100\% \\
&= [（地区供电量 - 售电量）/ 地区供电量] \times 100\% \tag{1-8} \\
&= [1 - （售电量 / 地区供电量）] \times 100\%
\end{aligned}
$$

地区供电量是指送入地区电网的全部投入量，计算公式为

$$地区供电量 = 一次电网的输入电量 + 邻网输入电量 - 向邻网输出电量 + 购入电量$$

$$\tag{1-9}$$

售电量是指地区电网用户的用电量。

地区线损按照运行电压等级分为 110、66（35kV）地区网损和 10（20、6）kV 及以下配电线损。

3. 分压线损率

分压线损是指本电压等级网络在输、变电过程中所产生的损耗总和，它主要由本电压等级的输电线路和一次电压为本电压等级的变压器以及相关各元件所形成的电能损耗。分压线损率是指本电压等级的线损电量与本电压等级的供电量比值的百分率。其计算公式为

分压线损率 =（本电压等级电压总供电量 − 本电压等级电压总售电量）/ 本级电压总供电量 × 100%

$$(1-10)$$

其中，本电压等级电压总供电量为输入本电压等级网络的全部电量。本电压等级电压总售电量是指本电压等级网络向下一级电压等级的全部输出电量、本电压等级直供用户的用电量以及向其他地区的输出电量之和。

4. 10kV 综合线损率

10kV 损失电量是指 10kV 网络在配电过程中所产生的损耗，也就是输入 10kV 配电网的总表与 10kV 供电客户售电量表计之间的损耗。它主要包括 10kV 配电线路损耗、配电变压器损耗、计量设备损耗以及管理损耗等。10kV 综合线损率是指 10kV 的损失电量与 10kV 配电网总供电量比值的百分率。其计算公式为

10kV 综合线损率 =［（10kV 配电网供电量 − 10kV 配电网售电量）/10kV 配电网供电量］× 100%
= （10kV 配电网损失电量 /10kV 配电网供电量）× 100%

$$(1-11)$$

其中，10kV 配电网供电量是指本单位各变电站 10kV 母线总表电量与发电厂 10kV 上网电量之和。

10kV 配电网售电量是指本单位 10kV 线路客户售电量之和。

5. 10kV 有损线损率

10kV 有损线损率是指 10kV 的损失电量与 10kV 配电网有损供电量比值的百分率。其计算公式为

10kV 有损线损率 =［（10kV 配电网供电量 − 10kV 配电网售电量）/（10kV 配电网供电量
− 10kV 配电网无损电量］× 100%
= （10kV 配电网损失电量 /10kV 配电网有损供电量）× 100%

$$(1-12)$$

其中，10kV 配电网有损供电量是由 10kV 配电网供电量减去 10kV 专线用户电量（无损电量）得到。

电力网分网、分压统计示意表如表 1-7 所示。

表 1-7　　　　　　　　　　电力网分网、分压统计示意表

项目 线损分类		供电量 （万 kWh）		售电量 （万 kWh）		线损电量 （万 kWh）		线损率（%）		说明
		本月	累计	本月	累计	本月	累计	本月	累计	
全网合计										
一次网损	500kV									
	220kV									

续表

项目 线损分类			供电量 （万 kWh）		售电量 （万 kWh）		线损电量 （万 kWh）		线损率（%）		说明
			本月	累计	本月	累计	本月	累计	本月	累计	
地区 线损	地区 网损	110kV									
		35kV									
	城市 电网	10kV									
		0.4kV									
	农村 电网	10kV									
		0.4kV									

注 各电压等级的供电量不能相加，只能用于计算本级电压的线损率。

三、无损电量

供电企业通过电网从发电厂或相邻电网购买电量的同时，又通过电网把电量卖给各类用户，在电力营销和线损统计管理中，有一类电量被称为无损电量。其中包括：

（1）全无损电量：营销管理中，在某些特殊情况下，会存在由于购电的计量点和售电的计量点是同一块计量表计或者是在同一母线上（且有购、售关系）的两块表计，如果忽略电流在母线上损耗，这类供电量和售电量对于供电企业来说，不承担电能在电网传输及电力营销中的任何损耗，可以将这部分电量称为全无损电量。

（2）本级电压无损电量：在实际线损管理中，通常将以变电站出线关口表计费的专线电量称为无损电量。需强调的是，这种无损电量的所谓"无损"是个相对的概念。例如，对 10kV 电压等级而言，10kV 首端计费的专线电量是无损电量；但对于 35kV 及以上电压等级而言，10kV 首端计费的专线电量则是经历了 35kV 及以上电网输送的，显然存在着损耗，因此在计算 35kV 及以上电网线损率时，10kV 首端计费的专线电量不能看作无损电量。

供电企业在进行线损统计计算时，从供、售电量中分离出无损电量的目的在于：一方面可以查找本级电压电网线损发生的环节，从而进行有针对性的分析，并制定降损措施；另一方面能得到客观反映管理水平的线损率，更便于不同电网和企业之间的比较和分析。

如在进行 10kV 电网的线损率统计时，可以有两种统计方法：一种是在供、售电量中包含 10kV 首端计费的专线电量，另一种是在供、售电量中不包含 10kV 首端计费的专线电量。显然按第一种方法计算出来的线损率（综合线损率）低于按第二种方法计算出来的线损率（公用线损率），但是后者更能反映该电网运行的经济性和管理水平，在线损分析和管理中更有意义。

第二节 线损的产生与构成

电能从发电厂输送到电力用户，是通过各级变压器经输电线路输送的。目前，我国一般是通过六级变压进行输送。由于六级变压都是电能和磁能的相互转换，尽管转换效率较高，但仍然存在一定的电能损耗，加上导线和带电设备本身存在电阻，电流通过这些设备必然要产生电能损失和功率损耗，这些电能损耗和功率损耗引起输电导线和带电设备的电流增加，造成导线和设备发热，消耗发电厂的有效功率。电力网的这些损耗通常分为负载损耗（可变损耗）和空载损耗（固定损耗）。负载损耗是指输、变、配电设备中的铜损，它与流过的电流的平方成正比。空载损耗是指变电设备中的铁损、电晕损耗、绝缘中的介质损耗以及仪表和保护装置中的损耗，这部分损耗一般与运行电压有关。

一、线损的产生

1. 电阻损耗

电能在电网传输过程中，由于输电线路等电气设备电阻的存在，电流必须克服电气设备电阻的作用而流动，因此引起电气设备的温度升高和发热，电能转换为热能，并以热能的形式散失于电气设备周围的介质中，随之产生了电能损耗（线损）。由于这种损耗是由电气设备对电流的阻碍作用而引起的，故称为电阻损耗。电阻损耗可用下式计算

$$\Delta P = I^2 R \qquad (1-13)$$

式中：ΔP 为电阻损耗，MW；I 为流过设备电阻的电流，kA；R 为设备的电阻值，Ω。

由式（1-13）可知，电阻损耗与流经电气设备的电流的平方成正比，随着电流的大小而变化，故称可变损耗。

2. 铁芯损耗

在交流电路中，电气设备只有在磁场的维持下才能正常运转，如变压器需要建立并维持交变磁场，才能起到升压和降压的作用。然而在电磁转换过程中，由于磁场的作用，在电气设备的铁芯中产生磁滞和涡流现象，使电气设备的铁芯温度升高和发热，从而产生了电能损耗。实验证明，磁滞损耗的大小取决于电源的频率和铁芯的材料磁滞回线的面积，电源频率越高，磁滞回线面积越大，磁滞损耗就越大，通常磁滞回线的面积与铁芯最大磁通密度的二次方成正比；涡流损耗是交变磁通在铁芯碟片中感应的涡流所引起的损耗，涡流损耗与最大磁通密度和频率的二次方成正比。如变压器铁芯、电抗器、互感器、调相机等设备均有铁芯损耗。一般有铁芯的电气设备与电源并联，流经的电流取决于系统电压的高低，其损耗大致与电压的平方成比例，即

$$\Delta P = P_0 (U/U')^2 \qquad (1-14)$$

式中：P_0 为变压器的额定空载损耗，kW；U 为变压器实际运行电压，kV；U' 为变压器分接头电压，kV。

由于电网中各电压等级电压波动较小，由式（1-14）可知，铁芯损耗相对稳定，故称不变损耗。只有少数带铁芯设备如串联电抗器和电流互感器与负荷串联，其铁芯损耗可视为与负荷电流平方成正比。

3. 电晕损耗

电晕是指集中在曲率较大电极附近的不完全自激放电现象。较高电压的设备裸露在大气中的导电部分在电压作用下产生电晕，并随之产生电晕损耗。架空线路导线的绝缘介质是空气，当导线表面的电场强度超过空气分子的游离强度（一般为 $20\sim30$kV/cm）时，导线表面附近的空气分子被游离为离子，这时发出"嗤、嗤"的放电声，在夜间可以看见导线周围发出紫蓝色的荧光，这就是导线表面产生的电晕现象。电晕损耗与相电压的平方成正比，并与导线的等效直径、表面粗糙度等几何物理特征和空气压力、密度、湿度等气象条件有关。电晕损耗的准确计算目前尚没有精确的计算公式，一般可按其年均损耗约为线路年均电阻损耗的 10% 进行估算，或采用经验公式进行计算，公式计算为

$$\Delta P = K_Y L (U/U_N)^2 \qquad (1-15)$$

式中：K_Y 为额定电压和标准气象条件下单位长度线路的电晕损耗；L 为线路长度；U 为线路实际运行电压；U_N 为系统额定电压。

一般情况下，只有对 220kV 及以上线路和 110kV 线路导线截面小于 185mm^2 的架空线路方需进行计算。

4. 介质损耗

各种电气设备的非气体绝缘材料在电场作用下，由于介质电导和介质极化的滞后效应，在其

内部引起的能量损耗，称为介质损耗，也称为介质损失，简称介损。同时，各种气体绝缘的表面均有泄漏电流流过，也产生电能损耗，一般将这种损耗归入介质损耗中，介质损耗可采用下式计算

$$\Delta P = \omega C U^2 \tan\delta \tag{1-16}$$

式中：ω 为系统角频率，$\omega = 2\pi f$；C 为设备对地电容，F；U 为实际运行电压，kV；$\tan\delta$ 为设备相对地介质损耗角正切值。

上述几种损耗中，载流回路的电阻损耗所占比例最大，为全部损耗的 70%～75%，其次是铁芯损耗，约占总损耗的 20%～25%，后两项损耗仅占总损耗的 1%～3%。特别是在电压较低如 110kV 及以下电力网中，电晕损耗和介质损耗几乎可以忽略不计。由这几个原因产生的损耗都是纯技术性的，故称为技术损耗。

二、线损的分类

由于电能损耗产生的原因不同，影响电能损耗的因素各异，故而对电能损耗进行分类，有利于掌握各类电能损耗的特点、性质和变化规律，从而采取相应的技术和管理措施，降低电能损耗，提升企业经济效益。

1. 按损耗的特点分类

按损耗的特点分为不变损耗和可变损耗两大类。

(1) 不变损耗（或固定损耗）。固定损耗也被称为空载损耗（铁损）或基本损耗，它与设备所接入电压及电网频率紧密相关，一般情况下不随负荷变化而发生改变。一般地，固定损耗随着设备接入电压及电网频率的高低而发生变化，而实际电网在运行过程中，电网电压及电网频率波动不大，而基本认为其为恒定，即这部分损耗基本也是固定不变的。

固定损耗主要包括：

1) 发电厂、变电站变压器及配电变压器的铁损。

2) 高压线路的电晕损耗。

3) 调相机、调压器、电抗器、互感器、消弧线圈等设备的铁损。

4) 电容器和电缆的介质损耗。

5) 电能表电压线圈损耗。

6) 绝缘子泄漏电流引起的损耗。

(2) 可变损耗。可变损耗也称为变动损耗或短路损耗，它随着负荷变化而改变，与电流的平方成正比，流过的电流越大则该部分损耗越大。

可变损耗主要包括：

1) 发电厂、变电站变压器及配电变压器的铜损，即电流流经线圈的损耗。

2) 输、配电线路的铜损，即电流通过导线电阻的损耗。

3) 调相机、调压器、电抗器、互感器、消弧线圈等设备的铜损。

4) 架空导线负荷电流在避雷线上感应的接地环流产生的损耗。

5) 接户线的铜损。

6) 电能表电流线圈的铜损。

2. 按损耗的变化规律分类

按损耗的变化规律可分为空载损耗、负载损耗和其他损耗三类。

(1) 空载损耗。空载损耗即不变损失，它与通过的电流无关，但与元件所承受的电压有关。

(2) 负载损耗。负载损耗即可变损失，它与通过的电流的平方成正比。

(3) 其他损耗。其他损耗是由于管理不善，在供、用电过程中由偷、漏、丢、送等原因造成的各种电量损失。因此它也称为管理损耗或不明损耗。

其他损耗主要包括：

1）用户窃电及违章用电。

2）计量装置误差、错误接线、故障等。

3）营业和运行工作中的漏抄、漏计、错算及倍率差错等。

4）带电设备绝缘不良引起的漏电损失。

5）变电站的直流充电、控制及保护、信号、通风冷却等设备消耗的电量，以及调相机辅机的耗电量。

6）供、售电量抄表时间不一致。

7）统计线损与理论线损计算的统计口径不一致，以及理论计算的误差等。

三、线损电量的构成

线损电量由输电线路损耗、主变压器损耗、配电线路损耗、配电变压器损耗、低压网络损耗、无功补偿设备及电抗器损耗几部分组成，具体包括：

（1）35kV 及以上输电线路中的损耗。

（2）降压变电站主变压器中的损耗。

（3）10（6）kV 配电线路中的损耗。

（4）配电变压器中的损耗。

（5）低压线路中的损耗。

（6）无功补偿设备和电抗器中的损耗。

以上各项损耗电量可以通过理论计算确定其值，而电流、电压互感器及其二次回路的损耗、用户接户线及电能表的损耗、不明损失等则可通过下列各项统计确定。

（1）变电站的直流充电、控制及保护、信号、通风冷却等设备消耗的电量。

（2）电流、电压互感器及二次回路中消耗的电量。

（3）接户线及电能表中的损耗。

（4）其他损失，其他损失主要有以下几个方面：

1）计量装置误差。表计接线差错、计量装置故障、二次回路电压降、熔断器熔断等引起的计量误差。

2）营业工作中漏抄、漏计、错算及倍率错误等。

3）用户违章用电。

4）窃电。

造成其他损失的原因是多方面的，而且情况比较复杂，所造成的差错电量既可正也可负，其值大小能在线损实绩中明显地反映出来。

电网线损的分类及其相互关系如下：

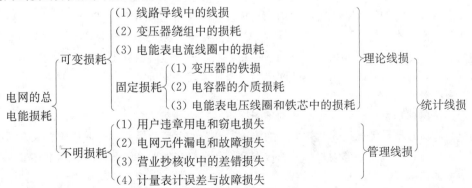

电网线损的构成比例，是通过线损理论计算与分析确定的。为明确降损主攻方向，制定科学的降损措施，线损管理部门及人员应及时掌握所辖电网线损的变化规律和线损的构成比例。

目前在线损理论计算时，根据电网中各种电气设备损耗电量的大小和主次情况，一般只计算线路导线的损耗、变压器的铜损和铁损以及其他元件（如电容器、电抗器、互感器、调相机等）的损耗，从而得到电网的总损耗。电网线损的构成比例实际上是指上面这些元件损耗在总损耗中所占的百分比。通过多年线损理论计算和分析，配电网线损构成比例如表1-8所示。

表1-8　　　　　　　城市（农村）高压配电网线损构成比例表

高压配电网线损类别	所占比例（%）	高压配电网线损类别	所占比例（%）
总电能损耗	100	变压器铁损	城市50～70（农村55～85）
线路导线中的电能损耗	城市20～30（农村10～20）	其他元件的损耗	城市0.5～1（农村1～1.5）
变压器铜损	城市15～20（农村7～13）		

由表1-8可见，在高压配电网中，变压器的铁损占比最大，降低变压器的铁损，是未来配电网降损的主攻方向。

近几年的相关统计与研究表明，10、0.4kV电压等级电网产生的损耗，约占地区电网总线损电量的70%，如南方某省2009年相关数据统计如表1-9所示。

表1-9　　　　　　南方某省2009年220kV～0.4kV分压线损情况

电压等级（kV）	输入电量（亿kWh）	输出电量（亿kWh）	线损电量（亿kWh）	占总线损电量比重（%）	分压线损率（%）
220	732.68	730.11	2.58	6.39	0.35
110	687.10	678.86	8.24	20.42	1.20
35	107.20	105.32	1.88	4.66	1.75
10（6）	502.30	485.06	17.25	42.75	3.43
0.4	156.47	145.49	10.98	27.23	7.02

由表1-9可以看出，该省的10、0.4kV电压等级线损电量分别是17.25亿kWh和10.98亿kWh，分别占总线损电量的42.75%和27.23%，10kV和0.4kV两个电压等级电网是未来降损的重点。

第三节　线损的影响因素

线损是一个综合性指标，涉及电力规划、设计、基建、更新改造、运行维护、检修、计量、管理等众多方面，影响线损变化的因素错综复杂。它主要由电网结构、电网运行方式、技术装备等因素决定，而电网结构、运行方式和技术装备要受社会经济发展、电源环节、用电环节等外部因素影响，本节首先分析外部因素对电网损耗的影响，再对电网内部重点分析影响线损的技术因素和管理因素，然后对省级电网、地区配电网主要环节逐层分析电网产生损耗的主要影响因素。

一、电网外部因素

社会经济的快速发展、城市化水平的不断提高、资源分布不均、经济发展不平衡、"上大压小"的电源建设政策、大规模间歇式电力的接入、分布式电源的发展、产业结构、国家的电价政策等都是影响线损的电网外部因素。下面重点分析社会经济发展、电源环节和用电环节三个外部因素对线损的影响。

1. 社会经济发展

随着社会经济的发展，对电力的需求也逐年增加，对地区电网来说，城市化程度越高，则人口与经济活动集中，电力用户及负荷在地理分布上相对集中（负荷密度较高），供电线路的长度、供电半径因此而缩短，有利于降低电网的损耗。而那些城市化程度较低的地区，则人口分散，对应的电力负荷在地理分布上较为分散，客观上造成供电区域分散、线路长、供电半径大，线路产生的损耗相应升高。

城市化的程度可以通过城市化率量化反映。城市化率较高的地区，10kV 主干线的平均长度较短。如广东省 2008 年部分地市的地城市化率、供电企业 10kV 干线的平均长度的统计数据如表 1-10 所示。

表 1-10　　　　　　　　2008 年广东部分地市城市化率与供电线路平均长度统计

地市供电企业	2008 年城市化率（%）	2008 年 GDP（亿元）	10kV 主干线平均长度（km）
深圳供电局	100	7807	2.52
佛山供电局	90.98	4333	5.98
中山供电局	84.96	1409	6.14
汕头供电局	70.05	975	8.96
韶关供电局	46.26	546	10.2
河源供电局	40.12	394	12.52

由表 1-10 可看出，城市化率越高的地区，10kV 供电半径较小，随着社会经济发展，城市化率提高，对电网尤其是城市电网的布局、规划产生一定的影响，最终会影响到电网的损耗。

2. 电源环节

在电源环节，目前的能源格局、"上大压小"的电源建设政策、大规模新能源的接入、分布式发电的快速发展都会影响到线损。

（1）能源格局。目前主要的能源资源为水能、煤炭、风能和天然气资源。由于风能发电和天然气发电尚未得到大规模开发，目前主要发电资源为水和煤。

我国地大物博，但水、煤资源分布不均衡。在负荷密集地区，一方面受资源分布影响，资源较为贫乏；另一方面大型火电厂建设受建厂的条件、环保条件、送出线路等因素的制约，往往不具备电源建设的条件，而水电则受水力资源制约，同样远离负荷中心，故一般只能通过高电压、远距离把电能送往负荷中心，从而增加了电网输电的损耗。

（2）小火电"上大压小"政策。由于执行国家"上大压小"政策，新上大容量替代发电机组大多接入 220kV 及以上电网，而关停的小火电机组有一半以上容量是接入 110kV 及以下电网。"上大压小"政策实施后，原来由小火电供应的电力电量将由 220kV 及以上电网输送，这将增加高压输电网的潮流，相应增加高压输电网线损。

（3）分布式电源。分布式电源（DG）提供就近供电，能够减少电能的传输环节，缩短供电距离，降低电网损耗。小水电、风电、光伏发电、沼气发电、蓄电池供电等，都属于智能电网中分布式供电系统、清洁可再生能源的范畴。

风电是近两年主要的新能源，且随着大容量风电场的建设，出现了局部地区集中大量风电的情况，风电发电厂一般都接在输电网上，负荷则直接与配电网相连，电能是从输电网流向配电网。它对电网的线损影响分两方面：若是风电厂接入配电网，则减少了输电网向该地区输送的电力，即缓解了电网的输电能力，一般会降低系统的线损。但另一方面，若本来受电的地区变成了风力发电的地区，并且送电的功率比之前受电的功率要大得多，则会增加输电线路的损耗。风电对电网线损的影响需要具体分析，电网中的有功损耗会由于风电场的接入而改变，功率损耗的增加或减小与电网的结构、电网潮流、接入点位置以及风电场装机容量等因素有关。为了不增加电网的有功损耗，风电场的并网点必须深入考虑。同时风电场送出电力的不确定性也会对电网产生影响，同时带来谐波问题也会增加部分电网损耗。

其他分布式电源，基本都具有发电机组容量小、出力不平稳、电源点地理位置偏远、电能质量不稳定、需要大电网支撑的特点。在配电网的负荷附近接入小电源后，整个配电网的负荷分布将发生变化，继而配电网的潮流也可能由原来的"单向"流动变为"双向"。根据理论分析可以得到，当小电源发电出力小于线路负荷时，线损最小，原因是线路上负荷一部分有小电源就近提供，线路传输功率降低，线损也随之降低。当小电源发电出力大于线路负荷时，线损比小电源不发电时损耗大，增大部分就是向系统倒送功率所致。当小电源出力大于线路负荷且无功出力不足时，线损最大，而且，发电机从系统吸收的无功越大，线损也越大。

分布式电源由于规划布局不合理，中、低压供电线路长、覆盖面广、线路及产品和设备陈旧、老化，并网电量计量方式不当，装置配置不合理，管理和监督不到位等因素易造成运行中损耗较大、经济效益低下。

3. 用电环节

在用电环节中，电力用户的供电电压较高时，电能传输的环节减少，产生的损耗减少，反之损耗升高。低压电力用户的电能传输经过的环节最多，相比较高供电电压的电力用户，低压用户在电网产生的损耗最高。

从产业结构的角度来看，第一产业（按照三次产业分类法划分）比重较高的地区，工业化程度较低，电网的低压电力负荷比重较高，造成电能传输经过的电压等级多，损耗环节多，导致供电企业损耗升高。此外，产业结构中第一产业比重较高的地区，电力负荷在地理分布上相对较为分散、供电距离长，亦造成电网损耗上升。

第二和第三产业比重较高的地区，电力负荷更多地集中在 10kV 及以上电压等级，因此电能传输环节较少，传输过程中的损耗相应减少；尤其是第三产业比重较高的地区，负荷集中、供电半径小，因此产生的损耗也会较低。

目前低压配电网普遍存在供电半径较大、线径不合理以及负载不均衡、末端电压低等情况。随着国家扩大内需政策、家电下乡政策的实施，低压供电量逐步上升，将会导致电网损耗大幅上升。

在用电环节中，另一个重要影响因素是国家电价政策。目前国家执行的电价政策主要有峰谷电价、行业差别电价和居民阶梯电价，这些政策对电网损耗影响如下：

（1）峰谷电价。执行峰谷电价，可以引导企业在生产工艺、生产流程、用电方式上挖掘潜力，降低用电成本，发挥削峰填谷的效益，并优化电网负荷特性，提高了设备运行效率，特别是增加了经济运行时间区段，减少了空载运行时间区段，能够提高电网经济运行水平，使发供用电三方在实施峰谷电价政策中都获得了效益。

（2）行业差别电价。差别电价政策对遏制高耗能行业盲目发展、扶优抑劣、促进结构调整和产业升级，提高能源利用效率，促进经济、环境与资源的协调发展起到了积极的作用。但对电网企业来说，由于受影响的全部是高耗能的用电大用户，通过 10kV 及以上电压等级进行供电，将会造成高耗能无损电量的比重大大减少，导致电网企业综合线损率提升。

（3）居民阶梯电价。阶梯电价的执行将会使低收入家庭用电得到更多补贴，用电量将会有较大的增长，特别是分布在广大农村地区及城乡结合部地带居民用电量。但同样由于这些地区低压电网长久以来欠账太多，网架结构薄弱、用户末端电压偏低，负荷的快速增长造成了电网损耗的大幅上升。

经过前面的分析，外部因素对电网损耗的影响汇总见表 1-11。

表 1-11　　　　　　　　　　外部因素对电网损耗的影响

项目	社会经济发展		电源环节		用电环节	
	地形地貌	城市化率	电源布局	分布式能源	用电结构	电价政策
电网结构	影响	影响	影响	影响	影响	
电网运行	影响	影响	影响	影响	影响	影响
电网装备		影响	影响	影响		影响

二、电网内部因素

将影响线损的内部因素分为直接技术因素、综合技术因素和管理因素。

1. 影响线损的直接技术因素

（1）线路的长度、导线的截面积和导线材料。电力网中输电线路的损耗主要由线路电阻所引起，而影响电阻大小的因素有三个：材料、长度和横截面积。不同的导线材料具有不同的电阻率，在同种材料下，导线长度越长，截面越小，则导线电阻越大。在流经电流一定情况下，线路电阻越大，导线损耗就越大。

（2）变压器和其他设备的空载损耗及负载损耗。在变压器中，常有的两大损耗是：负载损耗以及空载损耗。简单的来说，变压器的空载损耗和负载损耗可以分别理解为铁损和铜损。

负载损耗包括电流通过绕组产生的电阻损耗和漏磁产生的附加损耗，它对于变压器的能耗以及变压器的使用寿命，有极其重要的意义。因为负载损耗和绕组的关系比较大，而且绕制变压器需要用大量的铜线，这些铜导线存在着电阻，电流流过时电阻会消耗一定的功率，这部分损耗往往变成热量而消耗，称这种损耗为"铜损"，可以理解为变压器的负载损耗。为了降低负载损耗，要注重绕制线圈的工艺，使用更低电阻率的导线，在磁通密度大的时候，适量减少线圈的匝数，但盲目减少很容易造成铁损。

一般来说，变压器接在电源上，空载损耗就存在。空载损耗主要包括铁芯的磁滞损耗、涡流损耗以及包括空载电流在励磁绕组上产生的电阻损耗和绝缘介质中产生的损耗。因为空载电流很小，所以空载损耗基本上就是铁损。磁滞损耗主要取决于硅钢片的材质，而涡流损耗与磁通密度、硅钢片厚度和电源频率等有关，造成空载损耗的原因有很多：比如铁芯的材料、结构，硅钢片之间绝缘不良，叠装质量，铁芯部分短路，造工不良等。为了降低空载损耗，除了要采用低损耗的硅钢片以外，还要改善铁芯的制造水平。因为铁芯的磁通密度是影响变压器铁芯空载损耗的重要参数，所以为了降低空载损耗，在设计铁芯时，在保持铁芯有效截面积不变的前提下，还要铁芯各个部分的磁通密度分布趋于均匀，降低铁芯拐角处局部磁通密度。

（3）负荷电流的数值及其变化。电网可变损耗与电阻有关，在电阻不变的情况下，负荷电流越大，则电阻损耗就越大，同时，由于负荷电流的变化，使得电流形状系数变化，从而引起电阻损耗的变化。

（4）系统电压的数值及其变化。在传输功率一定情况下，系统电压等级越高，电流越小，在线路电阻不变的情况下，导线损耗就越小，同时，变压器空载损耗与电压的平方成比例，电压的波动变化会引起空载损耗的变化。

（5）环境温度和设备散热条件。一般而言，金属导体的电阻将随温度的升高而增大，因此由于设备散热条件不好而引起导体的温升及所处环境气温将对电阻产生直接影响,造成导体损耗的变化。

(6)电气设备的绝缘状况。电气设备的绝缘状况不好将引起泄漏电流增大,从而增加设备损耗。

(7)导线等值半径和气象条件。导线的电晕损耗与电晕放电密切相关,而影响电晕放电的因素很多,受各种因素影响,电晕损耗的数值变化范围也很大,气象条件对电晕损耗的影响特别突出。晴好天气时,每千米输电线路的电晕损耗小于1kW,雨、雾、雪等恶劣天气则可达每千米十几千瓦甚至几十千瓦。电晕损耗还受导线半径的影响,增大输电线的导线半径,提高输电线的起始电晕电压数值,使之在正常天气条件下不发生电晕放电,对超高压输电线路,减少电晕损耗的主要措施是采用分裂导线,增大导线的等值半径。

(8)变电站用各种辅助装置的数量和效率。变电站中的各种辅助装置等设备耗用的电量,按规定归入线损,故而各种辅助装置的数量和效率将直接影响站用电的大小,即影响电网的线损。

2. 影响线损的综合技术因素

尽管影响线损的直接因素比较简单,比较容易地估算和计算。但是,电网是由大量输、变、配电设备组成的十分复杂的系统,组成形式和运行方式对线损的影响远远超过单个设备的影响。因此,有必要对这些方式的综合影响做简要说明。

(1)系统布局。系统布局亦称系统结构,主要指发电厂、输配电线路与负荷的空间布置、容量配合,以及电压级次等要素的组合状态。很明显,当发电厂、变电站距负荷中心过远,或长距离、迂回、以较低电压输电;或电压级次过多重复降压容量大;或配电网中负荷分配很不均匀时,线损率必然较高;反之,线损就较低。

(2)电压等级。电压等级既是系统布局中的一个因素,同时也是一个独立的因素。电压等级虽然表面上取决于电能输送距离和输送容量。但其中都包含有电能损耗的因素,特别是在配电网中,选择合理的电压等级,减少降压层次,是降损的重要途径。

(3)无功补偿装置的安装容量和分布。负荷功率因数小于1时,线损中的电阻损耗将按$(1/\cos\varphi)$平方的比例升高,铁芯损耗也要增大。为使功率因数在接近于1的水平,必须安装无功补偿装置。各电压等级网络中无功补偿装置的容量需满足达到功率因数等于0.95的要求,无功补偿装置的分布需满足就地平衡的原则。

(4)运行方式。电网在不同的运行方式下有不同的网损率,其中损耗较小的运行方式成为经济运行方式。电网在保证系统安全稳定运行的前提下,应选择在经济运行方式下运行。目前国内大多数电网主要将系统安全稳定运行放在首要地位,经济运行尚未受到应有的重视。

(5)计量技术。供电量和售电量都要经过一定的计量技术手段来测量和记录,所以计量技术对线损和线损率有较大的影响。电能计量装置的准确度、灵敏度、接线的正确性和计量点的合理性等都对电量具有关键性的作用。采用最新技术的计量装置,不但可以保证线损统计分析的准确性,而且还可能从根本上改变线损的管理方式,使线损管理实现自动化、信息化。

综上所述,可将影响线损的技术因素归纳如下:

(1)技术因素是决定线损的基础因素,这些因素由输、变、配电设备和电网结构等硬件构成。

(2)采用低损耗的输、变、配电设备是降低线损的基本途径。

(3)选择合理的电网结构是降低线损的关键环节。

(4)负荷端与变电站合理的无功补偿和实现就地平衡能有效降低线损水平。

(5)准确完备的电能计量手段,以及选择在经济方式下运行,都是降低线损的重要措施。

决定线损的技术因素是相对稳定的，在未出现短时间内电网设备大量更新、网络结构大幅改变、负荷容量异常波动的条件下，由技术因素决定的线损不会随时间的变化出现大的波动。

3. 影响线损的管理因素

(1) 供电关口电能计量装置的完整性、正确性和准确度。供电关口电能计量装置的完整性是指电网的全部进入关口点都装有电能计量装置而无遗漏；正确性是指关口的计量装置的安装位置、接线、变比、倍率等正确无误，对有电量交换的关口，进出方向也需正确。准确度是指关口的计量装置的精度需符合相关规定。

(2) 用户计费电能计量装置的完整性、正确性和准确度。用户计费电能计量装置一般都由电网企业安装和管理，抄表也由电网企业进行，但用户计费电能计量装置数量巨大，地域分布广和管理环节多，因而要保证其完整性、正确性和准确度有较大的难度。

(3) 抄表的同时性。电量是积累量，某一时段的线损是在同一时段内的供电量和售电量之差，但在目前情况下，难以对数量巨大的用户计费电能计量表进行同时抄表，故而造成月度线损波动较大。

(4) 漏抄和错抄。在当前情况下，部分供电关口和绝大部分用户的电量还依靠人工抄表，从而造成漏抄和错抄电量在所难免，同时，依靠少量稽核人员对成千上万各抄表记录进行稽核检查，很难堵住漏抄和错抄的全部漏洞。

(5) 窃电。窃电是造成线损率高和波动的一个主要原因，也是线损和营业工作的一个重点方向。

从上述五个因素可以看出，除窃电因素单纯导致统计线损比技术线损增大外，其他四个因素既有可能使线损增大也有可能使线损减小。实际上，由于用户电量计量装置的完整性难以达到，漏抄、漏计和窃电现象又无法避免，因而电力企业的统计线损皆大于技术线损。两者之差成为营业线损或管理线损。

通过电网内部电网损耗影响因素分析，可得电网损耗的主要影响因素汇总见表 1 - 12。

表 1 - 12　　　　　　　　电网损耗影响因素分析汇总表

电网环节	影响因素		建议措施
省级电网	电网结构	电网主干网架结构	合理规划网架，优化网架结构
	电网运行	电网经济运行	开展电网经济运行调度
		变压器经济运行	合理调整负载、改善运行条件，合理安排检修方式
		无功与电压运行	无功优化运行与管理，提高枢纽站点电压水平
		负荷特性	降低峰谷差，增加电网的调峰容量
		电磁环网	根据电网发展，逐步解开电磁环网
	技术装备	无功配置	合理规划无功配置
		技术装备水平	推进电网技术装备的更新，采用先进技术装备降损
地区配电网	电网结构	配电网供电半径、结构	优化配电网结构
	电网运行	功率因数	做好无功功率分压、分区就地平衡工作
	技术装备	配电网线路截面	线路改造
		高能耗配电变压器	更换高能耗配电变压器

由上述分析可知，主网与配电网的网络结构，配电网的技术装备水平是影响电网损耗的主要因素，但实施难度较高，需要长远规划，有序推进。经济运行方面，负荷特性的优化、无功配置

和运行的优化也是主要影响因素，有相对较强的可实施性，建议给予适当的政策支持，重点推进。

第四节　线损管理内容

线损率是考核供电企业重要的技术经济指标之一，它不仅表明供电系统技术水平的高低，还能反映企业管理水平的好坏，因此，加强线损管理是供电企业一项重要工作。

线损管理工作涉及部门较多，主要通过电网合理规划、建设和加强生产管理来优化电网结构、淘汰高耗能设备，提高各级电网经济运行水平来降低电网技术损耗；通过加强营销管理、电工管理和电能计量管理来降低电网的管理线损；通过完善监督、激励机制以保证各项管理流程的规范运行，并充分调动全员参与线损管理工作的积极性、主动性；通过强化人力资源培训，提高线损管理人员的素质，为搞好线损管理工作奠定良好基础。

一、线损管理职责

单位级别不同，管理的资产不同，其线损管理的职责也不一样。网、省（自治区、直辖市）级别的单位主要负责输电网的线损管理工作；地市局级别的单位主要负责高、中压配电网的线损管理工作；供电所主要负责低压台区的线损管理工作。线损专（兼）职员也有具体的职责范围。

1. 网、省（市、区）公司管理职责

网公司层面的单位主要负责跨省、区电力输送管理工作，省（自治区、直辖市）级别的单位主要负责本省区内的电力传输管理工作。因此，他们在线损管理上侧重于输电网。同时，作为上级机构，也需要组织安排全公司的线损管理工作，对下级部门进行指导和考核，对全网线损情况进行总结分析。具体如下：

（1）贯彻落实国家的节能方针、政策、法规、标准和节能指示，监督、检查下属单位和相关部门的贯彻执行情况。

（2）负责制定或修正本公司范围内的线损管理实施细则。

（3）制定本地区的降损节电规划，组织落实重大降损措施。

（4）核定和考核下属单位的线损率指标。

（5）总结交流线损工作经验和分析降损效果及其存在问题，提出改进措施。

（6）负责本单位关口计量点的设定，并提出关口计量装置管理的要求，确保电能准确计量。

（7）负责专业线损培训，组织下属单位开展线损理论计算。

（8）定期向上级有关部门报送线损指标信息和降损节电工作总结。

（9）明确线损归口管理部门，线损领导小组的日常线损工作由归口部门管理。

2. 供电公司管理职责

供电公司一般指地市级供电单位，其在线损管理上的职责首先是按照上级的指示和要求，开展理论线损的计算和分析工作，落实线损指标，同时给下级的供电单位安排具体的线损管理工作任务。具体如下：

（1）认真贯彻国家和上级的节能方针、政策、法规、标准和节能指示，监督、检查相关单位和相关部门的贯彻执行情况。

（2）负责编制并实施本电网降损节电规划和措施计划。

（3）落实并努力完成省、市公司下达的年（季）度线损率指标。

（4）坚持每季（月）召开线损分析例会，总结交流线损工作经验，分析降损效果及其存在问题，提出改进措施。

（5）定期向上级有关部门报送线损指标信息和降损节电工作总结。

（6）负责本单位电网关口计量点的设定，搞好包括上级托管的关口计量装置管理，确保电能准确计量。

（7）参加专业线损培训，组织下属单位开展线损理论计算。

3. 供电所管理职责

供电所的主要职责就是执行上级供电部门安排的线损工作任务。具体如下：

（1）贯彻执行国家和上级的节能方针、政策、法规、标准和节能指示。

（2）制订年、季度降损节电措施计划，并组织实施，定期检查分析措施执行情况和措施效益。

（3）认真测算和分解线损指标，并按照线损分线、分台区管理的要求，将指标落实到实处，责任到人，确保任务完成。

（4）坚持每月召开线损分析例会，公布线损指标完成情况及奖罚信息。

（5）定期收集、整理、统计、上报线损指标和工作总结。

（6）负责本地区和上级托管的电能计量装置的管理，确保电能准确计量。

（7）参加上级组织的线损培训、线损理论计算和其他线损活动。

4. 线损专（兼）职员职责

（1）负责处理本公司日常线损管理工作。

（2）会同（协同）有关部门编制和分解线损率指标。

（3）会同（协同）有关部门编制降低线损的措施计划，并监督实施。

（4）定期组织线损培训，开展线损理论计算。

（5）按期编写线损分析报告和工作总结报告，并报送公司分管领导和上级主管部门。

（6）会同有关部门检查线损工作和线损率指标完成情况。

（7）参加与降损节电有关的基建、技改等工程项目的设计审查和设备选用。

二、线损管理日常工作

线损管理的日常工作包括线损指标的制定与考核、开展线损理论计算、开展线损分析以及加强用电营销、电能计量、电工等环节的基础资料管理等。

1. 线损指标的制定与考核

线损率是一个综合指标，受电网电压与供、售电量多少的影响很大，线损指标的制订应根据上述原因，结合理论线损的结算，参照上年或上年同期的线损率，结合电网设备实际情况制订出科学合理的线损指标。年度线损率指标是大指标，为了保证大指标的完成，通常将其分解成若干个小指标，通过考核，督促小指标的完成来确保大指标的完成。由于各单位结构状况的不同和各个时期运行参数的差异，小指标的确定应因时、因地制宜。

2. 认真开展线损的理论计算

随着计算机在线损理论计算中的应用，由于电网线路的结构参数和运行参数每年都有可能发生变化，线损理论计算应每年开展一次。通过线损理论计算，以便掌握较为准确的理论线损电量值和线损的构成，并以此为依据，衡量实际线损的高低，明确降损重点方向，有针对性地采取有效措施，将线损降低到比较合理的范围内，这对提高供电企业的生产技术和经营管理水平有着重要意义。

3. 定期开展线损分析工作

所谓线损分析，就是在线损管理中，对线损完成情况所采取的线损指标之间、实际线损与理论线损之间，线路和设备之间，月、季度和年度之间进行对比分析，以及查找线损升降原因，确定今后降损主攻方向等工作。

4. 加强用电营销、电能计量、电工等环节的基础资料管理

基础资料管理主要是为了维护计量设备、输配电设备在计量自动化系统、营销系统及图档系统上信息的准确性，并以各种文档形式保存信息。主要包括以下管理：

（1）计量自动化系统信息管理。

（2）营销系统信息维护管理。

（3）图档管理系统信息管理。

（4）TA 倍率变更信息管理。

（5）文档资料管理。

（6）抄表管理。

（7）线损四分分析及异常控制管理。

第二章

线 损 理 论 计 算

线损不仅影响供电企业的经济效益，还会造成社会能源的浪费。准确合理的线损理论计算是电力企业分析线损构成、制定降损措施的技术依据。通过开展线损理论计算，了解和掌握电网中每一设备实际有功功率和无功功率损耗，以及电能损耗，就能够科学地、准确地找出电网中存在的问题，有针对性的采取有效措施，将线损降低到比较合理的水平，这对提高供电企业的生产技术和经营管理水平有着重要意义。

电网线损理论计算的基本方法是潮流计算法和均方根电流方法，但是由于各电压等级电网具有不同的结构特点，具体采用的计算方法不同。本章首先介绍线损理论计算的基本概念，然后根据电网结构特点详细介绍各电压等级电网的理论线损计算方法。

第一节 线损理论计算基本概念

电网线损理论计算，是指根据电网的结构参数和运行参数，运用一定的方法，把电网元件的理论线损电量以及它在总损耗中所占的比例、电网的理论线损率、经济线损率等数值计算出来，并进行定性和定量的分析。

理论线损率是指各省、地区供电部门对其所属输、变、配电设备根据其设备参数和实测运行数据计算得出的线损率。代表日（月）理论线损率计算公式如下所示

$$代表日(月)理论线损率 = \frac{代表日(月)理论线损电量}{代表日(月)计算供电量} \times 100\% \qquad (2-1)$$

其中，代表日（月）计算供电量是指在代表日（月）内供电企业供电生产活动的全部投入电量。计算供电量主要由四部分构成，包括网内发电厂上网电量、外购电量、电网输入电量与电网输出电量。

发电厂上网电量，是指计量点在发电厂的出线侧时，发电厂送入所计算电网的上网电量。对于一次电力网，发电厂上网电量是指发电厂送入一次电力网的电量；对于地区电力网，发电厂上网电量是指发电厂送入地区电力网的电量。

外购电量是指从本电网供电区域以外的电网购买的电量。

电网输入电量是指上级电网及邻网的输入电量。

电网输出电量是本电网向外部电网输出的电量

计算供电量可采用以下公式进行计算

$$计算供电量 = 发电厂上网电量 + 外购电量 + 电网送入电量 - 电网输出电量 \qquad (2-2)$$

代表日（月）售电量是指在代表日（月）内所有电力用户的抄见电量。是供电企业售给电力用户（含趸售用户）的电量和电力企业供给本企业非电力生产、基建和非生产部门所使用电量的

总和。由售电量与计算供电量可得到以下综合线损率计算公式

$$
\begin{aligned}
综合线损率 &= \frac{线损电量}{计算供电量} \times 100\% \\
&= \frac{计算供电量 - 售电量}{计算供电量} \times 100\% \\
&= \left(1 - \frac{售电量}{计算供电量}\right) \times 100\%
\end{aligned}
\tag{2-3}
$$

由售电量与供电量计算所得的综合线损率为统计线损率。

一、线损理论计算的作用

线损理论计算具有指导降损节能、促进线损管理深化、科学化的作用。通过理论线损计算可以达到以下目的：

(1) 鉴定电网结构及运行方式的经济性。通过线损理论计算，可以清楚地了解系统各个环节中的电能损耗情况，从而方便对电网的结构和运行方式的经济性做出判断。

(2) 查明电网中损耗过大的元件及损耗大的原因。查明电网中损耗过大的元件，并分析其损耗大的各方面原因，有利于针对性地制定降损措施，提高降损的效率。

(3) 考核实际线损是否真实、准确、合理，以及实际线损和理论线损的差值，确定不明损耗的程度，来衡量营业管理的好坏。

(4) 根据理论线损中，各导线损耗和变压器损耗所占的比重，针对性地对电网中损耗过大的环节采取降损措施。

(5) 为电网的发展、改进及规划提供科学依据。

(6) 为合理下达线损考核指标提供科学的理论数字依据。

(7) 理论线损计算所提供的各种资料，是电力企业的技术管理和基础工作的重要组成部分。

二、线损理论计算范围

线损理论计算是根据主网、配电网的实际负荷及正常运行方式，计算主网、配电网中每一个元件的实际有功功率损失和在一定时间段内的电能损耗。理论线损电量为下列各项损耗电量之和：

(1) 35kV 及以上电力网（包括交流线路及变压器）的电能损耗。

(2) 6～20kV 配电网（包括交流线路及公用配电变压器）的电能损耗。

(3) 0.4kV 及以下低压网的电能损耗。

(4) 并联电容器、并联电抗器、调相机、电压互感器的电能损耗和站用变压器所用的电能等。

(5) 高压直流输电系统的电能损耗。

三、代表月（日）的选定原则

实际上，要进行整年的线损计算工作量十分庞大，需要的人员数量极多，精度上也得不到保证。为了简化计算，按一定原则选取某个月（或某一天）作为代表月（日），计算全年月（日）平均线损率的时段。最后根据一定的原则，将代表月（日）的计算结果折算为全年线损汇总结果。代表月（日）的选取原则为：

(1) 电力网的运行方式、潮流分布正常，能代表计算期的正常情况，负荷水平在年最大负荷的 85%～95% 之间。

(2) 代表月（日）的供电量接近计算期的平均月（日）供电量。

(3) 计算期有多种接线方式时，应考虑多种对应的形式。

(4) 气候情况正常，气温接近计算期的平均温度。

（5）代表月（日）负荷记录应完整，能满足计算需要，一般应有电厂、变电站、线路等一天 24h 正点的发电（上网）、供电、输出、输入的电流，有功功率和无功功率，电压以及全天电量记录。

四、线损理论计算的要求

目前，线损理论计算方法很多，不同的方法适合不同的场合或电网。因此，采用的线损理论计算方法应满足如下要求：

（1）所采用的方法不应过于复杂，而应较为简单，计算过程简洁清晰。

（2）线损理论计算用的设备运行数据在电网一般常用计量仪表配置下应易于采集获取，设备参数的取值亦应简便和容易。

（3）所采用的方法的计算结果应达到足够的精度，满足实际工作的需要。

第二节　35kV 及以上电力网的线损理论计算方法

35kV 及以上的电力网的线损理论计算方法主要有两大类：一类是潮流算法，包括基于电量的潮流算法、基于电力的潮流算法以及基于 EMS 状态估计的潮流算法；另一类是均方根电流算法。包括基于平均电流的均方根电流法、基于实测电流的均方根电流法和基于最大电流的均方根电流法。下面将对各类算法进行详细介绍和分析比较。

一、基于潮流算法的主网损耗计算方法

电力系统潮流计算是电力系统稳态运行分析与控制的基础，同时也是安全性分析、稳定性分析电磁暂态分析的基础（稳定性分析和电磁暂态分析需要首先计算初始状态，而初始状态需要进行潮流计算）。其根本任务是根据给定的运行参数，例如节点的注入功率，计算电网各个节点的电压、相角以及各个支路的有功功率和无功功率的分布及损耗。

潮流计算是由发电机和负荷功率推知电流、电压的过程，从而可得到各个主网元件的有功损耗及整个主网的有功损耗。在建立主网潮流计算模型时，可以计入架空线路、电缆线路、双绕组变压器、三绕组变压器、串联电抗器、并联电容器、并联电抗器；站用变压器所消耗的功率作为负荷处理；调相机作为发电机处理。

1. 基于损耗功率累加的潮流算法

基于损耗功率累加的潮流算法的主网损耗计算方法主要有电力法和电量法两种。

电力法是根据每小时发电机的有功、无功（电压）数据，负荷的有功、无功数据，网络拓扑结构及元件阻抗参数进行潮流计算，得出每个节点电压，然后根据已知的电压与节点导纳关系计算出每条支路的有功损耗。将所有支路的损耗相加，即是全网 1h 的损耗。将 24h 的损耗相加，即得出一天的线损。由一天的线损进而求得计算时段内的电能损耗。

由于电能表的精度比功率表的高，人们往往希望电量数据参与线损计算，电量法的基本思路是首先将电力网各节点一天 24h 的负荷折算成以相应 24h 的总功率为基准的负荷或出力分配系数，再将代表日电量（有功电量和无功电量）乘以相应负荷或出力分配系数，形成 24h 各个节点负荷的有功功率和无功功率；同样地，对发电机有功功率和无功功率也借助其电量数据做类似处理，再进行潮流计算。其余计算与电力法的相同。

电网的实际运行方式表明，负荷曲线平稳的情况是比较少的，一天之内电网中节点各个时段的负荷出力是不断变化的，因此有必要将负荷出力变化情况考虑进线损的理论计算中。下面介绍基于电量潮流算法的线损理论计算模型。

（1）根据负荷、出力曲线形成电网各个节点每小时的负荷和发电电量。下面以电网内发电、负荷节点的有功功率和有功电量为例，说明如何根据负荷曲线和发电出力曲线形成相应的系数表；并生成作为潮流计算输入数据的电网各节点的平均有功功率。根据变电站每天 24h 值班记录，将每小时的负荷或出力有功电量转化成以平均功率为基准的负荷系数或出力系数，这样日负荷、出力的有功功率曲线就变为 24 个负荷系数构成的负荷、出力系数。根据全年 365 个日负荷、出力有功功率系数表，将日负荷、出力有功功率曲线分为 n 类，则日负荷、出力有功功率曲线的负荷、出力系数表可以用矩阵表示为下式

$$F^{(1)} = \begin{bmatrix} f_{11}^{(1)} & f_{12}^{(1)} & \cdots & f_{1,24}^{(1)} \\ f_{21}^{(1)} & f_{22}^{(1)} & \cdots & f_{2,24}^{(1)} \\ \vdots & \vdots & \ddots & \vdots \\ f_{m1}^{(1)} & f_{m2}^{(1)} & \cdots & f_{m,24}^{(1)} \end{bmatrix} \tag{2-4}$$

$F^{(1)}$ 的行号 i 代表负荷、出力曲线的类别编号；而列号 j 代表负荷、出力曲线对应的小时数。对于负荷节点 l，由电能表记录的电能数可以得到节点 l 的平均功率 $P_{l,av}$，如果选定节点 l 的负荷、出力曲线属于第 i 类，则第 j 小时的负荷、出力值为

$$P_{l,j} = P_{l,av} f_{i,j}^{(1)} \quad \begin{pmatrix} l = 1, 2, \cdots, n \\ j = 1, 2, \cdots, 24 \end{pmatrix} \quad \text{其中：} P_{l,av} = \frac{A_{l,p}}{24} \tag{2-5}$$

式中：$P_{l,j}$ 为节点 l 在第 j 小时的负荷、出力值，MW；$P_{l,av}$ 为节点 l 的平均负荷、出力值，MW；$f_{i,j}^{(1)}$ 为 $F^{(1)}$ 中第 i 行 j 列的元素；n 为负荷节点总数；$A_{l,p}$ 为第 l 节点当日的负荷、出力有功电量。

同理，日负荷、出力无功功率曲线的负荷、出力系数表示为

$$F^{(2)} = \begin{bmatrix} f_{11}^{(2)} & f_{12}^{(2)} & \cdots & f_{1,24}^{(2)} \\ f_{21}^{(2)} & f_{22}^{(2)} & \cdots & f_{2,24}^{(2)} \\ \vdots & \vdots & \ddots & \vdots \\ f_{m1}^{(2)} & f_{m2}^{(2)} & \cdots & f_{m,24}^{(2)} \end{bmatrix} \tag{2-6}$$

$F^{(2)}$ 的行号 i 代表负荷、出力曲线的类别编号；而列号 j 代表负荷、出力曲线对应的小时数。对于发电节点 l 第 j 小时的出力值为

$$Q_{l,j} = Q_{l,av} f_{i,j}^{(2)} \quad \begin{pmatrix} l = 1, 2, \cdots, n \\ j = 1, 2, \cdots, 24 \end{pmatrix} \quad \text{其中：} Q_{l,av} = \frac{A_{l,q}}{24} \tag{2-7}$$

式中：$Q_{l,j}$ 为节点 l 在第 j 小时的无功功率出力值，Mvar；$Q_{l,av}$ 为节点 l 的无功功率平均出力值，Mvar；$f_{i,j}^{(2)}$ 为 $F^{(2)}$ 中第 i 行 j 列的元素；n 为负荷节点总数；$A_{l,q}$ 为第 l 节点当日的无功电量出力值。

（2）计算潮流得每小时线损。变电站有功功率和无功功率的系数矩阵，需要根据变电站每天 24h 的实测数据，并经过计算得到。得到一年 365 天的系数矩阵后，应根据相应的方法将系数矩阵分为 n 类，这也就是上面提到的出力或负荷曲线有 n 类的原因。有了不同类别的系数矩阵，以后的运算中只需要测到电网中各个节点日负荷、出力的有功电量和无功电量即可，再配合当日类型的系数矩阵，就可以得到电网中各个节点 24h 的有功功率和无功功率；再根据电网结构进行该小时各个节点的潮流，得到各个 P、Q 节点的有功功率和无功功率，各个 P、U 节点的有功功率和运行电压，电网平衡点的运行电压和相角。

描述电网结构的参数形式是节点导纳矩阵，以此为参考点建立的 $N \times N$ 阶节点导纳矩阵是 $Y = G + jB$，节点电压列向量是 $\dot{U} = e + jf$，则系统总线损 $\dot{S}_L = P_L + jQ_L$，即

$$\dot{S}_L = \dot{U}^T (Y\dot{U}) = (e + jf)^T (G - jB)(e - jf) = e^T Ge + f^T Gf - j(e^T Be + f^T Bf) \tag{2-8}$$

因此有

$$P_{\mathrm{L}} = e^{\mathrm{T}}Ge + f^{\mathrm{T}}Gf \tag{2-9}$$

$$Q_{\mathrm{L}} = -e^{\mathrm{T}}Be - f^{\mathrm{T}}Bf \tag{2-10}$$

网络中各条线路上的损耗等于该线路上正向流过的功率与反向流过的功率之和，用具体的计算式表示为

$$\widetilde{S}_{ij} = \dot{U}_i \dot{I}_{ij} = \dot{U}_i[\dot{U}_i \dot{y}_{i0} + (\dot{U}_i + \dot{U}_j)\dot{y}_{ij}] = P_{ij} + \mathrm{j}Q_{ij} \tag{2-11}$$

$$\widetilde{S}_{ji} = \dot{U}_j \dot{I}_{ji} = \dot{U}_j[\dot{U}_j \dot{y}_{j0} + (\dot{U}_j + \dot{U}_i)\dot{y}_{ji}] = P_{ji} + \mathrm{j}Q_{ji} \tag{2-12}$$

式中：$\widetilde{S}_{ij}$ 为连接节点 i、j 的线路上从 i 到 j 流过的功率；同理，$\widetilde{S}_{ji}$ 为从 j 到 i 流过的功率。因此，线路 i、j 上的功率损耗为

$$\Delta \widetilde{S}_{ij} = \widetilde{S}_{ij} + \widetilde{S}_{ji} = \Delta P_{ij} + \mathrm{j}\Delta Q_{ij} \tag{2-13}$$

（3）计算时段内线损。上面计算出电网一个小时的线损 ΔP_i，$i = 1, 2, 3 \cdots 24$，则当日的有功电量损耗为

$$\Delta A = \sum_{i=1}^{24} \Delta P_i \tag{2-14}$$

计算时间段内的损耗为

$$\Delta A_T = \Delta A \times T \tag{2-15}$$

式中：T 为此种类型负荷出力曲线的天数。

2. 基于状态估计/EMS 的潮流算法

调度自动化是电力系统现代化的重要标志，以电力系统实时监控和管理自动化为任务，面向发、输电系统的能量管理系统（EMS）和面向配电系统的配电管理系统（DMS）已被人们普遍接受并付诸实际应用。为适应负荷实测和线损理论计算对数据同时性和准确性的要求，可以利用能量管理系统（EMS）的状态估计数据进行电力网电能损耗计算。线损理论计算的在线应用就是利用 SCADA 系统通过遥测、遥信，收集电网代表日的 24h 整点信息，经过状态估计和数据转换，形成线损理论计算所必需的电网结构参数和运行数据，最后计算出当日的线损率。

利用电网调度自动化系统的实测数据经过状态估计后进行电网线损理论计算的在线应用，能自动适应运行方式的变化，避免了繁琐的数据输入，使得电网线损理论计算在数据收集、输入、潮流收敛性调整等工作变得较为简便。在对全系统统一的负荷实测和线损理论计算与分析时，节省较多的人力、物力。同时，通过潮流核对，提高了计算精度，对于节能降损和提高线损管理水平有着重要意义。但其对电力系统硬件要求较高，目前主要运用于主网运行和分析，对于配电网和低压网来说，完全实现数据收集的自动化仍存在较大困难。

3. 潮流计算基本原理

所谓潮流计算就是计算电力系统的功率在各个支路的分布、各个支路的功率损耗以及各个节点的电压和各个支路的电压损耗。由于电力系统可以用等值电路来模拟，从本质上说，电力系统的潮流计算首先是根据各个节点的注入功率求解电力系统各个节点的电压，当各个节点的电压相量已知时，就很容易计算出各个支路的功率损耗和功率分布。

假设支路的两个节点分别为 k 和 l，支路导纳为 y_{kl}，两个节点的电压已知，分别为 $\dot{U}_k$ 和 $\dot{U}_l$，如图 2-1 所示。

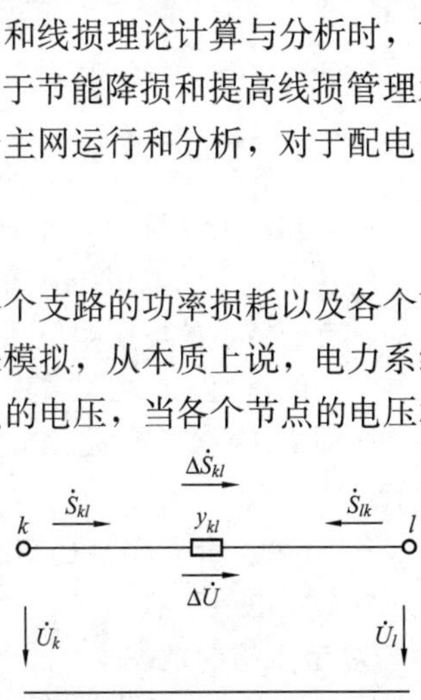

那么从节点 k 流向节点 l 的复功率为（变量上面的"一"表示复共扼）

$$\dot{S}_{kl} = \dot{U}_k \overline{I}_{kl} = \dot{U}_k[\overline{y}_{kl}(\overline{U}_k - \overline{U}_l)] \tag{2-16}$$

图 2-1　支路功率及其分布

从节点 l 流向节点 k 的复功率为

$$\dot{S}_{lk} = \dot{U}_l \overline{I}_{lk} = \dot{U}_l [\overline{y}_{kl}(\overline{U}_l - \overline{U}_k)] \tag{2-17}$$

功率损耗为

$$\Delta S_{kl} = \dot{S}_{kl} + \dot{S}_{lk} = (\dot{U}_k - \dot{U}_l)\overline{y}_{kl}(\overline{U}_k - \overline{U}_l) = \overline{y}_{kl} \Delta U_{kl}^2 \tag{2-18}$$

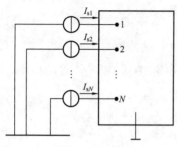

图 2-2　电网络示意图

因此，潮流计算的第一步是求解节点的电压和相位，根据电路理论，可以采用节点导纳方程求解各个节点的电压。因此要想求系统各个节点的电压，需要利用系统的节点导纳方程。

如图 2-2 所示的电网络，有 N 个节点，假如已知各个节点的注入电流源的电流，以及各个支路的支路导纳，那么可以根据节点导纳方程求出电网各个节点的电压

$$\boldsymbol{YU} = \boldsymbol{I}_{\mathrm{S}} \tag{2-19}$$

其中

$$\boldsymbol{Y} = \begin{bmatrix} Y_{11} & Y_{12} & \cdots & Y_{1N} \\ Y_{21} & Y_{22} & \cdots & Y_{2N} \\ \vdots & \vdots & & \vdots \\ Y_{N1} & Y_{N2} & \cdots & Y_{NN} \end{bmatrix}$$

$\boldsymbol{Y}$ 为电网络的节点导纳矩阵，Y_{kk}（$k=1$，2，$\cdots N$）为自导纳，是与 k 节点所有连接支路导纳之和，Y_{kl}（$k \neq l$）为互导纳，等于负的连接 k 和 l 节点的所有支路导纳之和。

$\boldsymbol{U}= [U_1，U_2，\cdots，U_N]^{\mathrm{T}}$ 为各个节点的电压相量，$\boldsymbol{I}_{\mathrm{S}}=[I_{\mathrm{S}1}，I_{\mathrm{S}2}，\cdots，I_{\mathrm{S},N}]^{\mathrm{T}}$ 为注入到各个节点的总电流。

要想计算各个节点电压，除了需要知道系统参数及节点导纳矩阵以外，还需要知道节点的注入电流源的电流。然而电力系统中，节点的注入电流是不知道的，已知的是各个节点的注入功率。这就需要将节点电压方程转化为节点功率方程。

式（2-19）中第 k（$k=1$，2，$\cdots$，N）个节点的方程可以写作

$$\sum_{l=1}^{N} Y_{kl}\dot{U}_l = Y_{k1}\dot{U}_1 + Y_{k2}\dot{U}_2 + \cdots + Y_{kk}\dot{U}_k + \cdots + Y_{kN}\dot{U}_N = \dot{I}_{\mathrm{S}k} \tag{2-20}$$

在式（2-20）两端乘以 $\overline{U}_k$，得到

$$\overline{U}_k \sum_{l=1}^{N} Y_{kl}\dot{U}_l = \overline{U}_k \dot{I}_{\mathrm{S}k} = \overline{S}_{\mathrm{S}k} = P_{\mathrm{S}k} - \mathrm{j}Q_{\mathrm{S}k} \tag{2-21}$$

假如在电力系统中，各个节点的注入复功率都已知，那么就可以用式（2-21）组成的方程组求解各个节点的电压。然而实际情况并非如此，已知的条件是：有的节点的注入复功率 S 是已知的，有的节点的电压幅值和注入有功功率是已知的，有的节点的电压和相角是已知的。根据这三种不同的情况，电力系统中各个节点分为三种类型：PQ 节点、PU 节点和 $V\delta$ 节点。

所谓 PQ 节点，就是该节点的注入复功率 S 是已知的，这样的节点一般为中间节点或者是负荷节点。

PU 节点，指该节点已知的条件是注入节点的有功功率 P 和该节点的电压幅值 U，这样的节点通常是发电机节点。

$U\delta$ 节点指的是该节点的电压幅值和相角是已知的，这样的节点通常是平衡节点，在每个局部电网中只有一个这样的节点。

当然，PQ 节点和 PU 节点在一定条件下还可以互相转化，例如，当发电机节点无法维持该

节点电压时，发电机运行于功率极限时，发电机节点的有功和无功变成了已知量，而电压幅值则未知，此时，该节点由 PU 节点转化为 PQ 节点。再比如某个负荷节点，运行要求电压不能越限，当该节点的电压幅值处于极限位置，或者电力系统调压要求该节点的电压恒定，此时该负荷节点就由 PQ 节点转化为 PU 节点。

假如全系统有 N 个节点，其中有 M 个 PQ 节点，$N-M-1$ 个 PU 节点，1 个平衡节点，每个节点有四个参数：电压幅值 U、相位角 δ（用极坐标表示电压，如果用直角坐标表示电压相量，则是 e 和 f）注入有功功率 P_S 和无功功率 Q_S，任何一个节点的四个参数中总有两个是已知的，因此 N 个节点，有 $2N$ 个未知变量，N 个复数方程（即 $2N$ 个实数方程，实部和虚部各一个），通过解这个复数方程就可得到另外 $2N$ 个参数。这就是潮流计算的本质。

但在实际求解过程中，由于求解的对象是电压，因此，实际上不需要 $2N$ 个功率方程，对于 M 个 PQ 节点，有 $2M$ 个功率方程（M 个实部有功功率方程，M 个虚部无功功率方程）；对于 $N-M-1$ 个 PU 节点，由于电压有效值 U 已知，因此只有 $N-M-1$ 个有功功率方程；对于平衡节点，由于电压和相角已知，不需要功率方程。因此总计有 $2M+N-M-1=N+M-1$ 个功率方程。如果电压相量用极坐标表示，即 $\dot{U}_k=U_k\angle\delta_k$，则 M 个 PQ 节点有 $2M$ 个未知数（M 个电压有效值，M 个电压相角），$N-M-1$ 个 PU 节点有 $N-M-1$ 个未知数（电压有效值已知，未知数为电压相角），平衡节点没有未知数，因此未知数的个数也是 $N+M-1$ 个，与方程数一致。如果复电压用直角坐标表示，$\dot{U}_k=e_k+\mathrm{j}f_k$，则有 $2(N-1)$ 个未知数，还需要增加 $N-M-1$ 个电压方程，即 $U_k^2=e_k^2+f_k^2$。

(1) 用直角坐标表示的电力系统节点功率方程。对于 PQ 节点，已知注入节点的功率 P 和 Q，将 $Y_{km}=G_{km}+\mathrm{j}B_{km}$ 和 $\dot{U}_k=e_k+\mathrm{j}f_k$ 带入节点功率方程的复数表示式中，可以得到有功功率和无功功率两个方程

$$\begin{cases} P_{Sk}=P_{Gk}-P_{Lk}=e_k\sum_{m=1}^{N-1}(G_{km}e_m-B_{km}f_m)+f_k\sum_{m=1}^{N-1}(G_{km}f_m+B_{km}e_m) \\ Q_{Sk}=Q_{Gk}-Q_{Lk}=f_k\sum_{m=1}^{N-1}(G_{km}e_m-B_{km}f_m)-e_k\sum_{m=1}^{N-1}(G_{km}f_m+B_{km}e_m) \end{cases} \quad (2-22)$$

式（2-22）中 P_{Sk} 和 Q_{Sk} 为注入到节点 k 的净功率，即注入和消耗的代数和；P_{Gk}、Q_{Gk} 为注入的功率；P_{Lk} 和 Q_{Lk} 为消耗的功率。

对于 PU 节点，除了有功功率方程外，因为已知该节点的电压幅值，还有一个电压方程

$$U_k^2=e_k^2+f_k^2 \quad (2-23)$$

式（2-22）可以抽象的表示为

$$\begin{cases} \Delta P_k(e_1,f_1,\cdots,e_{N-1},f_{N-1})=0 \\ \Delta Q_k(e_1,f_1,\cdots,e_{N-1},f_{N-1})=0 \end{cases} \quad (2-24)$$

式（2-23）可以抽象的表示为

$$\Delta U_k(e_1,f_1,\cdots,e_{N-1},f_{N-1})=0 \quad (2-25)$$

因此，对于一个具有 N 个节点的电力系统，其中 M 个 PQ 节点，$N-M-1$ 个 PU 节点，1 个平衡节点，有方程如下

$$\left.\begin{array}{l} \Delta P_1(e_1,f_1,\cdots,e_{N-1},f_{N-1})=0 \\ \Delta Q_1(e_1,f_1,\cdots,e_{N-1},f_{N-1})=0 \\ \vdots \\ \Delta P_M(e_1,f_1,\cdots,e_{N-1},f_{N-1})=0 \\ \Delta Q_M(e_1,f_1,\cdots,e_{N-1},f_{N-1})=0 \end{array}\right\} 2M \text{ 个 } PQ \text{ 节点的方程}$$

$$\left.\begin{array}{l}\Delta P_{M+1}(e_1, f_1, \cdots, e_{N-1}, f_{N-1}) = 0 \\ \Delta U_{M+1}(e_1, f_1, \cdots, e_{N-1}, f_{N-1}) = 0 \\ \vdots \\ \Delta P_{N-1}(e_1, f_1, \cdots, e_{N-1}, f_{N-1}) = 0 \\ \Delta U_{N-1}(e_1, f_1, \cdots, e_{N-1}, f_{N-1}) = 0\end{array}\right\} 2(N\text{-}M\text{-}1) \text{个} PU \text{节点方程} \tag{2-26}$$

N 个节点，平衡节点的电压幅值和相角已知，即其横分量和纵分量已知，因此平衡节点不参与计算。$N-1$ 个节点的电压的横分量和纵分量为未知数，共 $2N-2$ 个未知数。$2M$ 个 PQ 节点方程，$2(N-M-1)$ 个 PU 节点方程，共计 $2N-2$ 个方程。

解这个方程组，就可以得到电力系统 N 个节点的电压相量，根据各个节点的电压相量和已知的注入功率，就可以计算出各个支路的潮流分布，及各个支路的功率损耗。

（2）极坐标表示的节点功率方程。对于 PQ 节点，已知的是注入节点的功率 P 和 Q，将 $Y_{kn} = G_{kn} + jB_{kn}$ 和 $\dot{U}_k = U_k \angle \delta_k$ 带入节点功率方程的复数表示式中，可以得到实部和虚部两个方程

$$\left\{\begin{array}{l}P_{Sk} = P_{Gk} - P_{Lk} = U_k \sum_{m=1}^{N} U_m (G_{kn} \cos\delta_{kn} + B_{kn} \sin\delta_{kn}) \\ Q_{Sk} = Q_{Gk} - Q_{Lk} = U_k \sum_{m=1}^{N} U_m (G_{kn} \sin\delta_{kn} - B_{kn} \cos\delta_{kn})\end{array}\right. \tag{2-27}$$

式中，U 代表电压幅值，$\delta_{kn} = \delta_k - \delta_m$。

对于 PU 节点，由于节点的电压幅值已知，因此只有有功功率方程而没有无功功率方程。

同样，式（2-24）可以抽象的表示为

$$\Delta P_k(U_1, \cdots, U_M, \delta_1, \cdots, \delta_{N-1}) = 0 \tag{2-28}$$

$$\Delta Q_k(U_1, \cdots, U_M, \delta_1, \cdots, \delta_{N-1}) = 0 \tag{2-29}$$

因此，对于一个具有 N 个节点的电力系统，其中 M 个 PQ 节点，$N-M-1$ 个 PU 节点，1个平衡节点，有方程如下

$$\left.\begin{array}{l}\Delta P_1(U_1, \cdots, U_M, \delta_1, \cdots, \delta_{N-1}) = 0 \\ \Delta Q_1(U_1, \cdots, U_M, \delta_1, \cdots, \delta_{N-1}) = 0 \\ \vdots \\ \Delta P_M(U_1, \cdots, U_M, \delta_1, \cdots, \delta_{N-1}) = 0 \\ \Delta Q_M(U_1, \cdots, U_M, \delta_1, \cdots, \delta_{N-1}) = 0\end{array}\right\} 2M \text{个} PQ \text{节点方程} \tag{2-30}$$

$$\left.\begin{array}{l}\Delta P_{M+1}(U_1, \cdots, U_M, \delta_1, \cdots, \delta_{N-1}) = 0 \\ \vdots \\ \Delta P_{N-1}(U_1, \cdots, U_M, \delta_1, \cdots, \delta_{N-1}) = 0\end{array}\right\} N\text{-}M\text{-}1 \text{个} PU \text{节点方程} \tag{2-31}$$

除了平衡节点外，$N-1$ 个节点中，有 M 个 PQ 节点的电压幅值和相角都是未知数，$N-M-1$ 个 PU 节点的相角为未知数，因此共有 $2M+N-M-1 = N+M-1$ 个未知数，$2M+N-M-1 = N+M-1$ 个方程。

在式（2-31）中，可以把 $N-1$ 个有功功率方程放在一起，M 个无功功率方程放在一起，即

$$\left.\begin{array}{l}\Delta P_1(U_1, \cdots, U_M, \delta_1, \cdots, \delta_{N-1}) = 0 \\ \vdots \\ \Delta P_{N-1}(U_1, \cdots, U_M, \delta_1, \cdots, \delta_{N-1}) = 0\end{array}\right\} N\text{-}1 \text{个有功功率方程} \tag{2-32}$$

$$\left.\begin{array}{c} \Delta Q_1(U_1, \cdots, U_M, \delta_1, \cdots, \delta_{N-1}) = 0 \\ \vdots \\ \Delta Q_M(U_1, \cdots, U_M, \delta_1, \cdots, \delta_{N-1}) = 0 \end{array}\right\} M \text{个无功功率方程} \qquad (2-33)$$

解上述方程组，就可以得到电力系统中各个节点的电压幅值和相角，进而可以计算出各个支路的潮流分布和损耗。

（3）功率方程的约束条件。通过功率方程的求解所得到的计算结果代表了方程在数学上的一组解答。但这组解答所放映的系统运行状态在工程上是否具有实际意义呢？还需要进行检验。为保证电力系统的正常运行潮流问题中某些变量应满足一定的约束条件，常用的约束条件有：

1）所有节点电压必须满足

$$U_{imin} \leqslant U_i \leqslant U_{imax}(i = 1, 2, \cdots, n) \qquad (2-34)$$

从保证电能质量和供电安全的要求来看，电力系统的所有电气设备都必须运行在额定电压附近，PU 节点的电压幅值必须按上述条件给定。因此，这一约束主要是对 PQ 节点而言。

2）所有电源节点的有功功率和无功功率必须满足

$$\begin{cases} P_{Gimin} \leqslant P_{Gi} \leqslant P_{Gimax} \\ Q_{Gimin} \leqslant Q_{Gi} \leqslant Q_{Gimax} \end{cases} \qquad (2-35)$$

PQ 节点的有功功率和无功功率以及 PU 节点的有功功率，在给定时就必须满足式（2-35）。因此，对平衡节点的 P 和 Q 以及 PU 节点的 Q 应按上述条件进行检验。

3）某些节点之间电压的相位差应满足

$$|\delta_i - \delta_j| < |\delta_i - \delta_j|_{max} \qquad (2-36)$$

为保证系统运行的稳定性，要求某些输电线路两端的电压相位差不超过一定的数值。因此潮流计算可以归结为求解一组非线性方程组，并使其解答满足一定的约束条件。

牛顿—拉夫逊法（简称牛顿法），是数学上解非线性方程式的有效方法。要点是把非线性方程式的求解变成对相应的线性方程式进行求解的过程。即通常说的逐次线性化的过程。牛顿法是一种较好的计算潮流的方法。

4. 牛顿-拉夫逊法的基本原理

设有单变量非线性方程

$$f(x) = 0 \qquad (2-37)$$

求解此方程时，先给出解的近似值 $x^{(0)}$，它与真解的误差为 $\Delta x^{(0)}$，则 $x = x^{(0)} + \Delta x^{(0)}$ 将满足式（2-37），即

$$f(x^{(0)} + \Delta x^{(0)}) = 0 \qquad (2-38)$$

将上式左边的函数在 $x^{(0)}$ 附近展成泰勒级数，便得

$$f(x^{(0)} + \Delta x^{(0)}) = f(x^{(0)}) + f'(x^{(0)})\Delta x^{(0)} + f''(x^{(0)})\frac{(\Delta x^{(0)})^2}{2!} + \cdots + f^n(x^{(0)})\frac{(\Delta x^{(0)})^n}{n!} + \cdots$$

$$(2-39)$$

式中：$f'(x^{(0)})$，$\cdots$，$f^n(x^{(0)})$ 分别为函数 $f(x)$ 在 $x^{(0)}$ 处的一阶导数，$\cdots$，n 阶导数。

如果差值 $\Delta x^{(0)}$ 很小，$\Delta x^{(0)}$ 的二次及以上阶次的各项均可略去，式（2-39）便简化成

$$f(x^{(0)} + \Delta x^{(0)}) = f(x^{(0)}) + f'(x^{(0)})\Delta x^{(0)} = 0 \qquad (2-40)$$

这是对于变量的修正量 $\Delta x^{(0)}$ 的线性方程式，亦称修正方程式。解此方程可得修正量

$$\Delta x^{(0)} = -\frac{f(x^{(0)})}{f'(x^{(0)})} \qquad (2-41)$$

用所求得的 $\Delta x^{(0)}$ 去修正近似解，便得

$$x^{(1)} = x^{(0)} + \Delta x^{(0)} = x^{(0)} - \frac{f(x^{(0)})}{f'(x^{(0)})} \tag{2-42}$$

修正后的近似解 $x^{(1)}$ 同真解仍然有误差。为了进一步逼近真解，这样的迭代计算可以反复进行下去，迭代计算的通式是

$$x^{(k+1)} = x^{(k)} - \frac{f(x^{(k)})}{f'(x^{(k)})} \tag{2-43}$$

迭代过程的收敛判据为

$$|f(x^{(k)})| < \varepsilon_1 \tag{2-44}$$

或

$$|\Delta x^{(k)}| < \varepsilon_2 \tag{2-45}$$

式中：ε_1 和 ε_2 为预先给定的小正数。

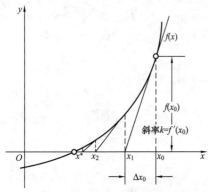

图 2-3 牛顿拉夫逊法的几何解释

其迭代求解过程的几何意义如图 2-3 所示。

牛顿法不仅用于求解单变量方程，它也是求解多变量非线性代数方程的有效方法。

设有 n 个联立的非线性代数方程

$$\begin{cases} f_1(x_1,x_2,\cdots,x_n)=0 \\ f_2(x_1,x_2,\cdots,x_n)=0 \\ \quad\vdots \\ f_n(x_1,x_2,\cdots,x_n)=0 \end{cases} \tag{2-46}$$

假定已给出各变量的初值 $x_1^{(0)}$，$x_2^{(0)}$，$\cdots$，$x_n^{(0)}$，令 $\Delta x_1^{(0)}$，$\Delta x_2^{(0)}$，$\cdots$，$\Delta x_n^{(0)}$ 分别为各变量的修正量，使其满足式（2-46），即

$$\begin{cases} f_1(x_1^{(0)}+\Delta x_1^{(0)}, x_2^{(0)}+\Delta x_2^{(0)}, \cdots, x_n^{(0)}+\Delta x_n^{(0)})=0 \\ f_2(x_1^{(0)}+\Delta x_1^{(0)}, x_2^{(0)}+\Delta x_2^{(0)}, \cdots, x_n^{(0)}+\Delta x_n^{(0)})=0 \\ \quad\vdots \\ f_n(x_1^{(0)}+\Delta x_1^{(0)}, x_2^{(0)}+\Delta x_2^{(0)}, \cdots, x_n^{(0)}+\Delta x_n^{(0)})=0 \end{cases} \tag{2-47}$$

将式（2-47）的 n 个多元函数在初始值附近分别展成泰勒级数，并略去含 $\Delta x_1^{(0)}$，$\Delta x_2^{(0)}$，$\cdots$，$\Delta x_n^{(0)}$ 的二次及以上阶次的各项，便得

$$\begin{cases} f_1(x_1^{(0)},x_2^{(0)},\cdots,x_n^{(0)}) + \frac{\partial f_1}{\partial x_1}\Big|_0 \Delta x_1^{(0)} + \frac{\partial f_1}{\partial x_2}\Big|_0 \Delta x_2^{(0)} + \cdots + \frac{\partial f_1}{\partial x_n}\Big|_0 \Delta x_n^{(0)} = 0 \\ f_2(x_1^{(0)},x_2^{(0)},\cdots,x_n^{(0)}) + \frac{\partial f_2}{\partial x_1}\Big|_0 \Delta x_1^{(0)} + \frac{\partial f_2}{\partial x_2}\Big|_0 \Delta x_2^{(0)} + \cdots + \frac{\partial f_2}{\partial x_n}\Big|_0 \Delta x_n^{(0)} = 0 \\ \quad\vdots \\ f_n(x_1^{(0)},x_2^{(0)},\cdots,x_n^{(0)}) + \frac{\partial f_n}{\partial x_1}\Big|_0 \Delta x_1^{(0)} + \frac{\partial f_n}{\partial x_2}\Big|_0 \Delta x_2^{(0)} + \cdots + \frac{\partial f_n}{\partial x_n}\Big|_0 \Delta x_n^{(0)} = 0 \end{cases} \tag{2-48}$$

式（2-48）也可以写成矩阵形式

$$\begin{bmatrix} f_1(x_1^{(0)},x_2^{(0)},\cdots,x_n^{(0)}) \\ f_2(x_1^{(0)},x_2^{(0)},\cdots,x_n^{(0)}) \\ \vdots \\ f_n(x_1^{(0)},x_2^{(0)},\cdots,x_n^{(0)}) \end{bmatrix} = - \begin{bmatrix} \frac{\partial f_1}{\partial x_1}\Big|_0 & \frac{\partial f_1}{\partial x_2}\Big|_0 & \cdots & \frac{\partial f_1}{\partial x_n}\Big|_0 \\ \frac{\partial f_2}{\partial x_1}\Big|_0 & \frac{\partial f_2}{\partial x_2}\Big|_0 & \cdots & \frac{\partial f_2}{\partial x_n}\Big|_0 \\ \vdots & & & \\ \frac{\partial f_n}{\partial x_1}\Big|_0 & \frac{\partial f_n}{\partial x_2}\Big|_0 & \cdots & \frac{\partial f_n}{\partial x_n}\Big|_0 \end{bmatrix} \begin{bmatrix} \Delta x_1^{(0)} \\ \Delta x_2^{(0)} \\ \vdots \\ \Delta x_n^{(0)} \end{bmatrix} \tag{2-49}$$

式（2-49）是对于修正量 $\Delta x_1^{(0)}$，$\Delta x_2^{(0)}$，$\cdots$，$\Delta x_n^{(0)}$ 的线性方程组，称为牛顿法的修正方程式。利用高斯消取法或者三角分解法可以解出修正量 $\Delta x_1^{(0)}$，$\Delta x_2^{(0)}$，$\cdots$，$\Delta x_n^{(0)}$。然后对初始近似解进行修正

$$x_i^{(1)} = x_i^{(0)} + \Delta x_i^{(0)} \quad (i = 1,2,\cdots,n) \tag{2-50}$$

如此反复迭代，在进行第 $k+1$ 次迭代时，从求解修正方程式

$$
\begin{bmatrix}
f_1(x_1^{(k)},x_2^{(k)},\cdots,x_n^{(k)}) \\
f_2(x_1^{(k)},x_2^{(k)},\cdots,x_n^{(k)}) \\
\vdots \\
f_n(x_1^{(k)},x_2^{(k)},\cdots,x_n^{(k)})
\end{bmatrix}
= -
\begin{bmatrix}
\dfrac{\partial f_1}{\partial x_1}\bigg|_k & \dfrac{\partial f_1}{\partial x_2}\bigg|_k & \cdots & \dfrac{\partial f_1}{\partial x_n}\bigg|_k \\
\dfrac{\partial f_2}{\partial x_1}\bigg|_k & \dfrac{\partial f_2}{\partial x_2}\bigg|_k & \cdots & \dfrac{\partial f_2}{\partial x_n}\bigg|_k \\
& & \vdots & \\
\dfrac{\partial f_n}{\partial x_1}\bigg|_k & \dfrac{\partial f_n}{\partial x_2}\bigg|_k & \cdots & \dfrac{\partial f_n}{\partial x_n}\bigg|_k
\end{bmatrix}
\begin{bmatrix}
\Delta x_1^{(k)} \\
\Delta x_2^{(k)} \\
\vdots \\
\Delta x_n^{(k)}
\end{bmatrix}
\tag{2-51}
$$

得到修正量 $\Delta x_1^{(k)}$，$\Delta x_2^{(k)}$，$\cdots$，$\Delta x_n^{(k)}$，并对各变量进行修正

$$x_i^{(k+1)} = x_i^{(k)} + \Delta x_i^{(k)} \quad (i = 1,2,\cdots,n) \tag{2-52}$$

式（2-51）和式（2-52）也可以缩写成为

$$F(X^{(k)}) = -J^{(k)} \Delta X^{(k)} \tag{2-53}$$

和

$$X^{(k+1)} = X^{(k)} + \Delta X^{(k)} \tag{2-54}$$

式中：X 和 ΔX 分别是由 n 个变量和修正量组成的 n 维列向量；$F(X)$ 是由 n 个多元函数组成的 n 维列向量；J 是 $n \times n$ 阶方阵，称为雅可比矩阵，它的第 i、j 个元素 $J_{ij} = \dfrac{\partial f_i}{\partial x_j}$ 是第 i 个函数 $f_i(x_1, x_2, \cdots, x_n)$ 对第 j 个变量的偏导数；上角标 (k) 表示 J 阵的每一个元素都在点 $x_1^{(k)}$，$x_2^{(k)}$，$\cdots$，$x_n^{(k)}$ 处取值。

迭代过程一直进行到满足收敛判据

$$\max \{|f_i(x_1^{(k)},x_2^{(k)},\cdots,x_n^{(k)})|\} < \varepsilon_1 \tag{2-55}$$

或

$$\max \{|\Delta x_i^{(k)}|\} < \varepsilon_2 \tag{2-56}$$

为止。ε_1 和 ε_2 为预先给定的小正数。

将牛顿—拉夫逊法用于潮流计算，要求将潮流方程写成形如式（2-46）的形式。由于节点可以采用不同的坐标系表示，牛顿—拉夫逊法潮流计算也将相应地采用不同的计算公式。

5. 直角坐标节点功率方程的牛顿-拉夫逊法

假设系统有 N 个节点，其中 M 个 PQ 节点，$N-M-1$ 个 PU 节点，1 个平衡节点。则 M 个 PQ 节点方程为（假设 1 号节点至 M 号节点为 PQ 节点）

$$
\begin{cases}
\Delta P_k = P_{Sk} - e_k \displaystyle\sum_{l=1}^{N}(G_{kl}e_l - B_{kl}f_l) - f_k \displaystyle\sum_{l=1}^{N}(G_{kl}f_l + B_{kl}e_l) = 0 \\
\Delta Q_k = Q_{Sk} - f_k \displaystyle\sum_{l=1}^{N}(G_{kl}e_l - B_{kl}f_l) + e_k \displaystyle\sum_{l=1}^{N}(G_{kl}f_l + B_{kl}e_l) = 0
\end{cases}
\tag{2-57}
$$

$$(k=1, 2, \cdots, M)$$

$N-M-1$ 个 PU 节点的方程为（假设第 $M+1$ 号节点至第 $N-1$ 号节点为 PU 节点）

$$
\begin{cases}
\Delta P_k = P_{Sk} - e_k \displaystyle\sum_{l=1}^{N}(G_{kl}e_l - B_{kl}f_l) - f_k \displaystyle\sum_{l=1}^{N}(G_{kl}f_l + B_{kl}e_l) = 0 \\
\Delta U_k = U_k^2 - e_k^2 - f_k^2 = 0
\end{cases}
\tag{2-58}
$$

$$(k=M+1, M+2, \cdots, N-1)$$

式中：ΔU_k 只代表一个函数，并非代表电压差；P_{Sk} 和 Q_{Sk} 为注入到节点 k 的净功率，即注入到

该节点的发电功率减去该节点的负荷功率。

PQ 节点的方程是有功功率和无功功率方程，PU 节点方程有功功率方程和电压方程，平衡节点为参考节点，电压已知，没有方程，但其电压参与节点功率方程中计算。未知变量是除了平衡节点外的各个节点的电压相量的横分量和纵分量，共有 $2(N-1)$ 个未知数，$2(N-1)$ 个方程。

其修正方程为

$$
\begin{bmatrix} \Delta P_1 \\ \Delta Q_1 \\ \cdots \\ \Delta P_m \\ \Delta Q_m \\ -- \\ \Delta P_{m+1} \\ \Delta U_{m+1} \\ \cdots \\ \Delta P_{n-1} \\ \Delta U_{n-1} \end{bmatrix} = - \begin{bmatrix} N_{11} & H_{11} & \cdots & N_{1m} & H_{1m} & | & N_{1,m+1} & H_{1,m+1} & \cdots & N_{1,n-1} & H_{1,n-1} \\ M_{11} & L_{11} & \cdots & M_{1m} & L_{1m} & | & M_{1,m+1} & L_{1,m+1} & \cdots & M_{1,n-1} & L_{1,n-1} \\ \cdots & \cdots & \cdots & \cdots & \cdots & | & \cdots & \cdots & \cdots & \cdots & \cdots \\ N_{m,1} & H_{m,1} & \cdots & N_{m,m} & H_{m,m} & | & N_{m,m+1} & H_{m,m+1} & \cdots & N_{m,n-1} & H_{m,n-1} \\ M_{m,1} & L_{m,1} & \cdots & M_{m,m} & L_{m,m} & | & M_{m,m+1} & L_{m,m+1} & \cdots & M_{m,n-1} & L_{m,n-1} \\ -- & -- & -- & -- & -- & | & -- & -- & -- & -- & -- \\ N_{m+1,1} & H_{m+1,1} & \cdots & N_{m+1,m} & H_{m+1,m} & | & N_{m+1,m+1} & H_{m+1,m+1} & \cdots & N_{m+1,n-1} & H_{m+1,n-1} \\ R_{m+1,1} & S_{m+1,1} & \cdots & R_{m+1,m} & S_{m+1,m} & | & R_{m+1,m+1} & S_{m+1,m+1} & \cdots & R_{m+1,n-1} & S_{m+1,n-1} \\ \cdots & \cdots & \cdots & \cdots & \cdots & | & \cdots & \cdots & \cdots & \cdots & \cdots \\ N_{n-1,1} & H_{n-1,1} & \cdots & N_{n-1,m} & H_{n-1,m} & | & N_{n-1,m+1} & H_{n-1,m+1} & \cdots & N_{n-1,n-1} & H_{n-1,n-1} \\ R_{n-1,1} & S_{n-1,1} & \cdots & R_{n-1,m} & S_{n-1,m} & | & R_{n-1,m+1} & S_{n-1,m+1} & \cdots & R_{n-1,n-1} & S_{n-1,n-1} \end{bmatrix} \begin{bmatrix} \Delta e_1 \\ \Delta f_1 \\ \cdots \\ \Delta e_m \\ \Delta f_m \\ -- \\ \Delta e_{m+1} \\ \Delta f_{m+1} \\ \cdots \\ \Delta e_{n-1} \\ \Delta f_{n-1} \end{bmatrix}
$$

$$(2-59)$$

其中

$$N_{kj} = \frac{\partial \Delta P_k}{\partial e_j} = -G_{kj} e_k - B_{kj} f_k \quad (j \neq k)$$

$$N_{kk} = \frac{\partial \Delta P_k}{\partial e_k} = -G_{kk} e_k - B_{kk} f_k - \sum_{l=1}^{n-1} (G_{kl} e_l - B_{kl} f_l)$$

$$H_{kj} = \frac{\partial \Delta P_k}{\partial f_j} = -G_{kj} f_k + B_{kj} e_k \quad (j \neq k)$$

$$H_{kk} = \frac{\partial \Delta P_k}{\partial f_k} = B_{kk} e_k - G_{kk} f_k - \sum_{l=1}^{n-1} (G_{kl} f_l + B_{kl} e_l)$$

$$M_{kj} = \frac{\partial \Delta Q_k}{\partial e_j} = -G_{kj} f_k + B_{kj} e_k \quad (j \neq k)$$

$$M_{kk} = \frac{\partial \Delta Q_k}{\partial e_k} = B_{kk} e_k - G_{kk} f_k + \sum_{l=1}^{n-1} (G_{kl} f_l + B_{kl} e_l)$$

$$L_{kj} = \frac{\partial \Delta Q_k}{\partial f_j} = B_{kj} f_k + G_{kj} e_k \quad (j \neq k)$$

$$L_{kk} = \frac{\partial \Delta Q_k}{\partial f_k} = G_{kk} e_k + B_{kk} f_k - \sum_{l=1}^{n-1} (G_{kl} e_l - B_{kl} f_l)$$

$$R_{kj} = \frac{\partial \Delta U_k}{\partial e_j} = 0 \quad (j \neq k)$$

$$R_{kk} = \frac{\partial \Delta U_k}{\partial e_k} = -2e_k$$

$$S_{kj} = \frac{\partial \Delta U_k}{\partial f_j} = 0 \quad (j \neq k)$$

$$S_{kk} = \frac{\partial \Delta U_k}{\partial f_k} = -2f_k$$

基于直角坐标的牛顿－拉夫逊法求解潮流计算的步骤如下：

（1）第一步：设定初值，对于 PQ 节点，其电压幅值的初值设定为该点的额定电压，而相角设定为零，因此，电压实部设定为额定电压，而虚部设定为零。对于 PU 节点，电压幅值已知，因此该节点的电压相量实部设定为已知的电压幅值，虚部也设定为零。

（2）第二步：求出 PQ 节点有功功率和无功功率增量 ΔP_k、ΔQ_k ［式（2-57）］，以及 PU 节点的有功功率和电压幅值的增量 ΔP_k 和 ΔU_k ［式（2-58）］，同时求出雅克比矩阵 J_k。

（3）第三步：求解修正式（2-59），得到电压的实部和虚部的修正值 Δe_k 和 Δf_k。并根据修正值修正设定的电压初始值。

（4）第四步：判断误差是否满足要求，如果满足要求，则输出计算结果，否则就令 $k=k+1$，转入第二步继续迭代。

6. 极坐标节点功率方程的牛顿-拉夫逊法

仍然假设系统有 N 个节点，其中 M 个 PQ 节点，$N-M-1$ 个 PU 节点，1 个平衡节点。则 M 个 PQ 节点方程为（假设第 1 号节点至第 M 号节点为 PQ 节点）

$$\begin{cases} \Delta P_k = P_{Sk} - U_k \sum_{l=1}^{N} U_l (G_{kl}\cos\delta_{kl} + B_{kl}\sin\delta_{kl}) = 0 \\ \Delta Q_k = Q_{Sk} - U_k \sum_{l=1}^{n} U_l (G_{kl}\sin\delta_{kl} - B_{kl}\cos\delta_{kl}) = 0 \end{cases} \tag{2-60}$$

$$(k = 1, 2, \cdots, M)$$

$N-M-1$ 个 PU 节点只包含有功功率方程（假设第 $M+1$ 号节点至 $N-1$ 号节点为 PU 节点）

$$\Delta P_k = P_{Sk} - U_k \sum_{l=1}^{N} U_l (G_{kl}\cos\delta_{kl} + B_{kl}\sin\delta_{kl}) = 0 \tag{2-61}$$

其中 P_{Sk} 和 Q_{Sk} 为注入到节点 k 的净功率，即注入到该节点的发电功率减去该节点负荷功率。PQ 节点既有有功功率方程，也有无功功率方程，未知数为电压幅值和相角；而 PU 节点则只有有功功率方程，未知数只有电压的相角。因此，极坐标下的节点功率方程共有 $2M+（N-1-M）=N+M-1$ 个未知数和方程。

把上述方程调整一下顺序：把 $N-1$ 个有功功率方程放在一起，M 个无功功率方程放在一起，方程可以写作

$$\begin{cases} \Delta \boldsymbol{P}(\delta, \boldsymbol{U}) = 0 \\ \Delta \boldsymbol{Q}(\delta, \boldsymbol{U}) = 0 \end{cases} \tag{2-62}$$

$\Delta \boldsymbol{P} = [\Delta P_1, \Delta P_2, \cdots, \Delta P_{N-1}]^T$，$\Delta \boldsymbol{Q} = [\Delta Q_1, \Delta Q_2, \cdots, \Delta Q_M]^T$，$\delta = [\delta_1, \delta_2, \cdots, \delta_{N-1}]^T$，$\boldsymbol{U} = [U_1, U_2, \cdots, U_M]^T$

其修正方程为

$$\begin{bmatrix} \Delta P_1 \\ \cdots \\ \Delta P_{n-1} \\ -- \\ \Delta Q_1 \\ \cdots \\ \Delta Q_m \end{bmatrix} = - \begin{bmatrix} \frac{\partial \Delta P_1}{\partial \delta_1} & \cdots & \frac{\partial \Delta P_1}{\partial \delta_{n-1}} & | & U_1\frac{\partial \Delta P_1}{\partial U_1} & \cdots & U_m\frac{\partial \Delta P_1}{\partial U_m} \\ \cdots & \cdots & \cdots & | & \cdots & \cdots & \cdots \\ \frac{\partial \Delta P_{n-1}}{\partial \delta_1} & \cdots & \frac{\partial \Delta P_{n-1}}{\partial \delta_{n-1}} & | & U_1\frac{\partial \Delta P_{n-1}}{\partial U_1} & \cdots & U_m\frac{\partial \Delta P_{n-1}}{\partial U_m} \\ -- & -- & -- & | & -- & -- & -- \\ \frac{\partial \Delta Q_1}{\partial \delta_1} & \cdots & \frac{\partial \Delta Q_1}{\partial \delta_{n-1}} & | & U_1\frac{\partial \Delta Q_1}{\partial U_1} & \cdots & U_m\frac{\partial \Delta Q_1}{\partial U_m} \\ \cdots & \cdots & \cdots & | & \cdots & \cdots & \cdots \\ \frac{\partial \Delta Q_m}{\partial \delta_1} & \cdots & \frac{\partial \Delta Q_m}{\partial \delta_{n-1}} & | & U_1\frac{\partial \Delta Q_m}{\partial U_1} & \cdots & U_m\frac{\partial \Delta Q_m}{\partial U_m} \end{bmatrix} \begin{bmatrix} \Delta \delta_1 \\ \cdots \\ \Delta \delta_{n-1} \\ -- \\ \Delta U_1/U_1 \\ \cdots \\ \Delta U_m/U_m \end{bmatrix}$$

$$(2-63)$$

式（2-63）中，为了使得雅克比矩阵的各个元素具相似性，并为 PQ 解耦法作铺垫，将雅克比矩阵中对电压的偏导元素乘上电压值，后面电压增量上除上电压值，根据矩阵的知识不难发现，经过上述处理后修正方程没有发生什么变化。将上面的修正方程中的矩阵分为两部分

$$\begin{bmatrix} \Delta P \\ \Delta Q \end{bmatrix} = - \begin{bmatrix} N & H \\ M & L \end{bmatrix} \begin{bmatrix} \Delta\delta \\ \Delta U/U \end{bmatrix} \tag{2-64}$$

$\Delta U/U = [\Delta U_1/U_1, \cdots, \Delta U_m/U_m]^{\mathrm{T}}$，并非是矩阵相除；分块矩阵 N 为 $(N-1) \times (N-1)$ 阶矩阵，H 为 $(N-1) \times M$ 阶矩阵，M 为 $M \times (N-1)$ 阶矩阵，L 为 $M \times M$ 阶矩阵。上述分块矩阵的元素分别表示如下

$$N_{kk} = \frac{\partial \Delta P_k}{\partial \delta_k} = U_k \sum_{l \neq k} U_l (G_{kl} \sin\delta_{kl} - B_{kl} \cos\delta_{kl}) = Q_{Sk} + U_k^2 B_{kk}$$

$$N_{kj} = \frac{\partial \Delta P_k}{\partial \delta_j} = U_k U_j (B_{kj} \cos\delta_{kj} - G_{kj} \sin\delta_{kj}) \quad (j \neq k)$$

$$H_{kk} = U_k \frac{\partial \Delta P_k}{\partial U_k} = -U_k \sum_{l \neq k} U_l (G_{kl} \cos\delta_{kl} + B_{kl} \sin\delta_{kl}) - 2U_k^2 G_{kk} = -U_k^2 G_{kk} - P_{Sk}$$

$$H_{kj} = U_j \frac{\partial \Delta P_k}{\partial U_j} = -U_k U_j (G_{kj} \cos\delta_{kj} + B_{kj} \sin\delta_{kj}) \quad (j \neq k)$$

$$M_{kk} = \frac{\partial \Delta Q_k}{\partial \delta_k} = -U_k \sum_{l \neq k} U_l (G_{kl} \cos\delta_{kl} - B_{kl} \sin\delta_{kl}) = U_k^2 G_{kk} - P_{Sk}$$

$$M_{kj} = \frac{\partial \Delta Q_k}{\partial \delta_j} = U_k U_j (G_{kj} \cos\delta_{kj} + B_{kj} \sin\delta_{kj}) \quad (j \neq k)$$

$$L_{kk} = U_k \frac{\partial \Delta Q_k}{\partial V_k} = -U_k \sum_{l \neq k} U_l (G_{kl} \sin\delta_{kl} - B_{kl} \cos\delta_{kl}) + 2U_k^2 B_{kk} = U_k^2 B_{kk} - Q_{Sk}$$

$$L_{kj} = U_j \frac{\partial \Delta Q_k}{\partial V_j} = U_k U_j (B_{kj} \cos\delta_{kj} - G_{kj} \sin\delta_{kj}) \quad (j \neq k)$$

基于极坐标下的牛顿一拉夫逊法的潮流计算过程如下：

（1）第一步：设定初值，对于 PQ 节点，其电压幅值的初值设定为该点的额定电压，而相角设定为零；对于 PU 节点，电压幅值已知，因此只设定相角的初值，设定为零。

（2）第二步：求出 PQ 节点有功功率和无功功率增量 ΔP_k、ΔQ_k（参见式（2-60）），以及 PU 节点的有功功率和电压幅值的增量 ΔP_k（参见式（2-61）），同时求出雅克比矩阵 J_k。

（3）第三步：求解修正式（2-63），得到电压幅值和相角的修正量 ΔU_k 和 $\Delta\delta_k$。并根据修正值修正设定的电压初始值。

（4）第四步：判断误差是否满足要求，即 $\|\Delta\delta_k\| < \varepsilon_1$、$\|\Delta U_k\| < \varepsilon_2$。如果满足要求，则输出计算结果，否则就令 $k = k+1$，转入第二步继续迭代。

潮流法的优点是计算精度高，缺点是由于电网需要收集的数据资料多，若表计不全或运行参数收集不全，或者网络的元件和节点数太多，运行数据和结构参数的收集整理困难，则无法采用潮流方法。

7. 潮流计算结果的修正

根据潮流计算得到的电能损耗只包括了线路和变压器的可变损耗。对于未计及元件线损中较为突出的损耗，采用以下方法计算，并据此对潮流计算结果加以修正。

（1）架空线路损耗的温度补偿。计及温升影响的架空线路电能损耗，由下式计算得到

$$\Delta E'_L = k_w \times \Delta E_L \tag{2-65}$$

式中：ΔE_L 为未补偿前的损耗，即由潮流计算出的电能损耗，MWh；$\Delta E'_L$ 为计及温升后的电能损耗，MWh；k_w 为温升系数，由下式计算得到

$$k_{w} = \frac{\sum_{i=1}^{n} R_{i(20)} L_i \left[1 + 0.2 \left(\frac{I_{rms}}{N_{ci} I_{pi}}\right)^2 + 0.004(t_a - 20)\right]}{\sum_{i=1}^{n} R_{i(20)} L_i} \qquad (2-66)$$

式中：$R_{i(20℃)}$ 为线路第 i 段 20℃时单位长度的电阻值，Ω/km；I_{rms} 为线路的均方根电流值，kA，如果线路为双回路线路，I_{rms} 为整条线路的一半；I_{pi} 为导线允许载流值，kA；N_{ci} 为每相分裂条数；L_i 为 i 种型号导线的长度，km；t_a 为环境温度，℃。

（2）架空线路电晕损失。当计及 220kV 及以上电压等级线路电晕损失时，由下式计算线路电晕损耗

$$\Delta \hat{E}_{L} = 0.02 \times \Delta E'_{L} \qquad (2-67)$$

式中：$\Delta \hat{E}_{L}$ 为考虑电晕效应后的线路电能损耗；$\Delta E'_{L}$ 为由潮流计算后并计及温升引起的电能损失后的线路损耗。

（3）电缆线路介质损耗计算。如果生产厂家能够提供每千米额定介质损耗（MW/km），则可以直接用每千米额定介质损耗、长度及电缆线路运行时间三者之积得到电能损耗；否则电缆介质电能损耗（三相）按照下式计算

$$\Delta A_{i} = U^2 \omega C T L \tan\delta \times 10^{-6} \quad (\text{MWh}) \qquad (2-68)$$

式中：U 为电缆运行线电压，kV；ω 为角速度，$\omega = 2\pi f$，f 为频率（Hz）；C 为电缆每相的工作电容，可以由产品目录查得；$\tan\delta$ 为介质损失角的正切值，可以由产品目录查得，或取实测值；L 为电缆长度，km。

每相电缆的工作电容为

$$C = \frac{\varepsilon}{18\ln \frac{r_e}{r_i}} \quad (\mu\text{F/km})$$

式中：ε 为绝缘介质的介电常数，可由产品目录查得，或取实测值；r_e 为绝缘层外半径，mm；r_i 为线芯的半径，mm。

（4）架空地线电能损耗的计算。

1）单架空地线能耗（或双架空地线单边接地能耗）ΔE_{D1d}

$$\Delta E_{D1d} = \frac{|\dot{E}_1|^2 \times (R_i + 0.05)}{(R_i + 0.05)^2 + \left(x_{i1} + 0.145\lg\frac{D_0}{r}\right)^2} \times L \times T \times 10^{-6} \quad (\text{MWh}) \qquad (2-69)$$

式中：$\dot{E}_1$ 为复感应电动势，V/km，由下式计算得到

$$\dot{E}_1 = j\left\{0.145 I_{rms} \left[a\left(\lg\frac{d_{1A}}{d_{1B}}\right) + a^2\left(\lg\frac{d_{1A}}{d_{1C}}\right)\right]\right\} \quad (\text{V/km}) \qquad (2-70)$$

$$a = e^{j120°}$$

式中：d_{1A}、d_{1B}、d_{1C} 为避雷线和三相导线之间的距离，km。

2）双架空地线，两边全接地能耗 ΔE_{D2}。该损耗由两部分构成：感应电流在两地线之间环流造成的损耗和感应电流环绕地线和大地之间造成的损耗。

a. 感应电流在两地线之间环流造成的损耗 ΔE_{D2h}

$$\Delta E_{D2h} = \frac{1.5\left(0.145 I_{rms}\lg\frac{d_{1A}}{d_{1C}}\right)^2 R_i}{R^2 + \left(0.145\lg\frac{d_{12}}{r} + x_i\right)^2} \times L \times T \times 10^{-6} \quad (\text{MWh}) \qquad (2-71)$$

b. 感应电流环绕地线和大地之间造成的损耗 ΔE_{D2d}

$$\Delta E_{D2d} = \frac{\left(0.145\dfrac{I_{rms}}{2}\lg\dfrac{d_{1A}d_{1C}}{d_{1B}^2}\right)^2 \times (0.5R_i + 0.05)}{(0.5R_i + 0.05)^2 + \left(0.5x_i + 0.145\lg\dfrac{D_0}{\sqrt{rd_{12}}}\right)^2} \times L \times T \times 10^{-6} \quad (MWh)$$

$$(2-72)$$

$$D_0 = 210\sqrt{\frac{10\rho}{f}}$$

于是双架空地线，两边全接地能耗为

$$\Delta E_{D2} = \Delta E_{D2h} + \Delta E_{D2d} \tag{2-73}$$

(5) 变压器空载损耗计算。

$$\Delta E_0 = P_0\left(\frac{U_{av}}{U_f}\right)^2 T \quad (MWh) \tag{2-74}$$

式中：P_0 为变压器空载损耗功率，MW；T 为变压器运行小时数，h；U_f 为变压器的分接头电压，kV；U_{av} 为平均电压，kV。

在实际计算中，可以近似认为变压器运行在额定电压值附近，忽略空载损耗与电压相关部分，即

$$\Delta E_0 = P_0 T \quad (MWh) \tag{2-75}$$

(6) 串联电抗器电能损耗。设整条线路包括两端，共有 m 个阻波器，每个额定电流为 I_{ri}（kA），额定损耗为 P_{ri}（MW），则电流 I_{rms}（kA）流过 m 个阻波器流的电能损耗为

$$\Delta E_r = \sum_{i=1}^{m}\left(\frac{I_{rms}}{I_{ri}}\right)^2 P_{ri}T = I_{rms}^2 \times \sum_{i=1}^{m}\left(\frac{1}{I_{ri}}\right)^2 P_{ri}T \quad (MWh) \tag{2-76}$$

8. 潮流算法所需采集数据

当采用潮流算法计算 35kV 及以上电力网电能损耗时，需要采集的运行数据见表 2-1。

表 2-1　　　　应用潮流算法计算 35kV 及以上电力网电能损耗时需要采集的运行数据

计算方法	需要采集的运行数据
电力法	计算时段内电力网每天所有正点的数据如下： (1) 电力网拓扑结构。 (2) 发电机：其所接节点作为 PQ 节点，有功功率（MW）和无功功率（Mvar）；其所接节点作为 PU 节点时，有功功率（MW）和电压（kV）；其所接节点作为平衡节点时，电压（kV），其相角设为零。 (3) 调相机：其所接节点作为 PQ 节点，有功功率（MW）和无功功率（Mvar）；其所接节点作为 PU 节点时，有功功率（MW）和电压（kV）。 (4) 负荷：有功功率（MW）和无功功率（Mvar）
电量法	除需要采集电力法的所有数据外，还需要采集计算时段内所有发电机（平衡机除外）、调相机和负荷每天的有功电量（MWh）和无功电量（Mvarh）

当计及其他电能损耗时，需要采集的运行数据见表 2-2。

表 2-2　　　　　　计及其他电能损耗时需要采集的运行数据

电能损耗	需要采集的计算时段内运行数据
线路温升损耗	线路所在地平均环境温度（℃）
变压器损耗	平均电压（kV），变压器的分接头电压（kV）

二、均方根电流法

均方根电流法是电网理论线损计算的基本计算方法，也是最常用的方法。均方根电流法的基本思想是，线路中流过的均方根电流所产生的电能损耗相当于实际负荷在同一时间内所产生的电

能损耗。其计算公式如下

$$\Delta A = 3I_{\mathrm{rms}}^2 Rt \times 10^{-3} \tag{2-77}$$

式中：ΔA 为损耗电量，kWh；R 为元件电阻，Ω；t 为运行时间，h；I_{rms} 为均方根电流，A，均方根电流计算公式如下

$$I_{\mathrm{rms}} = \sqrt{\frac{\sum\limits_{i=1}^{24} I_i^2}{24}} \tag{2-78}$$

式中：I_i 为代表日整点负荷电流，A。

若实测为 P_i、Q_i、U_i，均方根电流可以使用以下公式计算

$$I_{\mathrm{rms}} = \sqrt{\frac{\sum\limits_{i=1}^{24} \dfrac{P_i^2 + Q_i^2}{U_i^2}}{72}} \tag{2-79}$$

式中：P_i 为代表日整点时通过元件电阻的有功功率，kW；Q_i 为代表日整点时通过元件电阻的无功功率，kvar；U_i 为与 P_i、Q_i 同一时刻的线电压，kV。

电能损耗计算公式如下

$$\Delta A = \frac{\sum\limits_{i=1}^{24} \dfrac{P_i^2 + Q_i^2}{U_i^2}}{24} RT \times 10^{-3} \tag{2-80}$$

式中：P_i 为代表日整点时通过元件电阻的有功功率，kW；Q_i 为代表日整点时通过元件电阻的无功功率，kvar；U_i 为与 P_i、Q_i 同一时刻的线电压，kV；R 为元件电阻，Ω；t 为运行时间，h。

若实测为有功电量、无功电量和电压，均方根电流可以使用下式计算

$$I_{\mathrm{rms}} = \sqrt{\frac{\sum\limits_{i=1}^{24} \dfrac{A_{ai}^2 + A_{ri}^2}{U_i^2}}{72} \times 10^{-3}} \tag{2-81}$$

式中：A_{ai} 为代表日整点有功电量，kWh；A_{ri} 为代表日整点无功电量，kvarh；U_i 为与 A_{ai}、A_{ri} 同一时刻的线电压，kV。

电能损耗计算公式如下

$$\Delta A = \frac{\sum\limits_{i=1}^{24} \dfrac{A_{ai}^2 + A_{ri}^2}{U_i^2}}{24} RT \times 10^{-3} \tag{2-82}$$

式中：A_{ai} 为代表日整点有功电量，kWh；A_{ri} 为代表日整点无功电量，kvarh；U_i 为与 A_{ai}、A_{ri} 同一时刻的线电压，kV；R 为元件电阻，Ω；t 为运行时间，h。

由于有功电量和无功电量是由电度表计量的，精度比较高，一般使用式（2-82）计算电能损耗。

均方根电流法的优点是：方法简单，按照代表日 24h 整点负荷电流或有功功率、无功功率或有功电量、无功电量、电压参数等数据计算出均方根电流就可以进行电能损耗计算，计算精度较高。缺点是：当采用均方根方法对 10 kV 配电网线路计算理论线损时，对没有实测负荷记录的配电变压器，其均方根电流按与配电变压器额定容量成正比的关系来分配计算，这种计算不完全符合实际负荷情况；各分支线和各线段的均方根电流由各负荷的均方根电流代数相加减而得，但一般情况下，实际系统各个负荷点的负荷曲线形状和功率因数都不相同，因此用负荷的均方根电流直接代数相加减来得到各分支线和各线段的均方根电流不尽合理；均方根电流法计算的理论线损是代表日的线损值，利用代表日线损值、代表日电量、月平均日电量和月总电量归算出的月理论

线损值在客观上必然有一定差距。

根据电网采集参数不同，均方根电流方法还延伸出平均电流法和最大电流法。

1. 平均电流法

平均电流法也称形状系数法，是利用均方根电流法与平均电流的等效关系进行电能损耗计算的，由均方根电流法派生而来。平均电流法的基本思想是，线路中流过的平均电流所产生的电能损耗相当于实际负荷在同一时间内所产生的电能损耗。其计算公式如下

$$\Delta A = 3I_{av}^2 K^2 Rt \times 10^{-3} \tag{2-83}$$

式中：ΔA 为损耗电量，kWh；R 为元件电阻，Ω；t 为运行时间，h；I_{av} 为平均电流，A；K 为形状系数，形状系数 K 的计算公式如下

$$K = \frac{I_{rms}}{I_{av}} \tag{2-84}$$

式中：I_{rms} 为代表日均方根电流，A，I_{av} 为代表日负荷平均电流，A。

若实测为有功电量、无功电量和电压，平均电流也可以使用以下公式计算

$$I_{av} = \sqrt{\frac{A_a^2 + A_r^2}{3U_{av}^2}} \tag{2-85}$$

式中：A_a 为代表日的有功电量，kWh；A_r 为代表日的无功电量，kvarh；U_{av} 为代表日的电压平均值。

电能损耗计算公式如下

$$\Delta A = \frac{A_a^2 + A_r^2}{U_{av}^2} K^2 Rt \times 10^{-3} \tag{2-86}$$

式中：A_a 为代表日的有功电量，kWh；A_r 为代表日的无功电量，kvarh；U_{av} 为代表日的电压平均值；R 为元件电阻，Ω；t 为运行时间，h。

k 值的大小与电流对时间曲线的形状有关，而影响电流曲线形状的运行参数有负荷率 f 和最小负荷率 α。

按前电力部颁布的计算导则，当 $f > 0.5$ 时，有

$$k = \sqrt{\frac{\alpha + \frac{1}{3}(1-\alpha)^2}{\left(\frac{1+\alpha}{2}\right)^2}} \tag{2-87}$$

当 $f < 0.5$ 且 $f > \alpha$ 时，有

$$k = \sqrt{\frac{f(1+\alpha) - \alpha}{f^2}} \tag{2-88}$$

平均电流法的优点是：用实际中较容易得到并且较为精确的电量作为计算参数，计算结果较为准确，计算出的电能损耗结果精度较高；按照代表日平均电流和计算出形状系数等数据计算就可以进行电能损耗计算。缺点是：形状系数 K 不易计算，在实际使用中其值存在计算简化，与直线变化的持续负荷曲线有关，对没有实测负荷记录的配电变压器，不能记录实际负荷曲线；需改进负荷分配因子；配电网电压假设为平均低压后，计算精度受到了一定影响。

2. 最大电流法

最大电流法也称损耗因数法，是利用均方根电流法与最大电流的等效关系进行电能损耗计算的，由均方根电流法派生而来。最大电流法的基本思想是，线路中流过的最大电流所产生的电能损耗相当于实际负荷在同一时间内所产生的电能损耗。其计算公式如下

$$\Delta A = 3I_{max}^2 FRt \times 10^{-3} \tag{2-89}$$

式中：ΔA 为损耗电量，kWh；R 为元件电阻，Ω；t 为运行时间，h；I_{max} 为最大电流，A；F 为

损耗因数，损耗因数 F 的计算公式如下

$$F = \frac{I_{\text{rms}}^2}{I_{\text{max}}^2} \qquad (2-90)$$

式中：I_{rms} 为代表日均方根电流，A，I_{max} 为代表日负荷最大电流，A。

损耗因数 F 值的大小随电力系统的结构、损失种类、负荷分布及负荷曲线形状不同而异，特别是与负荷率 f 密切相关，分析表明：损耗因数 F 与负荷率 f 的关系，应介于直线和抛物线之间，即

$$F = \beta f + (1 - \beta) f^2 \qquad (2-91)$$

式中：β 为与电力网负荷曲线形状、网络结构及负荷特性有关的常数，通常介于 $0.1 \sim 0.4$ 之间，在不同网络结构下，β 值不同；f 为负荷率。

对于损耗因数 F 有三种计算方法，第一种是利用理想化得负荷曲线推求 $F(f)$ 关系，第二种是采用统计数学方法来求取 $F(f)$ 得近似公式，第三种是数学积分方法求取 $F(f)$ 得近似公式。

对于损耗因数 F 第一种计算方法，我国有人采用以两级梯形和梯形两种理想化的负荷曲线作为极限状态，分析得到如下损耗因数 F 计算公式

$$F = \frac{f(1+\beta) - \beta}{2} + \frac{2\left[(1+\beta)^2 - \beta\right]}{3(1+\beta)^2} f^2 \qquad (2-92)$$

式中：F 为损耗因数；f 为负荷率；β 为常数。

对于损耗因数 F 第二种计算方法，采用二项式公式和三项式公式近似求取。1926 年法国人杨森利用二项式公式求取得

$$F = \frac{(f + f^2)}{2} \qquad (2-93)$$

1928 年美国人布勒尔利用二项式公式求取得

$$F = 0.3f + 0.7f^2 \qquad (2-94)$$

在 20 世纪 70 年代，我国沈阳地区采用

$$F = 0.2f + 0.8f^2 \qquad (2-95)$$

在 20 世纪 70 年代上海地区采用

$$F = 0.175f + 0.825f^2 \qquad (2-96)$$

使用三项式求取损耗因数 F 的典型代表有 1948 年苏联凯捷维茨，求取的计算公式如下

$$F = (0.124 + 0876f)^2 \qquad (2-97)$$

对于损耗因数 F 第三种计算方法，典型代表有：

1980 年美国雷蒙特（Raymond A）对持续负荷曲线采用直接积分的方法得到如下计算公式

$$F = f^2 + 0.273(f - \beta)^2 \qquad (2-98)$$

当 $f \leqslant$ 常数时，式（2-98）适用；当 $f > 0.8$ 时，使用 $F = f^2$。

1982 年我国西宁电力局刘应宪采用双动点形成的四折线代表持续负荷曲线族，利用分段积分方法求取如下计算公式

$$F = 0.639f^2 + 0.361(f + f\beta - \beta) \qquad (2-99)$$

式（2-99）有较大实用价值。

最大电流法的优点是：计算需要的资料少，只需测量出代表日最大电流和计算出损耗因数等数据就可以进行电能损耗计算。缺点是：损耗因数不易计算，不同的负荷曲线、网络结构和负荷特性，计算出的 F 不同，不能通用，使用此方法时必须根据负荷曲线实际情况计算 F 值，计算精度低，常用于计算精度要求不高的情况。

3. 均方根电流法计算流程

对于 35kV 及以上电力网线路及变压器，常采用均方根电流法按元件逐个计算电能损耗。一般将 35kV 及以上电力网分为四个元件：架空线路（包括串联电抗）、电缆线路、双绕组变压器（包括串联电抗）、三绕组变压器（包括串联电抗）。而将 35kV 及以上电力网中的并联电容器、并联电抗器、电压互感器、站用变压器和调相机均归为其他交流元件，其电能损耗计算方法见本章第五节。

（1）输电线路损耗计算。输电线路损耗计算包括架空线路的电能损耗计算和装在线路两端串联电抗器的电能损耗计算。

1）架空线路的电能损耗为

$$\Delta E_{L} = 3I_{rms}^{2}RT \quad (MWh) \tag{2-100}$$

式中：R 为电力网元件电阻，Ω；T 为线路运行时间，h；I_{rms} 为运行时间内的均方根电流，kA。

由于生产厂家提供的是 20℃ 时导线每千米的电阻值，因此在实际计算中，应考虑负荷电流引起的温升及周围空气温度对电阻变化的影响，应对电阻进行修正。其修正公式为

$$R_{i} = k_{ri}R_{20℃} \tag{2-101}$$

$$k_{ri} = 1 + 0.2\left(\frac{I_{rms}}{N_{ci}I_{pi}}\right)^{2} + 0.004(t_{a} - 20)$$

式中：k_{ri} 为电阻的增阻系数；$R_{20℃}$ 为线路 20℃ 时的电阻值，Ω；I_{rms} 为线路的均方根电流值，kA；I_{pi} 为导线允许载流值，kA；N_{ci} 为每相分裂条数；t_{a} 为环境温度，℃。

当线路有 n 种型号导线，且各种导线长度、分裂数不同，这时整条线路的总电阻为

$$R = \sum_{i=1}^{n} \frac{R_{i(20℃)}}{N_{ci}} \times L_{i} \times \left[1 + 0.2\left(\frac{I_{rms}}{N_{ci}I_{pi}}\right)^{2} + 0.004(t_{a} - 20)\right] \tag{2-102}$$

式中：L_{i} 为 i 种型号导线的长度，km。

2）装在线路两端串联电抗器的电能损耗。

线路的总电能损耗为

$$\Delta E = \Delta E_{L} + \Delta E_{r} = T \times I_{rms}^{2}\left\{3\sum_{i=1}^{n} \frac{R_{i(20)}}{N_{ci}}L_{i}\left[1 + 0.2\left(\frac{I_{rms}}{N_{ci}I_{pi}}\right)^{2} + 0.004(t_{a} - 20)\right] + \sum_{i=1}^{m}\left(\frac{1}{I_{ri}}\right)^{2}P_{ri}\right\} \tag{2-103}$$

此外，还应该注意以下两点：

a. 对于电缆线路的能耗计算还必须考虑其介质损耗；

b. 高压输电线路对邻近的线路存在电磁感应现象，这种电磁感应可通过导线间平均几何距离进行计算，对于架空地线由于电磁感应而产生的能耗，可参考相关内容计算。

【例 2-1】 某 220kV 输电线路，它由两种导线串联组成：$2 \times LGJ - 240 \times 30$（km）；$1 \times LGJQ - 500 \times 40$（km）；24h 送电 $E = 7000MWh$，$Q = 5000Mvarh$。两端的串抗归算成一个的参数是 1.250kA，损耗 0.018MW。平均运行温度 $t = 25℃$，平均负荷率 $f = 0.49$，最小负荷率 $\alpha = 0.3$，求 24h 的电能损耗和线损率。

解：（1）与计算线损有关的导线参数，见表 2-3。

表 2-3　　　　　导　线　参　数

导线	20℃电阻（Ω/km）	25℃环境温度的允许电流 I_{rx}（kA）
LGJ-240	0.132	0.610
LGJQ-500	0.065	0.966

(2) 计算平均电流：

$$I_{av} = \frac{\sqrt{E^2 + Q^2}}{24 \times U \times \sqrt{3}} = \frac{10^3 \times \sqrt{7^2 + 5^2}}{24 \times 220 \times \sqrt{3}} = 0.940\,66(kA)$$

(3) 计算形状系数和均方根电流：

1) 当 $f \geqslant 0.5$ 时

$$k^2 = \frac{\alpha + \frac{1}{3}(1-\alpha)^2}{\left(\frac{1+\alpha}{2}\right)^2}$$

2) 当 $f < 0.5$ 和 $f > \alpha$ 时（本例题 $f < 0.5$）

$$k^2 = \frac{f(1+\alpha) - \alpha}{f^2} = \frac{0.49(1+0.3) - 0.3}{0.49^2} = 1.40$$

$$k = 1.183\,22$$

3) 均方根电流

$$I_{rms} = kI_{av} = 1.183\,22 \times 0.940\,66 = 1.113\,01(kA)$$

(4) 计算两个增阻系数：

1) 负荷电流增阻系数

$$\beta_1 = 0.2\left(\frac{I_{rms}}{nI_{rx}}\right)^2$$

2) 对于 $2 \times LGJ$ - 240，负荷电流增阻系数

$$\beta_{11} = 0.2\left(\frac{1.113\,01}{2 \times 0.610}\right)^2 \approx 0.166\,46$$

3) 对于 $1 \times LGJQ$ - 500，负荷电流增阻系数

$$\beta_{12} = 0.2\left(\frac{1.113\,01}{1 \times 0.966}\right)^2 \approx 0.265\,50$$

4) 平均运行环温增阻系数

$$\beta_2 = 0.004(t - 20) = 0.004(25 - 20) = 0.02$$

(5) 计算线损的一相导线电阻：

$$R = 0.132 \times 30 \times (1 + 0.166\,46 + 0.02)/2 + 0.065 \times 40 \times (1 + 0.265\,50 + 0.02)$$
$$= 2.349\,19 + 3.342\,30 = 5.691\,49$$

(6) 24h 损耗电能和线损率：

1) 导线损耗电能

$$\Delta E_1 = 24 \times 3I_{rms}^2 R = 24 \times 3 \times (1.113\,01)^2 \times 5.691\,49 = 509.640\,90(MWh)$$

2) 串抗损耗电能

$$\Delta E_2 = 24 \times (1.11301/1.25)^2 \times 0.018 = 0.342\,50(MWh)$$

3) 总损耗

$$\Delta E = \Delta E_1 + \Delta E_2 = 509.983\,40(MWh)$$

4) 线损率

$$\Delta E\% = \Delta E/E \times 100\% = 509.983\,40/(7 \times 10^3) \times 100\% \approx 7.29\%$$

(2) 双绕组变压器损耗计算。双绕组变压器的电能损耗应包括空载损耗（固定损耗）及负载损耗（可变损耗）。其详细计算步骤如下所述。

1) 变压器的基本参数：

额定容量 S，MVA；

高压侧额定电压 U_N，kV；

低压侧额定电压 U_{1N}，kV；

额定空载损耗 P_0，MW；

额定负载损耗 P_k，MW；

高压侧额定电流 I_N，kA。

且：

$$S = \sqrt{3} U_N I_N, \quad I_N = \frac{S}{\sqrt{3} U_N} \tag{2-104}$$

2) 空载电能损耗：

$$\Delta E_0 = P_0 \left(\frac{U_{av}}{U_f} \right)^2 T \quad (\text{MWh}) \tag{2-105}$$

式中：P_0 为变压器空载损耗功率，MW；T 为变压器运行小时数，h；U_f 为变压器的分接头电压，kV；U_{av} 为平均电压，kV。

在实际计算中，可以近似认为变压器运行在额定电压值附近，忽略空载损耗与电压相关部分，即

$$\Delta E_0 = P_0 T \quad (\text{MWh}) \tag{2-106}$$

3) 负载电能损耗：

双绕组变压器的等值电阻 r_T 定义为：当额定电流 I_N 流过时，产生额定负载损耗 P_k，即 $P_k = 3 I_N^2 r_T$。所以可得到

$$r_T = \frac{P_k}{3 I_N^2} = \frac{P_k}{3 \left(\dfrac{S}{\sqrt{3} U_N} \right)^2} = P_k \left(\frac{U_N}{S} \right)^2 \tag{2-107}$$

所以变压器负载电能损耗为

$$\Delta E_T = 3 I_{rms}^2 r_T T \quad (\text{MWh}) \tag{2-108}$$

式中：I_{rms} 为高压侧均方根电流值，kA；r_T 为变压器的等值电阻值，Ω；T 为变压器运行小时数，h。

4) 装在变压器低压侧串联电抗器的电能损耗：

考虑到变压器低压侧常装有额定电流为 I_{2kr}、额定损耗为 P_{r2} 的电抗器。将串联电抗器的额定电流归算到高压侧：

$$I'_{2kr} = I_{2kr} \left(\frac{U_{2N}}{U_{1N}} \right) \tag{2-109}$$

因此，装在变压器低压侧电抗器的电能损耗为

$$\Delta E_L = \left(\frac{I_{rms}}{I'_{2kr}} \right)^2 P_{r2} T \quad (\text{MWh}) \tag{2-110}$$

因此，双绕组变压器的电能损耗为

$$\begin{aligned} \Delta E &= \Delta E_0 + \Delta E_T + \Delta E_L \\ &= \left[3 I_{rms}^2 r_T + \left(\frac{I_{rms}}{I'_{2kr}} \right)^2 P_{r2} + P_0 \right] T \quad (\text{MWh}) \end{aligned} \tag{2-111}$$

或

$$\Delta E = \left[\left(\frac{I_{rms}}{I_N} \right)^2 P_k + \left(\frac{I_{rms}}{I'_{2kr}} \right)^2 P_{r2} + P_0 \right] T \quad (\text{MWh}) \tag{2-112}$$

【例 2 - 2】 某 110 kV 变电站 2 号变压器，额定容量 31.5MVA，短路损耗 $P_k=0.145$MW，空载损耗 $P_0=0.0426$MW。24h 供电量 $E=700$MWh、$Q=500$Mvarh，平均负荷率 $f=0.51$，最小负荷率 $\alpha=0.2$，10kV 侧串联电抗器参数是 $I_{Nk}=3$kA，损耗 $P=0.0128$MW。求 24h 的电能损耗和线损率。

解： (1) 平均电流：

$$I_{av} = \frac{\sqrt{E^2+Q^2}}{24 \times U \times \sqrt{3}} = \frac{10^2 \times \sqrt{7^2+5^2}}{24 \times 110 \times \sqrt{3}} \approx 0.18813(\text{kA})$$

(2) 形状系数和均方根电流：

$$k^2 = \frac{\alpha + \frac{1}{3}(1-\alpha)^2}{\left(\frac{1+\alpha}{2}\right)^2} = 1.14815$$

$$k = 1.07151$$

$$I_{rms} = k \times 0.18813 = 0.20158(\text{kA})$$

(3) 损耗计算：

1) 110kV 侧的额定电流：

$$I_N = \frac{31.5}{110\sqrt{3}} \approx 0.16533(\text{kA})$$

2) 变压器本身损耗：

$$\Delta E_1 = 24 \times \left[P_k \left(\frac{I_{rms}}{I_N} \right)^2 + P_0 \right] = 24 \times \left[0.145 \times \left(\frac{0.20158}{0.16533} \right)^2 + 0.0426 \right]$$

$$\approx 24 \times [0.21555 + 0.0426] \approx 6.19570(\text{MWh})$$

3) 10kV 串抗损耗：

10kV 侧的均方根电流为

$$I_{rms10} = \left(\frac{110}{11} \right) I_{rms} = 1.88130(\text{kA})$$

$$\Delta E_2 = 24 \times \left(\frac{I_{rms10}}{I_{Nk}} \right)^2 \times 0.0128 = 24 \times \left(\frac{1.88130}{3} \right)^2 \times 0.0128 \approx 0.12080(\text{MWh})$$

4) 总损耗：

$$\Delta E = \Delta E_1 + \Delta E_2 = 6.31650(\text{MWh})$$

(4) 线损率：

$$\Delta E\% = \Delta E/E \times 100\% = 6.31650/700 \times 100\% \approx 0.909\%$$

(3) 三绕组变压器损耗计算。三绕组变压器的电能损耗也包括空载损耗（固定损耗）及负载损耗（可变损耗）。其计算步骤如下所述。

1) 三绕组变压器的基本参数：

高压、中压和低压绕组额定容量：S_1、S_2、S_3，MVA；

高压、中压和低压侧额定电压：U_N、U_{1N}、U_{2N}，kV；

额定空载损耗 P_0，MW；

高-中压、高-低压、中-低压绕组额定负载损耗：P_{k12}、P_{k13}、P_{k23}，MW；

高压侧额定电流 I_N，kA。

低压侧绕组容量 S_3 往往比中压绕组 S_2 少一半，大多数厂家铭牌上的负载损耗 P_{k13} 和 P_{k23} 是指归算到低压侧容量 S_3 上的数值。因此，需要将相应负载损耗归算到高压侧绕组额定容量 S_1

之下

$$P'_{k12} = P_{k12}\left(\frac{S_1}{S_2}\right)^2; \quad P'_{k13} = P_{k13}\left(\frac{S_1}{S_3}\right)^2; \quad P'_{k23} = P_{k23}\left[\frac{S_1}{\min(S_2,S_3)}\right]^2 \tag{2-113}$$

归算到高压侧后的高-中压、高-低压、中-低压绕组等值电阻为

$$r_{T12} = P'_{k12}\left(\frac{U_N}{S_1}\right)^2; \quad r_{T13} = P'_{k13}\left(\frac{U_N}{S_1}\right)^2; \quad r_{T23} = P'_{k23}\left(\frac{U_N}{S_1}\right)^2 \tag{2-114}$$

由于各绕组的等值电阻满足下述关系

$$\begin{cases} r_{T12} = r_{T1} + r_{T2} \\ r_{T13} = r_{T1} + r_{T3} \\ r_{T23} = r_{T2} + r_{T3} \end{cases} \tag{2-115}$$

式中：r_{T1} 为高压侧等值电阻，Ω；r_{T2} 为中压侧等值电阻，Ω；r_{T3} 为低压侧等值电阻，Ω。

因此，根据式（2-115）求得各绕组的等值电阻为

$$\begin{cases} r_{T1} = \dfrac{r_{T12} + r_{T13} - r_{T23}}{2} \\[3mm] r_{T2} = \dfrac{r_{T12} + r_{T23} - r_{T13}}{2} \\[3mm] r_{T3} = \dfrac{r_{T13} + r_{T23} - r_{T12}}{2} \end{cases} \tag{2-116}$$

2）空载电能损耗：

$$\Delta E_0 = P_0 \left(\frac{U_{av}}{U_f}\right)^2 T \quad \text{（MWh）} \tag{2-117}$$

式中：P_0 为变压器空载损耗功率，MW；T 为变压器运行小时数，h；U_f 为变压器的分接头电压，kV；U_{av} 为平均电压，kV。

在实际计算中，可以近似认为变压器运行在额定电压值附近，忽略空载损耗与电压相关部分，即

$$\Delta E_0 = P_0 T \quad \text{（MWh）} \tag{2-118}$$

3）负载电能损耗：

计算的方法有多种。但为了清晰，这里选定其中一种方法：将一切参数包括中压侧和低压侧均方根电流 I_{2rms} 和 I_{3rms} 都归算到高压侧额定电压 U_N 和额定容量 S_N 之下。

根据计算得出中压侧和低压侧均方根电流 I_{2rms} 和 I_{3rms}（均归算到高压侧）后，可获得三绕组变压器电能损耗

$$\Delta E_T = 3\left[(I_{2rms} + I_{3rms})^2 r_{T1} + I_{2rms}^2 r_{T2} + I_{3rms}^2 r_{T3}\right] T \quad \text{（MWh）} \tag{2-119}$$

式中：T 为变压器运行小时数，h。

4）装在变压器中、低压侧串联电抗器的电能损耗：

考虑到三绕组变压器中压侧和低压侧可能装有串联电抗器，它们的额定电流分别为 I_{2kN} 和 I_{3kN}（kA），额定损耗分别为 P_{N2} 和 P_{N3}（MW）。将串联电抗器的额定电流归算到高压侧

$$I'_{2kN} = I_{2kN}\left(\frac{U_{2N}}{U_N}\right); \quad I'_{3kN} = I_{3kN}\left(\frac{U_{3N}}{U_N}\right) \tag{2-120}$$

式中：I'_{2kN} 为折算后中压侧串联电抗器的额定电流，kA；I'_{3kN} 为折算后低压侧串联电抗器的额定电流，kA。

装在变压器中、低压侧的电抗器电能损耗为

$$\Delta E_L = 3\left[P_{N2}\left(\frac{I_{2rms}}{I'_{2kN}}\right)^2 + P_{N3}\left(\frac{I_{3rms}}{I'_{3kN}}\right)^2\right] T \quad \text{（MWh）} \tag{2-121}$$

因此，三绕组变压器 T 时段内的电能损耗（MWh）为

$$\Delta E = \Delta E_0 + \Delta E_T + \Delta E_L \quad \text{(MWh)} \tag{2-122}$$

或

$$\Delta E = \left(3\left\{(I_{2\text{rms}} + I_{3\text{rms}})^2 r_{T1} + I_{2\text{rms}}^2\left[r_{T2} + P_{N2}\left(\frac{1}{I'_{2kN}}\right)^2\right] + I_{3\text{rms}}^2\left[r_{T3} + P_{N3}\left(\frac{1}{I'_{3kN}}\right)^2\right]\right\} + P_0\right)T \quad \text{(MWh)}$$

$$\tag{2-123}$$

【例 2-3】 某 220kV 变电站 1 号变压器，额定容量 180MVA，三侧电压为 220/110/10，短路损耗为 $P_{k12}=0.425\text{MW}$，$P_{k13}=0.478\text{MW}$，$P_{k23}=0.436\text{MW}$，空载损耗 $P_0=0.128\text{MW}$，24h 供电量 $E_2=7000\text{MWh}$，$E_3=3000\text{MWh}$，$Q_2=4000\text{Mvarh}$，$Q_3=2000\text{Mvarh}$，平均负荷率 $f=0.56$，最小负荷率 $\alpha=0.32$，10kV 串联电抗器参数是 $I_{Nk}=7\text{kA}$，损耗 $P=0.0288\text{MW}$。求 24h 的电能损耗和线损率。

解：（1）平均电流：

1）110kV 侧平均电流 I_{av2}（归算到 220kV）

$$I_{av2} = \frac{\sqrt{E_2{}^2 + Q_2{}^2}}{24 \times U \times \sqrt{3}} = \frac{10^3 \times \sqrt{7^2 + 4^2}}{24 \times 220 \times \sqrt{3}} \approx 0.881\,60\,\text{(kA)}$$

2）10kV 侧平均电流 I_{av3}（归算到 220kV）

$$I_{av3} = \frac{\sqrt{E_2{}^2 + Q_2{}^2}}{24 \times U \times \sqrt{3}} = \frac{10^3 \times \sqrt{3^2 + 2^2}}{24 \times 220 \times \sqrt{3}} \approx 0.394\,27\,\text{(kA)}$$

（2）形状系数 k 和均方根电流 I_{rms}：

1）形状系数 k

$$k^2 = \frac{\alpha + \dfrac{1}{3}(1-\alpha)^2}{\left(\dfrac{1+\alpha}{2}\right)^2} = 1.088\,461$$

$$k = 1.043\,29$$

2）110kV 侧均方根电流 $I_{\text{rms}2}$（归算到 220kV）

$$I_{\text{rms}2} = k \times 0.881\,60 \approx 0.919\,76\,\text{(kA)}$$

3）11kV 侧均方根电流 $I_{\text{rms}3}$（归算到 220kV）

$$I_{\text{rms}3} = k \times 0.394\,27 \approx 0.411\,33\,\text{(kA)}$$

（3）归算到 220kV、180MVA 的线圈等效电阻：

1）△接线电阻

$$r_{12} = P_{12}\left(\frac{U}{S}\right)^2 = 0.425\left(\frac{220}{180}\right)^2 \approx 0.634\,88\,(\Omega)$$

$$r_{13} = P_{13}\left(\frac{U}{S}\right)^2 = 0.478\left(\frac{220}{180}\right)^2 \approx 0.714\,05\,(\Omega)$$

$$r_{23} = P_{23}\left(\frac{U}{S}\right)^2 = 0.436\left(\frac{220}{180}\right)^2 \approx 0.651\,31\,(\Omega)$$

2）丫接线电阻

$$r_1 = 0.5 \times (r_{12} + r_{13} - r_{23}) = 0.5 \times (0.634\,88 + 0.714\,05 - 0.651\,31) = 0.348\,81$$

$$r_2 = 0.5 \times (r_{12} + r_{23} - r_{13}) = 0.5 \times (0.634\,88 + 0.651\,31 - 0.714\,05) = 0.286\,07$$

$$r_3 = 0.5 \times (r_{13} + r_{23} - r_{12}) = 0.5 \times (0.714\,05 + 0.651\,31 - 0.634\,88) = 0.365\,24$$

(4) 损耗计算：

1) 变压器线圈损耗

$$\Delta E_1 = 24 \times 3 \times [r_1(I_{rms2} + I_{rms3})^2 + r_2 I_{rms2}^2 + r_3 I_{rms3}^2] + 24 \times P_0$$

$$\Delta E_1 = 24 \times 3 \times [0.348\,81 \times (0.919\,76 + 0.411\,33)^2 + 0.286\,06 \times 0.919\,76^2 + 0.365\,24 \times 0.411\,33^2]$$
$$+ 24 \times 0.128 = 24 \times 3 \times (0.618\,02 + 0.241\,99 + 0.0617) + 3.072 = 69.435(\text{MWh})$$

2) 10kV 串抗损耗

10kV 侧的均方根电流（11 kV 电压）$I_{rms3-11} = \left(\dfrac{220}{11}\right)I_{rms3} = \left(\dfrac{220}{11}\right) \times 0.411\,33 = 9.049\,26(\text{kA})$

$$\Delta E_2 = 24 \times \left(\frac{I_{rms3-11}}{I_{Nk}}\right)^2 \times 0.0288 = 24 \times \left(\frac{9.049\,26}{7}\right)^2 \times 0.0288 \approx 1.15343(\text{MWh})$$

3) 总损耗及线损率

$$\Delta E = \Delta E_1 + \Delta E_2 = 70.588\,43(\text{MWh})$$

$$\Delta E\% = \Delta E/E \times 100\% = 70.588\,43/(10\,000) \times 100\% \approx 0.7059\%$$

4. 均方根电流法所需采集数据

当采用均方根电流法计算各元件电能损耗时，需要采集的运行数据见表 2-4。

表 2-4   均方根电流法计算 35kV 及以上电力网元件电能损耗时需要采集的运行数据

元件名称	需要采集的运行数据
架空线路	首端有功电量（MWh）和无功电量（Mvarh），计算时段内记录的线路最大电流和最小电流（kA），线路所在地平均环境温度（℃）
电缆线路	首端有功电量（MWh）和无功电量（Mvarh），计算时段内流过线路的最大电流和最小电流（kA）
双绕组变压器	高压侧有功电量（MWh）和无功电量（Mvarh），计算时段内记录的高压侧最大电流和最小电流（kA）
三绕组变压器	中压侧有功电量（MWh）和无功电量（Mvarh），计算时段内记录的中压侧最大电流和最小电流（kA）；低压侧有功电量（MWh）和无功电量（电流 Mvarh），计算时段内记录的低压侧最大电流和最小电流（kA）

三、最大负荷损耗小时法

最大负荷损耗小时法的意义是，在一段时间内，若用户始终保持最大负荷不变，此时在线路中产生的损耗相当于一年中实际负荷产生的电能损耗。

计算公式如下

$$\Delta A = \frac{S_{max}^2}{U^2}R\tau \tag{2-124}$$

式中：ΔA 为损耗电量，kWh；S_{max} 为最大视在功率，kVA；τ 为最大负荷损耗小时数，h；R 为元件电阻，Ω；U 为额定电压，kV。

令 $T = 8760$，U 为常数，则 τ 计算公式如下

$$\tau = \frac{\displaystyle\int_0^{8760} S^2 \, dt}{S_{max}^2} \tag{2-125}$$

式中：τ 为最大负荷损耗小时数，h；S 为实际负荷视在功率，kVA；S_{max} 为最大视在功率，kVA。

最大负荷损耗小时法的优点是：通过计算出最大负荷损耗小时数 τ，能够计算出电能损耗，计算需要资料少，计算简单。缺点是：最大负荷损耗小时法计算精度较低，一般用来估算年度配电网理论线损，不宜进行精确计算。

四、方法比较

35kV 及以上电力网线损理论计算方法适用范围见表 2-5。

表 2-5　　　　　　　　35kV 及以上电力网线损计算方法及其适用范围

基本计算方法	具体算法		适用范围
均方根电流法	基于实测电流法		已知线路、变压器各侧每 15min 的实测电流值
	基于平均电流法		已知计算时段内抄见有功电量、无功电量、最大和最小负荷电流及额定电压
	基于最大电流法		已知计算时段内有功和无功抄见电量、最大和最小负荷电流及额定电压
潮流算法	损耗功率累加法	电力法	已知负荷有功和无功功率、网络拓扑结构及元件阻抗参数
		电量法	已知负荷有功和无功电量、负荷曲线、网络拓扑结构及元件阻抗参数

由表 2-5 可知，在均方根电流算法的具体算法中，基于平均电流的均方根电流法与基于最大电流的均方根电流算法差异不大，考虑数据采集方面的便利性，宜选用基于平均电流的均方根电流算法。

在潮流算法的具体算法中，电量法是对电力法的一种改进，在数据量增加并不十分明显的情况下，显著提高了算法的准确性，所以更宜选取电量法。

除去均方根电流算法中的最大电流算法和潮流算法中的电力法，表 2-6 对其他常用的三种线损理论计算方法从所需数据、数据来源及数据特点三个层面来比较分析。

表 2-6　　　　　　　　35kV 及以上电力网线损理论计算方法数据比较

计算方法	所需数据	数据来源	数据特点
基于实测电流的均方根电流法	元件基本参数，元件计算时段内的有功电量，流过元件的实际电流值（每 15min 采集一次），架空线路应虑及所在地平均温度	元件基本参数来源于 EMS 导出的 CIM 模型文件，计算时段内有功电量数据来源于计量自动化系统，每 15min 的实际电流数据来源于 EMS 中的 SCADA 系统，平均气温数据来源于当地气象局	对实际电流数据采集的准确性要求较高
基于平均电流的均方根电流法	元件基本参数，元件计算时段内的有功电量、无功电量、计算时段内流过元件最大、最小电流值，架空线路应虑及所在地平均温度	元件基本参数来源于 EMS 导出的 CIM 模型文件，计算时段内有功电量、无功电量数据来源于计量自动化系统，计算时段内的最大电流、最小电流数据来源于 EMS 中的 SCADA 系统，平均气温数据来源于当地气象局	数据结构简单，易于工程实现。有功、无功电量可由元件抄见电量获得，均方根电流由平均电流利用计算时段内的最大电流、最小电流折算得到

续表

计算方法	所需数据	数据来源	数据特点
基于损耗功率累加的潮流算法（电量法）	计算时段内电网每天所有正点的数据如下： （1）电网拓扑结构。 （2）发电机：其所接节点作为 PQ 节点时，有功和无功功率/电量；其所接节点作为 PU 节点时，有功功率/电量和电压；其所接节点作为平衡节点时，电压幅值。 （3）调相机：其所接节点作为 PQ 节点时，有功和无功功率/电量；其所接节点作为 PU 节点时，有功功率/电量和电压。 （4）负荷：有功和无功功率/电量	电网拓扑结构数据来源于 EMS 导出的 CIM 模型文件，需要经过一定的处理；发电机、调相机和负荷的每小时的有功、无功电量数据（计算后可得功率）来源于计量自动化系统；若干 PQ 节点的实时电压值来源于 EMS 中的 SCADA 系统	数据录入复杂，数据精确度要求高，工作量大。作为离线计算软件，电网拓扑结构、发电机、调相机和负荷参数可由调度部门历史管理数据中得到；如地方硬件水平较高，具备实时电网监控调度系统时，可直接与其建立接口，获得相应数据，实现在线计算

　　基于实测电流的均方根电流法、基于平均电流的均方根电流法、基于损耗功率累加的潮流算法（电量法）的优缺点进行比较分析见表 2－7。

表 2－7　　　　　　　　35kV 及以上电力网线损理论计算方法优缺点比较

计算方法	优　　点	缺　　点
基于实测电流的均方根电流法	计算速度快，适合大规模电网数据处理和计算；能考虑环境温度和电流温升对电阻的影响；实时采集实际电流来求均方根电流，一定程度上提高了均方根电流的准确性；不存在收敛性问题，对数据输入准确性要求较低	电力系统中电流数据不及电量数据那么精准，采集实际电流数据来求均方根电流，对实测电流数据的准确度要求较高
基于平均电流的均方根电流法	计算速度快，适合大规模电网数据处理和计算；能考虑环境温度和电流温升对电阻的影响，并引入形状系数来求解均方根电流，简化了均方根电流求解的烦琐；不存在收敛性问题，对数据输入准确性要求较低	属于工程上的近似计算，精度虽能够满足工程需要，但仍是一种估算算法；因为对数据录入要求不高，故对数据的误录不能起检验和校正作用
基于损耗功率累加的潮流算法（电量法）	计算精度较高，可计算主网各元件损耗的精确值，但计算精度与各部分元件所采用的潮流计算模型相关，由于对输入数据要求较高，所以一定程度上可以防止由于数据误录而产生的错误计算结果	由于高压电网潮流计算中常常应用 $x \gg r$ 这一结论对潮流计算进行简化，且不能考虑环境温度和电流温升对电阻的影响，而这一部分对线损计算有一定影响，造成计算结果有偏差；对数据输入准确性要求较高，某些情况下可能因为数据输入的不准确而导致潮流计算不收敛，无法得到结果；计算速度慢

　　考虑到算法的工程实用应用情况，下面从算法所需数据自动采集程度、算法的计算原理与电网实际结构匹配程度、算法的时间复杂度和算法的空间复杂度四个层面比较 35kV 及以上电力网线损理论计算方法，并对其难易程度进行简单的评价。如表 2－8 所示。

表 2－8　　　35kV 及以上电力网线损理论计算方法的工程准确性和工程使用性比较

比较项目	算法所需数据自动采集程度	算法的计算原理与电网实际结构匹配程度	算法的时间复杂度	算法的空间复杂度
基于实测电流的均方根电流法	一般	一般	一般	一般

续表

比较项目	算法所需数据自动采集程度	算法的计算原理与电网实际结构匹配程度	算法的时间复杂度	算法的空间复杂度
基于平均电流的均方根电流法	差	一般	低	低
基于损耗功率累加的潮流算法（电量法）	一般	好	高	高

从以上四个表的比较分析可以看出，上述各种方法有各自的优、缺点。基于平均电流的均方根电流法方便实用、适于大范围推广。潮流算法准确性高，但算法所需的采集数据多且复杂，较适合于自动化程度较高的电力系统在线计算。

第三节　配电网的线损理论计算方法

现代配电网一般规模较大，呈辐射状分布，环网运行较少，网内包含变压器数量多，某些配电网挂接的变压器可达到100多台，配电变压器的容量、负荷率、功率因数等参数与运行数据也不相同。所以，配电网线损数据采集量和计算量都十分庞大。同样采用均方根电流法，如果对每个配电网每个元件逐一进行计算必然造成线损计算人员工作量过大，计算难以准确。所以，采用均方根电流法的配电网与主网线损计算有一定的不同。

在配电网的线损计算中，一般采用等值电阻法进行计算，等值电阻法的基本思想是整个配电网的总均方根电流流过等值电阻 R_{eq} 所产生的损耗，等于配电网内全部配线可变损耗和全部配电变压器的负载损耗的总和。配电网等值电阻 R_{eq} 由配线等值电阻 R_{Leq} 和配电变压器等值电阻 R_{Teq} 组成，如图 2-4 所示。

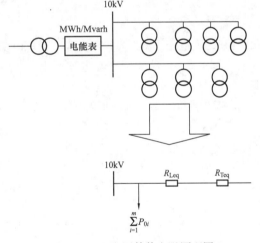

$$R_{eq} = R_{Leq} + R_{Teq} \qquad (2-126)$$

则全网线损功率（单位：MW）为

$$\Delta P_p = 3I_{rms}^2(R_{Leq} + R_{Teq}) + \sum_{i=1}^{m} P_{0i} \qquad (2-127)$$

式中：P_{0i} 为全网 m 台配电变压器中，第 i 台的空载损耗，MW。

图 2-4　配电网等值电阻原理图

等值电阻法又可分为基于配电变压器容量等值电阻法和基于配电变压器电量等值电阻法。

一、基于配电变压器容量等值电阻法

下面首先介绍基于配电变压器容量的等值电阻法的原理和详细计算流程。

1. 配电网等值电阻的定义

如上所述，现代配电网规模大、数据选集困难的特点成为阻碍配电网线损工作的一大难题。在缺乏自动化监测系统的条件下，像主网一样对配电网每一段线路、每一个变压器进行具体的线损计算几乎是不可能的。同样，在缺乏自动化监测系统的条件下，由于存在不同期抄表、仪表误差及人为误差等因素的影响，这种线损计算也是没有意义的。

为了克服上述困难，在满足实际工程计算精度的前提下，在配电网线损计算中，将配电网线路电阻和变压器电阻等值为配电网等值电阻，利用流经该配电网总有功和无功电量折算总均方根电流，进而求解该配电网的等值电能损耗。

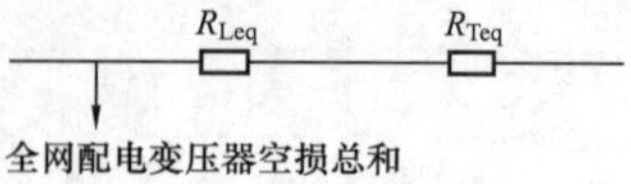

R_{Leq} R_{Teq}

全网配电变压器空损总和

图 2-5　配电网损耗
等值构成图

配电网等值电阻 R_{eq} 是这样一个电阻，10kV 配电网总均方根电流 I_{rms} 流过它所产生的电能损耗等于 10kV 配电网全部配线可变换损耗和全部 m 台配电变压器负载损耗的总和。配电网等值电阻 R_{eq} 由配线等值电阻 R_{Leq} 和配电变压器等值电阻 R_{Teq} 组成，见图 2-5。

$$\Delta P_p = 3I_{rms}^2(R_{Leq} + R_{Teq}) + \sum_{i=1}^{m} P_{0i} \tag{2-128}$$

式中：P_{0i} 为全网 m 台配电变压器中，第 i 台的空载损耗。

在 T 时段内配电网线损电量可表示为

$$\Delta E_p = \left[3I_{rms}^2(R_{Leq} + R_{Teq}) + \sum_{i=1}^{m} P_{0i} \right]T \tag{2-129}$$

2. 全网配电变压器等值电阻

配电网总电流 I_{rms} 流过某等值电阻所产生的损耗，等于该配电网全部配电变压器负载损耗的总和，该电阻就称为全网配电变压器等值电阻 R_{Teq}。下面推导全网配电变压器等值电阻 R_{Teq} 的计算公式。

每台配电网变压器的负荷电流可以表示为

$$I_{rmsi} = \frac{k_i S_i}{\sqrt{3}U} \tag{2-130}$$

式中：i 为配电变压器编号。S_i 为第 i 台配电变压器的额定容量，MVA；k_i 为第 i 台配电变压器的平均负荷率；U 为第 i 台配电变压器的额定电压，kV；I_{rmsi} 为第 i 台配电变压器的负荷电流，kA。

所有配电变压器负荷电流的总和即为该配电网总负荷电流，表示为 I_{rms}。据此可得

$$I_{rms} = \sum_{i=1}^{m} I_{rmsi} = \sum_{i=1}^{m} \frac{k_i S_i}{\sqrt{3}U} = \frac{1}{\sqrt{3}U} \sum_{i=1}^{m} k_i S_i \tag{2-131}$$

式中：m 为配电网变压器总数。

对于包含 m 台配电变压器的配电网，全网配电变压器的负载损耗（功率）总和为

$$\Delta P_k = \sum_{i=1}^{m} \left(\frac{k_i S_i}{S_i}\right)^2 P_{ki} = \sum_{i=1}^{m} k_i^2 P_{ki} \tag{2-132}$$

式中：P_{ki} 为第 i 台配电变压器的额定负载损耗；ΔP_k 为全网配电变压器的负载损耗（功率）。

根据配电变压器等值电阻 R_{Teq} 的定义，可知

$$\Delta P_k = 3I_{rms}^2 R_{Teq} \tag{2-133}$$

综上所述，可得

$$3\left(\frac{1}{\sqrt{3}U}\sum_{i=1}^{m} k_i S_i\right)^2 R_{Teq} = \sum_{i=1}^{m} k_i^2 P_{ki} \tag{2-134}$$

所以，配电变压器等值电阻 R_{Teq} 的计算公式可表示为

$$R_{Teq} = \frac{U^2 \sum\limits_{i=1}^{m} k_i^2 P_{ki}}{\left(\sum\limits_{i=1}^{m} k_i S_i\right)^2} \tag{2-135}$$

式中的 k_i 为各台配电变压器平均负荷率，实际上需要对每一台配电变压器进行监测才能得到该值，数据采集难度加大。如果近似地假设全网的配电变压器平均负荷率相同（$k_i=k_1=k_2=\cdots=k_m$），则分子分母中的 k_i^2 就可以消去，上述公式大大简化。于是得到全网配电变压器等值电阻 R_{Tdz} 的计算公式为

$$R_{Teq} = \frac{U^2 \sum\limits_{i=1}^{m} P_{ki}}{(\sum\limits_{i=1}^{m} S_i)^2} = \left(\frac{U}{\sum\limits_{i=1}^{m} S_i}\right)^2 \sum\limits_{i=1}^{m} P_{ki} \qquad (2-136)$$

3. 全网配线等值电阻

配电网线路损耗与流经该线路的电流平方成正比。由于配电网的辐射状拓扑结构，各段线路所流过的电流不尽相同，该电流数值与该线路后面所带的配电变压器个数和容量有十分密切的关系。

全网配线等值电阻 R_{Leq} 是这样一个电阻，10kV 配电网总均方根电流 I_{rms} 流过它所产生的电能损耗等于该 10kV 配电网所有配线节段的可变损耗总和。

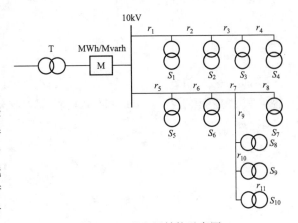

图 2-6 配电网结构示意图

如上所述，配线损耗与流经该线路的电流相关，据此必须对配线按流经电流不同进行分段处理。从母线或 T 接点到配电变压器以及从一台（组）配电变压器到另一台（组）配电变压器之间的一段配线称为配线节段。更严格地说，节段就是两个相邻负荷电流分支点之间的配线。显然，一个节段后面所挂的配电变压器的负荷电流，都流经它并在这个节段导线产生可变损耗。

假设全网共分 n 个节段，第 i 个节段的电阻为 r_i，后面挂 $j=1,2,\cdots,m_i$ 台配电变压器，流过该节段的负荷电流为

$$I_{rmsi} = \frac{1}{\sqrt{3}U} \sum_{j=1}^{m_i} k_j S_j \qquad (2-137)$$

第 i 个配线节段的可变损耗为

$$\Delta P_{Li} = 3 I_{rmsi}^2 \times r_i = 3\left(\frac{1}{\sqrt{3}U} \sum_{j=1}^{m_i} k_j S_j\right)^2 r_i = \frac{r_i}{U^2} \left[\sum_{j=1}^{m_i} k_j S_j\right]^2 \qquad (2-138)$$

其中，$m_i \leqslant m$，但 $m_1+m_2+\cdots+m_n \geqslant m$。

按上面的推导，全网的总负荷电流为

$$I_{rms} = \frac{1}{\sqrt{3}U} \sum_{i=1}^{m} k_i S_i \qquad (2-139)$$

根据全网配线等值电阻 R_{Leq} 定义，可得

$$\Delta P_L = 3 I_{rms}^2 R_{Leq} \qquad (2-140)$$

式中：ΔP_L 为全网配线总损耗。

由上述式子可得全网配线等值电阻 R_{Leq} 计算公式为

$$R_{\mathrm{Leq}} = \frac{\Delta P_{\mathrm{L}}}{3I_{\mathrm{rms}}^2} = \frac{\sum\limits_{i=1}^{n}\left[\frac{r_i}{U^2}(\sum\limits_{j=1}^{m_i}k_jS_j)^2\right]}{3I_{\mathrm{rms}}^2} = \frac{\sum\limits_{i=1}^{n}\left[\frac{r_i}{U^2}(\sum\limits_{j=1}^{m_i}k_jS_j)^2\right]}{3\left(\frac{1}{\sqrt{3}U}\sum\limits_{i=1}^{m}k_iS_i\right)^2} \qquad (2-141)$$

假设全网配电变压器平均负荷率相同（$k_i = k_1 = k_2 = \cdots = k_m$），式（2-141）的 k_i 和 k_j 可以从分子、分母抽出 $\sum$ 号外对消。于是有

$$R_{\mathrm{Leq}} = \frac{\sum\limits_{i=1}^{n}\left[r_i(\sum\limits_{j=1}^{m_i}S_j)^2\right]}{(\sum\limits_{i=1}^{m}S_i)^2} \qquad (2-142)$$

实际计算中，应考虑负荷电流引起的温升及周围空气温度对配线节段电阻 r_i 变化的影响，具体修正公式见第二节相关内容。在计算各节段配线电流的增阻系数时，流过第 i 个节段的负荷电流应该按照下式进行

$$I_{\mathrm{rms}i} = \frac{\sum\limits_{j}^{m_i}S_j}{\sum\limits_{i}^{m}S_i}I_{\mathrm{rms}} \qquad (2-143)$$

由全网配线等值电阻计算公式可发现，该式的分子是每节段电阻与它提供电流的配电变压器总容量平方的乘积的总和，可以用节段电阻行向量与它所提供电流的配电变压器总容量平方列向量之积表示

$$M_S = [r_1, r_2, \cdots, r_n] \times \begin{bmatrix} (\sum\limits_{j=1}^{m_1}S_j)^2 \\ (\sum\limits_{j=1}^{m_2}S_j)^2 \\ \vdots \\ (\sum\limits_{j=1}^{m_n}S_j)^2 \end{bmatrix} \qquad (2-144)$$

实际上，M_S 就是容量平方矩，它反映了配电网在相同的配电变压器总容量平方 $(\sum\limits_{i=1}^{m}S_i)^2$ 下，损耗的严重程度。可见，如果每节段带的配电变压器越多，本身电阻大，负荷越重，配线损耗就大。所谓配线的等值电阻 R_{Leq} 可以理解为容量平方的"质心"电阻，见图 2-7。

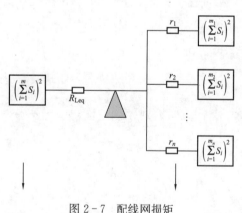

图 2-7 配线网损矩

等值电阻法的优点是：在理论上比较完善，在方法上克服了均方根电流法的诸多方面的缺点；不用收集运行数据，仅与结构参数配电变压器额定容量、分段线路电阻有关，计算出等值电阻数据就可以进行电能损耗计算，适合于 10kV 及以下配电网理论线损计算。缺点是：需要假设计算条件，影响计算结果精度；对没有实测负荷记录的配电变压器，假设负荷分布按与配电变压器额定容量成比例，各节点负荷率相同，这种计算不完全符合实际负荷情况；假设各负荷点功率因数、负荷系数和电压相同，但一般情况下，实际系统各个负荷点的功率因数、负荷系数和电压都不相同，计算出的电能损耗值偏小。

表 2-9 列出了基于配电变压器容量等值电阻法计算配网电能损耗需要采集的数据。

表 2-9   计算配电网电能损耗需要采集的运行数据

计算方法	需要采集的运行数据
基于配电变压器容量的等值电阻法	计算时段内应采集的运行数据： (1) 配电网拓扑结构。 (2) 配电网首端总有功电量（MWh）和无功电量（Mvarh）。 (3) 配电网首端最大电流和最小电流（kA）。 (4) 环境温度（℃）。 (5) 如果含小水电或小火电机组，需要采集其有功电量（MWh）和无功电量（Mvarh）

【**例 2-4**】 某 10kV 配电网的拓扑结构图如图 2-8 所示，主要参数如表 2-10 所示。24h 送电，$E = 25\text{MWh}$，$Q = 20\text{Mvarh}$，$\alpha = 0.31$，$f = 0.55$，平均运行温度 $t = 25℃$。求 24h 内的线损电能和线损率。

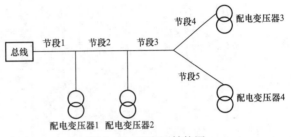

图 2-8 配电网结构图

解： 1. 总均方根电流

(1) 平均电流。

表 2-10   配电网线路配电变压器参数

节段名称	节段 1	节段 2	节段 3	节段 4	节段 5
导线种类	1	1	1	1	1
第 1 规格	LGJ-150	LGJ-150	LGJ-70	LGJ-70	LGJ-70
分裂条数	1	1	2	1	1
长度（km）	3	2	2	1	1
配电变压器名称	配电变压器 1	配电变压器 2	配电变压器 3	配电变压器 4	
容量（MVA）	0.63	0.25	0.16	0.25	
空载损耗（MW）	0.002 16	0.001 06	0.000 77	0.001 06	
短路损耗（MW）	0.0092	0.0043	0.003	0.0043	

$$I_{\text{av}} = \frac{\sqrt{E^2 + Q^2}}{24 \times U \times \sqrt{3}} = \frac{\sqrt{25^2 + 20^2}}{24 \times 10 \times \sqrt{3}} \approx 0.077\,02(\text{kA})$$

(2) 均方根电流

$$k^2 = \frac{\alpha + \frac{1}{3}(1-\alpha)^2}{\left(\frac{1+\alpha}{2}\right)^2} = \frac{0.31 + \frac{1}{3}(1-0.31)^2}{\left(\frac{1+0.31}{2}\right)^2} \approx 1.092\,477$$

$$k = 1.045\,21$$

$$I_{\text{rms}} = k I_{\text{av}} = 1.045\,21 \times 0.077\,02 = 0.080\,50(\text{kA})$$

2. 各节段运行电阻

(1) 有关导线参数，见表 2-11。

表 2 - 11　　　　　　　　　　**导 线 参 数**

导线	20℃电阻（Ω/km）	25℃环境温度的允许电流 I_{rx}（kA）
LGJ - 150	0.211	0.445
LGJ - 120	0.255	0.38
LGJ - 70	0.432	0.275

（2）各节段分配的均方根电流。

本配电网变压器总容量为

$$S = 0.63 + 0.25 + 0.16 + 0.25 = 1.29(\text{MVA})$$

各节段分配的均方根电流 I_{rms} 为

$$I_1 = [(0.63 + 0.25 + 0.16 + 0.25)/1.29] \times 0.07702 = 0.07702(\text{kA})$$

$$I_2 = [(0.25 + 0.16 + 0.25)/1.29] \times 0.07702 = 0.03941(\text{kA})$$

$$I_3 = [(0.16 + 0.25)/1.29] \times 0.07702 = 0.02448(\text{kA})$$

$$I_4 = 0.16/1.29 \times 0.07702 = 0.00955(\text{kA})$$

$$I_5 = 0.25/1.29 \times 0.07702 = 0.01493(\text{kA})$$

（3）各导线段的增阻系数 k_{ijk} 节段运行电阻。

环温的公共增阻系数 β_2 为

$$\beta_2 = 0.004(t - 20) = 0.004(25 - 20) = 0.02$$

负荷增阻系数 β_1 和导线段增阻系数 k_i 节段运行电阻为

$$\beta_{11} = 0.2\left(\frac{I_{11}}{nI_{rx}}\right)^2 = 0.2\left(\frac{0.07702}{0.445}\right)^2 \approx 0.00599$$

$$k_1 = 1 + 0.00599 + 0.02 = 1.02599$$

$$r_1 = k_1 \times 0.211 \times 3 = 0.64945(\Omega)$$

$$\beta_{12} = 0.2\left(\frac{I_{11}}{nI_{rx}}\right)^2 = 0.2\left(\frac{0.03941}{0.445}\right)^2 \approx 0.00150$$

$$k_2 = 1 + 0.00150 + 0.02 = 1.02150$$

$$r_2 = k_2 \times 0.211 \times 2 = 0.43107(\Omega)$$

$$\beta_{13} = 0.2\left(\frac{I_{12}}{nI_{rx}}\right)^2 = 0.2\left(\frac{0.02448}{2 \times 0.275}\right)^2 \approx 0.00040$$

$$k_3 = 1 + 0.00040 + 0.02 = 1.02040$$

$$r_3 = k_3 \times 0.432/2 \times 2 = 0.44081(\Omega)$$

$$\beta_{14} = 0.2\left(\frac{I_{14}}{nI_{rx}}\right)^2 = 0.2\left(\frac{0.00955}{0.275}\right)^2 \approx 0.00024$$

$$k_4 = 1 + 0.00024 + 0.02 = 1.02024$$

$$r_4 = k_4 \times 0.432 \times 1 = 0.44074(\Omega)$$

$$\beta_{15} = 0.2\left(\frac{I_{15}}{nI_{rx}}\right)^2 = 0.2\left(\frac{0.01493}{0.275}\right)^2 \approx 0.00059$$

$$k_5 = 1 + 0.00059 + 0.02 = 1.02059$$

$$r_5 = k_5 \times 0.432 \times 1 = 0.44089$$

3. 配电线等值电阻 $R_{L_{eq}}$

配电线等值电阻计算见表 2 - 12。

表 2 - 12   配电线等值电阻计算

编号	节段运行电阻 r_{ij}	节段送电配电变压器容量 S_{ij}	$r_{ij} \times S_{ij}^2$
11	0.649 45	0.63＋0.25＋0.16＋0.25＝1.29	1.08075
12	0.43107	0.25＋0.16＋0.25＝0.66	0.18777
13	0.44081	0.16＋0.25＝0.41	0.07410
14	0.44074	0.16	0.01128
15	0.44089	0.25	0.02756
$\sum r_{ij} \times S_{ij}^2$			1.38146
$\sum S_i$			1.29
$R_{L_{eq}} = (\sum r_{ij} \times S_{ij}^2)/(\sum S_i)^2$			0.83015

4. 配电变压器等值电阻 R_{Teq}

配电变压器等值电阻计算见表 2 - 13。

表 2 - 13   配电变压器等值电阻计算

编号	配电变压器容量（MVA）	P_0（MW）	P_k（MW）
11	0.63	0.00216	0.0092
12	0.25	0.00106	0.0043
13	0.16	0.00077	0.003
14	0.25	0.00106	0.0043
$\sum$		0.005 05	0.0208

$$R_{Teq} = \left(\frac{U}{\sum S_j}\right)^2 \times \sum P_k = \left(\frac{10}{1.29}\right)^2 \times 0.0208 = 1.249\ 92\ (\Omega)$$

5. 线损及线损率

$$\Delta E = [3 \times I^2 \times (R_{Leq} + R_{Teq}) + P_0] \times T$$

$$\Delta E = [3 \times 0.080\ 50^2 \times (0.830\ 15 + 1.249\ 92) + 0.005\ 05] \times 24$$

$$\Delta E \approx [0.040\ 44 + 0.005\ 05] \times 24 = 1.091\ 90(MWh)$$

$$\Delta E\% = \Delta E/E \times 100\% = 1.091\ 90/25 \times 100\% = 4.37\%$$

二、基于配电变压器电量的等值电阻法

在已经获得各个配电变压器低压侧有功电能和无功电能的情况下，配电变压器高压侧平均电流可以根据下式求得

$$\overline{I}_j = \frac{\sqrt{E_j^2 + Q_j^2}}{\sqrt{3}UT} \quad (j = 1, 2, 3, \cdots, m) \tag{2 - 145}$$

式中：E_j 和 Q_j 分别为第 j 台配电变压器低压侧有功电能和无功电能，MWh 和 Mvarh；U 为配电网额定电压；T 为计算时段。

因此，第 j 台配电变压器在时段 T 内的平均视在功率为

$$\overline{S}_j = \sqrt{3}U\overline{I}_j = \frac{\sqrt{E_j^2 + Q_j^2}}{T} \quad (j = 1, 2, 3, \cdots, m) \tag{2 - 146}$$

第 j 台配电变压器的平均负荷率 K_j 为

$$\bar{k}_j = \frac{\overline{S}_j}{S_j} \quad (j = 1, 2, 3, \cdots, m) \tag{2-147}$$

在计及配电变压器实际负荷率后，配电变压器等值电阻 R_{Teq} 和配线等值电阻 R_{Leq} 计算式可写成

$$R_{\text{Teq}} = \frac{U^2 \sum\limits_{i=1}^{m} k_i^2 P_{ki}}{\left(\sum\limits_{i=1}^{m} k_i S_i\right)^2} \tag{2-148}$$

$$R_{\text{Leq}} = \frac{\sum\limits_{i=1}^{n} \left[r_i \left(\sum\limits_{j=1}^{m_i} k_j S_j\right)^2 \right]}{\left(\sum\limits_{i=1}^{m} k_i S_i\right)^2} \tag{2-149}$$

其他细节计算与基于配电变压器容量的等值电阻法类似。

表 2-14 列出了基于配电变压器容量的等值电阻法计算配电网电能损耗需要采集的数据。

表 2-14　　　　　　　　　计算配电网电能损耗需要采集的运行数据

计算方法	需要采集的运行数据
基于配电变压器容量的等值电阻法	计算时段内应采集的运行数据： （1）配电网拓扑结构。 （2）配电网首端总有功电量（MWh）和无功电量（Mvarh）。 （3）配电网首端最大电流和最小电流（kA）。 （4）环境温度（℃）。 （5）如果含小水电或小火电机组，需要采集其有功电量（MWh）和无功电量（Mvarh）。 （6）配电网中所有配电变压器的抄见有功电量（MWh）和无功电量（Mvarh）

三、前推回代潮流算法

由于配电网线路中的 R/X 比值偏大使快速 PQ 解耦法潮流计算方法失效，所以人们根据辐射配电网的特点，提出了一些计算方法。常规算法主要有基于导纳矩阵或回路阻抗矩阵的算法［牛顿-拉夫逊（N-R）算法］、电源叠加法和追赶法，基于支路变量的潮流算法如支路电流回代法和支路功率前推回代法等。牛顿-拉夫逊算法具有二阶收敛特性，虽然在配电网潮流中收敛速度较快，但是，当导纳矩阵阶数较高时，初值敏感性问题比较突出。电源叠加法每次求解时要对各个电源逐一进行叠加，求解较为烦锁。追赶法用于导纳矩阵主对角严格占优情况下，无收敛性问题、矩阵存储方便、占内存少、求解快速，但是不能直接求解复杂的环网。前推回代法具有编程简单、没有复杂的矩阵运算、计算速度快、占用计算机的资源很少、收敛性好等特点，适用于在实际配电网中的应用。

前推回代法是配电网支路类算法中被广泛研究的一种方法。该方法从根节点起按广度优先搜索并对配电网进行分层编号，编号反映了前推回代的顺序。考虑到配电网的辐射型结构，其一般是由一条主馈线带有数条分支，各分支又带有各自的子分支，依次类推。定义主馈线为第一层，从左向右依次定义主馈线上的各节点，然后定义离电源最近的节点的分支线及其上的节点，每一层最后一个节点号要比它的下一层的第一个节点号小 1。此方法简便、有效，利于编程，对于任何复杂的辐射状配电网的网络编号都适用。具体编号方法见图 2-9，其中［　］代表层，（　）代表支路号，数字代表节点号。

潮流算法如下：

（1）计算节点注入电流。

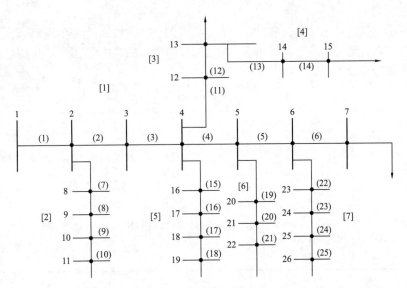

图 2 - 9　某辐射型配电网

节点注入电流为

$$I_i^k = (S_i / U_i^{k-1}) - Y_i U_i^{k-1} \qquad (2-150)$$

式中：U_i^{k-1} 为 $k-1$ 次迭代的节点 i 的电压；S_i 为节点 i 的注入功率之和；Y_i 为节点 i 的并联导纳。

（2）回代过程。设第 L 条支路的起点为节点 L_1，且终点为 L_2，则有

$$J_L^{(k)} = - I_{L2}^{(k)} + \sum i \qquad (2-151)$$

式中：J_L 为第 L 条支路上的电流；I_{L2} 为节点 L_2 上的注入电流；$\sum i$ 为从 L_2 点出发的各分支支路上的电流之和。

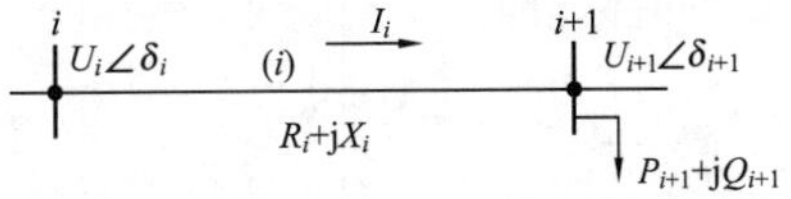

（3）前推过程。

$$U_{L2}^{(k)} = U_{L1}^{(k)} - Z_L J_L^{(k)} \qquad (2-152)$$

图 2 - 10　某配电网中的一段馈电线段

（4）判断收敛条件。

前推回代法还有另外一种形式，以图 2 - 10 所示简单馈线段为例经过简单推导可以得出

$$U_{i+1} = \left\{ \begin{array}{l} \left(P_{i+1}R_i + Q_{i+1}X_i - \dfrac{1}{2}\,|U_i|^2\right)^2 - [(R_i^2 + X_i^2)(P_{i+1}^2 + Q_{i+1}^2)]^2 - \\ (P_{i+1}R_i + Q_{i+1}X_i - \dfrac{1}{2}\,|U_i|^2) \end{array} \right\}^{\frac{1}{2}} \cdots$$

$$(2-153)$$

$$P_{i+1} = \sum_{j=i+1}^{n} PL_j + \sum_{j=i+1}^{n} LP_j$$

$$Q_{i+1} = \sum_{j=i+1}^{n} QL_j + \sum_{j=i+1}^{n} LQ_j \qquad (2-154)$$

式中：PL_j 和 QL_j 为节点 j 的负荷功率；LP_j 和 LQ_j 为支路 j 上的线损。

$$LP_i = \frac{R_i(P_{i+1}^2 + Q_{i+1}^2)}{|U_{i+1}|^2}$$

$$LQ_i = \frac{X_i(P_{i+1}^2 + Q_{i+1}^2)}{|U_{i+1}|^2} \qquad (2-155)$$

式（2 - 153）～式（2 - 155）构成了前推回代的基本方法。

四、方法比较

配电网理论线损的基本计算方法可以分为等值电阻法、前推回代潮流算法。等值电阻法又分为基于配电变压器容量的等值电阻法和基于配电变压器电量的等值电阻法。下面从适用范围方面比较配电网线损理论计算方法，如表 2-15 所示。

表 2-15　　　　　　　　　　　配电网线损计算方法及其适用范围

计算方法	算法特点	适用范围
等值电阻法	整个配电网的总均方根电流流过等值电阻所产生的损耗等于配电网内全部配线可变损耗和全部配电变压器的负载损耗的总和	已知配电网拓扑结构、配电线和配电变压器参数，配线首端抄见有功电量和无功电量、最大和最小负荷电流及额定电压
前推回代潮流算法	针对 6~10kV 配电网的单电源辐射状结构特点，利用前推回代潮流计算方法，直接求解配电网的电能损耗	已知配电网拓扑结构、配线和配电变压器参数，配线各节点负荷有功抄见电量和无功抄见电量及负荷曲线等

由表 2-16 可知，等值电阻法数据采集方面的更具有便利性，应用范围更广。前推回代潮流算法适于对个别配电网进行线损分析。

从所需数据及数据特点方面比较分析见表 2-16。

表 2-16　　　　　　　　　　　配电网线损计算方法数据采集比较

计算方法	所需基本参数	数据采集特点
等值电阻法	计算时段内电网数据如下： (1) 配电网拓扑结构。 (2) 配电网首端总有功电量和无功电量。 (3) 配电网均方根电流。 (4) 环境温度。 (5) 如果含小水电或小火电机组，需要采集其有功电量和无功电量	电网拓扑结构可由调度部门运行记录获得；有功、无功电量由该处电表抄见电量录入；均方根电流一般采用平均电流法折算获得；必要时需要人为设定功率分点
潮流算法	计算时段内电网每天所有正点的数据如下： (1) 电网拓扑结构。 (2) 发电机：其所接节点作为 PQ 节点，有功和无功功率/电量；其所接节点作为 PU 节点时，有功功率/电量和电压；其所接节点作为平衡节点时，电压幅值。 (3) 负荷：有功和无功功率/电量	作为离线计算软件，电网拓扑结构、发电机、调相机和负荷参数可由调度部门历史管理数据中得到；如地方硬件水平较高，具备实时电网监控调度系统时，可直接与其建立接口，获得相应数据，实现在线计算

各种算法的优缺点比较分析见表 2-17。

表 2-17　　　　　　　　　　　配电网线损计算方法优缺点比较

计算方法	优　点	缺　点
等值电阻法	理论基础是均方根电流法，能考虑环境温度和电流温升对电阻的影响，计算参数容易得到，输入数据量小，不存在计算收敛问题，计算速度较快；分按配电变压器容量等值和按配电变压器电量等值两种算法，后者较前者更精确	计算精度没有潮流法高，无法计算配电网中的环网

计算方法	优　点	缺　点
潮流算法	计算精度比较高，能较好地处理配电网中的环网问题，适于配电网线损的深入分析	原始数据的采集及计算输入数据工作量较大，个别情况下可能存在计算不收敛问题，且不能考虑环境温度和电流温升对电阻的影响，计算速度慢

下面从算法所需数据自动采集程度、算法的计算原理与电网实际结构匹配程度、算法的时间复杂度和算法的空间复杂度四个层面比较配电网线损理论计算方法，如表 2-18 所示。

表 2-18　　　　　　配电网线损理论计算方法的工程准确性和工程使用性比较

计算方法	算法所需数据自动采集程度	算法的计算原理与电网实际结构匹配程度	算法的时间复杂度	算法的空间复杂度
等值电阻法	一般	一般	一般	一般
前推回代潮流算法	一般	好	高	一般

因为在实际配电网中参数采集比较困难，虽然等值电阻法的计算结果没有潮流法计算精确，但是由于其在数据采集方面大大优于潮流算法，而且计算精度、计算速度都符合工程的要求，因此在目前的线损计算中用得最广。而潮流算法不仅数据采集困难，而且还有可能导致计算不收敛问题，一般在规划设计方面或对线损分析时使用，在实际线损计算中很少使用。

五、配电网线损的其他问题

下面介绍配电网线损理论计算过程中遇到的两个典型问题：小电源接入对配电网线损的影响问题和配电网环网供电时线损理论计算问题。

1. 小电源接入对配电网线损的影响

地方小电源（小水电和小火电）的存在对配电网电能损耗的计算造成困难。这些小电源在向电网倒送电量的同时也在配线和配电变压器上造成电能损耗。由于它们的发电量并不和升压配电变压器容量成正比，在计算时段 T 内也不一定全发电，所以不能像用户那样按配电变压器容量"分享"总均方根电流 I_{rms0}。一般在等值电阻法的基础上，采用"等效容量法"对其进行处理。

根据每个小电源在时段 T 内的有功电量 E_{Si} 和无功电量 Q_{Si}，可以得到它的均方根电流 I_{rmsSi}

$$I_{avSi} = \frac{\sqrt{E_{Si}^2 + Q_{Si}^2}}{\sqrt{3}UT} \qquad (2-156)$$

$$I_{rmsSi} = kI_{avSi} \qquad (2-157)$$

式中：U 为配电网的额定电压，kV；I_{avSi} 为配电网该时段内的平均电流，kA；k 为形状系数，可取与配电网首端装设电量表处相同的值。

对于一个总共有 m 台配电变压器的配电网，假设有 m_1 台用户配电变压器和 m_2 台小电源升压配电变压器（$m = m_1 + m_2$），每个小电源的均方根电流可以定义为

$$I_{rmsSi} = -\frac{S_{Si}}{\sum_{j=1}^{m_1} S_j + \sum_{i=1}^{m_2} S_{Si}} I_{rms0} \qquad (2-158)$$

其中，m_1 台用户配电变压器 S_j 已知，m_2 台小电源升压配电变压器等值容量 S_{Si} 待求。

根据监测仪表可以得到 m_2 台小电源的电能读数，即得到 m_2 台小电源均方根电流 I_{rmsSi}，就

有 m_2 个线性方程

$$
\begin{cases}
I_{\mathrm{rms}S1} = -\dfrac{S_{S1}}{\displaystyle\sum_{j=1}^{m_1} S_j + \sum_{i=1}^{m_2} S_{Si}} I_{\mathrm{rms}0} \\[3ex]
I_{\mathrm{rms}S2} = -\dfrac{S_{S2}}{\displaystyle\sum_{j=1}^{m_1} S_j + \sum_{i=1}^{m_2} S_{Si}} I_{\mathrm{rms}0} \\[3ex]
\qquad\qquad \vdots \\[1ex]
I_{\mathrm{rms}Si} = -\dfrac{S_{Si}}{\displaystyle\sum_{j=1}^{m_1} S_j + \sum_{i=1}^{m_2} S_{Si}} I_{\mathrm{rms}0} \\[3ex]
I_{\mathrm{rms}Sm2} = -\dfrac{S_{Sm2}}{\displaystyle\sum_{j=1}^{m_1} S_j + \sum_{i=1}^{m_2} S_{Si}} I_{\mathrm{rms}0}
\end{cases}
\tag{2-159}
$$

式（2-159）为以 m_2 个小电源升压配电变压器等值容量 S_{Si} 为变量的线性方程组，据此非常容易地求出 m_2 个小电源等值容量 S_{Si}。

当求出每个小电源升压配电变压器的等值容量 S_{Si}，在进行配电网理论线损计算时，将其看成一个具有 S_{Si}（$S_{Si} < 0$）的专用配电变压器，即可按照等值电阻法进行。

对于式（2-159）的解，可以分三种情况讨论如下：

(1) 当 $\displaystyle\sum_{j=1}^{m_1} S_j > \sum_{i=1}^{m_2} S_{Si}$ 时，35kV 及以上电力网和小电源同时向配电网送电，m_2 个小电源等值容量 S_{Si} 均小于零。

(2) 当 $\displaystyle\sum_{j=1}^{m_1} S_j < \sum_{i=1}^{m_2} S_{Si}$ 时，小电源向配电网送电，同时向 35kV 及以上电力网反送电，导致 $I_{\mathrm{rms}0} < 0$，因而，m_2 个小电源等值容量 S_{Si} 仍然均小于零。

(3) 当 $\displaystyle\sum_{j=1}^{m_1} S_j = \sum_{i=1}^{m_2} S_{Si}$ 时，配电网从小电源获取全部电能，近似相当于一个孤立网络。这是一个极特殊的情况。

因此，不论在那种情况下，m_2 个小电源等值容量 S_{Si} 仍然均小于零。

小电源等效容量法的另一种做法是，根据小电源平均电流进行等值。

根据每个小电源在时段 T 内的有功电量 E_{Si} 和无功电量 Q_{Si}，可以得到它的平均电流 $I_{\mathrm{av}Si}$

$$
I_{\mathrm{av}Si} = \frac{\sqrt{E_{Si}^2 + Q_{Si}^2}}{\sqrt{3}\,UT}
\tag{2-160}
$$

因此，第 i 台配电变压器在时段 T 内的平均视在功率为

$$
S_{Si} = \sqrt{3}\,I_{\mathrm{av}Si}U = \frac{\sqrt{E_{Si}^2 + Q_{Si}^2}}{T}
\tag{2-161}
$$

当按照式（2-161）求解出了每个小电源升压变压器的等效容量 S_{Si}，在进行配电网理论线损计算时，将其看成一个具有 $-S_{Si}$ 的专用配电变压器，即可按照等值电阻法进行。

2. 配电网环网供电时线损理论计算

一般地，配电网运行都采用辐射状接线方式，但对于少数供电安全性要求较高的配电网也有采用环网接线方式进行供电。遇到两端供电的配线，要在"功率分点"处人为地将它分成两条配

线，见图2-11。所谓"功率分点"，就是两边的配电变压器容量大致相等。但两端必须有计量得到均方根电流。

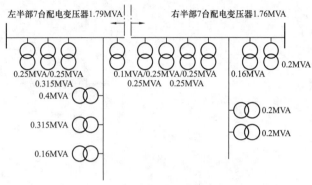

图 2-11　双电源配线分割成两条单电源配线

第四节　低压网的线损理论计算方法

低压网定义为 0.4kV 以下电网。低压电网比配电网更加复杂，有三相四线制、单相制、三相三线制等供电方式，而且各相电流也不平衡，各种容量的变压器供电出线回路数不一样，沿线负荷的分布也没有规律，同一回主干线还可能由多种不同截面导线组成等。同时，它又往往缺乏完整、准确的线路参数和负荷数据。低压电网的电能损耗精确计算，要比计算配电网电能损耗工作量大得多，在运行实际上是无法操作的。因此，按 DL/T 686—1999《电力网电能损耗计算导则》推荐的近似计算方法，进行逐个低压网计算，或作典型台区计算。

0.4kV 低压台区线损理论计算是根据低压电网结构参数和运行数据来计算电网理论线损，所以 0.4kV 低压台区线损理论计算工作研究的对象是网络结构基本固定、负荷实时变化的低压电网，根据 0.4kV 低压台区的结构和负荷类型需要采用适当的计算方法和计算模型，计算出配电网理论线损。因此，无论何种低压台区线损计算方法，均具有以下特点：

（1）近似性。由于 0.4kV 低压台区网络结构的复杂性，负荷功率性质的多样性，负荷功率实时变化性，外部环境条件不确定性，要完全准确计算出 0.4kV 低压台区理论线损实际是不可能的，无论采用 0.4kV 低压台区线损理论计算的哪种计算方法和计算模型，只能是尽力作到理论运行状态尽可能接近实际运行状态，使计算结果尽可能准确，近似于实际值。

（2）假设性。现有的 0.4kV 低压台区线损理论计算方法，由于网络结构的复杂，大多数各节点没有监测设备，在计算理论线损过程中，都要假设一定的条件来简化计算，在假设条件的基础上，确定计算模型。由于假设条件的存在，使计算结果误差大，精度低，或高于实际值，或低于实际值。但这种假设条件并不是没有实际意义、毫无根据的凭空假设，而是建立在一定理论基础之上的。

（3）多法性。正是由于 0.4kV 低压台区线损理论计算的近似性和假设性，所以在进行 0.4kV 低压台区线损理论计算过程中，结合低压台区的网络结构和负荷情况以及假设条件，对同一低压台区进行线损理论计算可以有不同的计算方法，选择不同的计算模型。

下面对电压损失法、竹节法、等值电阻法和台区损失率法四种线损计算方法分别进行介绍。

一、电压损失法计算原理

设电流 $\dot{I}$ 比首端电压 $\dot{U}_1$（参考相量，相角为 0）滞后 φ 角，流过阻抗为 $z=r+\mathrm{j}x$ 的线路，电压下降为 $\dot{U}_2$（见图 2-12 和图 2-13）。

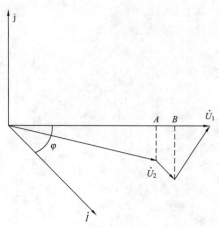

图 2-12 低压网电流、电压示意图   图 2-13 低压网电流、电压相量示意图

首末端的电压降落可表示为

$$\Delta \dot{U} = \dot{U}_1 - \dot{U}_2 = \dot{I}(r + \mathrm{j}x) = \dot{I}r + \mathrm{j}x\dot{I} = \dot{I}r + x\dot{I}\mathrm{e}^{\mathrm{j}90°} \qquad (2-162)$$

也就是说，电阻上 r 的电压降落，平行于电流 $\dot{I}$，而电抗上的电压降，比电流 $\dot{I}$ 超前 $90°$。电压降落的绝对值近似等于实轴上 AU 长度。

$$\Delta u = |\Delta \dot{U}| = |\dot{U}_1 - \dot{U}_2| \approx AU_1 = AB + BU_1 = Ir\cos\phi + Ix\sin\varphi \qquad (2-163)$$

（相）电压降百分比可表示为

$$\Delta U = \frac{\Delta u}{U} \times 100\% = \frac{Ir\cos\varphi + Ix\sin\varphi}{U} \times 100\% \qquad (2-164)$$

电能损耗功率百分率可表示为

$$p_{ri} = \frac{\Delta P_{ri}}{P_{ri}} \times 100\% = \frac{3I^2 r}{\sqrt{3}IU_1\cos\varphi} \times 100\% = \frac{3I^2 r}{3IU\cos\varphi} \times 100\% \qquad (2-165)$$

用系数 K_P 表示低压网线损电量与电压损失的比值，可表示为

$$K_P = \frac{p_{ri}}{\Delta U} = \frac{\dfrac{3I^2 r}{3IU\cos\varphi} \times 100\%}{\dfrac{Ir\cos\varphi + Ix\sin\varphi}{U} \times 100\%} = \frac{1}{\cos\varphi\left(\cos\varphi + \dfrac{x}{r}\sin\varphi\right)}$$

$$\qquad (2-166)$$

$$= \frac{1}{\cos^2\varphi\left(1 + \dfrac{x}{r}\tan\varphi\right)} = \frac{1 + \tan^2\varphi}{1 + \dfrac{x}{r}\tan\varphi}$$

这样，利用系数 K_P 可以在测量低压网电压损失的基础上估算该网的线损电量。抽样测量该低压网送端电压 U_1、末端电压 U_2 和平均功率因数 $\cos\varphi$，得到抽样的电压降为

$$\Delta U = \frac{U_1 - U_2}{U_1} \times 100\% \qquad (2-167)$$

通过一个由低压网（主要）导线大小决定的系数 K_P 估算该网的线损率

$$\Delta p_D = K_P \times \Delta U \qquad (2-168)$$

$$K_P = \frac{1 + \tan^2\varphi}{1 + \dfrac{x}{R}\tan\varphi}$$

上述的线损计算过程只考虑线路末端有一集中负荷的情况。很多时候,低压配电网有沿线分布的负荷。如果负荷数目不多,当然可以逐个节点计算线损,再把它们加起来,这是最精确的做法。但如果分布的负荷较密,为了方便计算,可以用等效末端集中负荷法来近似计算。

引入等效系数 $k dx$,假设全线总负荷都集中在末端的线损为 ΔE,分布负荷在整条线路的线损,则在线损计算结果上等效乘以系数 $k dx$ 作为全线总线损结果 $\Delta E'$。

如图 2-14 所示,设总电流 I 分布在长 L 的送电线上。于是电流"线密度" $k=I/L$,或 $I=kL$。离末端 x 处的一小段 dx 的电流可表示为

$$I(x) = k(x + dx) \tag{2-169}$$

设电线截面为 S,电阻率为 ρ,离末端 x 处的一小段 dx 的电阻为

$$dr = \frac{\rho}{S} dx \tag{2-170}$$

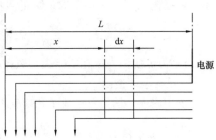

图 2-14　低压网电流分布示意图

因此 dx 小段的线损 dP 为

$$dP = I^2(x) \times dr = k^2(x + dx)^2 \times \frac{\rho}{S} dx$$

$$= k^2 \frac{\rho}{S}(x^2 + 2x dx + dx^2) dx \tag{2-171}$$

$$= k^2 \frac{\rho}{S}(x^2 dx + 2x dx^2 + dx^3)$$

对于 dP 来说,dx^2 和 dx^3 都是高一级以上的无穷小,可以忽略。于是有

$$dP = k^2 \frac{\rho}{S} x^2 dx \tag{2-172}$$

将 dP 对全长 L 积分,就是分布负荷的线损

$$\Delta P = \int_0^L dP = k^2 \frac{\rho}{S} \int_0^L x^2 dx$$

$$= k^2 \frac{\rho}{S} \times \frac{L^3}{3} = \frac{1}{3} \times (kL)^2 \times \frac{\rho}{S} L \tag{2-173}$$

$$= \frac{1}{3} \times I^2 \times R$$

式中:$(kL)^2$ 为总电流的平方;$\frac{\rho}{S}L$ 为全线电阻。它们之积,就是全部负荷集中在末端的线损。可见,均匀分布负荷的线损为集中末端的 1/3。

表 2-19　　　　　　　　　　低压网不同负荷情况下的等效系数

序号	负荷分布情况	负荷电流沿分布图	等效系数 $k dx$
1	头重尾轻	电源　　　　　　末端	0.2
2	全线均匀分布	电源　　　　　　末端	0.333
3	中间重,头尾轻	电源　　　　　　末端	0.383
4	尾重头轻	电源　　　　　　末端	0.533
5	正常末段负荷	电源　　　　　　末端	1

（1）有总表有功、无功电能读数情形。

设 T 时段内有功电能读数为 E，无功电能读数为 Q，则

$$\tan\varphi = \frac{E}{Q} \tag{2-174}$$

根据低压网主要导线大小，得到 x/R，代入电压损失法计算式得到电能损失系数 K_P，并计算出电能损耗 Δp_D。于是 T 时段内的线损电能（单位：MWh）可表示为

$$\Delta E_D = \frac{\Delta p_D}{100} \times E + \left(\frac{T}{720}\right)(0.001 \times m_1 + 0.002 \times m_2) \tag{2-175}$$

式中：m_1 为低压网内单相电能表个数；m_2 为低压网内三相电能表个数。

（2）没有总表情形。

只能用钳表，抽样总电流 I 和功率因数 $\cos\varphi$。

$$\tan\varphi = \frac{\sqrt{1-\cos^2\varphi}}{\cos\varphi} \tag{2-176}$$

结合电压损失法计算式得到电能损失系数 K_P，并计算出电能损耗 Δp_D。T 时段内的线损电能（单位：MWh）可表示为

$$\Delta E_D = \sqrt{3}U_1 I\cos\varphi \times T \times \frac{\Delta p_D}{100} + \left(\frac{T}{720}\right)(0.001 \times m_1 + 0.002 \times m_2) \tag{2-177}$$

式中：m_1 为低压网内单相电能表个数；m_2 为低压网内三相电能表个数。

【例 2-5】 某低压网的主要送电线为 95 铜线。24h 内送电 $E=95.5$MWh，$Q=80.7$Mvarh，测得首端电压 $U_1=0.402$kV，末端电压 $U_2=0.378$kV，单相电能表个数 $n_1=20$，三相电能表个数 $n_2=30$，求 24h 内的线损电能和线损率。

解： 因为线损率 Δp_k 是电压降 $\Delta U\%$ 和主要导线规格 K_P 的函数。

导线材料参数见表 2-20。

表 2-20　　　　　　　导线材料参数

材料	铜 16	铜 25	铜 35	铜 50	铜 70	铜 95	铜 120	铜 150	铜 185	铜 240	铜 300
x/R	0.365	0.4	0.528	0.743	1.075	1.322	1.657	1.833	2.151	2.816	3.211

$$K_P = \frac{1+\tan^2\varphi}{1+\frac{x}{R}\tan\varphi}$$

$$\tan\varphi = \frac{Q}{E} = \frac{80.7}{95.5} \approx 0.84503$$

$$K_P = \frac{1+\tan^2\varphi}{1+\frac{x}{R}\tan\varphi} = \frac{1+0.84503^2}{1+1.322 \times 0.84503} \approx 0.80962$$

$$\Delta U\% = \left(1 - \frac{0.378}{0.402}\right) \times 100\% = 5.97\%$$

$$\Delta p\% = K_P \times \Delta U\% = 0.80962 \times 0.0597 = 4.83\%$$

$$\Delta E = \frac{\Delta p\%}{100} \times 95.5 + \left(\frac{0.001}{720}n_1 + \frac{0.002}{720}n_2\right) \times 24 = 4.61665 + 0.002667 = 4.6193(\text{MWh})$$

$$\Delta E\% = 4.6193/95.5 = 4.84\%$$

【例 2 - 6】 某低压网的主要送电线为 240 铝线。测得首端 $I=0.6kA$，$\cos\varphi=0.75$。测得首端电压 $U_1=0.39kV$，末端电压 $U_2=0.37kV$，单相电能表个数 $n_1=40$，三相电能表个数 $n_2=60$，求一个月内的线损电能和线损率。

解: 因为线损率 Δp_k 是电压降 $\Delta U\%$ 和主要导线规格 K_P 的函数。

导线材料参数见表 2 - 21。

表 2 - 21 　　　　　　　　　　　　　　　**导 线 材 料 参 数**

材料	铝 25	铝 35	铝 50	铝 70	铝 95	铝 120	铝 150	铝 185	铝 240	铝 300	铝 400
x/R	0.243	0.328	0.457	0.619	0.816	0.97	1.216	1.467	1.64	1.978	2.51

$$\Delta p\% = K_P \Delta U\%$$

$$\Delta U\% = \frac{U_1 - U_2}{U_1} \times 100\%$$

$$\Delta U\% = \left(1 - \frac{0.37}{0.39}\right) \times 100\% = 5.13\%$$

$$\tan\varphi = \frac{\sqrt{1-\cos^2\varphi}}{\cos\varphi} = \frac{\sqrt{1-0.75^2}}{0.75} \approx 0.881\,92$$

$$K_P = \frac{1+\tan^2\varphi}{1+\dfrac{x}{R}\tan\varphi} = \frac{1+0.881\,92^2}{1+1.64 \times 0.881\,92} \approx 0.726\,71$$

$$\Delta p\% = K_P \Delta U\% = 0.726\,71 \times 5.13\% \approx 3.728\%$$

$$\Delta E = 24 \times \sqrt{3} \times U_1 \times I \times \cos\varphi \times \frac{\Delta p\%}{100} + (0.001n_1 + 0.002n_2) \times \frac{24}{720}$$

$$\Delta E = \sqrt{3} \times 24 \times 0.39 \times 0.6 \times 0.75 \times 0.037\,28 + (0.04 + 0.12) \times \frac{24}{720}$$

$$\Delta E \approx 0.271\,88 + 0.005\,33$$

$$\Delta E \approx 0.277\,22(\text{MWh})$$

$$\Delta E\% = \frac{\Delta E}{24 \times \sqrt{3} \times U_1 \times I \times \cos\varphi} \times 100\% = \frac{0.277\,22}{24 \times \sqrt{3} \times 0.39 \times 0.6 \times 0.75} \times 100\%$$

$$\Delta E\% \approx 3.80\%$$

二、竹节法

低压配电网管理较复杂，线路参数及接线图缺乏，致使低压线损计算工作非常困难，由此提出了另一个低压线损理论计算方法——"竹节法"。

由于经济发展的不平衡，全国各地的户均用电量相差很大，因此造成了低压线损率的大小不同。就一个地区的某一个村庄来说，由于经济条件相差不是很大，每个用户的用电量虽然不完全相同，但相差不大，接近全台区的户均用电量，每个下户线的月平均电量也相差不很大，因此计算下户线的损失时可用下户线的平均电量来计算，下户线的长度也可用平均长度来计算，这样计算出一个下户线的损耗后，乘以下户线个数就可得到该台区所有下户线的损耗，这样计算得到的数值虽然与每个下户线单独计算然后再相加得到的数值有差距，但是差距不是很大，根据统计规律，下户线个数越多，计算结果越准确。同样可以用平均的概念来计算支线和主线的损耗。由于下户线在支线上的分布和支线在主线上的分布像竹节一样，主线和支线上的电流逐渐变小，为了形象,将该方法称为"竹节法"。计算时电流采用平均电流法,主干线及支线电流采用"竹节式"递减,下户线电流采用平均功率计算。

下面为竹节法计算的四个假设:

(1)每个电气节点的电压相等。

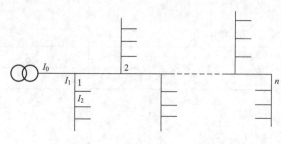

图 2-15 竹节法中低压台区示意图

(2)支线在主干线上均匀分布。

(3)每种型号的支线长度相等,负荷相同(大小相同,功率因数相同,负荷形状系数相同),下户线个数相同,下户线在支线上均匀分布着。

(4)每种下户线的长度相同,每个下户线的负荷相同。

低压台区如图 2-15 所示。

设首端电流为 I_0,分支线首端电流为 I_1,下户线首端电流为 I_2,根据竹节法原理,共有 n 个分支线,有 m 个下户线。

则分支线的首端电流为

$$I_1 = I_0/n \tag{2-178}$$

每分支线的平均下户线为

$$m' = m/n \tag{2-179}$$

则下户线的首端电流为

$$I_2 = I_1/m' = I_0/\left(n \times \frac{m}{n}\right) = I_0/m \tag{2-180}$$

因此,采用竹节法进行低压线损理论计算分为以下三步计算:

(1)计算主线单相线损功率。

$$\begin{aligned}
P_1 &= K_1 K_2^2 K_3 \times [1^2 + 2^2 + 3^3 + \cdots + (n-j)^2 + \cdots + n^2] \times I_0^2 R_1/n^3 \\
&= K_1 K_2^2 K_3 \times \sum_{j=1}^{n} j^2 \times \frac{I_0^2 R_1}{n^3} \\
&= K_1 K_2^2 K_3 \times \frac{(n+1)(2n+1)}{6n^2} I_0^2 R_1
\end{aligned} \tag{2-181}$$

$$K_3 = \frac{3(1 + M_1^2 + M_2^2)}{(1 + M_1 + M_2)^2}$$

式中:K_1 为损失系数,与线路老化程度有关;K_2 为负荷形状系数;K_3 为不平衡系数;n 为支路个数;j 为第个支路;I_0 为线路首端相电流;R_1 为主线电阻;M_1 为最大不平衡系数,即最小负荷相功率与最大负荷相功率的比值,取值范围 0~1;M_2 为最小不平衡系数,即次小负荷相功率与最大负荷相功率的比值,取值范围 0~1。

低压台区主线线路类型一般有三相四线、三相三线、单相二线类型,故主线线损总和为:

1)主线线路为三相四线时

$$P_{1\Sigma} = 3.5 \times P_1 \tag{2-182}$$

2)主线线路为三相三线时

$$P_{1\Sigma} = 3 \times P_1 \tag{2-183}$$

3)主线线路为单相二线时

$$P_{1\Sigma} = 2 \times P_1 \tag{2-184}$$

（2）支线按单相考虑，其线损功率。

每个支线的每相线损功率与主线的计算方法相同，支线的线损功率为

$$P_2 = 2K_1K_2^2K_3 \times (1^2 + 2^2 + 3^3 + \cdots + (n-j)^2 + \cdots + m'^2) \times I_1^2 \times \frac{R_2}{m'^3}$$

$$= 2K_1K_2^2K_3 \times \sum_{j=1}^{m'} j^2 \times \frac{I_0^2 R_2}{n^2 m'^3}$$

$$= 2K_1K_2^2K_3 \times \frac{(m'+1)(2m'+1)}{6m'^2 n^2} I_0^2 R_2 \qquad (2-185)$$

$$= 2K_1K_2^2K_3 \times \frac{(m+n)(2m+n)}{6m^2 n^2}$$

式中：m 为下户线个数；R_2 为支路平均电阻。

则所有支线损耗之和为

$$P_{2\Sigma} = 2K_1K_2^2K_3 \times \frac{(m+n)\ (2m+n)}{6m^2 n} \times I_0^2 R_2 \qquad (2-186)$$

当支线为三相四线、三相三线时，作为三个支路处理，支线长度为原长的三倍，支线个数为原来的 3 倍。

（3）下户线按单相考虑，单个下户损失功率。

$$P_3 = 2K_1K_2^2K_3 I_2^2 R_3 = 2K_1K_2^2K_3 I_0^2 \frac{R_3}{m^2} \qquad (2-187)$$

式中：R_3 为下户线平均电阻。

低压台区下户线损失总功率为

$$P_{3\Sigma} = 2K_1K_2^2K_3 I_0^2 \frac{R_3}{m^2} \times m = 2K_1K_2^2K_3 I_0^2 R_3/m \qquad (2-188)$$

当下户线为三相四线、三相三线时，作为三个下户线处理，下户线长度为原长的三倍，下户线个数为原来的三倍。

（4）电能表损耗和漏电保护器损耗 $P_{\Sigma 4}$。一般感应式电能表单相表每月按 1kWh 计算，三相四线按 2kWh 计算，对于电子式电能表单相表每月按 0.4kWh 计算，三相表按 0.8kWh 计算。对于二级漏电保护器，不同型号损耗也不同，一般每月按 0.5kWh 计算。

采用竹节法计算低压台区线损时，每回出线总损耗为

$$P_0 = P_{1\Sigma} + P_{2\Sigma} + P_{3\Sigma} + P_{4\Sigma} \qquad (2-189)$$

根据现有低压电网的特点和工程计算的精度要求，这种方法是可行的。

竹节法的优点是计算方法简单容易，需要参数少，容易收集，计算结构满足工程计算的精度要求；缺点是假设条件较多，有的假设条件不符合实际情况，计算精度低。

三、等值电阻法

具体地说就是应用配电网等值电阻法的计算数学模型，考虑到低压网的特殊性，利用配电变压器总表的有功、无功电量，代替配电网计算公式中的首端电量。各用户电能表的容量代替原公式中配电变压器的容量，线路的结构参数与原公式线路等值电阻法类似，所不同的是考虑单相负荷与三相负荷的折算问题。因为单相系统功率传输损耗为三相系统的 6 倍，所以可以将单相负荷点到三相系统的距离按 6 倍计入，形状系数、电压可用配电变压器出口首端的实测数据来得到。这种计算方法对全部低压电网进行计算显然是不可能的，但对于少数台区进行典型计算，摸清损耗的情况和规律具有实际意义。一般按输入数据分为以电流表数据为计算负荷电流依据的计算方法和以电能表数据为计算负荷电流依据的计算方法。

1. 以电流表数据为计算负荷电流依据的计算方法

三相三线制配电线路

$$\Delta A = 3I^2Rt \times 10^{-3} \quad \text{(kWh)} \tag{2-190}$$

三相四线制配电线路

$$\Delta A = 3.5I^2Rt \times 10^{-3} \quad \text{(kWh)} \tag{2-191}$$

单相两线制配电线路

$$\Delta A = 2I^2Rt \times 10^{-3} \quad \text{(kWh)} \tag{2-192}$$

故低压网线损计算可表示为

$$\Delta A_{X1} = N \times I_{\max}^2 \times F \times R_{eq} \times t \times 10^{-3} \quad \text{(kWh)} \tag{2-193}$$

其中

$$F = 0.15f + 0.85f^2 \tag{2-194}$$

$$f = \frac{I_{av}}{I_{\max}} = \frac{P_{av}}{P_{\max}} \tag{2-195}$$

$$R_{eq} = \frac{\sum N_k \times I_{\max k}^2 \times R_k}{N \times I_{\max}^2} \quad (\Omega) \tag{2-196}$$

式中：$I_{\max}$ 为配电变压器低压出口处实测最大负荷电流，A；$I_{\max k}$ 为低压线路各计算分段实测最大负荷电流，A；R_{eq} 为低压线路的等值电阻，Ω；R_k 为低压线路各计算分段电阻，即 $R_k = r_0 \times I_k$，Ω；t 为配电变压器向低压线路的供电时间，h；F 为负荷损失因数；f 为线路负荷率；I_{av} 为线路平均负荷电流，A；P_{av} 为线路平均功率，kW；N 为配电变压器低压出口电网结构常数，三相四线制 $N=3.5$，三相三线制 $N=3$，单相两线制 $N=2$；N_k 为低压线路各计算分段结构常数，取值与 N 相同。

2. 以电能表数据为计算负荷电流依据的计算方法

计算式为

$$\Delta A_{X1} = NI_{av}^2 k^2 R_{eq}t \times 10^{-3} \quad \text{(kWh)} \tag{2-197}$$

其中，线路首端平均负荷电流，即变压器低压侧出口电流 I_{av} 和线路等值电阻 R_{eq} 按下式计算。

当配电变压器二次侧装有有功电能表和无功电能表时，I_{av} 的计算式为

$$I_{av} = \frac{1}{U_{av} \times t}\sqrt{\frac{1}{3}(A_{P,g}^2 + A_{Q,g}^2)} \quad \text{(A)} \tag{2-198}$$

当配电变压器二次侧装有有功电能表和功率因数表时，I_{av} 的计算式为

$$I_{av} = \frac{A_{P,g}}{\sqrt{3}U_{av} \times \cos\varphi \times t} \quad \text{(A)} \tag{2-199}$$

而 R_{eq} 为

$$R_{eq} = \frac{\sum_{k=1}^{n} N_k \times (\sum_{k=1}^{n} A_{k,\Sigma}^2 \times R_k)}{N \times (\sum_{i=1}^{m} A_i)^2} \quad (\Omega) \tag{2-200}$$

式中：U_{av} 为线路平均运行电压，为计算方便可取 $U_{av} \approx 0.38$，kV；$A_{P,g}$ 为变压器二次侧有功电能表的抄见电量，kWh；$A_{Q,g}$ 为变压器二次侧无功电能表的抄见电量，kvarh；$\cos\varphi$ 为线路负荷功率因数；A_i 为各 380/220V 用户电能表的抄见电量，kWh；$A_{k,\Sigma}$ 为凡负荷电流通过某段的用户电能表抄见电量之和，kWh；k 为线路负荷曲线形状系数，$k = \frac{I_{rms}}{I_{av}}$。

当配电变压器低压侧总电能表的抄见电量为 A_P（kWh）时，则低压网的理论线损率为

$$\Delta A_{di}\% = \frac{\Delta A_{\Sigma}}{A_P} \times 100\% = \frac{\Delta A_{X1}}{A_P} \times 100\% \tag{2-201}$$

式中：ΔA_Σ 为低压网总电量，kWh；ΔA_{X1} 为低压线路损耗电量，kWh；A_P 为低压电网首端有功供电量，即配电变压器低压侧总电能表的抄见电量，kWh。

四、台区损失率法

台区损失率是 DL/T 686—1999《电力网电能损耗计算导则》推荐的又一简单近似计算线损的方法。对于低压电网范围广，结构复杂，配电变压器容量不相同，台区多，要进行全面线损计算是不可能的，因此，只能选择供电负荷正常，计量齐全，电能表运行正常，无窃电现象的具有代表性的数个台区进行。通过典型计算，可以了解其他台区的线损情况，从而达到掌握低压电网线损的基本情况。具体做法如下（以实测法为例）：

(1) 选取 m 个典型低压台区，其配电变压器容量为 $S_{Ti}(i=1,2,\cdots,m)$（MVA），这些台区负荷正常，计量齐全，电能表运行正常，无窃电现象。

(2) 实测计算时段内各个典型台区的供电量（MWh）和售电量（MWh）。

(3) 根据实测数据计算各个典型台区的电能损耗 $\Delta A_{Ti}(i=1,2,\cdots,m)$（MWh）。

(4) 计算典型台区的单位配电变压器容量的电能损耗值 L_{ave}（MWh/MVA），即

$$L_{ave}=\frac{\sum\limits_{i=1}^{m}\Delta A_{Ti}}{\sum\limits_{i=1}^{m}S_{Ti}}$$

(5) 假设全网共有 n 个低压台区，其配电变压器容量为 $S_i(i=1,2,\cdots,n)$，则全网电能损耗为

$$\Delta A=L_{ave}\sum_{i=1}^{n}S_i$$

五、方法比较

表 2-22～表 2-26 分别分析了低压网电压损失法、竹节法、等值电阻法、台区损失率法各自的算法特点及适用范围、数据采集特点及其优缺点、工程应用分析等。

表 2-22　　　　　　　　　　低压网线损计算方法特点及适用范围

计算方法	算法特点	适用范围
电压损失法	通过实测低压线网电压损失和主干线导线参数，求出该网的线损率和电压损失的关系。再用期内实际电量或负荷推求线损率	已知线路首末端电压、低压网内主干线导线的规格，及首端电流和功率因数；或线路首末端电压及首端有功和无功抄见电量
竹节法	基于统计学原理，并假设支线在主干线上均匀分布，接户线在支线上均匀分布，每种型号的支线长度相等、负荷相同，每个接户线的长度与负荷相同	已知本 0.4kV 低压台区配电变压器总表的有功和无功抄见电量，平均相电压，主线各种型号、长度，支线各种型号、个数、总长度，下户线的各种型号、个数、总长度
等值电阻法	用类似配电网等值电阻法的思想，更精确地计算特定的某个低压网线损	已知本低压网配电变压器总表的有功和无功抄见电量、低压网络线路结构及其参数及本期内全网各用户电能抄见电量
台区损失率法	选取几类典型台区低压网，作线损计算或实测，得出对应单位容量的线损率。最后用它推算其他同类台区的低压网线损率	已知各典型台区（配电变压器）的理论线损率或实测线损率，各台区配电变压器容量。理论线损率用电压损失法求得，实测线损率根据台区总供电量和总售电量求得

表 2 - 23 低压网线损计算方法数据采集比较

基本计算方法	所需基本参数		数据采集特点
电压损失法	对所有低压台区，需要采集： (1) 能获取总表有功电量和无功电量情形：首端电压和末端电压，首端平均功率因数；总表有功电量和无功电量。 (2) 没有总表情形：首端电压和末端电压，首端平均功率因数；首端总电流		所有台区都有总表时由抄见电量可得有功电量和无功电量，无总表直接用钳表测出首端总电流。用钳表测出首端电压及末端电压，读取首端平均功率因数
竹节法	(1) 主线各种型号，长度。 (2) 支线各种型号、个数、总长度。 (3) 下户线的各种型号、个数、总长度		主线、支线及下户线可由低压台账获得，有功、无功电量由该处电能表抄见电量录入
等值电阻法	计算时段内电网数据如下： (1) 低压网拓扑结构。 (2) 低压网首端总有功电量和无功电量。 (3) 低压网均方根电流。 (4) 环境温度		电网拓扑结构可由电网规划部门历史数据获得；有功、无功电量由该处电表抄见电量录入；均方根电流一般采用平均电流法折算获得
台区损失率法	基于实测线损的台区损失率法	(1) 不考虑负荷分类：各个典型台区的供电量和售电量。 (2) 按照负荷分类：各类负荷所对应的典型台区的供电量和售电量	针对所选典型台区，记录其抄见电量，计算其供电量和售电量
	基于电压损失法的台区损失率法	(1) 不考虑负荷分类：各个典型台区的数据采集与电压损失法的相同。 (2) 按照负荷分类：各类负荷所对应的典型台区的数据采集与电压损失法的相同	基本与电压损失法一样，但只针对所选典型台区进行数据采集

表 2 - 24 低压网线损计算方法的优缺点

基本计算方法	优 点	缺 点
电压损失法	输入数据量不多。不需收集庞大而难以整理的结构数据，实际的可操作性较强，能满足节能管理的准确度要求。它是 DL/T 686—1999《电力网电能损耗计算导则》推荐的低压网线损计算方法，适用于低压网常规的线损计算	属于统计的近似计算。 有时遇到低压网的结构特殊，或负荷类型及负荷分布偏离统计规律的随机变化，会降低计算的准确度
竹节法	收集较少的结构参数与运行参数，可以全面计算各个台区的理论线损	计算的准确度取决于台区电网实际结构满足"竹节法"假设的统计规律的程度
等值电阻法	准确度更比电压损失法高。尤其对那些主干线和分支线差别不明显的低压电网来说，本方法的优点更明显	电网数据的收集整理工作量很大，计算速度慢。且由于低压网的复杂性，线路结构参数难于收集完整，也是该方法的局限性。只适用作特殊计算。不适作线损常规计算

基本计算方法	优 点	缺 点
台区损失率法	大大减少了低压网数据收集与整理工作量,计算速度快,能满足节能管理的准确度要求	典型台区的选取一定程度上受人为因素的影响;若理论线损率采用电压损失法求得,计算准确度更受影响。采用抽样实测线损来修正理论线损率,会提高计算准确度。 本方法要比电压损失法更便于作低压网大范围常规计算应用

表 2 - 25 　　　　　　　低压网线损理论计算方法的工程准确性和工程使用性比较

计算方法	算法所需数据自动采集程度	算法的计算原理与电网实际结构匹配程度	算法的时间复杂度	算法的空间复杂度
电压损失法	差	差	低	低
竹节法	一般	一般	一般	一般
等值电阻法	一般	好	高	高
台区损失率法	一般	差	低	低

从以上比较分析可见,低压网数据收集和整理工作量十分庞大,等值电阻法的计算准确度较高,但不便于大范围推广应用。相比之下,以实测线损率或者等值电阻法为基础的台区损失率法,可以较好地解决低压网线损计算工作量过大的问题。从现有的 0.4kV 低压台区线损理论计算方法看,对电压降可以忽略的低压电网,等值电阻法相比于电压损失法在计算低压台区线损率时是可靠的,但对于压降损失大的线路,等值电阻法的误差会较大。电压损失法虽避免了难于整理的结构数据,但对于实测数据的准确性要求较高,最大负荷时首、末端电压数据误差对计算结果影响较大。竹节法作为低压台区线损计算的现行传统方法,由于采用了过多的等效处理,计算精度上不是很理想。

第五节　其他元件线损计算方法

前面介绍的主网、配电网、低压网的线损理论计算方法的计算范围都是针对系统中的线路、变压器及电能表等主要元件的,下面介绍其他交流元件中的电能损耗的计算方法,例如:无功补偿设备并联电容器和并联电抗器、电压互感器、站用变压器和调相机(部分电网公司已淘汰同步调相机)等。

一、并联电容器损耗计算

$$\Delta A_C = Q_C \times \tan\delta \times T \quad \text{(MWh)} \tag{2-202}$$

式中:Q_C 为投运的电容器容量,Mvar;$\tan\delta$ 为电容器介质损失角的正切;T 为电容器运行小时数,h。

二、并联电抗器损耗计算

$$\Delta A_L = P_N T \quad \text{(MWh)} \tag{2-203}$$

式中:P_N 为电抗器额定损耗(三相),MW;T 为电抗器运行小时数,h。

三、电压互感器损耗计算

$$\Delta A_P = n_P P_L T \quad \text{(MWh)} \tag{2-204}$$

式中:n_P 为电压互感器的组(个)数;T 为电压互感器运行小时数,h;P_L 为每组(个)电压互感器的损耗(三相),MW。

电压互感器的损耗应以厂家提供的数据输入。在无法得到这些数据时,可以采用下列数据:

220kV:0.002MW/相,3×0.002MW/组(每组三相);

110kV:0.001MW/相,3×0.001MW/组(每组三相);

10kV：0.0003MW/个（每个三相）。

四、站用变压器消耗电能计算

如果装有电能表，则为抄见电量；否则，按50%的站用变压器容量与计算时段之积计算。

五、调相机消耗电能计算

调相机消耗的电能包括调相机本身的电能损耗及调相机辅机的电能损耗。

（1）调相机本身的电能损耗。

调相机本身的电能损耗为

$$\Delta A = |Q| \times \frac{\Delta P\%}{100} \times T(\text{MWh}) \tag{2-205}$$

式中：$|Q|$ 为调相机所发无功功率绝对值的平均值，Mvar；$\Delta P\%$ 为平均无功负荷的有功功率损耗率，根据制造厂提供数据或试验测定，MW/Mvar；T 为调相机运行小时数，h。

（2）调相机辅机的电能损耗。直接采用调相机辅机电能表的抄见电量，MWh。

第六节　高压直流系统线损理论计算

高压直流输电（HVDC）系统产生电能损耗的主要元件有：直流线路、接地极系统和换流站。而换流站由换流变压器、换流阀、交流滤波器、平波电抗器、直流滤波器、并联电抗器、并联电容器和站用变压器组成，见图2-16。HVDC系统的损耗主要包括直流线路损耗、接地极系

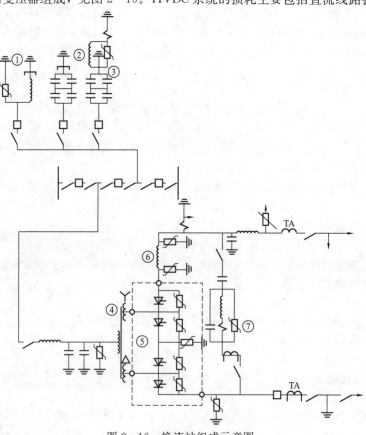

图2-16　换流站组成示意图

1—并联电抗器；2—并联电容器；3—交流滤波器；4—换流变压器；
5—晶闸管阀；6—平波电抗器；7—直流滤波器

统损耗和换流站损耗。直流输电线路损耗取决于输电线路的长度及线路导线截面的大小，对于远距离输电线路其功率损耗通常约占额定输送容量的 5%～7%，是直流输电系统损耗的主要部分。两端换流站的设备类型繁多，它们的损耗机制又各不相同，因此准确计算换流站损耗比较复杂，通常换流站的功率损耗约为换流站额定功率的 0.5%～1%。而接地极系统损耗与 HVDC 系统的运行方式有关，双极运行时其值很小，单极大地回线方式运行时其值较大。

一、直流线路损耗计算

以图 2-17 两端直流输电系统为例，采用交直流混合输电系统潮流算法计算直流线路的电能损耗。

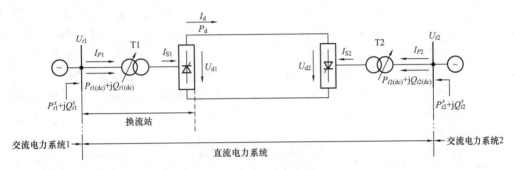

图 2-17 两端直流输电系统

通过潮流计算，可以求出交流和直流输电系统在计算时段中每个小时的各种电气量：换流站交流测母线电压 U_{t1}、U_{t2}，流进换流站的电流 I_{P1}、I_{P2}，流入换流变压器的功率 $P_{t1(dc)} + jQ_{t1(dc)}$、$P_{t2(dc)} + jQ_{t2(dc)}$，直流输电线路两端电压 U_{d1}、U_{d2}，直流输送功率和电流 P_d、I_d。

因此，直流线路的电能损耗为

$$\Delta A_L = \sum_{t=1}^{T} I_{d(t)}{}^2 R \quad （MWh） \tag{2-206}$$

式中：$I_{d(t)}$ 为每个小时流过直流线路的电流，kA；R 为直流线路的电阻，Ω；T 为线路运行时间，h。

在实际计算中，考虑直流线路损耗的温度补偿及电晕损失的修正方法见第二节。

二、接地极系统损耗计算

HVDC 系统一般通过接地极系统形成回路，由于接地极系统中接地极线路电阻和接地电阻存在，故不可避免地产生一定损耗。接地电阻一般在 0.05～0.5Ω 之间。为了计算方便，更易于在工程上实用化，一般不进一步计算接地电阻的大小，而是取其实测值或在 0.05～0.5Ω 之间选用一合适值进行计算。虽然谐波电流对接地极系统损耗有一定的影响，但由于流经接地极系统的电流较小，谐波损耗占接地极系统损耗比例更小，可以忽略谐波损耗，采用与直流输电线路损耗相同的计算方法来计算接地极系统损耗，其计算公式为

$$\Delta A_D = \sum_{t=1}^{T} I_{g(t)}^2 (R_d + R_D) \quad （MWh） \tag{2-207}$$

式中：$I_{g(t)}$ 为每小时流过接地极系统的电流，kA；R_d 为接地极线路的电阻，Ω；R_D 为接地电阻，Ω；T 为接地极线路运行时间，h。R_d 同样要考虑导线温升和环境温度的影响。

当 HVDC 系统工作在双极方式，$I_{g(t)}$ 等于流过直流线路的电流 $I_{d(t)}$ 的 1%～3%；当 HVDC 系统工作在单极大地回线方式，$I_{g(t)}$ 等于流过直流线路的电流 $I_{d(t)}$。

三、换流站损耗计算

由于换流站产生谐波，因而换流站的电能损耗计算要考虑谐波的影响，致使整流站和逆变站

的损耗计算比较复杂。Q/CSG 11301—2008《线损理论计算技术标准》建议可根据具体情况根据经验值估算或根据 IEC 61803《高压直流（HVDC）换流站功率损耗的确定》对整流站和逆变站的损耗实施精确计算。

1. 根据经验值估算

根据厂家提供的资料统计，换流站的功率损耗约为换流站额定功率的 0.5%～1%，或可根据运行经验调整这个功率损耗值。因此，换流站的电能损耗等于这个功率损耗估算值与运行时间之积。

2. 根据 IEC 61803 标准计算

在 IEC 61803 中，已对 HVDC 系统换流站中各元件，如换流变压器、晶闸管阀、交流滤波器、并联电容器、并联电抗器、平波电抗器等的功率损耗计算建立了详细的数学模型。本技术标准以一个由 6 个换流阀组成的三相 6 脉波换流站为例，主要参考 IEC 61803 中提出的模型，并根据实际情况作相应的修正，得到能量损耗的计算公式。换流站损耗主要来源于换流变压器和换流阀的损耗，两者几乎占到换流站损耗的 80% 左右。直流换流站各元件损耗的分布情况如表 2-26 所示。

表 2-26　　　　　　　　　　典型直流换流站元件功率损耗的分布情况

元　件		所占比例（%）
换流变压器	空载损耗	12～14
	负载损耗	27～39
换流阀		32～35
平波电抗器		4～6
交流滤波器		7～11
其他元件		4～9

在实际计算中，假定计算时段内每小时流通各元件的电流不变，采用正点电流值来计算谐波电流及谐波损耗，计算时段内各小时损耗累加即为元件在计算时段内的电能损耗。

（1）换流变压器损耗计算。在额定频率状态下，换流变压器电能损耗计算方法与普通电力变压器一样。但由于换流站产生高次谐波，因此要考虑谐波对换流变压器绕组损耗的影响，其计算方法如下：

1）空载损耗。空载损耗 ΔA_0（MWh）的计算与普通电力变压器的相同。

2）负载损耗。考虑谐波损耗影响，其计算公式为

$$\Delta A_T = \sum_{t=1}^{T} \sum_{n=1}^{49} I_{tn}^2 R_n \quad \text{（MWh）} \tag{2-208}$$

式中：T 为换流变压器运行时间，h；n 为谐波次数，$n=6k\pm1$，$k=1, 2, 3\cdots$；I_{tn} 为各正点电流第 n 次谐波电流有效值，kA；R_n 为第 n 次谐波有效电阻，Ω。R_n 可通过实测方法得到或根据下面公式得到

$$R_n = k_n R_1 \tag{2-209}$$

式中：k_n 为电阻系数，其值见表 2-27；R_1 为工频下换流变压器的有效电阻，Ω，可依下式求得

$$R_1 = \frac{P_L}{I^2} \tag{2-210}$$

式中：P_L 为在电流 I（kA）下测量的单相负荷损耗，MW。

表 2-27　　　　　　　　　　　　各次谐波 k_n 值表

谐波次数	电阻系数 (k)	谐波次数	电阻系数 (k)
1	1.00	25	52.90
3	2.29	29	69.00
5	4.24	31	77.10
7	5.65	35	92.40
11	13.00	37	101.00
13	16.50	41	121.00
17	26.60	43	133.00
19	33.80	47	159.00
23	46.40	49	174.00

因此，换流变压器的总损耗为

$$\Delta A = \Delta A_0 + \Delta A_T \quad \text{(MWh)} \tag{2-211}$$

（2）换流阀损耗计算。换流阀的损耗由阀导通损耗、阻尼回路损耗和其他损耗（如电抗器损耗、直流均压回路损耗等）组成。其中，阀导通和阻尼回路损耗占全部损耗的 85%～95%。由于其他损耗占的比例很小，在实际计算中，一般只考虑阀导通和阻尼回路损耗。

1）阀导通损耗功率。阀导通损耗功率为阀导通电流与相应的理想通态电压的乘积，即

$$P_{T1} = \frac{N_i I_d}{3}\left[U_0 + R_0 I_d \left(\frac{2\pi - \mu}{2\pi} \right) \right] \quad \text{(MW)} \tag{2-212}$$

式中：N_i 为每个阀晶闸管的数目；U_0 为晶闸管的门槛电压，kV；R_0 为晶闸管通态电阻的平均值，Ω；I_d 为通过换流桥直流电流有效值，kA；μ 为换流器的换相角，rad。

2）阻尼损耗功率（电容器充放电损耗）。阻尼损耗是阀电容存储的能量随阀阻断电压的级变而产生的，其计算公式为

$$P_{T2} = \frac{U_{v0}^2 f C_{HF}(7 + 6m^2)}{4}\left[\sin^2\alpha + \sin^2(\alpha + \mu) \right] \quad \text{(MW)} \tag{2-213}$$

式中：C_{HF} 为阀阻尼电容有效值加上阀两端间的全部有效杂散电容，F；f 为交流系统频率，Hz；U_{v0} 为变压器阀侧空载线电压有效值，kV；m 为电磁耦合系数；α 为换流阀的触发角，rad；μ 为换流阀的换相角，rad。

因此，换流阀在运行时间 T 内的电能损耗为

$$\Delta A = \sum_{t=1}^{T}(P_{T1} + P_{T2}) \quad \text{(MWh)} \tag{2-214}$$

（3）交流滤波器损耗计算。交流滤波器由滤波电容器、滤波电抗器和滤波电阻器组成。交流滤波器的损耗是组成它的设备损耗之和。在求滤波器损耗时，一般假定交流系统开路，所有谐波电流都流入滤波器的情况，具体计算方法如下：

1）滤波电容器损耗。滤波电容器损耗计算原理和并联电容器基本相同，由于电容器的功率因数很低，谐波电流引起的损耗很小，可忽略不计，因此用工频损耗来计算滤波电容器的损耗。

$$\Delta A_C = P_{F1} \times S \times T \quad \text{(MWh)} \tag{2-215}$$

式中：T 为交流滤波器的运行时间，h；P_{F1} 为电容器的平均损耗功率，MW/Mvar；S 为工频下电容器的三相额定容量，Mvar。

2）滤波电抗器损耗。一般情况下，滤波电抗器损耗应考虑工频电流损耗和谐波电流损耗的

影响，可采用下式计算

$$\Delta A_R = \sum_{t=1}^{T} \sum_{n=1}^{49} \frac{(I_{Ln})^2 X_{Ln}}{Q_n} \quad (\text{MWh}) \tag{2-216}$$

式中：T 为交流滤波器的运行时间，h；n 为谐波次数，$n=6k\pm1$，$k=1$，2，3…；I_{Ln} 为流经电抗器各正点电流第 n 谐波的电流有效值，kA；X_{Ln} 为电抗器的 n 次谐波电抗，$X_{Ln}=nX_{L1}$，Ω；Q_n 为电抗器在第 n 次谐波下的平均品质因数。

3）滤波电阻器损耗。计算滤波电阻器的损耗时，应同时考虑工频电流和谐波电流，其计算公式为

$$\Delta A_r = I_R^2 R T \quad (\text{MWh}) \tag{2-217}$$

式中：T 为交流滤波器的运行时间，h；R 为滤波电阻值，Ω；I_R 为通过滤波电阻电流的有效值，kA。

因此，交流滤波器的电能损耗为

$$\Delta A = (\Delta A_C + \Delta A_R + \Delta A_r) \quad (\text{MWh}) \tag{2-218}$$

（4）平波电抗器损耗计算。流经平波电抗器的电流是叠加有谐波分量的直流电流，故而平波电抗器电能损耗包括直流损耗和谐波损耗，如采用带铁芯的油渗式电抗器时还有磁滞损耗，不过磁滞损耗只占极少一部分，在实际计算中，可忽略磁滞损耗。平波电抗器损耗的具体计算公式为

$$\Delta A = \sum_{t=1}^{T} \sum_{n=0}^{49} I_{tn}^2 R_n \quad (\text{MWh}) \tag{2-219}$$

式中：T 为平波电抗器的运行时间，h；n 为谐波次数，$n=6k$，$k=1$，2，3…；I_{tn} 为各正点电流第 n 次谐波电流有效值，kA；R_n 为 n 次谐波电阻，Ω。

（5）直流滤波器损耗计算。直流滤波器的损耗和交流滤波器一样，包括滤波电容器损耗、滤波电抗器损耗和滤波电阻器损耗三部分。除滤波电容器损耗外，滤波电抗器和滤波电阻器损耗的计算方法与交流滤波器相关计算方法相同。

直流滤波电容器损耗包括直流均压电阻损耗和谐波损耗，谐波损耗一般忽略不算，只计算电阻损耗，具体计算公式如下

$$\Delta A_{\text{dc}} = \frac{(E_R)^2}{R_C} T \quad (\text{MWh}) \tag{2-220}$$

式中：T 为直流滤波器的运行时间，h；E_R 为电容器组的额定电压，kV；R_C 为电容器组的总电阻，Ω。

滤波电抗和滤波电阻损耗计算方法见（3），故直流滤波器的电能损耗为

$$\Delta A = (\Delta A_{\text{dc}} + \Delta A_R + \Delta A_r) \quad (\text{MWh}) \tag{2-221}$$

（6）并联电容器损耗计算。由于电容器的功率因数很低，谐波损耗对并联电容器总损耗影响很小，通常忽略不计，因此只按工频损耗来计算其损耗。

$$\Delta A_{\text{pc}} = P_{\text{pc}} \times S \times T \quad (\text{MWh}) \tag{2-222}$$

式中：T 为并联电容器的运行时间，h；P_{pc} 为并联电容器的损耗，MW/Mvar；S 为并联电容器额定容量，Mvar。

（7）并联电抗器损耗计算。并联电抗器的主要作用是在换流站轻载时吸收交流滤波器发出的过剩容性无功，故其损耗计算可根据出厂试验值按标准环境条件下进行计算。

（8）站用变压器消耗电能计算。如果装有电能表，则为抄见电量；否则，按 50% 的站用变压器容量与计算时段之积计算。

四、数据采集

当计算 HVDC 系统各元件电能损耗时，需要采集的数据见表 2-28。

表 2 - 28 　　　　　　　　　　计算 HVDC 系统各元件电能损耗所需要采集的数据

HVDC 系统元件		需采集的运行数据
直流线路		(1) HVDC 系统直流两侧的交流系统在计算时段内每天所有正点的数据如下： 1）电力网拓扑结构。 2）发电机：其所接节点作为 PQ 节点，有功功率（MW）和无功功率（Mvar）；其所接节点作为 PU 节点时，有功功率（MW）和电压（kV）；其所接节点作为平衡节点时，电压（kV），其相角设为零。 3）调相机：其所接节点作为 PQ 节点，有功功率（MW）和无功功率（Mvar）；其所接节点作为 PU 节点时，有功功率（MW）和电压（kV）。 4）负荷：有功功率（MW）和无功功率（Mvar）。 (2) HVDC 系统的运行方式。 (3) 环境温度（℃）
接地极系统		接地极线路电阻，接地电阻实测值或经验值（Ω）
换流站	根据经验值估算	—
	根据 IEC 61803 标准计算	(1) 换流变压器：流经换流变压器各正点电流值（kA），工频等值电阻（Ω）。 (2) 换流阀：各正点直流电流值（kA），换流变阀侧电压（kV），换流阀触发角和重叠角（rad）。 (3) 交流滤波器：单位电容损耗功率（MW/Mvar），流经交流滤波器各正点电流值（kA）。 (4) 平波电抗器：各次谐波等值电阻（Ω），流经平波电抗器各正点电流值（kA）。 (5) 直流滤波器：流经直流滤波器各正点电流值（kA）。 (6) 并联电容器：单位电容损耗功率（MW/Mvar）。 (7) 并联电抗器：流经并联电抗器各正点电流值（kA）。 (8) 站用变压器：抄见电量

第三章

线损管理与统计分析

　　线损率是电力企业的一项综合性技术经济指标，其涉及面广，影响因素十分复杂。为了做好线损工作，必须要有相应的管理措施保证其实施。不断地加强电网管理，经常性地研究、分析电网的特点和存在的问题，并及时采取有针对性的措施，从而收到显著的降损节电效果。

　　线损管理是一项经常性而且很细致的工作，其重点要抓好用电管理、电能计量管理和指标考核三项工作。这些措施只需要很少的投资，有些甚至不需要投资费用，只要改进电网的运行和管理，就可以达到降低管理线损从而降低线损的目的。

第一节　线损管理的基本概念

一、线损管理的三大体系

　　线损管理包括线损管理体系、线损技术体系和线损保证体系，"三大体系"中，管理是核心，技术是手段，保证是支持。管理体系是开展线损管理的中心和主线，其根据需要对技术体系不断提出更高的要求，并为保证体系提供相关信息。技术体系为管理体系和保证体系提供必要的技术手段支持。保证体系为管理体系、技术体系的有效运作提供合理的组织保证、规范的制度保证、良好的人员素质保证、监督制约和激励机制。"三大体系"彼此依托、协调一致、相互作用，共同确保线损管理目标的顺利实现。"三大体系"的关系如图3-1所示。

1. 线损管理体系

　　线损管理体系包括线损管理组织体系、指标管理、线损日常作业管理。线损管理体系是以建立组织体系为基础，以指标管理为核心，以线损日常作业管理为关键点，最终以降低管理线损为目的。即以线损管理组织体系为基础，凭借指标管理使各个管理环节形成紧密联系、相互制约的有机整体，依靠对具体指标的统计、分析找出各个环节存在的问题，通过考核、激励调动各个管理环节的积极性，采取行之有效的管理、技术措施以实现线损管理目标。线损日常作业管理则通过基础资料维护管理、计量管理、抄表管理、线损四分分析及异常控制管理等环节的科学、规范管理，提供准确、完善的统计分析信息，并通过有效的控制措施不断降低线损。

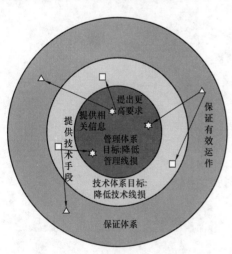

图3-1　"三大体系"关系图

2. 线损技术体系

线损技术体系包括电网的规划和建设、电网经济运行、线损理论计算及降损节能措施方案的制订与实施。技术体系的基础是电网规划和建设，一个良好的电网结构和布局，在很大程度上决定了电网的理论线损水平；电网经济运行是技术体系中的关键，通过科学、合理的运行管理，可以在很大程度上降低电网损耗；线损理论计算是科学分解下达线损指标的依据，根据理论计算结果，可以发现电网中的薄弱环节，为节能降损工作的开展指明方向；降损节能措施方案的制订与实施则是以理论计算结果为参考和依据。

3. 线损保证体系

线损保证体系包括合理的组织保证、规范的制度保证、人员素质保证、完善的监督机制、健全的激励机制和有效的考核措施。线损保证体系的建立应由组织保证、制度保证、人员素质保证和监督激励保证四部分构成。其中，组织保证是做好线损管理工作的前提；制度保证是规范线损管理工作的依据；人员素质保证是提高线损管理水平的基础；完善监督机制是防止部门职能弱化，有效贯彻执行制度的重要措施；健全激励机制是激发线损管理积极主动性的重要手段；有效的考核是激励机制的具体体现。

二、线损管理组织网络

线损管理组织网络应涵盖线损管理涉及的所有专业和部门。组成这个组织网络的层次，按其职责和职能来分，一般分为决策层、管理层、执行层三级。其中决策层是指企业线损管理领导小组，根据需要应由企业主管生产的领导（或总工）任组长，成员由分管生产和用电的副总工及企业管理部门、生产技术部门、系统运行部门、市场营销部门等部门的负责人组成；管理层由综合考核部门、归口管理部门、专业管理部门和监督管理部门组成，通过对这些部门之间的职能配置，使之相互补充、相互制衡；执行层由完成线损管理目标的各个执行、实施部门组成。见图 3-2。

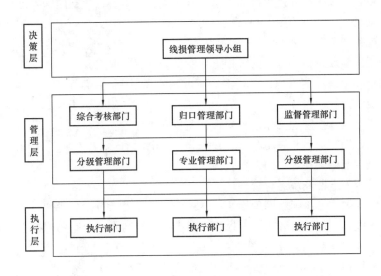

图 3-2　线损管理组织网络图

三、线损管理部门职责

1. 线损管理领导小组的管理职责

（1）贯彻落实国家、上级有关节能法律、法规、方针、政策和线损管理制度、办法等。

（2）研究并组织制订本企业的中长期节能降损规划，批准年度节能降损计划及措施，组织落实重大降损措施。

（3）定期召开企业线损管理分析会，研究解决降损节能工作中出现的问题。

（4）批准企业线损管理制度，审批线损指标分解、考核方案。

2．企业管理部（综合考核部门）线损管理职责

（1）审核生产技术、电力稽查等部门提出的线损考核、处理方案。

（2）监督生产技术、市场营销、调度运行、电力稽查等部门线损管理职能的履行。

3．归口管理部门线损管理职责

（1）负责企业的线损综合管理工作，贯彻上级有关线损管理的规定，编制、修改本单位线损管理、考核办法，并认真贯彻执行。

（2）组织编制企业年度线损指标及指标分解方案，制订具体措施，组织线损各级责任单位完成线损管理领导小组下达的线损率计划指标。

（3）编制年度降损措施计划，经批准后，组织实施。

（4）组织开展理论线损计算和分析工作。

（5）负责线损的统计、分析、上报、考核工作，编制线损专业分析报告。

（6）组织召开线损分析会，分析研究线损管理中存在的问题，制定降损措施。

（7）负责电压无功综合管理。

（8）推广应用降损节能新技术、新设备。

（9）组织开展线损管理专业技术培训和经验交流。

4．监督管理部门线损管理职责

（1）对线损管理各环节进行经常性的监督检查。

（2）根据计量管理和线损分析提供的信息，积极配合用电、计量部门深入进行检查稽查。

（3）配合公安机关查处违约用电和窃电行为。

5．市场营销线损管理职责

（1）编制和组织修改所辖各专业的线损管理制度，并督促落实。

（2）负责制订并组织落实 10（6）kV 及以下电网的降损措施计划。

（3）组织完成线损管理领导小组下达的 10（6）kV 及以下分所、分线、分台区线损指标。

（4）负责对供电所线损管理工作进行检查、监督和指导工作。

（5）负责用电营销管理，开展用电营业普查和反窃电活动。

（6）负责中低压配电网和客户的无功管理。

（7）负责中低压配电网经济运行管理。

（8）定期组织开展中低压配电网理论线损计算。

（9）负责分管线损的统计、分析、上报、考核工作，编制线损专业分析报告。

6．专业技术部门职责

（1）负责相关线损小指标的统计、分析、上报及部门考核工作。

（2）负责电能计量装置的安装、验收、维护、现场校验、周期检定（轮换）及抽检工作。

（3）负责电能计量装置故障处理及本供电营业区内有异议的电能计量装置的检定、处理。

（4）负责统一管理各类电能计量印证。

（5）配合电力稽查做好反窃电工作。

（6）指导、监督供电所、操作队（变电运行班）对现场运行的计量装置的运行维护管理。

7. 系统运行部门线损管理职责

(1) 负责完成 35kV 及以上电网线损指标。

(2) 负责完成 35kV 及以上电网的理论线损计算，提出降低网损的措施。

(3) 负责电网的潮流计算，搞好无功调度和电压调整工作。

(4) 编制年度运行方式，搞好电网经济调度和异常运行方式管理。

(5) 负责各变电站的计量装置及计量回路的日常巡视、运行管理以及变电站远抄系统运行管理工作。

(6) 按时准确抄报电量记录，定期开展母线电量不平衡率的计算分析。

(7) 负责各变电站的站用电管理。

(8) 负责分管线损的内部考核以及统计、分析和上报工作。

8. 计量部门线损管理职责

(1) 负责公司计量全过程的监督管理。

(2) 组织编制年度计量工作计划。

(3) 负责对有关计量方面的线损小指标进行统计、分析。

(4) 负责管理计量用互感器、各类计量装置的台账、运行档案，故障、差错处理档案。

9. 供电所线损管理职责

(1) 负责辖区内 10 (6)、0.4kV 的线损管理工作，分解、制订各配电台区的线损指标。

(2) 根据上级有关线损管理制度，制订并落实供电所线损管理及考核实施细则。

(3) 负责辖区内的营销管理工作，减少内部责任差错。经常开展用电检查，定期开展营业普查工作，防止与查处窃电和违章用电。

(4) 严格执行抄表制度和程序，认真组织抄表工作，杜绝估抄、错抄和漏抄。

(5) 负责辖区无功电压管理，提高功率因数。

(6) 负责辖区中低压配电网的经济运行工作。

(7) 负责辖区电能计量管理工作，加强计量装置巡视和检查。

(8) 组织召开线损分析会，查找存在的问题，制订降损措施并落实。

(9) 负责辖区线损的统计、分析、上报及考核工作。

(10) 负责临时用电管理。

10. 班组线损管理职责

(1) 负责辖区 0.4kV 线损管理工作，完成上级下达的分台区线损指标。

(2) 组织农电工开展用电检查、营业普查工作，防止窃电和违章用电。

(3) 严格执行抄表制度和程序，认真抄表，杜绝估抄、错抄和漏抄。

(4) 负责所辖配电台区及客户的无功管理，提高功率因数。

(5) 定期测试低压三相负荷，做好低压三相负荷平衡。

(6) 及时停运空载配电变压器，积极调整用电负荷提高负荷率。

(7) 负责辖区低压电能计量装置的巡视、检查。

(8) 负责临时用电管理。

四、线损管理工作流程

为了清晰地说明各部门的职责和相互关系，通过以下流程图加以阐述，图 3-3～图 3-5 分别为线损管理工作主流程、10kV 及以下电网线损管理子流程和 35kV 及以上电网线损管理子流程。

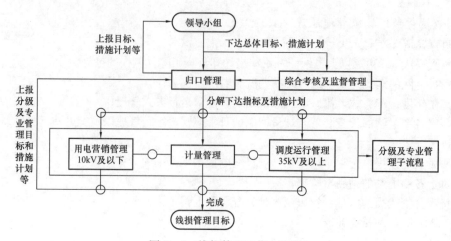

图 3-3　线损管理工作主流程

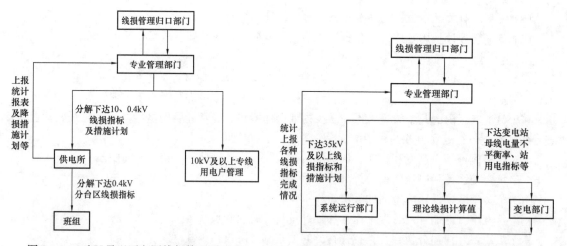

图 3-4　10kV 及以下电网线损管理子流程　　　图 3-5　35kV 及以上电网线损管理子流程

　　由图 3-3 可以看出，线损管理实施闭环管理：一方面，由线损管理领导小组向线损管理归口部门和考核及监督部门下达线损管理目标及降损措施计划，线损管理归口部门则根据下达的管理目标和措施计划制定分解方案，并根据各专业技术部门（如用电营销、计量、调度运行等部门）管理职责下达至各部门，最终实现线损管理目标；另一方面，各专业技术部门则根据各自线损管理实际情况，制订各自专业管理目标及降损措施计划，上报至线损管理归口部门。由线损管理归口部门组织编制企业年度线损指标及降损措施计划，报线损领导小组审批。并在线损管理过程中，各级部门接受考核和监督部门全过程监督考核，确保线损管理目标完成。

　　线损管理实行分级管理，图 3-4 和图 3-5 中：线损管理归口部门通过专业管理部门分别下达 10kV 及以下和 35kV 及以上电网线损管理目标及降损措施计划至各部门，各部门负责统计上报线损目标完成情况。

第二节　线损四分管理

一、线损四分管理的意义

　　线损四分管理指对所管辖电网线损采取包括分压、分区、分线和分台区四个模式在内的综合管理方式。分压管理指对所管辖电网按不同电压等级进行线损统计、分析及考核的管理方式；分区管理是指对所管辖电网按供电区域划分为若干个行政管理单位（部门）进行线损统计、分析及考核的管理方式；分线管理是指对所管辖电网中各电压等级主设备（线路、变压器）的单个元件电能损耗进行统计、分析及考核的管理方式；分台区管理是指对所管辖电网中各个公用配电变压器的供电区域电能损耗进行统计、分析及考核的管理方式。

通过线损四分管理，将实际线损值和与理论值和去年同期值比较，找出线损升高或降低的原因，明确主攻方向。线损管理与其他专业管理一样，分目标决定总目标，过程决定结果。线损闭环管理要求做到：线损指标制定后，重要的是要进行分区、分压、分线、分台区管理与控制，只有把涉及线损管理的各个环节都管理到位，并使实现线损指标管理的全过程都处于可控和在控的局面，使每一级的损耗、每一条线路的损耗、每一个台区的损耗都降低到最小，才能保证线损总目标的实现。线损的闭环管理与管理过程的可控、在控有五个优点：

（1）为线损监督管理提供了具体工作平台。

（2）有利于增强管理的责任性。通过分区、分压、分线、分台区管理与考核，明确了各级管理职责。

（3）有利于堵塞用电管理漏洞。通过分区、分压、分线、分台区管理，及时查找到线损高的线路和台区，及时发现营销、计量等问题，及时采取针对性的措施，避免类似情况发生。

（4）有利于电网建设与改造。通过分区、分压、分线、分台区管理，及时分析和摸清电网结构和现状，为有针对性地开展电网建设与改造提供了方向和依据。

（5）加快了新技术和新设备的应用。通过分区、分压、分线、分台区管理，能及时发现影响各级线损和每条线路、每个台区的主要因素，促使企业决策层下决心采用新技术和新设备降损。

二、线损四分统计计算方法

1. 分压线损率统计

各级电压分压线损率是指本电压等级的线损电量与本级电压等级供电量比值的百分率。其计算公式为

分压线损率 =（本电压等级总供电量 － 本电压等级总售电量）/ 本电压等级总供电量）×100％

其中，本电压等级总供电量为输入该电压等级网络的全部电量。本电压等级总售电量是指本电压等级网络向下一级电压等级的全部输出电量、本电压等级直供用户的用电量以及流向其他地区的输出电量。

（1）500kV 分压线损率为

500kV 线损率 =（500kV 上网电量 － 500kV 下网电量）/500kV 上网电量×100％

500kV 上网电量 = 电厂 500kV 出线正向电量 ＋ 500kV 省际联络线输入电量

＋下级电网向上倒送电量（主变压器中、低压侧输入电量合计）

500kV 下网电量 = 500kV 省际联络线输出电量 ＋ 送入下级电网电量

（主变压器中、低压侧输出电量合计）

（2）220kV 分压线损率为

220kV 线损率 =（220kV 上网电量 － 220kV 下网电量）/220kV 上网电量×100％

220kV 上网电量 = 电厂 220kV 出线输入电量 ＋ 220kV 省际联络线输入电量

＋500kV 主变压器 220kV 侧输入电量 ＋ 下级电网向上倒

送电量（220kV 主变压器中、低压侧输入电量合计）

220kV 下网电量 = 电厂 220kV 出线输出电量 ＋ 220kV 省际联络线输出电量 ＋ 500kV

主变压器 220kV 侧总表输出电量 ＋ 送入下级电网电量（220kV 主变压

器中、低压侧输出电量合计)＋220kV 专线用户售电量(含对境外送电)

(3) 110kV 分压线损率为

110kV 线损率 ＝ (110kV 上网电量－110kV 下网电量)/110kV 上网电量×100％

110kV 上网电量 ＝ 电厂 110kV 出线输入电量＋220kV 主变压器 110kV 侧输入电量

＋外部电网 110kV 输入电量＋下级电网向上倒送电量(110kV 主
变压器中、低压侧输入电量合计)

110kV 下网电量 ＝ 电厂 110kV 出线输出电量＋通过 110kV 送外部电网电量＋送入下级
电网电量(中、低压侧总表)＋110kV 专线用户售电量(含对境外送电)

其他电压等级计算公式以此类推。

2. 分区线损率统计

分区线损率 ＝ 本区线损电量 / 本区供电量×100％ ＝ (本区供电量－本区售电量)/
本区供电量×100％ ＝ [1－(本区售电量 / 本区供电量)]×100％

其中:

本区供电量 ＝ 一次电网的输入本区电量＋邻网输入本区电量－本区向邻网输出电量
＋本区购入电量

本区售电量是指本区电网用户总的用电量。

二级行政管理单位(部门)所辖电网线损率 ＝ 管辖电网统计线损电量 / 管辖
电网总购电量×100％

二级行政管理单位(部门)管辖电网总购电量 ＝ 二级行政管理单位(部门)省网关口电量
＋二级行政管理单位(部门)购地方电电量

二级行政管理单位(部门)管辖电网统计线损电量 ＝ 二级行政管理单位(部门)所管辖电网的总购电量
－二级行政管理单位(部门)售电量

3. 分线(变)线损率统计

各关口计量点因现场潮流方向不同分为正、反两个负荷方向,所以各个关口点的电量统一定义如下:

"A 开关正向":A 变电站母线流出到线路的负荷电量。

"A 开关反向":对应于"A 开关正向"反方向的负荷电量。

在 110kV 线路线损分析类型中,因部分站没有主变压器变高侧计量点,故定义:

"B 变低正向、B 变低反向":由主变压器变低侧计量点负荷电量折算到主变压器变高侧的负荷电量。

图 3-6　没有 T 接线路示意图

计算的线损电量均为正数,如以下计算结果为负数,则取其绝对值。

(1) 线路线损统计计算方法。

1) 没有 T 接线路时:

没有 T 接线路示意图见图 3-6。

线损电量 ＝ A1 开关正向＋A2 开关正向＋B1 开关正向＋B2 开关正向
－A1 开关反向－A2 开关反向－B1 开关反向－B2 开关反向

线损率 ＝ 线损电量 /(A1 开关正向＋A2 开关正向＋B1 开关正向＋B2 开关正向)×100％

2) 有 T 接线路时:

a. 线路上有一条 T 接线路(即线路有三侧),且只有一侧 110kV 开关装有计量表,示意图见图 3-7。

线损电量＝A开关正向＋B变低正向＋C变低正向－A开关反向－B变低反向－C变低反向

　　　　线损率＝线损电量/（A开关正向＋B变低正向＋C变低正向）×100％

　　b.线路上有一条T接线路（即线路有三侧），且只有两侧110kV开关装有计量表，示意图见图3-8。

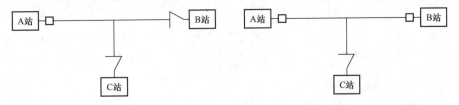

　　　图3-7　只有一侧110kV开关的单T接　　　图3-8　只有两侧110kV开关的单T接
　　　　　　　　线路示意图　　　　　　　　　　　　　　　线路示意图

线损电量＝A开关正向＋B开关正向＋C变低正向－A开关反向－B开关反向－C变低反向

　　　　线损率＝线损电量/（A开关正向＋B开关正向＋C变低正向）×100％

　　c.线路上有一条T接线路（即线路有三侧），且三侧110kV开关装有计量表，示意图见图3-9。

线损电量＝A开关正向＋B开关正向＋C开关正向－A开关反向－B开关反向－C开关反向

　　　　线损率＝线损电量/（A开关正向＋B开关正向＋C开关正向）×100％

　　d.线路上有两条T接线路（即线路有四侧），且只有三侧110kV开关装有计量表，示意图见图3-10。

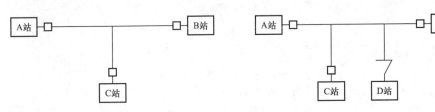

　　　图3-9　有三侧110kV开关的单T接　　　图3-10　有三侧110kV开关的双T接
　　　　　　　　线路示意图　　　　　　　　　　　　　　　线路示意图

线损电量＝A开关正向＋B开关正向＋C开关正向＋D变低正向－A开关反向－B开关反向
　　　　　　－C开关反向－D变低反向

　　　线损率＝线损电量/（A开关正向＋B开关正向＋C开关正向＋D变低正向）×100％

　　e.线路上有两条T接线路（即线路有四侧），且只有两侧110kV开关装有计量表，示意图见图3-11。

　　　　线损电量＝A开关正向＋B开关正向＋C变低正向＋D变低正向－A开关反向
　　　　　　　　　－B开关反向－C变低反向－D变低反向

　　　　线损率＝线损电量/（A开关正向＋B开关正向＋C变低正向＋D变低正向）×100％

　　f.线路上有三条T接线路（即线路有五侧），且只有两侧110kV开关装有计量表，示意图见图3-12。

线损电量＝A开关正向＋B开关正向＋C变低正向＋D变低正向＋E变低正向－A开关反向
　　　　　　－B开关反向－C变低反向－D变低反向－E变低反向

线损率＝线损电量/（A开关正向＋B开关正向＋C变低正向＋D变低正向＋E变低正向）×100％

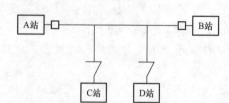

图 3-11 有两侧 110kV 开关的双 T 接
线路示意图

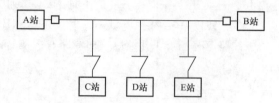

图 3-12 有两侧 110kV 开关的三 T 接
线路示意图

（2）变压器线损统计计算方法。

1）变低总表模式，见图 3-13。

线损电量 ＝ A 开关正向＋B 开关正向＋C 开关正向－A 开关反向－B 开关反向－C 开关反向

线损率 ＝ 线损电量 /（A 开关正向＋B 开关正向＋C 开关正向）×100％

2）变低分表模式，见图 3-14。

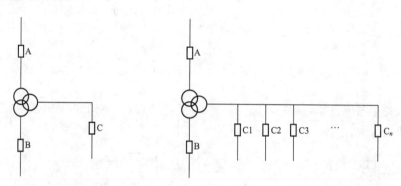

图 3-13 变压器变低总表示意图 　　　图 3-14 变压器变低分表示意图

线损电量 ＝ A 开关正向＋B 开关正向＋C1 开关正向＋C2 开关正向＋C3 开关正向＋…
＋Cn 开关正向－A 开关反向－B 开关反向－C1 开关反向－C2 开关反向
－C3 开关反向－…－Cn 开关反向

线损率 ＝ 线损电量 /（A 开关正向＋B 开关正向＋C1 开关正向＋C2 开关正向＋
C3 开关正向＋…＋Cn 开关正向）×100％

（3）母线损耗统计。在母线线损分析中，各关口计量点因现场潮流方向不同为正、反两个负荷方向，假设母线接有 N 回出线和 N 台主变压器，母线损耗电量统计如下

损耗电量 ＝（线路边开关 1 正向）＋…＋（线路边开关 N 正向）＋（1 号主变压器边开
关正向）＋（2 号主变压器边开关正向）＋（3 号主变压器开关正向）＋…
＋（N 号主变压器开关正向）－（线路边开关 1 反向）－…－（线路边开关
N 反向）－（1 号主变压器边开关反向）－（2 号主变压器边开关反向）
－（3 号主变压器开关反向）－…－（N 号主变压器开关反向）

线损率 ＝ 线损电量 /［（线路边开关 1 正向）＋…＋（线路边开关 N 正向）
＋（1 号主变压器边开关正向）＋（2 号主变压器边开关正向）
＋（3 号主变压器开关正向）＋…＋（N 号主变压器开关正向）］×100％

（4）10kV 线损统计计算方法。

10kV 线路的主干线和各条放射支线一般情况下合并为一条线路计算，对线损率异常、线损

电量大、需要重点监控的分支线，视实际需要可在分支点安装计量装置，对分支线线损率进行分别统计分析。

1）单放射线路，见图 3-15。

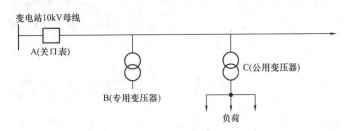

图 3-15　10kV 单放射线路示意图

线路总线损率＝（A 正向－∑终端用户侧电量）／A 正向×100％

线路 10kV 线损率＝（A 正向－∑配电变压器总表电量）／A 正向×100％

2）单放射线路（含小水电），见图 3-16。

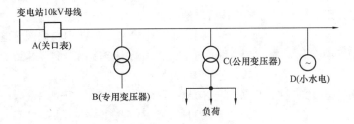

图 3-16　10kV 单放射线路（含小水电）示意图

线路总线损率＝（A 正向－A 反向＋D 正向－D 反向－∑终端用户侧电量）/
　　　　　　（A 正向－A 反向＋D 正向－D 反向）×100％

线路 10kV 线损率＝（A 正向－A 反向＋D 正向－D 反向－∑配电变压器总表电量）/
　　　　　　（A 正向－A 反向＋D 正向－D 反向）×100％

3）环网线路，见图 3-17。

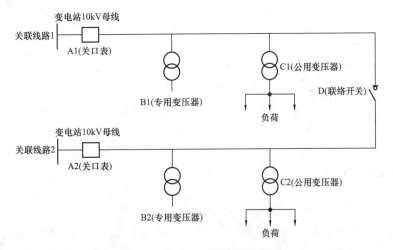

图 3-17　10kV 环网线路示意图

a. 大面积线路负荷转接、环网方式变更频繁及长时间永久性变更情况。

关联线路 1 和关联线路 2 的总线损率＝（A1 正向＋A2 正向－∑终端用户侧电量）/

（A1 正向＋A2 正向）×100%

关联线路 1 和关联线路 2 的 10kV 线损率＝（A1 正向＋A2 正向－∑配电变压器总表电量）/

（A1 正向＋A2 正向）×100%

注：对环网联络开关处未装设双向计量表计的，可按本方式将关联线路 1 和线路 2 的线损率合并计算，对环网联络开关处已装设双向计量表计的，可按正常方式分开计算，以下同。

b. 环网方式变更造成用户短时转移至其他线路供电的情况。

如：关联线路 2 负荷转关联线路 1 供电。

转电台区终端用户侧调整电量＝[（转电结束时间－转电开始时间）/当月总运行时间]

×∑转电台区终端用户侧电量之和

转电台区总表调整电量＝[（转电结束时间－转电开始时间）/当月总运行时间]

×∑转电台区总表电量

关联线路 1 终端用户侧调整后电量＝关联线路 1 终端用户侧调整前电量

＋转电台区终端用户侧调整电量

关联线路 2 终端用户侧调整后电量＝关联线路 2 终端用户侧调整前电量

－转电台区终端用户侧调整电量

关联线路 1 总线损率＝（A1 正向－关联线路 1 终端用户侧调整后电量）/

A1 正向×100%

关联线路 2 总线损率＝（A2 正向－关联线路 2 终端用户侧调整后电量）/

A2 正向×100%

关联线路 1（10kV）线损率＝（A1 正向－关联线路 1 台区总表电量－转电台区总表调整电量）/

A1 正向×100%

关联线路 2（10kV）线损率＝（A2 正向－关联线路 2 台区总供电量＋

转电台区总表调整电量）/A2 正向×100%

4. 分台区线损统计

（1）单台变压器，见图 3-18。

低压台区线损率＝（A 正向－∑用户侧电量）/ A 正向×100%

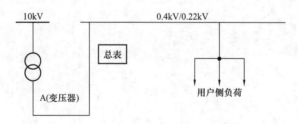

图 3-18　台区单台变压器示意图

（2）两台变压器低压侧环网，见图 3-19。

A1 台区和 A2 台区的总线损率＝（A1 正向＋A2 正向－∑A1 用户侧电量－∑A2 用户侧电量）/

（A1 正向＋A2 正向）×100%

两台及以上变压器低压侧并联，或低压联络开关并联运行的，可将所有并联运行变压器视为一个台区单元统计线损率。

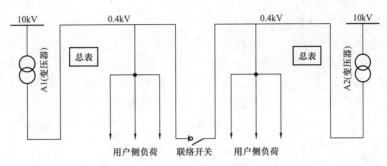

图 3-19 台区两台变压器低压环网示意图

（3）对于有统一高压计量的多台配电变压器及其台区，在满足供售电量同一天抄表的条件下，可以视为一个台区单元统计线损率。

5. 直流系统线损统计计算方法

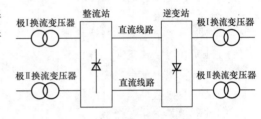

图 3-20 直流系统示意图

直流系统损耗电量 = 整流站极Ⅰ、极Ⅱ换流站输入电量 - 逆变站极Ⅰ、极Ⅱ换流站输出电量

直流系统线损率 = （损耗电量/整流站极Ⅰ、极Ⅱ换流站输入电量）×100%

第三节 线损指标管理

一、线损指标管理是线损管理的核心

线损指标管理是指一定时期内线损管理活动与其达到的成果或效果的统称，也称为线损目标管理。线损目标按时间有远期目标（≥10年）、中期目标（3～5年）、短期目标（1年）、季度或月度目标之分，也有总目标与分目标之分。线损管理计划指标（目标）也是如此。线损指标既是线损管理计划的主要内容，也是制订线损管理计划的基本依据。线损计划指标可以指导企业降损节能的方向，也是线损管理工作的努力方向，通过对分区、分压、分线（变）、分台区线损指标的管理以及线损小指标完成情况的考核，从而达到和实现对线损管理网络乃至全体员工降损节能的激励作用。

线损指标管理是指对构成线损指标体系的线损（率）指标和线损管理小指标的全面管理。正是由于电力营销、电能计量、电网经济运行等专业管理方面的线损小指标的支撑，才能保证线损率指标的实现。

显然，指标管理贯穿了整个线损管理的全过程，是调动线损责任单位和有关责任人的降损积极性的最重要手段。

目前，线损指标管理中存在着线损指标体系不完善，线损管理中只要结果，不管过程等方面的问题，而要实现计划目标，真正发挥指标管理在线损全过程管理中的核心作用，就必须建立一个完整的指标管理模式。一个完整的指标管理模式应包含指标的构成以及其评价体系、指标的核定、指标的过程管理与统计分析、指标的分级控制四部分内容，见图3-21。

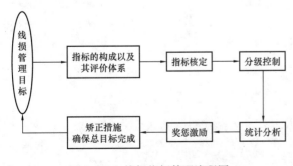

图 3-21 线损指标管理流程图

二、线损指标体系的构成及评价标准

线损率指标与线损管理小指标共同构成了线损管理指标体系。线损率指标是最终的目标结果，线损管理小指标是对相关部门线损管理工作质量的管理与考核，体现了全过程管理与控制。

线损包括管理线损和技术线损，要达到"管理线损最小，技术线损合理"的目标，就要对线损进行管理。线损率指标直接反映了线损管理的成果，线损管理也通过线损率指标发现各种问题，从而实施各种管理、技术措施，以维持线损率指标在合理水平或达到计划值。

1. 线损管理的实绩指标

线损管理的实绩指标一般有以下几类：

(1) 全网线损率（综合线损率）。

(2) 分压线损率。

(3) 35kV 及以上电网综合线损率。

(4) 35kV 及以上单条线路线损率。

(5) 35kV 及以上单台主变压器线损率。

(6) 10kV 及以上高压综合线损率（高压线损率）。

(7) 10kV 单条线路线损率。

(8) 0.4kV 低压综合线损率（低压线损率）。

(9) 0.4kV 城区低压综合线损率。

(10) 0.4kV 农村低压综合线损率。

(11) 0.4kV 单台区线损率。

由以上指标组成线损率指标体系，它们直接反映了线损管理的成果，故称为线损管理的实绩指标。

2. 线损管理小指标

要取得降低线损率的效果，重点是抓好线损的过程管理，也就是要抓好电力营销业扩报装与抄核收管理、电能计量管理、电网规划与建设、电网经济运行、节能降损新技术新设备的应用、线损理论计算与线损管理网络化、"数字化"建设等各个环节的管理。衡量以上专业管理工作的质量，各自都有可以量化的指标要求。包括：

(1) 母线电量不平衡率。

(2) 母线电量不平衡率的合格率。

(3) 变电站站用电率。

(4) 变电站站用电指标完成率。

(5) 线损四分考核计量点覆盖率。

(6) 台区有功/无功计量装置覆盖率。

(7) 计量遥测系统覆盖率。

(8) 负荷管理系统覆盖率。

(9) 公用配电变压器监测系统终端覆盖率。

(10) 低压集中抄表系统覆盖率。

(11) 线损指标异常率。

其中：

$$母线电量不平衡率 = \frac{输入母线电量之和 - 输出母线电量之和}{输入母线电量之和} \times 100\%$$

$$母线电量不平衡率的合格率 = \frac{不平衡率合格的母线条数}{母线条数} \times 100\%$$

$$变电站站用电率 = \frac{当月站用电量}{当月输入变电站电量之和} \times 100\%$$

$$变电站站用电指标完成率 = \frac{完成变电站站用电指标变电站数}{35kV 及以上变电站总数} \times 100\%$$

$$线损四分考核计量点覆盖率 = \frac{已装设线损四分考核计量点数目}{线损四分考核计量点总数目} \times 100\%$$

$$台区有功／无功计量装置覆盖率 = \frac{公用配电变压器装设有功／无功计量装置台数}{公用配电变压器总台数} \times 100\%$$

$$计量遥测系统覆盖率 = \frac{已实现计量遥测的厂站计量点数}{厂站计量点总数} \times 100\%$$

$$负荷管理系统覆盖率 = \frac{可监控的专用变压器大用户容量}{专用变压器大用户总容量} \times 100\%$$

$$公用配电变压器监测系统终端覆盖率 = \frac{公用配电变压器终端安装台数}{公用配电变压器总台数} \times 100\%$$

$$低压集中抄表系统覆盖率 = \frac{已实现低压集中抄表的居民用户数}{居民用户总数} \times 100\%$$

线损异常率包括 10kV 线路异常率、0.4kV 台区异常率：

当 10kV 单线线损率年（季）度完成值大于 10kV 单线线损率上限值，0.4kV 单台区线损率年（季）度完成值大于 0.4kV 单台区线损率上限值时，判断为 10kV 单线年（季）度线损率、0.4kV 单台区年（季）度线损率指标异常。

$$10kV 单线年（季）度异常率 = \frac{\sum 考核单位负责的 10kV 线路异常条次数}{\sum 考核单位负责的 10kV 线路总条次数} \times 100\%$$

$$0.4kV 单线年（季）度异常率 = \frac{\sum 考核单位负责的 0.4kV 台区异常条次数}{\sum 考核单位负责的 0.4kV 台区总条次数} \times 100\%$$

以上指标都可以列入线损管理小指标，也就是线损管理工作质量指标，它们反映了对线损管理全过程的在控程度和水平。其中：

母线电量不平衡率是判断计量装置计量是否准确的主要依据，通过母线电量不平衡率的异常情况，对计量装置做相应的检查，从而维护计量装置的准确性。电能表是发、供、用电计量的唯一依据，母线电量不平衡率能体现计量装置计量的准确性，因而有重要的意义。

站用电率是判断是否私自外供、是否进行站内用电整改实现降损增益的依据，对变电站的线损管理工作有参考作用。

线损四分考核计量点的覆盖率和台区有功/无功计量装置覆盖率体现了计量建设水平，计量遥测系统覆盖率、负荷管理系统覆盖率、公用配电变压器监测系统终端覆盖率、低压集中抄表系统覆盖率等计量小指标体现了计量"数字化"的建设水平。

线损异常率直接体现线损异常的情况，也体现线损管理工作的质量水平。对于线损异常率较高的部门，应采取相应的措施，消除异常情况，即使单条线路（单台区）线损完成值低于考核指标值。

3. 各级单位线损指标管理范围

（1）线损管理归口管理部门，负责区（局）所管辖范围电网综合线损率、各电压等级电网综合线损率和有损线损率的指标管理。

（2）系统运行部门负责区（局）35kV 及以上各电压等级电网的分压、分线及分变线损率、线损计划准确率的指标管理。

（3）变电部门负责母线电量不平衡率、变电站站用电率、母线电量不平衡率的合格率、变电站站用电指标完成率的指标管理。

（4）各区（局）供电所负责管辖范围内 10kV 及以下电网综合线损率和有损线损率、10kV 城农网综合线损率、0.4kV 城农网综合线损率、10kV 城农网单线线损率、0.4kV 城农网单台区线损率、线损计划准确率的指标管理。

（5）计量部门负责统计线损四分考核计量点的覆盖率、台区有功/无功计量装置覆盖率、计量遥测系统覆盖率、负荷管理系统覆盖率、公用配电变压器监测系统终端覆盖率、低压集中抄表系统覆盖率。

4．线损管理指标体系的评价标准

线损指标的评价标准一般有以下几种：

（1）以企业自定或上级下达的计划指标为评价标准。

（2）以同业对标选定的线损指标标准为评价标准。

（3）以理论线损值为评价标准。

（4）以国家和行业的有关规程、规定要求的指标或"达标"、"升级"、"创一流"所规定的标准为评价标准。

（5）其他标准。

三、线损指标的制定

明确指标体系之后，就要制定具体的、符合实际的指标计划值。指标计划值的制定主要涉及高压线损率及低压线损率的制定，高压线损率指标包括 35kV 及以上分压线损率、有损线损率、35kV 及以上各级电压单线线损率、35kV 及以上各级电压单台主变压器线损率；低压线损率指标包括区局 10kV 及以下综合线损率、10kV 城农网综合线损率、0.4kV 城农网综合线损率、10kV 城农网单线线损率、0.4kV 城农网单台区线损率。线损率指标计划值的制定需考虑降损措施、负荷增减和用电结构变化、电力系统的运行方式、潮流分布、新建工程投产和更换系统主元件、电力网结构的变化等因素的影响，以及根据前三年线损指标完成情况、理论计算结果，制定具有先进性、激励性、公正性、合理性及相对稳定性的计划值，不仅方便考核，还能有效激励，提高线损工作的积极性。线损率指标计划值的制定，需做好以下几方面工作：

1．科学整理基础数据

要使线损理论计算软件更好的发挥作用，就必须做好基础数据的汇总及整理工作，基础数据的准确性是进行线损理论计算成功与否的关键。基础数据包括各变电站每台主变压器、调相机、电容器组、电抗器的参数资料，低压线路结构、长度、线径、接线方式、用户位置、用户用电量等，数据相当繁多。因此在进行基础数据的汇总过程中，要组织专门机构，配置专门人员，分工协作，各负其责。尤其是低压农网，可以充分利用农网改造资料，发挥农网改造数据准确齐全的优点，从而节约大量资料汇总时间。

2．基础数据应保持有效性

高压网方面，由于负荷越来越大，很多变电站需要增容改造或者新建；低压网方面，台区线路的改造、低压用户的报装及消户、台区间用户的调整都相对较频繁。因此，必须加强这方面的管理和协调，随时保持数据的更新，确保数据的有效性。要规范低压用户的业扩报装等各项业务工作流程，做好台区改造后相关数据的更新和复核，这些都需要日常规范化的管理和完善的制度作保证。只有保持基础数据的有效性，才能保证线损理论计算结果的科学与正确，为今后的线损分析及指标制定提供科学的依据。

3. 指标计划值制定不宜经常变动

线损率计划值制定后，在一段时间内应保持它的稳定性（一般为一年）。由于电网及其潮流不断变化，其理论线损值也在不停的发生变化，这决定了任何一种有效的线损指标制定方式都应是动态的。但是在实际工作中，一个完全动态的指标制定模式是没有可操作性的，随着计算机技术、管理信息系统的发展，使供电局短周期进行线损理论计算、统计、分析成为可能。因此，在很短一个考核期，为了便于分析，可以近似认为电网的物理特性变化不大，其线损理论计算值可认为是一个固定的常数。线损指标管理体系就是建立在一个时期内理论线损值为固定值条件下的线损指标管理体系。在下一个考核期，可以通过重新进行线损理论计算或在原线损理论计算的基础上，通过考虑一些修正因素、近期及历史线损统计值，来调整线损理论值高低，从而形成新的线损理论值约束条件下的线损考核方式，实现线损指标的动态考核。

保持指标计划值的稳定性，不仅有利于考核，还有利于提高技术降损的积极性。尤其对于低压网，一个布局不合理的台区往往理论线损值较高，相应地给这个台区的线损指标也就较高。如果指标频繁修订，供电所为分配到一个较高的指标而不愿意对不合理的台区进行改造。相反，如果线损指标在一定时间内保持不变，供电所通过低压网技术改造降损后，就可以通过有关的线损考核办法获得一定经济利益，这样有利于提高全局的整体效益，也可调动职工降损的积极性和信心。

4. 指标制定应便于操作

在实践中往往存在这样的问题，线损理论计算的结果与实际完成的数值有较大的差距。这种情况要从两方面分析：首先要分析线损理论计算结果的合理性，主要核对基础数据的准确性和完整性，还要检查理论计算软件中相关技术参数设置的合理性。其次，对于高压网，要分析降损措施的实施情况，对于低压网，要分析表计情况、管理情况、工作人员素质、用户情况等。由于高压网的技术线损比较高，管理线损相对较低，要降低高压网的线损，则需着重实施技术措施进行降损。当制定的计划值比较低时，若技术降损措施的实施需要很长一段时间，则影响考核部门完成指标。对于低压网来说，一个高损耗的台区或者整体线损完成值较高的供电所往往是多种因素长期积累的结果，尽管归根结底还是一个管理的问题，但如果一开始就制定接近线损理论计算结果的指标计划值，个别台区以至个别供电所完成指标的可能性几乎没有，这样的指标是没有什么实用意义的，欲速则不达，因为降损要采取综合措施，需要一个时间过程。当然，若指标计划值定得很高，很容易完成指标任务，这样不仅降低线损工作的积极性，也使该计划值失去实际意义。为保证线损指标的可操作性，让线损率指标计划值在各部门恰到好处的发挥作用，可以采用线损理论值与历史完成情况适当结合的原则，经过一两年的过渡，再采取完全由线损理论值再上浮一定的管理线损数值的办法加以确定。

5. 指标制定应常态化运作

线损指标的制定要纳入到常态化管理中，每年要有目的地针对一些管理较好的和较差的部门调研，对数据重新复测，以便为下次制定指标时提供依据。在平时工作中，线损指标也不能一定了之，要定期与不定期地组织检查，切实加强管理，确保不能因人为因素而造成线损率偏高，每月做到统一标准、统一实施、统一分析、统一考核。

6. 指标制定应与奖惩挂钩

在制定低压线损指标的同时，应制定与之相应的考核办法、奖惩措施，使制定者在制定过程中遵循"定指标不定人"的原则，不能出现"权力指标"、"人情指标"、"浮躁指标"，以考核办法、奖惩制度促进制定者实事求是地调查、摸底，测算出实际线损，不断加以分析，比较"实际线损"与"指标线损"存在的差异，确保线损指标制定的真实性、合理性、可靠性。

线损率指标的制定流程如图 3-22 所示。

7. 线损指标核定的模式

线损率指标的核定过程是指供电企业以近期线损理论计算值、历史线损统计值及影响线损率的技术和管理方面的修正因素为基础,在综合应用管理学中的"期望理论"、"公平理论"和"强化理论"后建立起"考核和激励"双指标模式的过程,见图 3-23。

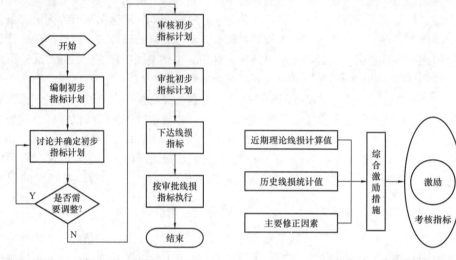

图 3-22　线损率指标制定流程　　　　　　图 3-23　线损指标核定模型图

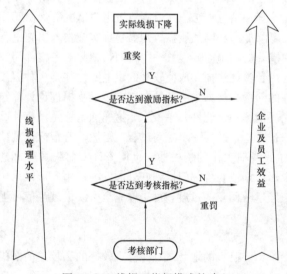

图 3-24　线损双指标模式的建立

双指标模式是指在下达线损指标时,分别下达两个层次的线损指标,第一个层次的指标称为考核指标,第二个层次的指标称为激励指标,同时根据公平原则,保证同类线路或台区下达的指标相同、相近。考核指标属于相对易于完成的指标,一般以线损的平均管理水平为依据,被考核单位完成该指标后不奖励或少奖励,若完不成,则重罚,实现对考核单位的负强化激励。激励指标是根据各单位实际,一般以不同程度高于线损的平均管理水平为依据,被考核单位能完成则重奖,完不成则少奖,实现对考核单位的正强化激励,见图 3-24。该指标体系建立后,对于被考核单位来说,形成通过不断提高线损管理水平来实现自身收益提高的期望,对于企业来说,线损管理水平和经济效益得到可持续提高。根据有关供电企业对双指标管理模式的应用实践结果,双指标管理模式更适用于 10kV 和 400V 线损管理,因为这两级线损相对于 35kV 及以上网络线损而言,直接管理各类用户,点多面广,人为因素多,管理难度大。在电网结构不变和技术线损相对确定的情况下,更需要激励机制来激发管理者的积极性和主动性,不断加强线损管理来降低管理线损。

因电网及其潮流不断变化,其理论线损值也在不停的发生变化,这决定了任何一种有效的线损指标核定方式都应是动态的。线损双指标模式的指标核定方式也是建立在理论线损变化下的一种动态指标核定模式。

双指标管理模式修正线损指标时需考虑的主要因素：

（1）系统电源分布的变化。

（2）电网结构的变化。

（3）电网更新、改造及降损措施工程的影响。

（4）电网运行方式和潮流分布的变化。

（5）用电负荷增长和结构的变化。

（6）新增大宗工业用户投运的影响。

（7）其他重大因素的影响。

所谓线损指标变化特性静态分析图是指在不考虑其他修正因素的情况下，在一个考核期内，通过图形表现出的各个线损指标的变化特性及其相互关系。所谓静态是指在固定考核期内不考虑其他修正因素，近似认为理论线损值为常数。具体分析如图 3-25 所示：坐标横轴代表一定时期线损管理水平；坐标纵轴代表在某一线损管理水平下，所核定下达的指标（考核指标、激励指标）；曲线 1 代表考核指标，考核指标值的高低一般代表一个企业线损管理的历史平均水平，该曲线随着线损管理水平的提高表现出逐步下降的趋势，同时，其下降过程也是逐步变缓的过程；曲线 2 代表激励指标，它也是随着线损管理水平的提高，逐步下降并逐步接近电网线损理论计算值的过程，但其变化趋势比考核指标曲线平缓得多；曲线 3 是电网线损理论计算值，随着电网经济运行水平和管理水平的提高，线损理论计算值也有逐步下降的趋势，但幅度不大。

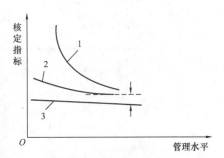

图 3-25　线损指标变化特性静态分析图
1—考核指标曲线；2—激励指标曲线；
3—线损理论值曲线

注：管理水平达到一定程度后，曲线 2 和
曲线 3 之间的间隔相对固定和平行。

在任一特定的线损管理水平下，总存在有考核指标＞激励指标＞线损理论值，其中，在激励指标曲线和理论值曲线之间的空间就成为激励空间。在理论值近似不变的情况下，随着线损管理水平的提高，激励空间会越来越小，但最终会稳定在一定水平，形成最终激励空间，也就是说，激励指标在管理水平达到一定程度后，应与理论值曲线平行。如果不考虑线损的正常波动，考核指标曲线则无限接近于激励指标曲线，这样，迫使线损责任单位最低也要把线损指标控制在考核指标与激励指标之间时，其线损率水平仍就呈现稳步下降。

在线损双指标管理模式中，激励指标是降低线损的动力而考核指标则是降损的保障。最终固定的激励空间，为电工稳定地从降损中获利提供了动力；而不断缩小的激励指标和考核指标之间的差距，保证了企业与员工降损效益的依法合理分配，并提高了完不成线损考核指标而面临巨额罚款的风险，为企业稳定的获得降损收益提供保障。

只要线损率理论值相同并保持不变，不论最初的激励指标和考核指标是多少，线损完成率都将最后收敛于理论值附近，而激励值都将收敛于与理论值相差一个最终激励空间上方，而考核指标最终和激励指标只相差一个线损波动造成的最大误差，也即双指标最终又逐步向单指标回归，但这并不表明指标激励体系走向僵化，这恰恰是线损指标动态管理的最高阶段。

线损双指标管理模式应用过程中应注意的两个问题：

（1）在线损双指标管理模式中，初始的考核指标和激励指标之间的差距应该是多少？它与什么因素有关？这是值得进一步深入研究的问题。但有经验的线损工作者和领导经过一段时间的试验摸索不难确定适合的数据。

（2）线损指标的调整周期应该是多长时间？这也是值得进一步研究的问题。一年一调整，"鞭打快牛"，供电所没有积极性；调整周期过长，降损效益得不到合理分配，也不利于促进线损率的进一步降低。比较适当的调整周期应以 2～3 年为宜。

四、各级线损指标的核定程序

1. 35kV 及以上电网线损指标的核定

系统运行部门根据上个考核期的实际线损完成情况和理论线损计算值依据，在下个考核期之初把线损指标计划上报线损归口部门审查。线损归口部门参考电网结构的变化、系统运行方式和潮流分布的变化及降损技术措施等因素的影响编制有关指标，并报线损管理领导小组批准，见图 3-26。

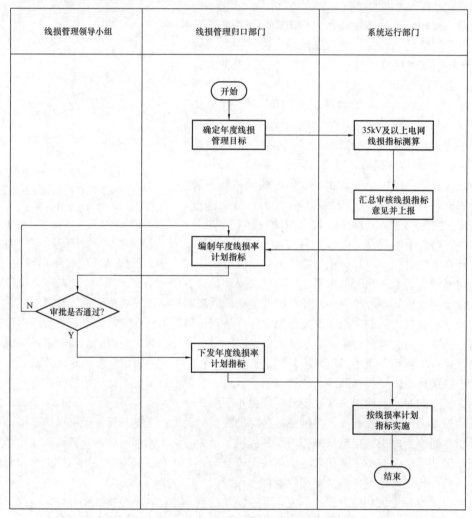

图 3-26　35kV 及以上电网线损指标核定流程

2. 10（6）kV 及以下电网线损指标的核定

线损管理归口部门按照省公司统一部署，定期开展线损理论计算工作，并参考理论计算结果及电网实际影响因素制定线损率上限值。线损管理归口部门将指标上限值下发到区县局，区县局下发到供电所，供电所下发到线损工作小组。然后线损工作小组按实际情况制定指标计划值，并上报供电所，供电所按实际情况制定指标计划值并上报区县局，区县局再按照实际情况上报市场部，最后由线损管理归口部门上报线损领导小组。由线损领导小组组织对低压线损率计划值进行核查，经研究确定后，批准该指标，由线损管理归口部门根据批准的低压线损率计划指标行文下发到各区县局，各区县局线损率计划指标由线损管理归口部门线损专责负责在营销系统内录入。低压线损率指标一旦正式下发，任何单位不得随便变动低压线损率计划指标。低压线损率计划指标的调整需经线损领导小组批准。各区县局将低压线损率计划指标分解到各供电所，由供电所按照低压线损率指标组织线损工作小组实施，并由供电所的线损管理员负责在营销系统内录入线损率计划指标。各供电所根据各区县局下达的年度低压线损率计划指标按 10kV 单线、0.4kV 单台区分解到线损工作小组，并责任到人。低压线损率计划指标实行区县局、供电所、线损工作小组分级管理，并逐级分解，按月统计、检查、分析并根据线损率完成情况进行考核，见图 3-27。

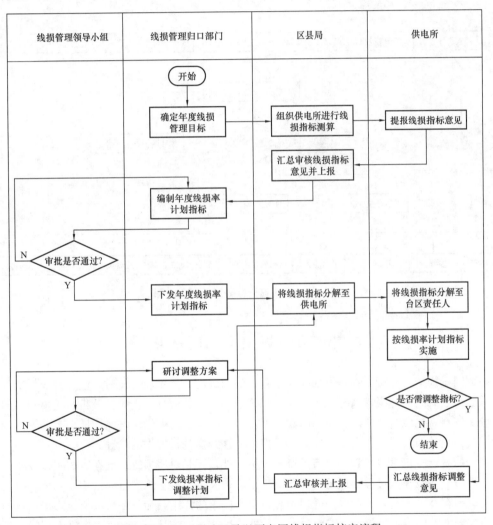

图 3-27　10（6）kV 及以下电网线损指标核定流程

五、线损指标的分级控制管理

1. 分级控制流程

线损指标的分类、分级控制管理必须依据前文所述线损管理网各个层次的职责和工作流程进行。即，将各个线损率指标和管理小指标都明确责任部门、考核标准、考核部门和考核周期，形成一级管理一级，一级控制一级，一级考核一级，一级负责一级的全过程管理控制。10kV分线、0.4kV分台区线损考核指标由各区局向所属供电营业所以及供电所各线损管理小组进一步分解，并最终责任到人；变电部分工负责的母线电量不平衡及变电站站用电率继续向下属相关部门分解。

2. 分级控制载体

各种线损统计报表以及需要上报的线损分析纪要、报告、总结以及部门经济责任制自我考核表等是线损管理与控制的载体。

3. 分级控制措施

在管理线损方面，主要涉及基础资料管理、计量管理、抄表管理、线损四分分析及异常控制管理。在技术线损方面，主要涉及电网规划及建设、电网经济运行、新技术等措施。线损指标分级控制示意图见图3-28。

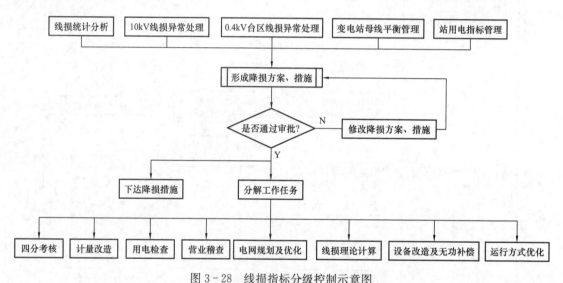

图3-28 线损指标分级控制示意图

第四节 线损统计分析

电力网线损统计分析工作是发现线损中存在的问题的必要手段。同时，电力网线损统计分析也为采取科学有效的降损措施提供了重要的理论依据。为了搞好线损统计分析，线损归口部门要认真收集资料，如负荷、电压、功率因数、设备、供电量、售电量、电能计量小指标等。计算口径要清楚，统计要及时，数据要正确，这些都是搞好线损分析工作的基础。

线损的统计分析是线损管理运行信息的收集与处理，是对线损管理的在线监测以及实行过程控制的手段，是线损全过程管理的重要环节。正确、及时、科学的进行线损统计分析，可以找到线损管理中存在的不足，揭示线损管理中被表象所掩盖的症结，为下一阶段节能降损工作指明重点和方向，使节能降损措施更具有针对性；另外通过客观的统计分析，可以促进各部门线损管理责任的落实，准确地统计分析成果也是全面落实线损指标考核的依据和基础。

正确地分析线损，一方面要承认它的不可避免性，无论供电线路还是其他供电设施，从本质上讲都是必不可少的用电器具，必然耗费一定的电力（采用当今最新高温超导技术，即选用液氮或液氢能够确保超级电缆实现零损耗输电，不过这项尖端技术正在试验阶段，离实际运用还十分遥远），然而却不能绝对地认同它的合理性与正常性，即线损率仍然有一个科学的理论数值，尽管这个数值根据供电线路的具体情况不尽一致，但是一般情况下，高压线路损耗率应低于1％，而低压线路损耗率也决不应该超过5％，特别是城市用户密集区还能低于这一数值。如果实际线损率接近理论数值，电力由发电侧向供电侧的转移过程中"电尽其用"，供电企业从发电企业买进的电，以极小的损耗卖给用户，从而获取到最大的经济效益，说明供电企业技术水平和管理水平处于一个领先地位。

一、线损统计的要求

1. 统计责任

各级专（兼）职线损员是本线损管理责任范围的统计责任人，对所经手填报报表的正确性、真实性负责。

2. 统计报表质量要求

（1）统计报表格式应统一。需上报的报表必须使用上级统一制订的报表，各供电企业根据需要可以细化补充，基层不得使用自制报表上报。

（2）数据准确、真实，手工填写的应字迹清晰、无涂改。

（3）使用法定计量单位。

（4）报表要求的栏目填写齐全，有线损员和部门负责人签字。

（5）统计口径一致，报表中使用的计算公式一致。

（6）按照规定的时间统计上报，不延误。

（7）线损归口管理部门应就线损统计分析报表的填报组织专题培训，线损统计分析报表管理应纳入线损管理考核内容。

3. 保证线损统计报表数据的真实

线损统计报表数据的真实性，是进行科学的线损分析、管理与考核的基础，但在实际工作中由于受各种因素的影响，经常会出现基层单位或人员人为调整、弄虚作假的情况，造成电量不真、线损统计不实等问题。

4. 线损统计模式

线损统计一般采用"抄、管分离"的统计模式，保证线损统计报表数据的真实性。"抄、管分离"是指线损指标责任管理单位（人）不负责电量统计或只负责参与本级线损计算的售电量一方面的统计，其购入电量由上一级管理部门或专职抄表人员抄录（抄表人员只对抄表的正确性负责）。

（1）台区低压线损。由供电企业抄表部门或供电所抄表员（班）负责抄计台区总表电量和台区各个低压用电户的电量，而负责本台区线损管理责任的抄表员不参与抄表。

（2）10（6）kV线路线损。由系统运行部门或市场营销部门负责抄计各变电站（开关站）10（6）kV出线关口表计，供电所抄表员或县供电企业抄表部门抄计该线路上的公用变压器总表电量和专用变压器电量。此外，10（6）kV及以上专线电量由市场营销部门负责抄表。

（3）35kV及以上线损。市场营销部门负责抄计各电压等级的购电关口表计，计量部门通过变电站远抄负责抄计各变电站主变压器中、低压侧出口电量（35kV及以上线损计算的售电量）。未安装远抄系统的，仍由系统运行部门抄表。由生产技术部门对该级线损进行统计考核。

（4）母线电量不平衡率。如果变电站已经建立远抄系统，那么由系统运行部门或计量部门负责利用远抄系统进行抄表，由生产计划部门负责考核系统运行部门或计量部门。如果未建立远抄系统，由计量部门与系统运行部门联合抄表。

二、线损电量和线损率统计实例

为了清晰地说明电网中各级线损产生和线损电量、线损率的计算过程，这里通过一个典型的

110~0.4kV 降压电网进行简要分析。见图 3-29 110kV 降压型电网电量分布图。

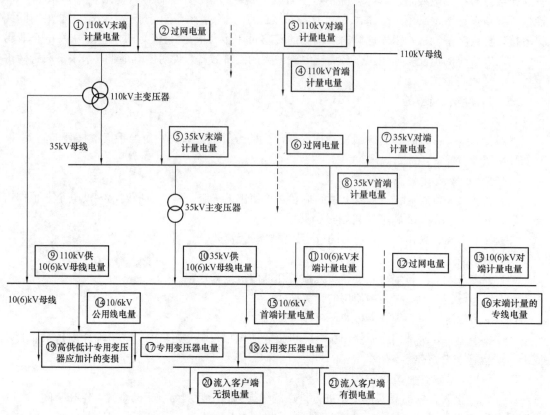

图 3-29 110kV 降压型电网电量分布图

1. 35 kV 及以上电压等级电网线损

35 kV 及以上电压等级电网的线损主要由 35、110kV 输电线路和主变压器产生的损耗组成。其供电量是指流入 35kV 及以上电网的电量，共由 3 部分组成：

（1）在 110kV 和 35kV 线路末端计量的电量，没有输电线路损耗，分别定义为①和⑤（如并网点在该 110kV 和 35kV 母线的地方电厂上网电量）。

（2）在 110kV 和 35kV 线路对（首）端计量的电量，经过输电线路产生损耗，分别定义为③和⑦。

（3）110kV 和 35kV 过网电量，分别定义为②和⑥（输入量与输出量相等，不产生损耗的电量。电量⑫的定义与此相同）。

其售电量指流出 35kV 及以上电网的电量，也由 3 部分电量组成：

（1）110kV 和 35kV 主变压器供 10（6）kV 母线的电量，分别定义为⑨和⑩。

（2）110kV 和 35kV 首端计量的电量，一般情况下，这类电量都是专线供电且首端计量，或者是在末端计量加计线损，相当于首端计量，分别定义为④和⑧。

（3）110kV 和 35kV 过网电量，分别定义为②和⑥。

35kV 及以上电网线损率计算式为

线损电量＝供电量－售电量＝（①＋③＋⑤＋⑦＋②＋⑥）－（④＋⑧＋⑨＋⑩＋②＋⑥）

线损率含过网电量 ＝线损电量/（①＋③＋⑤＋⑦＋②＋⑥）×100%

线损率不含过网电量＝线损电量/（①＋③＋⑤＋⑦）×100%

2. 10（6）kV 电压等级电网线损

10（6）kV 电压等级电网线损主要由 10（6）kV 配电线路和配电变压器产生的损耗组成。

其供电量指流入 10（6）kV 电压等级电网的电量，由 4 部分组成：

（1）110kV 和 35kV 主变压器供 10（6）kV 母线的电量，分别定义为⑨和⑩。

（2）10（6）kV 专用线路末端计量电量定义为⑪（对县供电企业来说，有两种电量同此：地方电厂在县供电企业变电站 10（6）kV 母线上并网的上网电量，外部供电企业设在本供电营业区内变电站 10（6）kV 母线供出的并由本供电企业对用户抄表收费的电量。这两部分均属购无损电量）。

（3）10（6）kV 线路对端计量电量定义为⑬，即购有损电量。

（4）10（6）kV 电网过网电量定义为⑫，含义同电量②、⑥。

其售电量指流出 10（6）kV 电压等级电网的电量，由 6 部分组成：

（1）10（6）kV 首端计量电量定义为⑮，即专线供出的本级电压无损电量。

（2）10（6）kV 专用变压器电量定义为⑰，不论是高供高计还是高供低计，均定义为抄见电量。

（3）10（6）kV 公用变压器电量定义为⑱，为低压总表抄见电量。

（4）10（6）kV 电网过网电量定义为⑫。

（5）末端计量的 10（6）kV 专线电量定义为⑯，这种情形在个别地方存在。

（6）高供低计的专用变压器应加计的变损电量定义为⑲。

10（6）kV 电压等级电网线损率计算式为

线损电量＝供电量－售电量

＝（⑨＋⑩＋⑪＋⑬＋⑫）－（⑮＋⑰＋⑱＋⑯＋⑫＋⑲）

线损率含过网电量＝线损电量/（⑨＋⑩＋⑪＋⑬＋⑫）×100％

线损率不含过网电量＝线损电量/（⑨＋⑩＋⑪＋⑬）×100％

公用线路线损率计算：

在计算供、售电量时，不包括首端计费的专线电量。在计算售电量时，对高供低计的专用变压器应包括加收的铜、铁损电量，即

公用线路线损电量＝供电量－售电量＝⑭－（⑰＋⑱）

线损率公用线＝公用线路线损电量/⑭×100％

3. 0.4kV 及以下电压等级电网线损

0.4kV 及以下电压等级电网线损是指公用变压器低压总表到所有低压客户端电表之间的电能损耗，主要是配电线路和电能表的损耗。

其供电量就是公用变压器低压侧总表电量，定义为⑱。

其售电量由两部分组成：

（1）直接在台区低压侧出口处计量的低压无损电量，定义为⑳。

（2）经低压配电线路流入到客户端表计计量处的有损电量，定义为㉑。

0.4kV 及以下电压等级电网线损率计算式为

线损电量 ＝ 供电量－售电量 ＝ ⑱－（⑳＋㉑）

线损率含无损电量 ＝ 线损电量 /⑱×100％

线损率不含无损电量 ＝ 线损电量 /（⑱－⑳）×100％

4. 全网综合线损率（110kV 及以下）

在对电网各个电压等级的线损电量、线损率进行分析计算的基础上，可以很容易的得到全网的线损电量和线损率。

$$供电量 = ①＋③＋⑤＋⑦＋⑪＋⑬＋②＋⑥＋⑫$$
$$售电量 = ④＋⑧＋⑮＋⑯＋⑰＋⑲＋⑳＋㉑＋②＋⑥＋⑫$$
$$线损电量 = 供电量－售电量 = （①＋③＋⑤＋⑦＋⑪＋⑬＋②＋⑥＋⑫）－$$
$$（④＋⑧＋⑮＋⑯＋⑰＋⑲＋⑳＋㉑＋②＋⑥＋⑫）$$
$$线损率含过网电量 = 线损电量/（①＋③＋⑤＋⑦＋⑪＋⑬＋②＋⑥＋⑫）×100\%$$
$$线损率不含过网电量 = 线损电量/（①＋③＋⑤＋⑦＋⑪＋⑬）×100\%$$

为了方便起见，以上的计算没有考虑计量回路损耗、母线损耗和计量差错造成的相应加减的电量。其余线损指标计算较为简单，这里不再赘述。

三、线损分析方法

1. 线损分析的误区

全面、深入、准确、透彻地进行线损分析，可以找准线损升降的原因，线损分析的质量对降损措施的有效性和针对性起关键作用。目前线损分析中常见的误区有以下几种：

（1）线损分析就是对比一下线损率大小、高低。

（2）线损率没什么变化不需要分析，线损率下降更不需要进行线损分析。

（3）线损率上升就一定是管理上有问题，盲目找原因。

（4）只愿意做定性分析，不是尽可能地对各个因素进行定量分析。

（5）当期实际线损率出现比理论线损率低无法分析。

（6）有线损率的分析就行了，不需要再进行线损小指标的分析。

2. 线损分析中应注意的问题

在每一个统计周期内，不管线损率有无变化，都应该对影响线损的各个因素进行分析，都应该对线损的有关小指标进行分析。因线损率是诸多因素综合影响造成的结果，有时虽然这种综合影响的结果导致线损率没有出现变化或向好的方向变化，但其中的某些不利的因素仍可以通过分析，采取有效措施，降低其造成的不利影响。

在进行线损分析时，既要对不同线路、数据差异进行分析对比，更要对同一条线路线损率的波动情况进行分析。因为在诸多影响因素中，有一些相对稳定的因素，如电网结构、线路设备参数、负荷分布与构成等，决定了线损率的高低，应该通过不同线路线损率高低的对比分析；更重要是对那些导致线损率波动的变化因素，如电力负荷、电压与无功、负荷率、大用户电量、季节气候等的变化情况，以及营销、计量管理中的不确定因素进行具体和深入分析，积极采取有效措施，降低不利影响。

3. 线损分析"十二要"

（1）线损分析时，首先要做好母线电量平衡分析。

（2）要正确进行理论线损计算，求出各条线路的固定损失和可变损失，并对计算结果进行分析。

（3）要分析因查处窃电或纠正计量、营业差错追补（退回）电量对线损的影响。

（4）要分析系统运行方式或供、售电量统计范围的变化对线损的影响。

（5）要分析由于季节、气候变化等原因使电网负荷有较大变化对线损的影响。

（6）要分析掌握各类用户电量（尤其是电量大户）的变化对线损的影响。

（7）要分析线路关口表及各用电户计费电能表的综合误差对线损的影响。

（8）要分析供、售电量抄表时间不一致对线损的影响。

（9）要分析抄表例行日的变动，提前或错后抄表使售电量减少或增加对线损的影响。

（10）要分析无损电量的变化对综合线损的影响。

（11）要分析自用电量增加或减少对线损高低的影响。

（12）要对理论线损和统计线损进行分析比较，对不明损耗高的薄弱环节提出降损措施意见。

4. 线损分析常用方法

（1）电能平衡分析。电能平衡分析就是对输入端电量与输出端电量的比较分析。主要用于变电站的电能输入和输出分析，母线电能平衡分析。计量总表与分表电量的比较，用于监督电能计量设备的运行状态和损耗情况，使计量装置保持在正常运行状态。

（2）实际线损与理论线损对比分析。理论线损只包括技术损耗，不包括管理损耗。通过实际线损率和理论线损率对比分析，若两者偏差太大，说明管理不善，存在问题较多，要进一步具体分析问题所在，然后采取相应的措施。实践证明，凡是 10kV 线路和低压台区的实际统计线损和理论线损对比两者数值偏差较大的，往往是这些线路和台区有窃电或计量不准等管理问题。

（3）固定损耗与可变损耗比重对比分析。通过固定损耗比重与可变损耗比重的对比分析，如果 10kV 配电网中固定损耗比重大，说明设备的平均负载率较低，或高能耗变压器较多，或类似的几种因素同时存在。反之，如果可变损耗比重较大，则说明线路负荷较重或超负荷运行，或者是线路迂回曲折，供电半径过长，或者是电网无功补偿不足，功率因数过低，或者是线路运行电压过低，或者以上所说的几种因素都存在。

（4）实际线损与历史同期比较分析。由于电网负荷，特别是农村电网负荷季节性较强，农业生产用电随季节气候变化很大。但一年四季季节气候变化一般是有一定的规律的，农村电网的线损率如果仅仅与上一个月对比往往差异很大，但与历史同期气候相近的条件下的线损率进行对比分析，往往更能够发现问题。

（5）实际线损与平均线损水平比较分析。一个连续较长时间的线损平均水平，更能够消除因负载变化、时间变化、抄表时间差等因素影响造成的波动，更能反映线损的基本状况，与平均水平相比较，就能发现当期的线损管理水平和问题。

（6）实际线损与先进水平比较分析。通过分析本单位的线损完成情况，并与省内、国内先进同行比较，就能发现自己管理上的差距和线损管理中存在的问题。

（7）定期、定量统计分析。定期分析就是要做到有月度分析、季度分析、年度分析；定量分析就是要做到分压、分线、分台区并按影响因素分析，不仅要找出影响线损的主要因素，而且要做到对影响大小进行量化分析，重点要突出，针对性要强。

（8）线损率指标和小指标分析并重。线损率实际完成情况表明的是线损管理的综合效果，而只有通过对小指标的分析，才能反映出线损管理过程的各个环节影响线损的具体原因。因此在线损分析中，一定要注意线损率指标和小指标分析并重。

（9）线损指标和其他营业指标联系在一起分析。售电量指标、电费回收率指标、平均售电价指标与线损指标之间有密切的联系。如果人为调整这四个指标中的任何一项，均会对其他三个指标的升降产生影响。因此在进行线损分析时，要注意把这四个指标联系在一起分析。

（10）对线损率高、线路电量大和线损率突变量大的环节进行重点分析。线损统计的一个最大特点就是数据量大，需要分析的环节很多，逐一分析，费时费力，效率也不高。基于技术装备的实际情况，线损管理者都知道线损率高的线路降低线损率的潜力大，供电量大的线路线损率的降低对全局的降损影响力大，而线损率突变量大的线路往往存在这样那样的管理问题，因此这三种情况必须成为线损分析的重点。对于 10kV 及以下电网，建议采用综合分步分析的方法，即采取分步筛选，按顺序进行，最终找到关键环节，具体为：第一步，选出线损率高的线路、台区；第二步，在第一步基础上选择出电量大的台区、线路；第三步，在第二步基础上选择线损率突变量大的台区线路。简而言之，就是"高中选大，大中选突"，确定出降损节能的主攻方向。

四、线损分析的主要内容

1. 理论线损计算结果分析

对线损计算结果进行分析，其目的在于判断电网结构和运行的合理性，供电管理的科学性，找出计量装置、设备性能、用电管理、运行方式、计算方法、统计资料、营业抄收等方面存在的问题，以便采取有效措施，把线损率降低在一个比较合理的范围以内。

理论线损计算结果是否正确、可靠、有效，要客观地进行分析，分析内容包括以下几个方面：

（1）线损计算范围、计算职责、计算方法、计算程序是否符合计算规定要求。

（2）提供的计算资料，包括设备参数和负荷实测资料及数据录入是否正确、可靠。

（3）与上次线损计算结果进行比较，诊断电网结构、用电结构、运行方式等变化对线损的影响。

（4）与计算期内的统计线损率进行比较，是否具有可比性。

2. 电网线损综合分析

为了使线损分析工作不断深入，使它能够反映出各种电压等级的网络结构、设备技术状况、用电结构及管理水平等方面的特点，各级供电企业除执行部颁的统计办法和有关规定外，还应开展以下定量分析工作，弄清线损升、降的原因：

（1）一次网损和地区线损中的输、变电线损分析应分压、分线进行，配电线损的分析应分线（片）、分台变（区）进行，并分别与其相应的理论线损计算值进行比较，以掌握线损电量的组成，找出薄弱环节，明确降损主攻方向。

（2）按售电量构成分析线损，将无损用户的专用线路、专用变电站以及通过用户的转供电、趸售电等相应的售电量扣除后进行统计分析，以求得真实的线损率。

（3）分析供、售电量不对应对线损波动的影响。

（4）各级供电企业应认真总结经验，计算降低线损的效果，每季至少进行一次综合分析，每半年进行一次小结，全年进行一次总结，并报送有关上级。

3. 实际线损率与理论线损率对比

多数情况是实际线损率接近或略高于理论线损率；当实际线损率远大于理论线损率时，则必然是管理线损过大，即由于"偷、漏、差、误"四方面原因造成的不明损失过大。

（1）管理线损过大的定量分析。如图 3-30 所示，有一条高压配电线路，额定电压 $U_N=10\text{kV}$；为计算分析方便，设测算得：供电功率因数 $\cos\varphi=0.81$，负荷曲线特征系数 $K=1.0$，线路总等值电阻 $R_{d.\Sigma}=R_{d.d}+R_{d.b}=35\Omega$；线路末端配电变压器二次侧总表电力负荷不变，即 $P_2=90\text{kW}$；线路的固定损耗（即配电变压器的空载损耗）因不随负荷变化而变化，为分析方便起见不予考虑；ΔP_{bm} 为线路末端配变二次侧总表前因用户窃电、违约用电、线路漏电等因素造成的不明损失，且由零逐渐增加；ΔP_L 为线路的理论功率损失，随线路上传输负荷的增加而增大；P_1 为线路首端的供出功率，应与下面的负荷相平衡，显然此时也是呈增加趋势；I_{av} 为线路上传输的平均负荷电流，显然此时也是呈增大趋势；$L\%$ 为线路的理论线损率，$S\%$ 为线路的实际线损率。

图 3-30　管理线损过大定量分析简图

上述诸量应满足下列互相有影响的各关系式

$$I_{av} = P_1/\sqrt{3}U_N\cos\varphi = P_1/14.03(A)$$
$$\Delta P_L = 3I_{avj}^2 K^2 R_d._\Sigma \times 10^{-3} = 0.0105I_{Pj}^2 \quad (kW)$$
$$P_1 = P_2 + \Delta P_L + \Delta P_{bm} \quad (kW)$$
$$L\% = \Delta P_L/P_1 \times 100\%$$
$$S\% = (P_1 - P_2)/P_1 \times 100\%$$

根据上列关系式，当假定 ΔP_{bm} 为若干个数值后，即可得到如表3-1所示的数量关系。

从表3-1中的数字可见，尽管线路末端通过配电变压器二次侧总表的用电负荷没有增加，但是由于未通过配电变压器二次侧总表（即表前）的窃电、违章用电等负荷不断地逐渐增加，使线路首端的供电负荷、线路中传输的负荷电流、线路中的功率损失均随之相应增加；最后必然导致线路的实际线损率比理论线损率以更大的幅度升高，差距越来越大。

表3-1 管理线损过大定量分析表

P_2 (kW)	ΔP_{bm} (kW)	ΔP_L (kW)	P_1 (kW)	I_{av} (A)	$L\%$	$S\%$
90	0	4.80	94.80	6.76	5.06	5.06
90	2	5.03	97.03	6.92	5.18	7.25
90	4	5.26	99.26	7.08	5.30	9.33
90	6	5.49	101.49	7.23	5.41	11.32
90	8	5.75	103.75	7.40	5.54	13.25
90	10	5.99	105.99	7.55	5.65	15.09

这说明，如果供电企业的电网线损率很高，远高于电网理论线损率，或它的上升幅度较大，而售电量增加很少或几乎没有增加，则这个企业的管理是不善的，电网中的"偷、漏、差、误"不良现象是较为严重的，经济效益是不会得到提高的。

（2）企业供电损失率与企业经济效益的关系。一个供电企业如果能够基本做到或较长时期做到多供少损或多供多售，则说明这个企业的供电损失率即电网线损率是较低的，管理是相当先进的，这个企业的经济效益或者说单位购电提成一定相当高。

4. 固定损耗与可变损耗所占比重的对比

经济合理情况是两者基本相等。当前者大于后者时，则说明该线路和设备处于轻负荷运行状态（此种对农电线路较为突出，此种线路又称为轻负荷线路）。结果是造成实际线损率和理论线损率都较高而未达到经济合理值。要采取的主要措施是：

（1）发展线路的用电负荷，在没有或少量有工业负荷的情况下，要整顿好农村低压电价，出台新的合理电价政策，切实解决农民和农村"用不起电"和"用电难"的问题，确保线路有足够的输送负荷。当某供电站区有一定负荷时，可采取分线路轮流定时集中供电的办法。

（2）更新改造高能耗变压器，推广应用低损耗节能型变压器，以逐步减少前者在线路上所占比重，增大后者所占比重，并充分利用后者的降损节电优越特性。

（3）调整"大马拉小车"的变压器，提高线路与变压器综合负载率，以减少线路中固定损耗（即变压器空载损耗或铁损）所占比重。

（4）要尽量减少变压层次，因为每经过一次变压，大致要消耗电网 1%～2% 的有功功率和8%～10% 的无功功率，变压层次越多，损耗就越大。

（5）根据固定损耗与线路实际运行电压的平方成正比的原理，为降低线损，应适当降低其电压运行水平。例如，对于固损占 70% 的 10kV 线路，当运行电压降低 5% 时，线路总损耗（固定与可变两损耗之和）将降低 3.58%。

5. 可变损耗与固定损耗所占比重的对比

当变损比重大于固损时，则说明该线路和设备处在超负荷运行状态（此种情况对工业线路或在用电高峰季节较为突出，此种线路又称为重负荷线路）。其结果也是造成实际线损率和理论线损率都较高而未达到经济合理值。要采取的主要措施是：

（1）调整改造迂回和"卡脖子"的线路，缩短线路供电半径，增大导线截面积，使之符合技术经济指标的要求。

（2）根据可变损耗与线路实际运行电压的平方成反比的原理，为降低线损，应适当提高其电压的运行水平。例如，对于变损占60%的10kV线路，当运行电压提高5%时，线路总损耗（可变与固定两损耗之和）将降低1.48%。

（3）为减少线路上无功功率的输送量和有功功率的损失，应随着线路输送负荷量的增长而适当增加其无功补偿（配电变压器的随器补偿和线路的分点补偿）容量，以提高线路供电功率因数。

（4）为满足线路输送负荷增长的需要，应适时将线路进行升压改造和升压运行，或将高压线路直接适当深入负荷中心，或采取双回路或多回路供电方式。例如，将6kV线路升压为10kV，可降低损耗64%；将10kV线路升压为35kV，可降低损耗91.84%。

（5）调整线路的日负荷，减小峰谷差，实现均衡用电，提高线路的负荷率。

（6）调整线路三相负荷，使之保持基本平衡。

（7）更换调整过载运行的变压器，使变压器的容量与用电负荷相配套，并尽量使其在经济负载下运行。

6. 线路导线线损与变压器铜损的对比

线路导线上的损耗与配电变压器铜损（即配电变压器绕组中的损耗）两者之和，当占据10（6）kV配电线路总损耗的50%时，为经济合理。其中，当线路上的配电变压器的综合实际负载率达到或接近综合经济负载率时，造成的配电变压器铜损及其所占比重为经济合理值；此时可变损耗中剩余部分，即为合理的线路导线线损。显然，线路导线线损与配电变压器铜损各为多少、各占多大比重较为合理，一般没有一个固定的数值，是由具体电网结构与运行两参数所决定的。这里存在四种情况：

（1）变压器为轻载（即未达到经济负载率），线路的负荷也不重，两者损耗之和不足线路总损耗（再加上变压器铁损得之）的50%，显然这是轻负荷运行的线路。

（2）变压器为过载（即超过经济负载率），线路的负荷也不轻（即超过经济负荷电流），两者损耗之和超过线路总损耗的50%，显然这是超负荷运行的线路。

（3）变压器的负载率小于其经济值（即轻载），线路的负荷超过其经济负荷电流，那么，当两者损耗之和超过线路总损耗的50%时，则这条线路属于超负荷运行的线路；其降损措施的重点应放在线路及其导线上。例如：更换为较大截面的导线，缩短线路供电半径，增加线路上的无功补偿容量，提高其供电功率因数，适当提高线路的运行电压，调整线路的日负荷和三相负荷，减小其峰谷差和不平衡度等。

（4）变压器的负载率超过其经济值（即过载），而线路的负荷未超过其经济负荷电流，那么，当两者损耗之和未超过线路总损耗的50%时（这种情况出现很少），则这条线路仍属于轻负荷运行的线路；其降损措施的重点应放在配电变压器上。例如：更换过载运行的变压器，使变压器的容量与用电负荷相匹配，并尽量使其在经济负载下运行。

7. 理论线损率与最佳理论线损率的对比

线路理论线损率达到或接近线路最佳理论线损率（即经济运行线损率）为最经济合理，否则为不经济合理。

8. 其他类型的对比

还应进行线路不同用电季节的线损率的对比，企业线损率的实际值与考核指标（计划线损率）的对比，本年度（本季度）与上一年度（上一季度）的线损率实际值的对比，不同供电区线路线损率的对比，不同用电负荷线路线损率的对比等。

第五节 线损异常控制

线损的波动变化是经常发生的，一些波动是正常的，一些波动是不正常的。引起线损波动的因素很多，其中一些是可以控制的，一些是难以控制的，一些甚至是不可控制的。期望电网的运行能实现经济线损或接近经济线损。因此，就要对引起线损波动的诸因素进行深入地研究和分析，抓住可控因素，制定控制措施；不可轻易放弃和忽视那些难以控制的因素，设法趋利弊害、因势利导，促使其转化为可控因素，以期达到最佳的降损效果。

一、线损波动主要诱因

对于电网公用线路，或者对于某一级电压的综合线损，特别是对于一个区域电网来说，引起线损波动的因素是多元的，一般可以归纳为以下六类：电量失真，电网结构及设备变化，电力市场变化，供、售端电能表抄录不同期，系统运行因素影响，外部因素影响，见图3-31。

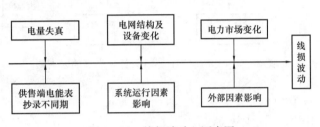

图3-31 线损波动六因素图

1. 电量失真

真实的电量首先是保证企业的经营成果——电费足额回收的重要依据；其次，它也是正确地进行线损分析的基础。因此，电量失真对线损波动的影响以及对电量失真的分析控制是研究的重点，也是线损管理的重点。

以一条公用10kV供电线路为例来说明这个问题。理论上真实的供电量应是变电站线路出口有功功率对统计期时间的积累效应，即 $A = \int_0^T \Delta P(t)\,\mathrm{d}t$，真实的售电量应该等于统计期真实的供电量减去同期该线路、设备的技术线损。

以目前的检测手段和技术装备来说，以上两个数据还只能靠安装在各供、售电计量点的计量装置来实现。因此，在排除计量装置允许精度误差这个因素之后，可以把影响电量真实性的因素归纳为以下七类：

（1）电能计量装置计量失真。

（2）抄表核算与数据传递失真。

（3）临时用电管理不规范。

（4）窃电。

（5）人情电。

（6）人为调整。

（7）计量装置不完善。

这七类因素产生的原因，绝大多数属于企业内部原因。相对来说，外部因素较少，可以通过加强管理进行控制。要保证售电量的真实、准确，这七类因素都是不可忽视的因素，应是研究、分析和控制的重点。

导致电量失真的因果图如图 3-32 所示。

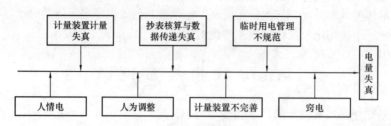

图 3-32 影响电量真实性七因素图

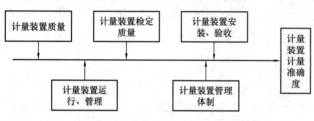

图 3-33 影响电能计量装置计量失真的因素图

通过对这些影响因素逐一进行分析、研究，制定并采取相应的技术和管理措施，尽最大可能避免或减少这些因素的影响，确保电量真实、准确。

(1) 电能计量装置计量失真的分析。影响电能计量装置计量准确度的因素可以归结为以下五点，如图 3-33 所示。

影响电能计量装置计量准确度的五大因素及其子因素，同时也是导致电能计量装置计量失真的因素，如图 3-34 所示。

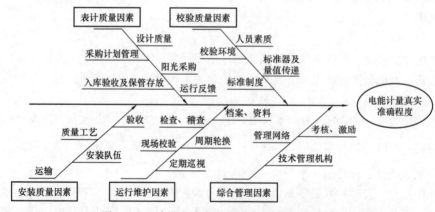

图 3-34 计量准确度影响因素因果分析叶脉图

(2) 抄表核算与数据传递失真的分析。抄表核算差错与数据传递失误也是引起电量失真的一大原因。在各种营业差错中抄表过程发生的占大多数。错抄、漏抄、估抄、错算的责任多数发生在抄表员和核算员身上，但有时则是由于相关制度、程序不完善形成的。比如：线路检修施工运行方式改变，无人通知计量线损责任人抄表（旁路开关或联络互供开关），计量所（室）到现场校验或更换电能表、互感器，提前不通知相关的线损员或抄表员到场。

相对于抄表、核算差错来说，数据传递失误发生的概率要小很多，但这类失误一旦发生，往往不容易及时发现和纠正。

(3) 规范临时用电管理。低压临时用电管理属于供电企业电力营销管理中的薄弱环节。有些地方的临时用电不装表，实行包费制；低压临时用电少掏钱、不掏钱或全部被贪污的现象时有发生；还有的地方农电体改不到位，供电所对农村电工实行低压线损承包，村民的临时用电找村电工，供电所不知或不管。

临时用电管理存在的这些问题，使国家损失了电费，人为地抬高了线损，腐蚀了电业队伍的肌体，严重的可能影响农村的稳定。低压临时用电的管理，必须从体制、制度上采取措施，规范管理、堵塞漏洞 。

（4）预防与打击窃电，规范电力市场供用电秩序。窃电是一种社会现象。近年来，窃电案件有增无减。甚至出现一些供电部门的员工见利忘义，内外勾结包庇纵容、协助他人窃电。供电部门电力管理的政府职能移交后，使查处窃电增加了难度。因此，必须十分重视这项工作，全方位采取措施预防与打击窃电。

（5）杜绝"人情电"。"人情电"表现为供电企业的职工在对用户的职务行为中少抄（或不抄）电量、少算（或不算）电费，或"私养"用户，或协助用户窃电等。

（6）避免人为调整。从对基层线损报表的分析中不难发现两个特点：一是某些线路（或者是某些供电所）的线损率的"稳定性"惊人；二是其上报完成的线损率与主管部门下达的线损指标的"吻合度"惊人，如果是连续看几年，这个现象年年都有。人为调整供、售电量的行为成了影响电量真实性和线损率真实性的痼疾。

人为调整的产生原因分析：

1）害怕"鞭打快牛"，今后定指标吃亏。经过电网建设与改造以及线损管理的进步，大多数企业供电线损率逐年下降。因此，不少企业在制订年度线损指标时总希望比上一年低，而且每一条线路都得比上一年低，并且是一年一定。完不成受批评、扣奖金。基层供电所很容易产生害怕"鞭打快牛"的想法和应对的办法，"沿着"指标上报售电量和线损率，多余的电量进入"小金库"，"以丰补歉"等现象屡见不鲜。

2）弄虚作假，获取奖金。那些实际上完不成线损率指标的人，也会以"调整"为名，虚报售电量和线损率，骗取奖金。

3）指标考核不能做到精细化管理，只有年指标，无月指标。一年之中，理论线损率会随着负荷大小变化和负荷构成的变化而变化，但是一些企业只有年度线损指标，月月都按这个数值考核。

4）线损奖大都作为综合奖的一部分考核发放，年复一年，缺乏对降损节能新的激励措施和手段。

（7）计量表计完善。计量表计是线损计算和管理考核的基础。低压临时用电中的无表用电影响到低压售电量和低压线损率的真实性；联络、互供表计的缺失影响到两条线路的电量和线损计算；变电站站用电和企业自用电表计的不完善既影响到线损的真实性，又影响到企业成本的正确核算。因此，要重点完善以下电能计量表计：

1）联络、互供开关表计；

2）变电站、自用电计量表计。

2．供、售端电量抄表不同期

供、售端电量抄录不同期是引起线损波动的多发性原因。其产生的原因有：

（1）供电关口表抄录所用时间短，而售电端电能表由于数量众多，抄录时间长且起、迄时间安排不科学。

（2）供电企业为按时缴纳电费，必须超前于供电关口表的抄表时间，安排售电表计的抄表。

（3）造成供、售端电量抄表例日变动的其他因素，如抄表例日在春节或其他法定长假等。

（4）抄表制度、标准不科学不完善，抄表人员素质差。

（5）其他不确定因素。

3. 电网结构及设备变化

电网建设与设备的更新改造是经常的,工程竣工投运肯定会对线损产生影响。但由于竣工信息不能及时传递到线损专责,理论计算滞后,就会影响对线损的正确分析和线损指标的合理核定。

4. 电力市场变化

(1)购电结构的变化。不少供电企业购电结构比较复杂,有本地域电网、邻近省的电网,有地方小水电、小火电、企业自备电厂等,受诸多因素的影响,企业购电结构经常变化。不同的购电电源点,线路的电压等级和距离不同,县供电企业承担的线损也不同。因此,购电结构一旦发生变化,企业的综合线损也出现波动。

(2)销售电量分类结构变化。在决定企业综合线损率的因素中,一般地讲,工业电量占的比重越大,线损越低,农业电量占的比重越大,线损越高(一般的原因有两个:一是工业专用变压器负载率高一些,而农村变压器一般平均负载率低,空载损耗大;二是工业用电负荷率比农村其他负荷的负荷率高)。而这两类电量是随着市场的变化和季节气候的变化而变化的。

(3)大用户用电量的变化。大用户生产经营形势的变化,会引起用电量的变化,进而对其所在的公用供电线路和县供电企业的综合线损产生一定影响。

(4)各级无损电量的变化。各级无损电量的增加都会引起综合线损率的下降,反之则引起综合线损上升。

(5)季节、气候变化引起的用户用电变化及电量结构变化。季节、气候变化直接影响农业用电量,还会影响到一些与季节气候有直接关系的乡镇企业用电。以农业用电为主的公用线路电量的增加,一般属于影响线损上升的因素。

5. 系统运行因素影响

(1)因检修、施工、故障处理负荷转移引起的运行方式变化。正常的运行方式应当是最安全、经济的,运行方式的变化必然引起线损的波动。

(2)无功潮流变化。用户的无功负荷是变化的,电网中的各类无功补偿装置,只有部分是随电压和功率因素变化自动投切的。因此,会产生无功电力的不合理流动,造成线损波动。

(3)三相负荷不平衡对低压线损的影响。根据计算,平衡接在低压三相相线上的单相负荷,如果都接到一相上,损耗将是原来的6倍。显然,三相负荷平衡率越高,低压线损率就越低。

6. 外部因素影响

(1)系统电压变化。系统电压变化对线损的影响还要取决于构成线损的固定损耗和可变损耗的比例。由线损计算分析可知,在电网固定损耗大于可变损耗时,电压偏高运行会增加线损,反之则线损下降;在电网固定损耗小于可变损耗时,电压偏高运行会降低线损,反之则线损上升。

(2)负荷率变化。负荷率的变化也会造成线损波动,一般负荷率高,线损就会下降,反之,线损就会增加。

严格意义上,前述电力市场的变化也属于外部因素。

二、母线电量不平衡率指标异常处理

变电部门负责母线电量不平衡率和变电站站用电率分析及异常处理,母线电量不平衡率和变电站站用电率一般只考虑管理因素。

1. 母线电量不平衡率及变电站站用电率异常的管理因素

(1)基础资料管理方面。由于更换电流互感器、电压互感器之后,TA倍率、表底数在计量自动化系统及标签上,没有及时更新或者更新错误,使得电量计算错误,导致母线电量不平衡率超标。

(2)计量管理方面。

1)计量装置故障。计量装置故障包括电能表内部断线、短路,计度器常数不对、卡盘或计度器不进字。

2）计量装置安装问题。计量装置错误接线有电压、电流回路短路、断路，互感器极性接反，电能表元件中不是接入对应相别的电压和电流等。计量装置接线不稳，导致电量少计，也会使母线电量不平衡率超标。

3）计量装置误差。计量装置精度不够，或者计量装置误差超差，导致计量不准，母线电量不平衡率超标。

（3）抄表管理方面。人工抄读表码的变电站，由于工作人员疏忽，容易将某块表码抄读错误，导致母线电量不平衡率超标。

2．母线电量不平衡率及变电站站用电率超标的处理

（1）基础资料管理问题的处理。对于基础资料管理问题，应严格执行基础资料信息传递管理，保证各种信息在计量自动化系统上的准确性。日常工作中发现 TA 变比不对应时，变电部要发传票至计量部，由计量部组织人员进行核查后，在计量自动化系统进行修改。

核查方法如下：对于计量 TA 变比不能确定的回路，可采用以下方法带电核实计量 TA 变比。通常变电站保护回路的变比有记录。知道了保护变比，那么到 TA 端子箱处测量出保护、计量二次电流，就可计算出计量回路的变比。

（2）计量管理问题的处理。当变电部门发现计量装置故障问题时，应发传票至计量部门，由计量部门组织人员进行处理。

1）计量装置故障处理。测量各二次线电压，3 个二次线电压值应近似为 100V，如发现 3 个线电压值不相等，且相差较大，则说明 TV 一、二次有断线、断熔断器或绕组极性接反等情况，各二次线电压值在各种故障时的变化为：对不完全星形接线的 TV，当线电压中有 0、50V 等出现时，可能是一次或二次断线；当有 1 个线电压是 173V 时，则说明有 1 台 TV 绕组极性接反。对星形接线的 TV，当线电压中有 57.7V 出现时，说明有一次断线或 1 台 TV 绕组极性接反现象。TA 不完全星形接线时，任一台 TA 极性接反，公共线上 B 相电流都要增大 1.73 倍。

若无某相电流，则在计量屏后端子排处把 A、B、C、N 短接，再用钳形电流表测量 TA 至计量屏端子排间三相电流：

a．若短接后有电流，说明端子排后电流回路开路，有 3 种可能：接线错误（或未拧紧螺钉）、表计内部开路、计量屏后接的测量回路开路。

b．若短接后仍无电流，到 TA 端子箱处短接 A、B、C、N，短接后有电流，则说明从 TA 端子箱到计量屏间电流未形成回路。若在 TA 端子箱处短接仍无电流，须停电检查 TA 及接线是否正确、牢固。

2）计量装置安装问题处理。在测量电压、电流无上述异常情况或在处理完上述异常情况后，做相量图分析判断电能表接线是否正确。在已知负荷性质（感性或容性）和功率因数大致范围的前提下，在接入电能表电压端子的电压为正相序的情况下，分别测出电能表各元件电压和电流之间的相位关系。

a．若求出的两个电流相量不是相差 120°，而是相差 60°，说明有一相电流是负的。

b．若求出的电流相量为逆相序，应对调元件电流。

c．对感性负载，若求出的电流相量不是滞后于就近相电压而是超前就近相电压，说明接入电能表元件的电流极性接反了，应对调电流进出线。

3）计量装置误差处理。对于不满足精度要求的计量装置，应及时更换。电能表建议采用精度达到 1.0 级的多功能电子表。电流互感器的精度建议为 0.2S。在电能表接线正常的情况下，校验电能表误差。

测量 TV 二次压降，若二次压降超标，须整改。常用的整改方法有：

a. 电压自动补偿法。

b. 采用专用二次回路，缩短二次回路长度，加大导线截面。

c. 减少接触电阻，尽量少采用辅助接点及熔断器。

停电做互感器比角差试验，判断互感器误差是否合格，不合格则更换。

（3）抄表管理问题的处理。如果电能表误差都在误差范围，而母线电量不平衡率超标，可考虑是否电能表抄读错误。可用上月计算母线电量不平衡率的止码作为起码，再抄录下所有表计的表码作为止码，或以抄录下的表码作为起码，过几天再抄读表码作为止码，计算母线电量不平衡率。

3. 母线电量不平衡率异常处理流程

母线电量不平衡率异常处理流程如图 3-35 所示。

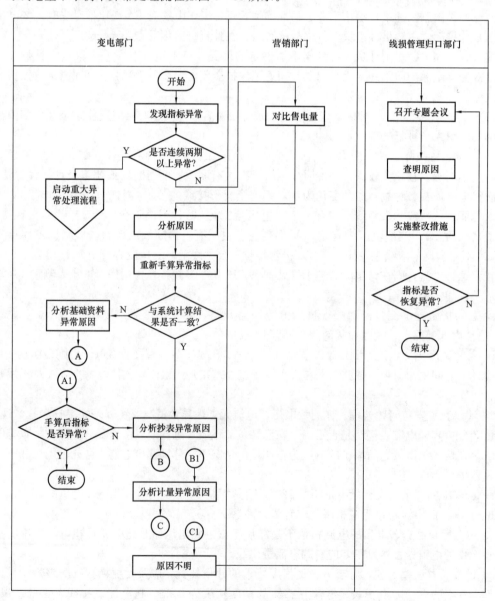

图 3-35　母线电量不平衡率异常处理总流程

（1）母线电量不平衡率异常处理流程说明：

1）变电部门发现母线电量不平衡率异常，如果是连续两次以上异常，转入重大异常处理流程，否则和营销部门售电量进行对比分析。

2）重新手工计算指标，和系统计算指标对比，如果不一致，则判断为基础资料异常，转入基础资料异常处理（见图3-36）。

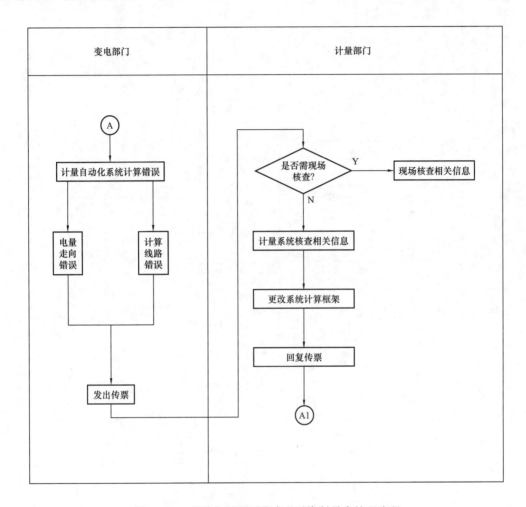

图3-36　母线电量不平衡率基础资料异常处理流程

3）重新手工计算指标，如和系统计算指标一致，则转入抄表异常处理（见图3-37）。

4）如转抄表异常处理后指标恢复正常，异常处理结束，否则，转计量异常处理（见图3-38）。

5）如计量异常处理后指标恢复正常，异常处理结束，否则，判断为本次指标异常原因不明，报送线损管理归口部门，由线损管理归口部门召开专题会议，编制整改措施，一直到线损指标恢复正常为止。

（2）母线电量不平衡率基础资料异常处理流程说明：

1）如母线电量不平衡率异常判断为由基础资料异常引起，则转入本流程处理。

2）基础资料异常主要由计量自动化系统中电量走向错误或计算线路错误引起，变电部门发出传票通知计量部门协助处理。

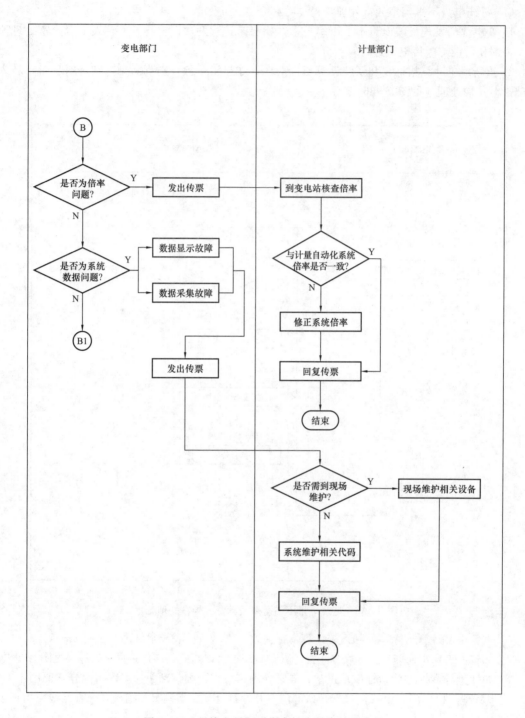

图 3-37 母线电量不平衡率抄表异常处理流程

3) 计量部门根据需要进行现场核查或在系统上核查的方式对基础资料进行核查，如发现问题更改计算框架，然后把处理结果返回变电部门。

（3）母线电量不平衡率抄表异常处理流程说明：

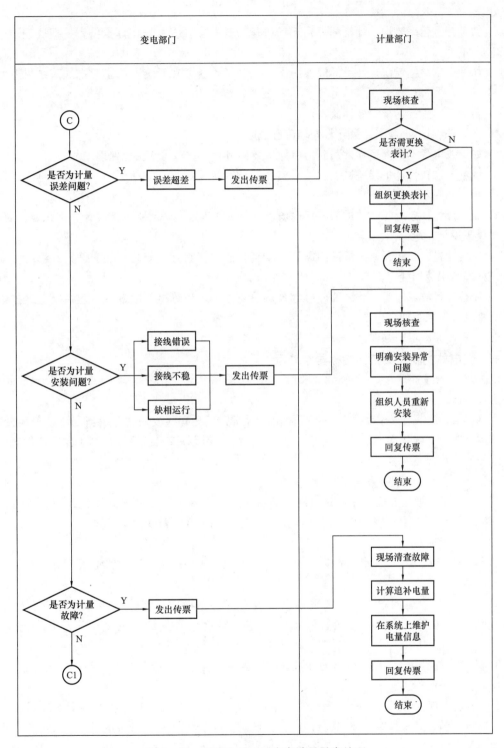

图 3-38 母线电量不平衡率计量异常处理

1）如母线电量不平衡率异常判断为由抄表异常引起，则转入本流程处理。

2）抄表异常主要由计量倍率错误或系统数据错误引起，由变电部门发出传票通知计量部门协助处理。

3）如是计量倍率错误，计量部门到现场进行核查并在系统上修正计量倍率，把处理结果返回变电部门。

4）如是系统数据错误，计量部门根据需要到现场核查或在系统上修正后把处理结果返回变电部门。

5）否则，转入计量异常处理流程。

（4）母线电量不平衡率计量异常处理流程说明：

1）如母线电量不平衡率异常判断为由计量异常引起，则转入本流程处理。

2）计量异常包括计量误差过大、计量安装问题和计量故障三方面原因，均由变电部门发出传票通知计量部门协助处理。

3）如是计量误差问题，计量部门到现场进行核查并确定是否需要更换表计并组织表计更换，把处理结果返回变电部门。

4）如是计量安装问题，计量部门需要到现场核查，明确计量安装存在问题，并组织重新安装，把处理结果返回变电部门。

5）如是计量故障问题，计量部门应到现场清查故障，计算追补电量，并在系统上维护电量信息后把处理结果返回变电部门。

6）否则按原因不明处理。

三、变电站主变压器变损指标异常处理

电力系统运行部门负责主网35kV及以上分压线损和变电站主变压器变损分析及异常处理，配合区局分区线损异常处理。

主网35kV及以上分压线损率一般很少出现异常，但会有些波动。一般当变电站负荷迁出，主变压器轻载时，线损率会偏高，这种情况下，只需对该线损率继续观察，当主变压器负载正常时，线损率会恢复正常。

1. 变电站主变压器变损异常的管理因素

（1）基础资料管理方面。在计量自动化系统上的计算模型（计量公式错误、计量点错误）、TA倍率、表底数问题，使得电量计算错误，导致变电站主变压器变损率超标。

（2）计量管理方面。

1）计量装置故障。计量装置故障包括电能表内部断线、短路，计度器常数不对、卡盘或计度器不进字。

2）计量装置安装问题。计量装置错误接线有互感器极性接反，电能表元件中不是接入对应相别的电压和电流等。计量装置接线不稳，导致电量少计，也会使主变压器变损率超标。

3）计量装置误差。变中、变低的计量表精度不够，或者计量装置误差超差，导致计量不准，主变压器变损率超标。

（3）抄表管理方面。人工抄读表码的变电站，由于工作人员疏忽，容易将某块表码抄读错误；当进行旁路代路操作时，或当运行方式发生改变时，运行人员漏抄录电量，导致主变压器变损率超标。

2. 变电站主变压器变损异常的技术因素

变电站主变压器变损异常的技术因素主要由于主变压器轻载，或者变低无负荷，会使变损率偏大。

3. 变电站主变压器变损率超标的处理

（1）基础资料管理问题的处理。对于计量公式问题，目前的标准为主变压器变中、变低流入母线为负，错误的计算公式应按此标准，由计量部门在计量自动化系统上进行修改；对于计量点问题，应认真核实，然后由计量部门在计量自动化系统上进行相关删除等操作；对于 TA 倍率问题，调通中心发传票至计量部，由计量部门组织人员进行核查后，在计量自动化系统进行修改。

（2）计量管理问题的处理。系统运行部门发传票至计量部门，对于计量装置故障问题，应及时处理或更换；对于计量安装问题，认真检查接线是否稳固、极性是否接反，并进行相关处理；对于计量误差问题，涉及计量精度问题，应认真检查，以便确定是否更换。

（3）抄表管理问题的处理。系统运行部门发传票至变电部门，由变电部门派人到变电站进行电量补录。当电量无法补录时，发传票至计量部门，由计量部门通过技术手段计算该电量。

（4）技术因素的处理。由系统运行部门下个月继续观察，当主变压器负载正常时，线损率会恢复正常。系统运行部门异常处理方法如表 3-2 所示，处理流程如图 3-39～图 3-42 所示。

表 3-2　　　　　　　　　　　　系统运行异常处理方法

	检查项目	处理办法	责任部门
一、基础 资料管理	电量问题：考核表、表计倍率不准	迅速组织核查	调度、计量部
	电量问题：表码底数错误	迅速组织核查，并重新计算电量	
	计算公式问题：计量点错误、电量方向错误	迅速组织核查，并在计量自动化系统上维护	调度、计量部
二、计量管理	故障问题：停行、慢行、快行、表码异常	按照有关流程处理缺相	计量部
	误差问题：误差超差	更换表计	
	误差问题：精度不够	更换表计	
	安装问题：表计接线错误	迅速组织整改消缺	
	安装问题：表计接线不稳	迅速组织整改消缺	
	安装问题：表计缺相运行	迅速组织整改消缺	
	安装问题：中途更换了表计	检查工作单	
	安装问题：表计缺失	安装新表计	
	安装问题：中途更换了 TA	检查工作单	
三、抄表管理	抄错表码	重新核查电量，或通过技术手段计算电量	变电部、计量部
	漏抄电量	由变电部派人到变电站进行电量补录，当电量无法补录时，由计量部通过技术手段计算该电量	
四、技术线损	主变压器负载	继续观察	调度

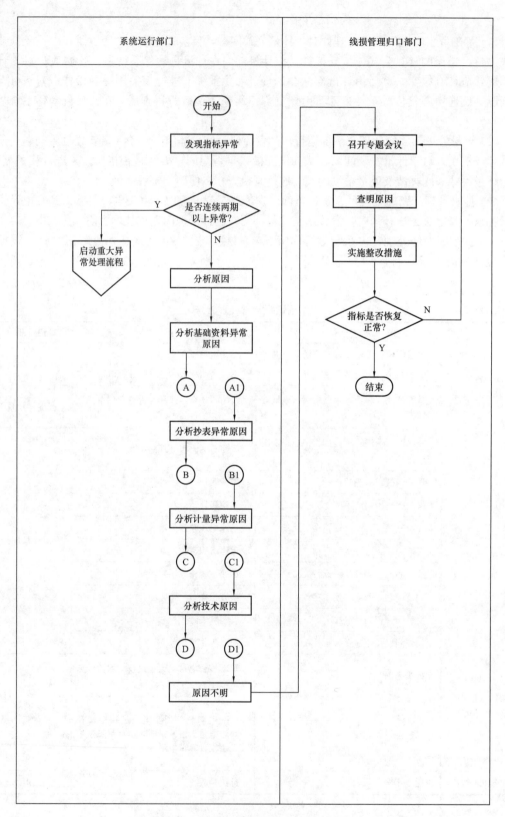

图 3-39　主变压器变损异常处理总流程

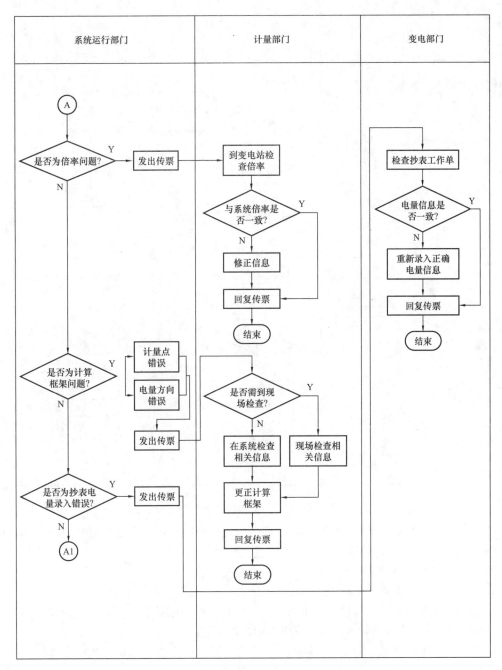

图 3-40　主变压器变损基础资料异常处理流程

1）主变压器变损异常处理总流程说明：

a. 系统运行部门发现主变压器变损异常，如果是连续两次以上异常，转入重大异常处理流程。

b. 主变压器变损异常主要由基础资料异常、抄表异常、计量异常和技术方面等原因造成，系统运行部门发现主变压器变损异常，则先后按基础资料核查、抄表异常核查、计量装置核查和技术分析等方面进入相应的处理流程（见图 3-40～图 3-43）。

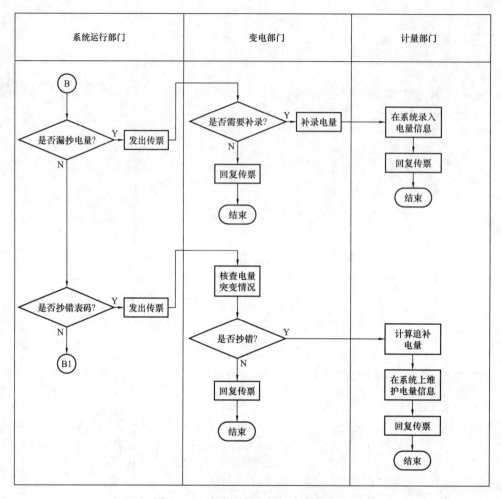

图 3-41　主变压器变损抄表异常处理

c. 如排查结果线损指标异常原因不明，报送线损管理归口部门，由线损管理归口部门召开专题会议，实施整改措施，一直到线损指标恢复正常为止。

2）主变压器变损基础资料异常处理流程说明：

a. 如主变压器变损异常判断为由基础资料异常引起，则转入本流程处理。

b. 基础资料异常主要由计量倍率错误、计算框架出错和电量录入错误三方面原因引起，由系统运行部门发出传票通知计量部门、变电部门协助处理。

c. 如是计量倍率问题，由计量部门到现场核查并在系统上进行修正，然后把处理结果返回系统运行部门。

d. 如是计算框架出错，由计量部门到现场核查或在系统上核查并在系统上进行修正，然后把处理结果返回系统运行部门。

e. 如是电量录入出错，由变电部门核查抄表工作单，检查计量信息，如不一致，则重新录入电量信息，然后把处理结果返回系统运行部门。

f. 否则，转入抄表异常处理流程。

3）主变压器变损抄表异常处理流程说明：

a. 如主变压器变损异常判断为由抄表异常引起，则转入本流程处理。

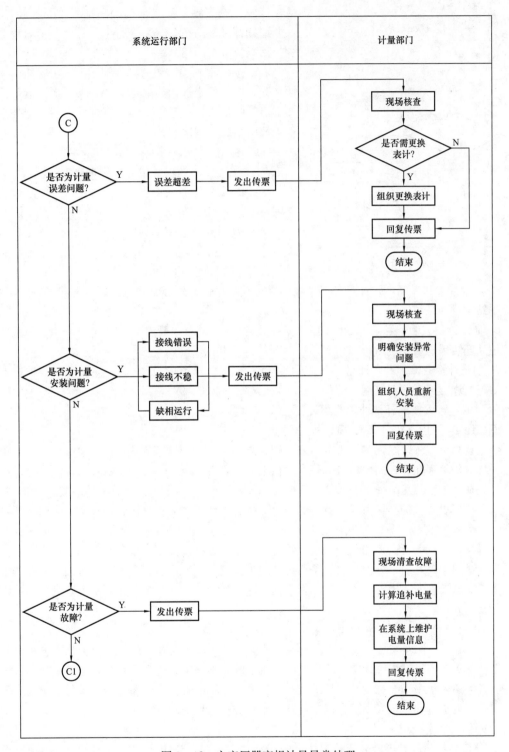

图 3-42　主变压器变损计量异常处理

b. 抄表异常主要由漏抄和错抄所引起，由系统运行部门发出传票通知变电部门、计量部门协助处理。

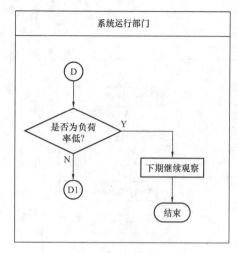

图 3-43 主变压器变损技术异常处理

c. 如是漏抄，变电部门判断是否需要补录电量，并通知计量部门在系统上进行电量补录，把处理结果返回系统运行部门。

d. 如是错抄，变电部门首先根据电量是否突变判断是否真的错抄，如确是错抄，则通知计量部门计算追补电量，并在系统上维护电量信息后，把处理结果返回系统运行部门。

e. 否则，转入计量异常处理流程。

4）主变压器变损计量异常处理流程说明：

a. 如主变压器变损异常判断为由计量异常引起，则转入本流程处理。

b. 计量异常包括计量误差过大、计量安装问题和计量故障三方面原因，均由变电部门发出传票通知计量部门协助处理。

c. 如是计量误差问题，计量部门到现场进行核查并确定是否需要更换表计并组织表计更换，把处理结果返回系统运行部门。

d. 如是计量安装问题，计量部门需要到现场核查，明确计量安装存在问题，并组织重新安装，把处理结果返回系统运行部门。

e. 如是计量故障问题，计量部门应到现场清查故障，计算追补电量，并在系统上维护电量信息后把处理结果返回系统运行部门。

f. 否则，转入技术异常处理流程。

四、10kV 及以下低压网线损指标异常处理

各区县局负责分区线损率异常分析及处理，包括区县局管辖范围内 10kV 单线、0.4kV 单台区经分析后仍然存在异常的分析及处理。各供电所负责各 10kV 单线、0.4kV 单台区的异常线损分析及处理。由于分压线损是由各 10kV 单线、0.4kV 单台区线损累计而来的，故若分析 10kV 单线、0.4kV 单台区的异常情况，就不必要再分析分压线损。分析分区线损异常，相当于将各供电所 0.4kV 单台区线损异常情况进行汇总。

各区县局、供电所负责的线损率包括统计线损率和分析线损率。统计线损率是通过统计供售电量进行线损率计算的，分析线损率是当统计线损率超标或异常时，分析各种原因，修复错误供售电量，重新计算的线损率。当分析线损率仍然超标或异常时，供电所必须上报区县局，由区县局进行相关处理。

1. 分线分台区线损异常管理因素

（1）基础资料管理方面。线—变、变台—低压用户（如低压大用户）对应关系不准；电量问题：退补电量现象、供售统计电量不准、临时用电管理不规范、窃电、考核表倍率不准，这里说明一下，考核表倍率不准是指营销系统或计量自动化系统的考核表倍率与现场计量装置倍率不一致，由此出现电量计算错误；配电网变更造成基础资料信息更新不及时。

（2）计量管理方面。

1）计量装置故障。电能表出现机械性故障，如卡盘使表盘走走停停，或某相二次接线螺钉氧化、松动接触不良，或三相四线电能表的电压线圈烧坏 1~2 匝也不易被发现，而使总表少计或漏计电量。

2）计量装置安装问题。由于农网改造的配电变压器低压台区线损考核总表均采用三相四线

有功电能表配低压穿芯式电流互感器联用，其接线较复杂，可能出现互感器极性接反，电能表元件中不是接入对应相别的电压和电流等情况。计量装置接线不稳，导致电量少计，也会使线损率超标。

3）计量装置误差。当配电变压器及台区总表常处在轻载或空载下运行，即负载电流大多数时间在总表容量（电流互感器额定电流比）的 30% 以下时，根据电能表及互感器的技术要求，当负载电流为电流互感器额定电流的 30% 以下时（低载），产生较弱的感应磁场，影响计量准确度。

大量存在低压计量箱柜破损、户表为淘汰类表计或计量装置轮换校验超期等原因，造成计量装置本身误差超差。

（3）抄表管理方面。供售电量抄表期不一致、抄错表码或同一台区出现单双月抄表用户。抄表到位率较差，由于计量箱柜破损、无锁、无封或计费表计在用户院中、家中安装等原因，错抄、漏抄、估抄、不抄现象时有发生。

2．分线分台区线损异常技术因素

（1）长距离、小负荷导致线路高损。根据高损线路分类统计，高损线路中有些线路属于为偏远地区居民生活用电而架设的长距离小负荷农用线路。此类线路虽然统计线损率较大但基本为线路及农村综合变台的空载固定损耗，加之线路月供、售电量本身很小，线路虽然呈现高线损率但实际损失电量很小。

（2）线路线径、老化程度及配电变压器改造力度与负荷情况不匹配。导致线路高损的另一个主要原因是线路及配电变压器的改造进度滞后于负荷发展速度，10kV 干线线径过细，10kV 线路部分大多为 LGJ-120 型导线，低压线路大多为 LGJ-50 型导线，且部分线路老化严重，"卡脖子"现象较为明显。由于城网改造工程对低压城网改造投入极其有限，加之业扩专项资金的严重短缺，导致地区城网部分未改造的低压线路、用户接户线路老化破损情况严重。其中线损率大于 20% 的城网低压线路几乎都为 10 年以上的老旧线路，接户线几乎均为裸导线，线路本身存在一定的元件高损因素。

大多数低压配电变压器还存在淘汰型高损变压器或老旧变压器，线路负荷构成基本为居民、农业和小工业混合负荷，线路损失电量相对也较大，线路损失基本为线路和配电变压器的过载损耗。

低压线路及用户接户线老化破损导致台区高损，一方面由于台区低压线路老旧，截面无法满足负荷增长需要，导致台区线路过载高损；另一方面接户线裸露或老化破损严重，违法用户私拉乱接现象屡禁不止。此类台区无论从台区数量还是损失电量都在城网高损台区中占有较大比例，对社会用电秩序的有序管理造成恶劣影响。

（3）无功补偿容量不足，无功损耗严重。农网线路由于线路较长、负荷分布不均匀，变电站 10kV 出线无功补偿设备少，且大部分 10kV 配电变压器以下无功补偿设备更少，线路平均功率因数低于 0.75。此类线路所带负荷性质多为矿井、抽水、排灌或消耗电网无功的小工业用户，且用户侧往往不配置无功补偿装置或出现私自甩开无功补偿装置运行的现象，造成线路无功损耗严重。

（4）变压器变损问题。由于历史原因，专线用户按照高供低计的方式进行计费，其中变压器的损耗电量是由查表法求得，按查表法计算变损占供电量比重较大等可能导致线损出现负值，从而造成线损率异常。

（5）负荷率低。负荷率的变化也会造成线损波动，一般负荷率高，线损就会下降，反之，线损就会增加。

(6) 三相负荷不平衡对低压线损的影响。根据计算，平衡接在低压三相相线上的单相负荷，如果都接到一相上，损耗将是原来的 6 倍。显然，三相负荷平衡率越高，低压线损率就越低。

由于农网负荷发展分布情况与电源布点难于一致，特别是山区线路由于地理等因素导致负荷无法呈辐射状均匀分布，反而集中于线路末端或配电变压器低压负荷严重三相不平衡，导致线路损耗升高。

3. 分线分台区线损超标处理

当统计线损超标时，需要进行相应分析：基础资料管理问题，可由供电所线损管理员、市场部门系统管理员在营销系统上进行维护；计量管理问题，由计量部门进行维护、核查；抄表管理问题，由各供电所按计量管理进行相关处理。经过修正后得出分析线损率，若分析线损率仍存在问题，供电所必须上报区县局，区县局再上报线损管理归口部门，由线损管理归口部门协调其他部门进行处理。

(1) 基础资料管理维护。建立健全中低压线路、台区线损管理档案，完善设备情况一览表、户表平面图及电力用户明细表、电流负荷曲线图、变压器铭牌、台区变压器变损统计表、变压器运行记录等台账。当出现相关台账问题时，由供电所的线损管理员进行维护，若线损管理员缺少权限，则由市场部的系统管理员在营销系统上进行维护。

电量问题：对于退补电量现象，供售统计电量不准时，可根据相关计算修正线损率。对于临时用电不规范、偷漏电现象，要严厉打击各种违章用电及窃电行为，加大对临时用电、违约用电、窃电的检查力度。严查严处，全力整顿、规范区域电力市场，将"跑、冒、滴、漏"现象降到最小程度。

对于临时用电不规范现象，必须从体制、制度上采取措施，规范管理、堵塞漏洞，做到：

1) 杜绝以包代管的现象。个别单位在对农村电工实行低压线损承包，不很好地执行农村用电管理的"五统一、四到户、三公开"，对农村电工也缺乏低压线损管理方面的指导，仅靠简单承包来管理实际线损，可能会导致重新出现"关系电、人情电"。因此，必须禁止对农村电工实行简单的低压线损承包做法。

2) 对临时用电的管理必须规范。除抗洪抢险、地震救灾、救火救人等非常特殊情况，临时用电必须与正式用电一样履行以下程序：办理临时用电报装手续、按照业扩传递程序持（凭）计量工作票装表接电。

3) 完善临时用电管理制度，严格执行临时用电"五不准"：不准实行包费制；无业扩传递单和计量工作票不准装表；责任抄表员未到场验卡并抄录电能表底数，安装人员不准接线；未经乡镇供电所营业厅办理有关业扩手续，任何人不准受理低压临时用电；未经供电企业供电营业厅办理有关业扩手续，任何人不准受理高压临时用电。

4) 加大对临时用电的检查、稽查和以电谋私行为的处罚力度；增加对临时用电户及其计量装置的巡视次数，对临时用电户进行重点检查、稽查，严肃处罚以电谋私等失职行为。规范临时用电流程如图 3 - 44 所示。

对于偷电现象，要利用各种形式，加强对全社会进行"电是商品，窃电违法"的宣传，提高公民的法制观念和道德观念，规范电力市场秩序，构建供电部门与电力用户之间和谐关系；积极推广使用预防窃电的设备、技术，改进和完善现有的计量装置；加强预防窃电的日常管理。定期开展线损分析，对计量装置和线损分析出现的疑点和重点部位加强巡视、检查；加强专业反窃电队伍的建设，配备必要的车辆和通信、摄影（像）器材，对有关人员进行查处窃电的专业技术培训；依靠政府，争取政策，警企联手，加大对窃电行为打击力度；认真学习和研究有关法律、法

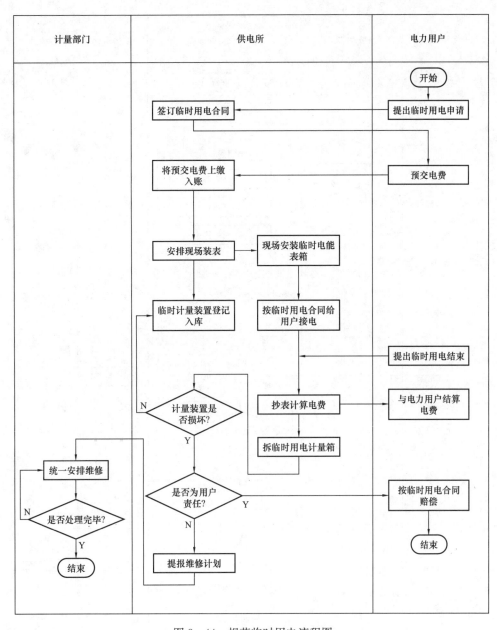

图 3-44　规范临时用电流程图

规，认真研究查处窃电的方式、方法、程序，认真学习研究有关案例，依法检查，依法保全证据，依法挽回损失。

用户窃电查处管理工作流程如图 3-45 所示。

(2) 加强计量装置的运行管理。严格计量周检、轮换制度，要求形成完善的监督体系，保证现场计量装置决不超期服役，确保周检、轮换率达 100%，确保现场计量装置运行的稳定、准确。加强计量装置的六封管理，即表计耳封、表计尾封、接线盒、表箱封、互感器二次接线端子、电压线接线 6 处的封印管理。加强故障表的鉴定与处理环节管理。建立封钳、封条领用登记制度。

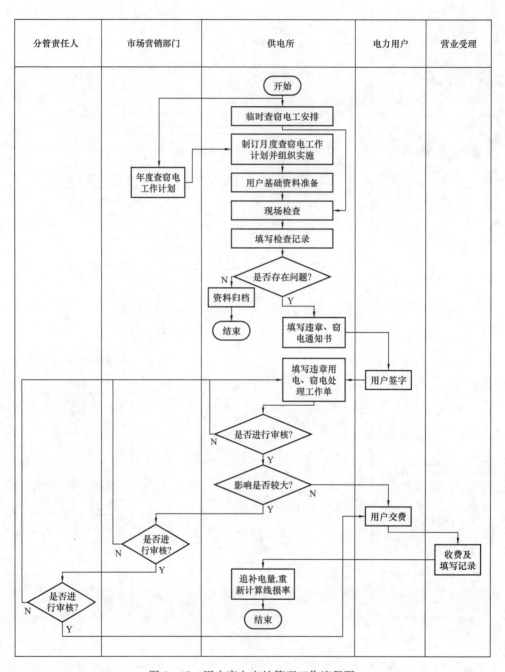

图 3-45 用户窃电查处管理工作流程图

检查总表转动是否有异常情况，发现电能表卡盘、电压线圈烧坏应更换，发现二次线接触不良应处理，建议采用三块单相电能表，以便能及时发现电能表故障，予以排除。

对数个月一直出现台区低压线损率为负值的，总表应重新检查接线，认真核对倍率，检查穿芯电流互感器一次绕组穿匝情况，测量电能表二次电压、电流是否正常，发现问题应及时处理。

根据台区实际经常负荷电流情况，重新确定电流互感器的电流比，最好实际正常负载为电流互感器额定电流比的 1/3～2/3。如原使用穿芯式电流互感器的电流比太大，可以适当增加一次绕组匝数，以减少变比。或采用 0.5S、0.2S 级电流互感器，S 级电流互感器在低载下稳定性好，计量精确。如果实际经常负载电流在 50A 以下，建议采用直接接入式的 5（20）A 或 10（40）A 电能表，以提高总表准确度。

（3）抄表管理维护。抄表期不一致处理：根据二次抄表，重新修正线损率。即每月 1 号之后的抄表，抄表员抄完用户电能表后，再抄台区总表，并固化该台区抄表时间。

加强对抄表人员的教育和管理，制定抄表监督、管理、奖罚制度，提高抄表人员责任心，杜绝估抄、漏抄、错抄现象，并做到抄表时观察表计运行情况，发现表计故障异常应及时登记汇报。

确保抄表的到位率及同期性。确保考核到位采取复抄、抽检的办法，推广无起码抄表（即使用删除了上月止码的抄表器或抄表卡），确保抄表的实抄率；为便于线损统计，消除不同期影响，建议每月线损管理员与专职电工同步抄表，即线损管理员抄公用变压器总表的当日，集中该所专职电工对该公用变压器下户表进行同步抄表，每月对各线路、台区线损值比对同期值、上月值、理论值进行分析，对线损值波动较大的线路或台区进行专题分析，找出原因，制定措施。

（4）技术原因。对于变损影响，可以通过算出专用变压器用户变损电量占供电量的百分比，再加上原来的线损率，得出正常的线损率。

根据存在的问题制定各种技术降损措施，通过优化低压电网结构、平衡三相负荷分配、合理进行无功补偿、调整变压器位置和容量等措施降低低压线损和配电变压器损耗。区县局异常处理方法如表 3-3 所示，处理流程如图 3-46～图 3-52 所示。

表 3-3　　　　　　　　　　　　　区县局异常处理方法

	检查项目	处理办法	责任部门
一、基础资料管理原因	线变资料不准确（基础资料不准）	更新维护	供电所、配电部
	变户资料不准确（基础资料不准）	更新维护	
	表计的倍率不准	迅速组织核查	供电所、计量部
	供电量问题	在系统中重新维护电量信息	供电所
	线路互供或配电网改造	在系统中重新维护电量信息	
	电量差错追补	在系统中重新维护电量信息	
	偷漏电现象	加入查出的偷漏电量，线损是否正常	
二、计量管理原因	计量故障：停行、慢行、快行、表码异常	按照有关流程处理缺相	计量部
	计量误差问题：误差超差	更换表计	
	计量误差问题：精度不够	继续观察	
	计量安装问题：表计接线错误	迅速组织整改消缺	
	计量安装问题：表计接线不稳	迅速组织整改消缺	
	计量安装问题：表计缺相运行	迅速组织整改消缺	
	计量安装问题：中途更换了表计	检查工作单	
	计量安装问题：表计缺失	安装新表	
	计量安装问题：中途更换了 TA	检查工作单	

续表

三、抄表管理原因	台区抄表期不一致（抄表原因）	通过二次抄表修正线损率	供电所
	抄表时间调整（抄表原因）	实际抄表时间是否与计划抄表时间相符	
	有估抄、漏抄等现象（抄表原因）	售电量中有无零电量或者突增（减）电量现象	
四、技术原因	变损影响	继续观察	供电所、建设部
	季节性负荷用电（如灌溉类），正常用电户数少，电量少，导致负荷率低	继续观察	
	台区用户用电量急增，线路或变压器未及时调整	申请立项改造	
	线路经常过负荷	申报立项改造	
	线径小且负荷集中于末端	申请立项改造	
	线路供电半径长	申请立项改造	
	低压线路残旧	申请立项改造	
	线路线径小，供电范围大、用电量大	申请立项改造	
	低压线路长，不在负荷中心供电	申请立项改造	
	避雷器或其他设备雷击损坏，接地放电	定期巡查，及时消缺	
	电线被盗，跌落地面，造成漏电	定期巡查，及时消缺	
	功率因数低	及时消缺	
	电压偏低	及时消缺	
	总线接口发热，过负荷	及时消缺	
	三相不平衡，偏相严重	调整三相不平衡负荷	
	互感器变比与用电负荷不匹配	调整互感器变比	
五、原因不明	非以上管理、技术原因	继续查明原因	相关部门

1）10kV 及以下低压网线损异常处理流程说明：

a. 供电所发现 10kV 及以下低压网线损异常，如果是连续两次以上异常，转入重大异常处理流程。

b. 10kV 及以下低压网线损异常主要由基础资料异常、抄表异常、计量异常和技术方面等原因造成，供电所发现 10kV 及以下低压网线损异常，则先后按基础资料异常核查、抄表异常核查、计量装置核查和技术分析等方面进入相应的处理流程（见图 3-47～图 3-52）。

c. 如排查结果线损指标异常原因不明，报送区县局、线损管理归口部门，由区县局、线损管理归口部门协调查明原因，实施整改措施，一直到线损指标恢复正常为止。

2）10kV 线损基础资料异常处理流程说明：

a. 如 10kV 线损异常判断为由基础资料异常引起，则转入本流程处理。

b. 如是由于计量倍率错误引起，由供电所线损工作小组发出传票至计量部门，进行现场核查，并由线损管理员在系统上修正倍率后把处理结果返回供电所线损工作小组。

c. 如是由于线变资料不准、配电网运行变更、电量追补差错或供电量不准等原因引起，则

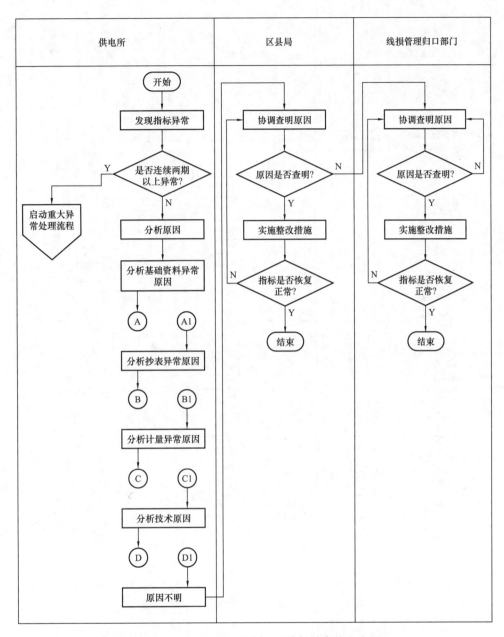

图 3-46　10kV 及以下低压网线损异常处理流程

由线损管理员进行电量信息维护，重新计算线损指标，并把处理结果返回供电所线损工作小组。

d. 否则，转入抄表异常处理流程。

3）0.4kV 线损基础资料异常处理流程说明：

a. 如 0.4kV 线损异常判断为由基础资料异常引起，则转入本流程处理。

b. 如是由于计量倍率错误引起，由供电所线损工作小组发出传票至计量部门，进行现场核查，并由线损管理员在系统上修正倍率后把处理结果返回供电所线损工作小组。

c. 如是由于用户资料不准、电量追补差错、供电量不准或偷漏电量等原因引起，则由线损管理员进行电量信息维护，重新计算线损指标，并把处理结果返回供电所线损工作小组。

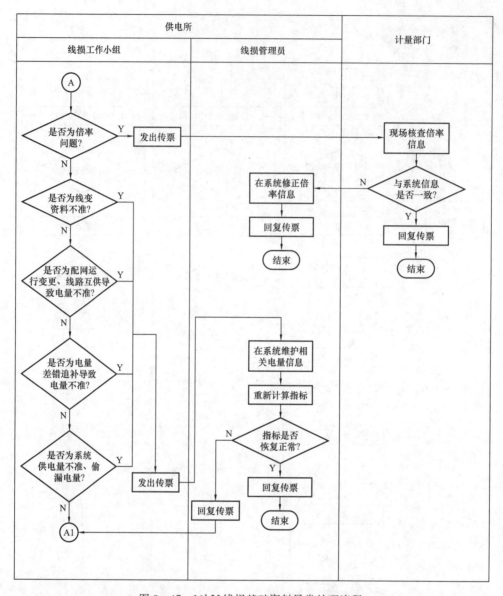

图 3-47 10kV 线损基础资料异常处理流程

d. 否则，转入抄表异常处理流程。

4）10kV 线损抄表异常处理流程说明：

a. 如 10kV 线损异常判断为由抄表异常引起，则转入本流程处理。

b. 抄表异常如是由于抄表不同期引起，由供电所发出传票通知线损管理员处理，线损管理员在系统上更正电量信息，重新计算线损指标，并把处理结果返回供电所线损工作小组。

c. 抄表异常如是由于漏抄电量引起，由供电所发出传票通知抄表员到现场补抄电量，再由线损管理员在系统上更正电量信息，重新计算线损指标，并把处理结果返回供电所线损工作小组。

d. 否则，转入计量异常处理流程。

5）0.4kV 线损抄表异常处理流程说明：

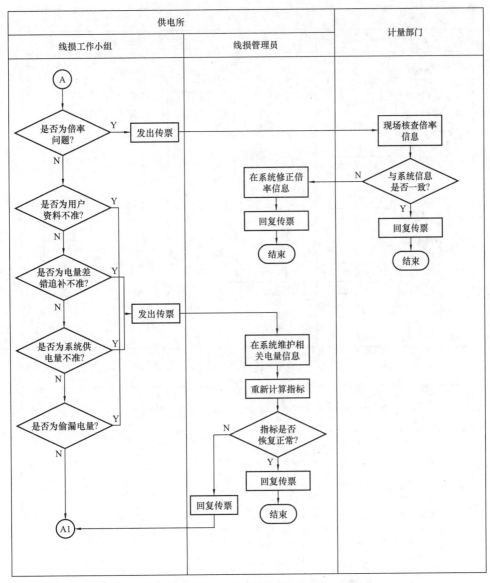

图 3-48 0.4kV 台区线损基础资料异常处理流程

　　a. 如 0.4kV 线损异常判断为由抄表异常引起，则转入本流程处理。

　　b. 抄表异常如是由于抄表不同期引起，由供电所线损工作小组利用两次抄表重新计算电量后发出传票通知线损管理员处理，线损管理员在系统上更正电量信息，重新计算线损指标，并把处理结果返回供电所线损工作小组。

　　c. 否则，转入计量异常处理流程。

　　6）10kV 及以下低压网线损计量异常处理流程说明：

　　a. 如 10kV 及以下低压网线损异常判断为由计量异常引起，则转入本流程处理。

　　b. 计量异常包括计量误差过大、计量安装问题和计量故障三方面原因，均由供电所发出传票通知计量部门协助处理。

　　c. 如是计量误差问题，计量部门到现场进行核查并确定是否需要更换表计，并组织表计更换，把处理结果返回供电所。

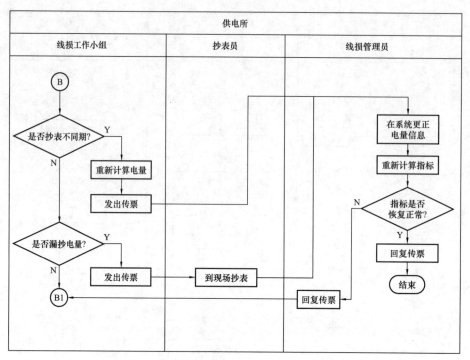

图 3-49 10kV 线损抄表异常处理流程

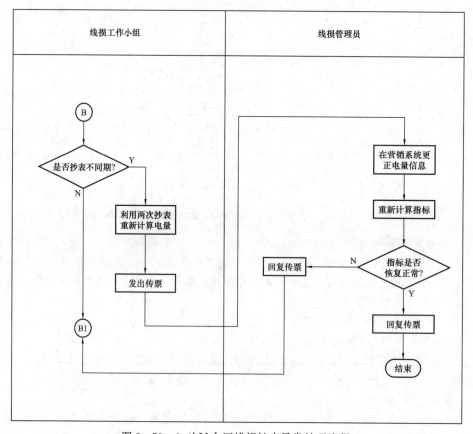

图 3-50 0.4kV 台区线损抄表异常处理流程

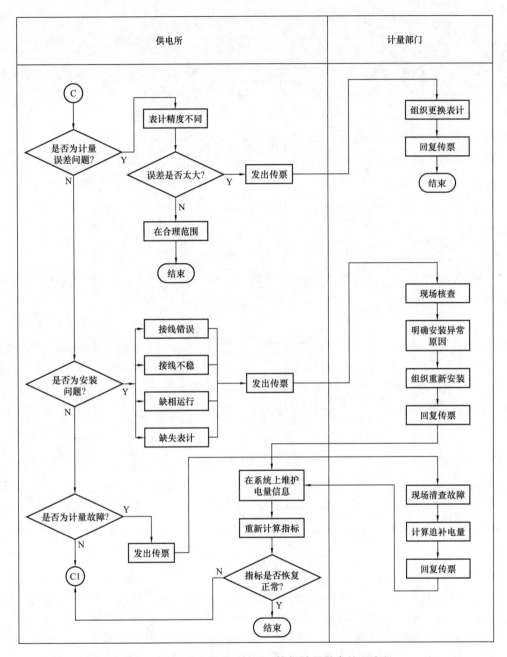

图 3-51 10kV 及以下低压网线损计量异常处理流程

d. 如是计量安装问题，计量部门需要到现场核查，明确计量安装存在问题，并组织重新安装，把处理结果返回供电所。

e. 如是计量故障问题，计量部门应到现场清查故障，计算追补电量，并把处理结果返回供电所，重新计算线损指标，如线损指标恢复正常，处理完毕，否则，转入技术异常处理流程。

7) 10kV 线损技术异常处理流程说明：

a. 如 10kV 线损异常判断为由于技术原因所引起，则进入该流程处理。

b. 造成 10kV 线损异常的技术方面原因主要是负荷率过低、变损异常或其他原因所引起，如

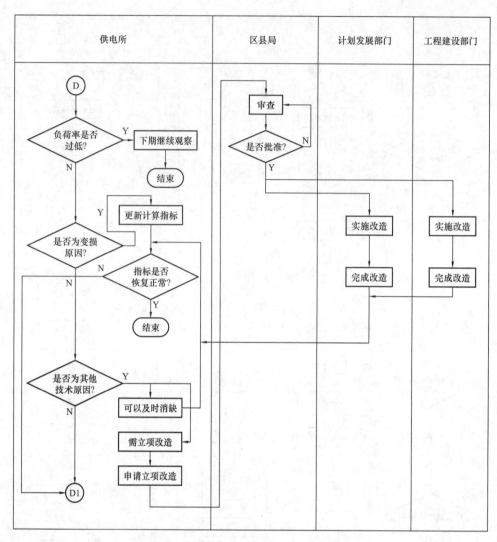

图 3-52　10kV 线损技术异常处理流程

是由负荷率过低引起，则继续观察。

　　c. 如是由变损异常所引起，则重新计算线损指标，如线损指标还异常，则按原因不明处理。

　　d. 如是由其他技术异常所引起，首先判断是否能及时消缺，如能则重新计算线损指标，如线损指标还异常，则按原因不明处理。如需立项改造，则申请立项改造，报区县局审批，通过交由计划发展部门和工程建设部门实施，再重新计算线损指标，如线损指标还异常，则按原因不明处理。

　　8）0.4kV 线损技术异常处理流程说明：

　　a. 如 0.4kV 线损异常判断为由于技术原因所引起，则进入该流程处理。

　　b. 造成 0.4kV 线损异常的技术方面原因主要是负荷率过低或其他原因所引起，如是由负荷率过低引起，则继续观察。

　　c. 如是由其他技术异常所引起，首先判断是否能及时消缺，消缺后如线损指标还异常，则按原因不明处理。如需立项改造，则申请立项改造，报区县局审批，通过交由计划发展部门和工

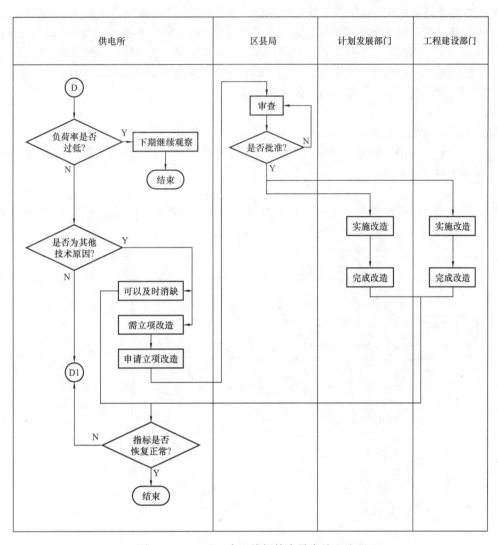

图 3-53 0.4kV 台区线损技术异常处理流程

程建设部门实施，再重新计算线损指标，如线损指标还异常，则按原因不明处理。

五、线损异常管理

线损异常管理总体流程共分五个步骤，包括线损率初步统计与核查定案、异常分析及措施、线损分析及措施复查、指导及协调实施、检验结果并归档。

1. 线损异常管理工作要求

（1）线损率初步统计与核查定案环节。各部门、供电（营业）所上报月度线损分析报告时，对本单位月报中反映的线损异常项发线损异常管理工作传票，要求列明线损异常相关数据。

（2）异常分析及措施环节。相关线损责任人（发起人）须对异常进行分析，具体分做三个方面的工作，包括：上期线损分析数据，定量或定性原因分析，制定当月整改措施，此环节要求上报月度报告时完成。

（3）线损分析及措施复查环节。由上一级线损责任人进行核查合格后，转下一环节，核查不合格则退回相关责任人重新分析，此环节要求3个工作日完成。

（4）指导协调实施环节。不需跨部门处理的线损异常由本部门线损专责负责协调部门内部各相关单位落实措施，同时上报市场部备案；需跨部门处理的上报至市场部组织协调处理；各相关处理环节原则上不超过5个工作日，如不能及时实施，应说明原因并提出实施调整安排。

（5）检验结果并归档环节。采取措施后，经发起单位验证异常消除的，由发起单位负责归档。若经验证仍然异常的，下期继续发起异常处理。

2．重大线损异常处理流程

重大线损异常定义：主网分压、主变压器变损、母线电量不平衡率、站用电率、分区线损异常及分线、分台区线损连续超过两期异常均属于重大线损异常。重大线损异常必须上报市场部按照线损异常处理流程处理，如图3-54所示。

3．线损异常处理要求

线损异常处理工作原则上要求在30天内完成。对涉及设备更换改造的工作，处理周期可适当放宽，但须在书面分析报告中说明原因和明确处理期限。

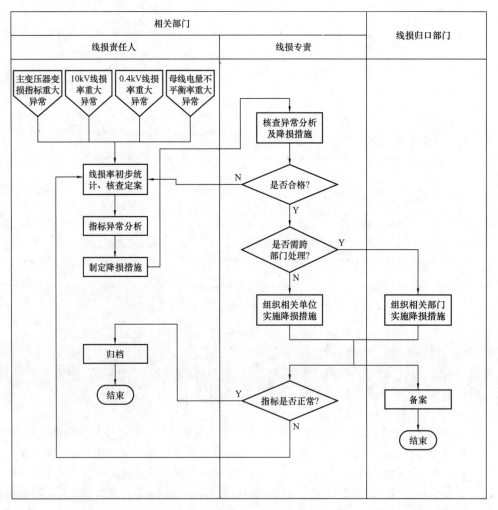

图3-54　线损指标重大异常处理流程

第四章

技 术 降 损 措 施

技术线损，又称为理论线损，它是电网中各元件电能损耗的总称，主要包括不变损耗和可变损耗。技术线损可通过理论计算来预测，通过采取技术措施达到降低的目的。降低电网线损的技术措施一般分为两大类：一类是对电网进行改造，通过改善电网结构，增强供电能力，搞好无功补偿等，通过投入一定的资金来达到降损的目的；另一类措施是不需要投资费用，只要求改进电网运行管理，即可达到降损目的。

第一节 电 网 降 损 规 划

随着国民经济的快速发展和人民生活水平的不断提高，工业、商业和居民用户对电力的需求量越来越大。为满足电能的需求，电力工业只有不断的扩大建设电力系统的规模，大电网互联已是我国电力发展的趋势。在新形势下，能源、环境问题已是世界关注的焦点，资源节约环境友好是社会的大标准化理念。电网规划是电力系统规划中的一个重要环节，在电网发展中具有引领作用，随着国民经济的迅速增长，电网规划的问题也随着变得较为复杂，面临着新的工作形势。在电网规划过程中，既要兼顾土地及其他资源的节约，又要保证不对周边环境造成不良影响，包括自然环境和宜居环境，保证居民生活质量；既要考虑供电公司的成本收益，又要保证城市美化不被破坏；既要保证用电单位安全可靠，适应工业化过程中的建设速度，又要与城市总体规划相协调。同时，当今社会大力提倡的低碳经济对电网规划设计也会产生很大的影响，以上种种因素使得当前的电网规划存在一系列问题，如何解决这些问题，使电网规划设计可遵循可持续发展的原则，兼顾各方面利益，在满足生产和生活用电要求的前提下，实现经济效益和社会效益双赢是新形势下电网规划设计的目标。

电网规划是国民经济和社会发展的重要组成部分，同时也是电力企业自身长远发展规划的重要基础之一。电网规划的目标就是能够使电网的发展能满足并适度超前于供电区域内的经济发展要求，并能发挥其对于电网建设、运行和供电保障的先导和决定作用。电网规划是电网发展和改造的总体计划，其任务是研究电力负荷增长的规律，改造和加强现有电网结构，逐步解决薄弱环节，扩大供电能力，实现设施标准化，提高供电质量和安全可靠性，建立技术经济合理的坚强电网。

电网规划要全面贯彻落实科学发展观，坚持统筹兼顾，实现全面协调可持续发展。电网规划应坚持以下主要原则：一是坚持安全第一。注重研究解决电网的薄弱环节和结构性问题，防止发生电网瓦解、稳定破坏等大面积停电事故。二是改善电源结构，优化电源布局。三是坚持适度超前发展。以满足电力市场需求为目标，优化项目建设时序，适应经济社会又好又快发展并适度超前。四是坚持协调发展。统筹电网与电源、输电网与配电网、有功规划与无功规划。五是推进智能电网建设。不断提高电网的信息化、自动化、互动化水平。六是注重电网投资效益。在满足电网安全稳定和供电需求的前提下，提高电网投资效益。七是重视环境及社会影响。积极推行"两型一化"（资源节约型、环境友好型、工业化）、"两型三新"（资源节约型、环境友好型、新技术、新材料、新工艺）工程建设，满足建设资源节约型和环境友好型社会的要求。

电网规划的主要研究内容是在建设网架坚强、电网协调发展、结构优化、电力供应充足的同时，合理的采取各种切实可行、有效的节能降损措施，尽可能的减小线损，降低损耗。在规划实施过程中，应当遵照国家颁布的有关规定，完善电网网络结构，简化电压等级，缩短供电半径，减少迂回供电，合理选择导线截面、变压器规格和容量，制定防窃电措施，淘汰高损耗变压器，降低技术线损，不断提高电网的经济运行水平。电网规划要密切跟踪电力供需走势、负荷结构变化以及新技术、新产品应用对线损率指标的影响，适时组织专家进行阶段性评估，及时发现问题，认真分析原因，提出有针对性的对策建议。

电网规划根据网络电压等级的不同，分为输电网规划和配电网规划。输电网是主网架，它连接着电源侧和配电侧，起到承上启下的作用。输电网规划结果的优劣直接影响到配电网的工作以及负荷用户的利益，甚至影响到整个电网的供电可靠性和供电质量。因此，深入研究输电网规划对社会稳定和国民经济都具有重要意义。

一、加强电力负荷的科学预测

电力负荷预测是城市电网规划的基础，对规划的质量起关键的作用。电力负荷预测包括两方面的内容，一是预测总负荷，二是预测负荷的空间分布。

在电网规划中，不仅要预测负荷的量，还要预测负荷增长的位置，即电力负荷的空间分布。只有在确定负荷空间分布的基础上，才能准确地进行变电站布点和线路走廊的规划。同时，准确的负荷预测将为电源的合理布点、适时的电网建设、最佳的投资时间，以及获得最大的经济效益和社会效益提供科学的决策依据，并为电网的安全、经济、可靠运行提供保证。

负荷预测是统计学学科内容，属于预测学的范畴。其预测方法有多种，大致可分为单耗法、回归分析法、时间序列法、土地利用法（负荷密度法）、弹性系数法、横向指标比较法、灰色系统理论法等。根据预测时间的长短以及掌握资料的程度变化，相应适用的预测方法也应不同。

为了提高负荷预测的准确性，电网规划应采用多种预测方法的负荷预测模型，建立预测方法库。在实际预测中，将收集到的各种经济预测数据、规划及历史数据，通过调用预测主库的手段，用多种方法进行预测，然后以预测误差最小为目标，根据宏观经济形势及经验取各种方法的权数，将多种预测结果加权取平均值，即所谓"组合预测"，这样可得到较准确的负荷预测成果。同时，为保证电网投资的效益与可操作性，电网规划应在现有负荷基础之上从城市规划入手，在规划过程中服务于城市规划。负荷预测应做到分区、分业与分时预测相结合，即应研究不同行业在城市的具体位置、具体年份的负荷，使变电站、线路等供电设备的规划及建设满足负荷增长的需要。具体的做法是将总负荷进行时空分解，可以根据城市规划，建立时空地理模型，借助GIS的应用，将总负荷分解为分区负荷，并落实到城市的具体位置上。负荷的时空地理模型将用户的行业类型和数量作为位置的函数，而每个用户的电能消费量作为时间的函数。这样就从时间、空间、本体上把握住了负荷的变化，能够较准确地做好负荷预测工作。只有在确定负荷空间分布的基础上，才能准确地进行变电站布点和线路走廊的规划。因此，负荷预测不仅要预测未来负荷的量，而且要提供负荷增长的空间信息，即未来的负荷空间分布。

近年来，负荷的发展和变化的情况比较复杂，用传统的负荷预测方法得到的结果，在负荷的大小和地理位置分布上都存在着较大的偏差。而空间负荷预测的特点是通过对大量数据的处理，得到比其他负荷预测方法更好的预测结果，有许多地方是其他方法所不及的，具有明显的优势，例如：

（1）对于新开发地区，本来没有历史的负荷数据，因此也就不能用趋势法来进行预测，而用空间负荷预测的方法就不存在这样的问题。

（2）由于电网中经常出现的负荷转移的问题也会对常规负荷预测方法的结果产生很大的影响，空间负荷预测的方法就不受它的影响。

（3）常规负荷预测方法很难考虑到小区用地类型发生变化的负荷的发展情况，而空间负荷预测方法可以较容易地做到。

（4）空间负荷预测得到的结果不但有将来的负荷值，还有这些负荷在地理上的分布，这会给城市电网规划带来很多好处。

1. 空间负荷预测法的基本原理

空间负荷预测法即土地利用法（负荷密度法）是根据土地利用规划进行预测的一种科学方法，能较好地与城市规划发展相吻合。根据要预测地区或城市的社会经济发展及用电情况，如供电区域人口、工业生产水平、设备数量变化和特性经济趋势对负荷增长的影响以及城市规划等资料，运用时空地理分布模型，采用空间负荷预测法进行预测，将负荷落实到城市的具体位置。

空间负荷预测从数学角度来讲，空间负荷预测及其计算存在如下三种映射关系

$$F(x,y) \xrightarrow{f_1} S(x,y) \xrightarrow{f_2} L(x,y) \xrightarrow{f_3} L_t \tag{4-1}$$

式中：f_1 将分区 (x, y) 的特征 $F(x, y)$ 映射成土地使用面积 $S(x, y)$，f_2 将土地使用面积映射成分区负荷 $L(x, y)$

$$L(x,y) = \sum_{i=1}^{m} S^i(x,y) \times SC_i = \sum_{i=1}^{m} L^i(x,y) \tag{4-2}$$

式中：m 为土地使用类的个数；SC_i 为第 i 类的负荷密度；$S^i(x, y)$ 和 $L^i(x, y)$ 分别表示分区的 (x, y) 的第 i 类土地使用面积和负荷。

映射 f_3 将分区负荷累加成系统负荷

$$L_t = f_3[L(x,y)] = \sum_{x,y} L(x,y) \tag{4-3}$$

由此可见，负荷密度法既适于电力负荷总量预测，也适于电力负荷空间分布预测，是一种较成熟的负荷预测方法。

采用空间负荷预测法一方面不确定因素少。负荷预测最关心的就是准确性的问题，由于受到数据、预测所采用的模型以及很多人为主观因素的影响，目前大部分负荷预测方法都带有很多的不确定因素。而负荷密度法在分区规划资料准确的前提下，不确定因素只有负荷密度的取值，其他受人为影响的因素也相对较少，这在理论上能够保证得到比较准确的预测结果。另一方面计算灵活性高。由于整个预测过程是从每一个小地块累加起来的，可以按照不同的要求组合出各种大小区域的总的负荷预测值，也就是说，不仅能得到总量的预测，还可以知道地区负荷的空间分布，对于以后的变电站布点工作有较大帮助。

2. 空间负荷预测法的具体预测步骤

（1）分区及土地使用类的划分。在城市的总体规划方案中，城市用地被细分为许多的小地块，对于每个小地块，城市规划均对其用地性质、占地面积以及容积率作了详细的规划。城市规划用地性质如表 4-1 所示。

表 4 - 1　　　　　　　　　　　　城市规划用地性质说明

用地功能	说　明	用地功能	说　明
R1	一类居住用地	U1	供应设施用地
R2	二类居住用地	U2	交通设施用地
R3	三类居住用地	U3	邮电设施用地
R4	四类居住用地	U4	环境卫生设施用地
C1	行政办公用地	U5	施工与维修设施用地
C2	商业金融用地	U6	殡葬设施用地
C3	文化娱乐用地	U7	
C4	体育用地	U8	
C5	医疗卫生用地	U9	其他市政公用设施用地
C6	教育科研设计用地	G1	公共绿地
C7	文物古迹用地	G2	生产防护绿地
C8		G3	
C9	其他公共设施用地	G4	
M1	一类工业用地	D1	军事用地
M2	二类工业用地	D2	外事用地
M3	三类工业用地	D3	保安用地
W1	普通仓库用地	Y	
W2	危险品仓库用地	E1	水域
W3	堆场用地	E2	耕地
T1	铁路用地	E3	园地
T2	公路用地	E4	林地
T3	管道运输用地	E5	牧草地
T4	港口用地	E6	村镇建设用地
T5	机场用地	E7	弃置地
S1	道路用地	E8	露天矿用地
S2	广场用地	E9	
S3	社会停车场用地		

（2）整个负荷预测的过程共分为"地块负荷计算"和"地块负荷合并"两个步骤：

1）地块负荷预测计算。按城市规划用地性质，通过对所在地区各类用地负荷密度的调研分析，得到各类用地负荷密度的参考目标值，结合各个地块的用地性质、用地面积、建筑容积率等详细的资料，就能得出每个地块与规划相适应的负荷预测值

$$L_i = S_i R_i p_i \tag{4-4}$$

式中：L_i 为第 i 个地块的远期负荷预测值；S_i 为第 i 个地块的用地面积；R_i 为第 i 个地块的建筑容积率；p_i 为第 i 个地块的负荷密度。

S_i 和 R_i 都可以直接在城市规划资料中取得，而 p_i 是根据这个地块的用地性质所对应的负荷密度目标值，不同的用地性质对应于不同的负荷密度目标值。代入到式（4-4）就能得到这个地

块的负荷预测结果。

2）地块负荷合并。按照上面的方法，就能得出各个地块的负荷预测结果，那么现在的问题就是如何把各个地块的负荷值合并成某一分区的总的负荷值。

由于存在一个负荷同时率的问题，对于不同类型的负荷不能直接把他们简单相加，因此需要将不同类型的负荷按负荷特性曲线相加。通过典型抽样的方法形成不同类型负荷的典型负荷特性曲线，可把每一个地块的负荷按其相应的负荷特性曲线分成 24 个时段，然后在每一个时段上对各个地块的负荷进行相加，这样就能得出一条新的合并后的分区日负荷曲线。那么这条新曲线的最大值就是分区最大负荷预测值。

按照上面介绍的地块负荷合并的方法，可以任意求得各个分区，直至全市的负荷预测值。

根据目前所掌握的情况，大多数供电公司只是靠人工定期测量中压配电变压器的主要运行数据（包括有功电能、无功电能、电压和电流等），缺少多年积累的数据，无法依此进行分布负荷的预测工作。因此应结合地区电网建设与改造工程，推广中压配电变压器运行数据的遥测、遥信技术，通过大量广泛收集功能小区密度值和负荷特性曲线，按照历史和规划的不同地区、不同发展阶段的功能小区负荷密度和负荷特性曲线进行统计处理。建立起功能小区负荷密度数据库和负荷特性曲线库，及早为负荷空间预测打下坚实基础。

二、输电网络优化规划

合理的电网结构是电力系统安全稳定运行的重要基础，为保证电力系统安全稳定运行，防止发生恶性连锁反应造成系统大停电事故，必须有一个精心规划和设计的输电网，合理规划的输电网对电力系统的安全稳定运行具有重要意义。《中华人民共和国电力法》第三条"电力事业应当适应国民经济和社会发展需要，适当超前发展"是我国电力事业的一项重要方针，也是我国电力系统规划的重要依据。电力系统规划是电力建设的一项必不可少的前期工作，其根本目的是根据某一国家或地区在某一时期内的负荷预测结果，在满足一定可靠性水平等约束条件下，寻求一个经济上最优的电力发展方案。

目前我国正进行"西电东送，南北互供，全国联网"工程、建立区域电力市场、特高压输电建设等关系国计民生的工程都与输电网络规划密不可分。因此输电网络规划对我国电力工业发展、电力改革进程，乃至对整个国民经济和社会发展都起举足轻重的作用。因此，研究深入输电网络规划，最大限度地提高输电规划质量，具有重大的现实意义。

在输电网络规划中，应从全局着眼，统筹考虑，着重优化电网结构，研究建设合理的输电网。电网结构由电压等级组合、各级变电站的供电范围、各级变压器的容量配置和网络布局等构成。电网结构对线损具有重要影响，在电网的规划建设与改造过程中，要充分考虑对线损的影响。电网结构不合理将导致网损增加，电压合格率降低，运行方式不灵活，供电安全可靠性差，以及建设费用增加等一系列不良后果。电网结构的不合理，有的是由于原来的规划设计不合理，有的则由于用电负荷的不断发展变化所引起。为此，在进行输电网络规划时，都应重新审视现有的电网结构，进行持续不断的电网结构优化。

输电网络优化规划的目标是寻求最佳的电网投资决策以保证整个电力系统的长期最优发展。其任务是根据规划期间的负荷增长及电源规划方案，确定相应的最佳电网结构。输电网络规划是一个变量数很多、约束条件复杂的优化问题，输电网络规划模型的建立是开展输电网络规划的决策依据和指导思想，不同类型的输电网络规划模型可得到不同要求的输电网络规划方案。一般将输电网络规划模型转化为运筹学中的数学模型来处理，这样的数学模型主要包括变量、目标函数和约束条件三个要素：

（1）变量。变量有状态变量和决策变量两类。状态变量表示电力系统的运行状态，如节点电压、线路潮流、发电机出力、负荷大小等，它一般是实数型变量；决策变量表示待架线路是否选中加入网络，决定了网络扩建的拓扑结构，它一般是整数型变量。

（2）目标函数。目标函数是状态变量和决策变量的函数，它用数字的大小表达规划方案的优劣，一般包括输电网线路建设费用和运行费用。比如

$$\min F = (k_1 + K_2) \sum_{(i,j) \in \Omega_1} c_{ij} x_{ij} + k_3 \sum_{(i,j) \in \Omega} r_{ij} P_{ij}^2$$

式中：c_{ij} 为单回线路投资；x_{ij} 为新建线路回路数；k_1、k_2 分别为电网投资回收系数和年固定运行费用率；P_{ij} 为正常情况下线路传输功率；r_{ij} 为线路电阻；k_3 为年网损费用系数；Ω_1、Ω 分别为待选新线路集合和电网全部线路集合。

（3）约束条件。约束条件是对状态变量和决策变量的约束，使它们各自满足上下界或制约关系等。不同的约束条件影响着最优规划方案的形成，在大多数输电网规划模型中只考虑线路的过负荷和潮流约束条件，没有考虑节点电压、系统稳定、可靠性指标等约束，如：

1）正常和 $N-1$ 故障时节电功率平衡

$$\sum_{j=1, j \neq i}^{N} P_{ij} + P_{Gi} = P_{Li}, i \in N$$

2）正常和 $N-1$ 故障时直流潮流方程

$$P_{ij} = (b_{ij}^{(0)} + x_{ij} b_{ij}') \delta_{ij}, \forall (i,j) \in \Omega$$

3）正常和 $N-1$ 故障时线路输送容量约束

$$|P_{ij}| = (b_{ij}^{(0)} + x_{ij} b_{ij}') \delta_{ij \cdot \max}, \forall (i,j) \in \Omega$$

4）输电走廊限制

$$0 \leqslant x_{ij} \leqslant x_{ij \cdot \max}, x_{ij} \text{ 为整数}, \forall (i,j) \in \Omega$$

式中：$b_{ij}^{(0)}$、b_{ij}' 分别为支路 i、j 原有、每回新建线路电纳；δ_{ij} 为节点 i、j 电压相角差。

1. 输电网络规划模型

输电网络规划模型大致可以分为以下几类：

（1）单目标规划模型与多目标规划模型。根据规划模型目标函数个数的不同，输电网规划模型可以分为单目标规划模型和多目标规划模型。只有一个目标函数的为单目标规划模型，两个以上目标函数的为多目标规划模型。长期以来，单目标规划模型一直以经济性为主，经济性方面一般包括输电线路的建设费用和运行费用。随着电力市场的发展和人们对电网输电可靠性要求越来越高，输电网规划不仅仅要考虑经济性，还要考虑电网输电的可靠性水平，使用户和电力工业都得到最大利益。单目标规划模型适用于规划单一性的目标函数，比如只考虑输电网建设的经济性或可靠性。而多目标规划模型可以很好的兼顾经济性和可靠性，它将相关的目标函数单项列出，作为子目标函数考虑，这样既单独又统一的分析了经济性和可靠性，目的是使规划方案在经济性和可靠性方面寻求最优的平衡点。

（2）静态规划模型和动态规划模型。输电网规划不仅要解决在何处投建何种类型的输电线路，还要考虑何时投入。根据是否考虑时段因素，输电网规划模型分为静态规划模型和动态规划模型。静态规划模型也是单阶段规划模型，只是规划最终水平年的最佳网络结构方案，而动态规划模型也是多阶段规划模型还要考虑各阶段之间的过渡情况，前一阶段的规划结果对后一阶段的规划有影响，每一阶段的扩展方案既要考虑本阶段的要求还要考虑整个规划期的要求。动态规划根据规划期的长短可以划分为短期规划（一般为 $1\sim5$ 年）、中长期规划（一般为 $5\sim15$ 年）、远景规划（一般为 $15\sim30$ 年）。动态规划一般比静态规划的时期长，它详细地规划出每个阶段在何处投建何种类型的输电线路。

（3）确定型规划模型和不确定型规划模型。随着电力市场的改革和发展，输电网规划面临越来越多不确定因素的影响，主要包括电源规划、负荷预测、国家政策变化、社会经济发展等。根据是否考虑不确定性因素，输电网规划模型分为不确定型规划模型和确定型规划模型。对于不确定性因素的处理方法一般分为两类：一类是基于多场景技术的输电网规划，主要是将不确定性因素根据实际情况和运行的经验多种情况预测，并组成各种未来场景，也就是将不确定性因素转化为确定性因素，然后进行传统规划得出方案；另一类是基于不确定性理论的输电网规划，运用数学上的不确定性理论建模并计算。

2. 数学优化方法

数学优化方法用数学优化模型描述输电网络优化规划问题，理论上可以保证解的最优性。但通常计算量很大，在实际应用中有一些困难：首先，要考虑的因素多，问题阶数大，因而难于建模，即使建立了优化模型，也不太容易求解；其次，实际中的许多因素不能完全形式化，即使通过简化获得形式化的优化模型，这样得到的所谓最优解与真正的最优解也可能存在一定的偏差。常用的一些数学优化算法有以下几种：

（1）线性规划。线性规划是理论和求解都很完善的数学方法。在电网规划中，通常根据实际情况，采取线性化措施，建立线性的电网规划模型。线性规划法具有计算简单、求解速度快等优点。但实际电力系统中的问题大多为非线性，通过简化去除非线性，会带来误差。

（2）分解方法。电网规划问题规模通常很大，不利于求解，可将其分解成多个相对简单的子问题，然后通过求解各个小的子问题求得最终的最优解。目前在输电网络优化规划中用得最多的是 Benders 分解。

（3）分支定界法。分支定界算法是运筹学中求解整数规划的一个行之有效的算法。由于电网规划中的决策变量（线路是否被选中）为 0-1 整数，通常的规划模型均为一个混合整数规划模型，适于用分支定界法来求解。用分支定界法与 Benders 分解技术相结合求解了电网规划的运输模型。当系统规模比较大时，分支定界法需要考虑的分支过多，计算量也会很大。

（4）现代启发式算法。"现代启发式算法"是模拟自然界中一些"优化"现象研究出的一类比较新的优化求解算法，适用于求解组合优化问题以及目标函数或某些约束条件不可微的非线性优化问题。它比较接近于人类的思维方式，易于理解，用这类算法求解组合优化问题在得到最优解的同时也可以得到一些次优解，便于规划人员研究比较。此类算法主要有：模拟退火算法、遗传算法、Tabu 搜索法、蚂蚁算法等。

1）模拟退火算法。模拟退火算法是以马尔科夫链的遍历理论为基础的一种适用于大型组合优化问题的随机搜索技术。算法的核心在于模仿热力学中的液体的冻结与结晶的冷却和退火过程，采用 Metropolis 接受准则避免落入局部最优，渐进收敛于全局最优。模拟退火法可以较有效地防止陷入局部最优，但为使每一步冷却的状态分布平衡很耗时间，而且属于单点寻优，对求解存在多个最优解的问题有一定的困难，需要改进。通常将模拟退火方法与其他方法结合使用，以发挥各自的优势。

2）遗传算法。遗传算法是目前电网规划中广为使用的一种现代启发式寻优方法。它通过编码将规划方案转变为一组组染色体，并列出一组待选方案作为祖先（初始可行解），以适应函数的优劣来控制搜索方向，通过遗传、交叉、变异等逐步完成进化，最终逐步收敛到最优解。同传统算法相比，遗传算法具有多路径搜索、隐并行性、随机操作等特点，对数据的要求低，不受搜索空间的限制性约束，不要求连续性、导数存在、单峰等假设，可以考虑多种目标函数和约束条件。遗传算法也存在计算速度慢，有时会收敛到局部最优解等不足，目前对此也进行了一些改进和研究。此外，考虑到模拟退火算法可以有效防止陷入局部最优解这一特性，将模拟退火和遗传算法结合的混合遗传—模拟退火算法也取得了不错的效果。

3）Tabu 搜索法。Tabu 搜索法是一种高效的启发式搜索技术，其基本思想是通过记录（Tabu 表）搜索历史，从中获得知识并利用其指导后续的搜索方向，以避开局部最优解。Tabu 搜索法的搜索效率高，收敛速度很快，目前已受到规划工作者的重视。但是 Tabu 搜索法是一种扩展邻域的单点寻优方法，收敛受到初始解的影响，而且 Tabu 表的深度及期望水平影响搜索的效率和最终的结果，机理还不甚清楚，从数学上无法证明其一定能达到最优解，尚需进一步研究。

4）蚂蚁算法。蚂蚁算法是由意大利科学家 Dorigo 研究总结出的一种新型的仿生启发式优化寻优算法，该算法仿照蚂蚁群觅食机理，构造一定数量的人工蚂蚁，每个人工蚂蚁以路径上的荷尔蒙强度大小（按照一定的状态转移准则）选择前进路径，并在自己选择的行进路径上留下一定数量的荷尔蒙（进行荷尔蒙强度的局部更新），当所有蚂蚁均完成一次搜索后，再对荷尔蒙强度进行一次全局更新。通过反复的迭代，最终大多蚂蚁将沿着相同的路线（最优路线）完成搜索。应用表明，其算法效率、寻优能力均强于目前已有的其他现代启发式优化算法，适宜于求解有约束问题，有着广阔应用前景。目前有学者尝试将其应用于电网规划中，但是还没有很好地将规划模型处理成适合于蚂蚁算法求解的模型，系统规模增大时，该方法将难以求得高质量的解。如何合理地将规划模型转变成适合蚂蚁算法的模型，有待人们进一步的研究。

除了上述求解方法之外，还有其他一些方法也被应用到输电网络优化规划中。例如：人工神经网络方法、专家系统法、进化规划算法以及将启发式方法与数学优化方法相结合的算法等。

电网规划应重视加强网架结构的建设，重点研究规划的目标网架。电网结构应达到如下要求：

（1）安全可靠、灵活、经济合理，具有较强的应变能力。

（2）潮流分布合理，避免出现网内环流。

（3）贯彻"分层分区"的原则，使网络结构简明，层次清晰。

（4）严格控制专用线和不带负荷联络线，以节约走廊资源和提高设备利用率。

三、合理布局配电网

城市配电网是城市的重要基础设施之一，与城市的发展有着非常密切的关系。城市配电网规划是城市发展规划的重要部分，城市的配电网必须和城市建设紧密配合，同时实施，并要有超前的意识并且与城市景观协调。科学制定城市配电网的发展规划，满足城市长远发展的用电需求，是一项非常重要的战略任务。一方面，由于负荷发展的不确定性，城市配电网规划的网架结构需根据负荷发展情况进行相应的调整和改变，因此，城市配电网规划的调整或更新周期要比高压输电网规划复杂和频繁；另一方面，由于城市配电网络的设备量大而广，为了解决供电瓶颈的问题，仅凭着经验处理过负荷的线路是不够的，只有从城市配电网设备和网架结构总体上优化配置，提高城市配电网的供电能力，才能够发挥出最大的经济效益和社会效益。

城市配电网规划是指在分析和研究未来负荷增长情况以及城市配电网现状的基础上，设计一套系统扩建和改造的计划。在尽可能满足未来用户容量和电能质量的情况下，对可能的各种接线形式、不同的线路数和不同的导线截面，以运行经济性为指标，选择最优或次优方案作为规划改造方案，使电力公司及其有关部门获得最大利益的过程。

配电网规模日益庞大，涉及内容多，需要考虑的因素多，而且难以定量化和确定化，故配电网规划优化的方法，通常是确定一些电网结构参数，对比这些参数的实际值与优化值，宏观地找出电网结构存在的问题；在规划设计中有针对性地采取技术措施调整电网结构，使各结构参数尽可能地接近优化值。

优化配电网结构的主要参数有：

（1）110kV 主变压器与 35kV 配电变压器的配置比例。

（2）35kV 配电变压器与 10kV 配电变压器容量的配置比例。

（3）35kV 与 10kV 线路长度的配置比例。

（4）35kV 线路长度与 35kV 配电变压器容量的配置比例。

（5）10kV 与 0.4kV 线路长度的配置比例。

（6）10kV 线路长度与 10kV 配电变压器容量的配置比例。

（7）10kV 配电变压器容量与低压用电设备容量的配置比例。

1. 配电网的优化布局

电网布局是指变电站布点和线路连接。具体内容包括 35kV 及以上变电站选址和 10kV 配电网接线的走向。整体从技术经济角度评价电网布局也可以通过确立的一些结构参数来表示，这些参数有：合理的供电半径长度比，各级电压线路总长度比、分支线与主干线长度比等。研究这些比例关系，有利于在电网规划设计中提出相对合理的方案，使电网结构向优化的方向发展。从而降低电网中的电能损耗。

（1）线路长度与变压器容量的合理配置。假设不同电压等级电网线路的允许供电半径给定、不同电压等级电网允许功率损失率给定，可以计算线路长度与变压器容量的合理配置系数。

设某电压等级总容量为 S_N（kVA），负荷均匀分布，共有 n 回出线，变压器的经济负荷率为 β，则每回线路电流为

$$I = \frac{\beta S_N}{n\sqrt{3}U} \quad (\text{A}) \tag{4-5}$$

其中，$\beta = \dfrac{I_{eq}}{I_N}$

则线路损耗为

$$\Delta A = n \times 3I^2 r_0 L_0 T \times 10^{-3} (\text{kWh}) \tag{4-6}$$

该电压等级总供电量为

$$A_s = \beta S_N \cos\varphi T \quad (\text{kWh}) \tag{4-7}$$

则有

$$\Delta A\% = \frac{n \times 3I^2 r_0 L_0 T \times 10^{-3}}{\beta S_N \cos\varphi T} \times 100\% = \frac{\Delta A}{A_s} \times 100\% \tag{4-8}$$

即

$$\frac{n \times 3\left(\dfrac{\beta S_N}{n\sqrt{3}U}\right)^2 r_0 L_0 \times 10^{-3}}{\beta S_N \cos\varphi} = \frac{\Delta A}{A_s} \tag{4-9}$$

化简得

$$\frac{\beta S_N r_0 L_0 \times 10^{-3}}{n \times U^2 \cos\varphi} = \frac{\Delta A}{A_s} \tag{4-10}$$

从而可求得回路数

$$n = \frac{\beta S_N r_0 L_0}{U^2 \cos\varphi} \times \frac{A_s}{\Delta A} \times 10^{-3} \tag{4-11}$$

设 K 为变压器经济运行系数，$K = \dfrac{I_{eq}}{I_N \cos\varphi}$，则有

$$\sum L = nL_0 = K\frac{S_N L_0^2 r_0}{U^2} \times \frac{A_s}{\Delta A} \times 10^{-3} \tag{4-12}$$

式中：$\sum L$ 为相应电压级总长度，km；K 为变压器经济运行系数，$K = \dfrac{I_{eq}}{I_N \cos\varphi}$；$A_s$ 为线路首端供电量，kWh；I_{eq} 为日负荷曲线求出的等效电流，A；I_N 为电网主变压器的额定电流，A；S_N 为相应电压级变压器容量，kVA；L_0 为各电压级线路允许供电半径，km；r_0 为单位长导线综合电阻，$\Omega/$km；ΔA 为电网允许损失电量，kWh；U 为线路首端电压，kV。

由式（4-12）可得长度与容量的合理比例配置系数为

$$H = \frac{\sum L}{S_N} = K \frac{L_0 r_0}{U^2} \times \frac{A_s}{\Delta A} \times 10^{-3} \qquad (4-13)$$

式（4-12）、式（4-13）中，变压器经济运行系数 K 的实际值取决于电网运行管理水平；它的理论值在经济运行条件下：

110kV 主变压器：$\dfrac{I_{eq}}{I_N} = 0.7$，$\cos\varphi = 0.9$，所以 $K = 0.78$；

35kV 主变压器：$\dfrac{I_{eq}}{I_N} = 0.6$，$\cos\varphi = 0.85$，所以 $K = 0.78$；

10kV 主变压器：$\dfrac{I_{eq}}{I_N} = 0.5$，$\cos\varphi = 0.8$，所以 $K = 0.63$。

(2) 不同电压等级线路长度的合理配置。依据式（4-13），可以计算出两个电压等级线路长度和变压器容量的合理配置系数，将两个电压等级的合理配置系数相除即可得到两个电压等级线路长度的合理配置。如给定 110kV 和 35kV 线路的允许供电半径 L_{110}、L_{35} 以及允许损失电量百分数 ΔA_{110}、ΔA_{35}，依据式（4-13），即可以计算出 110kV 和 35kV 线路长度和变压器容量的合理配置系数，将两个系数相除即可得到 110kV 和 35kV 电压级线路长度的合理配置关系。

(3) 合理配置配电变压器。要合理配置配电变压器，须对各个配电台区要定期进行负荷测量，准确掌握各个台区的负荷情况及发展趋势，对于负荷分配不合理的台区可通过适当调整配电变压器的供电负荷，使各台区的负荷率尽量接近 75%，此时配电变压器处于经济运行状态。在低压配电网的规划时，也要考虑该区的负荷增长趋势，准确合理选用配电变压器的容量，不宜过大也不宜过小，避免"大马拉小车"的现象，对于长期处于满载、超载运行的变压器，应更换容量较大的变压器；对于空载或轻载变压器应及时停运，在变压器各相间负荷严重不平衡时，要及时调整，尽量使各相负荷趋近平衡。另外严格按国家有关规定选用低损耗变压器，对于历史遗留运行中的高损耗变压器，在经济条件许可的情况下，逐步更换为低损耗变压器，减少配电网的变损，从而提高电网的经济效益。

各级变电站变压器容量合理配置对于优化网络结构有着重要的影响。为此，引出主、配电变压器容量比和配电变压器、用电设备容量比两个参数，从宏观的角度来反映出电网的设备利用及运行的经济情况。

1) 主、配电变压器容量的配置比例。主、配电变压器容量的合理配置的依据有二：一是当变压器铜损等于铁损时，本身处于经济运行状态效率最高；二是供电负荷应与用电负荷及损耗相平衡。用公式表达为

$$B_1 = \frac{\sum S_{N1}}{\sum S_{N2}} = \frac{K_{ZT} K_{s2} \cos\varphi_2 \ (1 + \Delta P)}{K_{s1} \cos\varphi_1} \qquad (4-14)$$

式中：$\sum S_{N1}$、$\sum S_{N2}$ 为主、配电变压器额定容量，kVA；$\cos\varphi_1$、$\cos\varphi_2$ 为主、配电变压器负荷功率因数，可分别取 0.95 和 0.8；K_{s1}、K_{s2} 为主、配变压器经济负荷系数，可分别取 0.6 和 0.5；K_{ZT} 为 35/10kV 变电站母线上负载同时系数，统计数据一般为 0.47~0.63；ΔP 为 10kV 电网允许功率损失率，约为 0.07。

一般情况下，由于 $K_{s2}/K_{s1} \approx 1$，$\cos\varphi_2$（$1+\Delta P$）$/\cos\varphi_1 \approx 1$，故

$$B_1 = K_{ZT} \tag{4-15}$$

也就是说，主、配电变压器容量比的合理值近似等于变电站母线上的负荷同时系数，它常由变电站的运行记录计算得出，B_1 的合理数值为 1.58～2.22。

2）配电变压器与用电设备容量的配置比例。配电变压器与用电设备容量的比例，可从一个侧面反映配电网络布局的合理程度，其值过低或过高，都会导致设备的利用率较差。

这个比例是指配电变压器总容量与用电设备总容量之比，即

$$B_2 = \frac{\sum S_{N2}}{\sum P_N} = \frac{K_{ZX}（1+K_X）}{K_{s2}\cos\varphi_2} \tag{4-16}$$

式中：$\sum P_N$ 为用电设备额定容量总和，kW；K_{ZX} 为用电设备综合需用系数，为用电设备最大负荷与额定容量比，一般取 0.2～0.22；K_X 为 0.4kV 电网允许损失率，约为 0.12。

则有

$$B_2 = 1.4K_{ZX} \tag{4-17}$$

由此可见，配电变压器与用电设备合理配置，主要取决于用电设备的综合需用系数。

3）整体配置分析。在电网两个设备容量配置参数中，B_2 是基本参数，而 B_1 是相对参数。只有 B_2 在合理范围内，而 B_1 也在合理范围内，整个电网设备配置才算合理。如果 B_2 超出合理范围，即使 B_1 相对合理，其整体配置也不能算是合理的。

一般来说，为满足电力用户用电的实际需求，应尽可能发挥配电变压器与用电设备利用率，为此 B_2 较合理的配置比例以 1：2.5～1：3.8 为宜，而 B_1 以 1：1.58～1：2.2 为宜。实际上，根据有关统计数据表明，我国目前电网配电变压器的容量相对过大，而负荷又相对较低。因此在配电网规划设计及改造中，应当注意配电变压器容量的合理选择。

2. 加强配电网建设与改造

(1) 改善电网结构，优化供电半径。由于各种历史原因，致使中低压配电网输送容量不足，出现"卡脖子"、供电半径过长等问题。这不仅影响了供电的安全和质量，还增大了线损。加强中低压配电网的建设与改造，改善电网结构，优化供电半径不仅能提高电网的输送功率，而且还能降低线损，保证供电质量。尤其是对于 10kV 配电网，覆盖范围广，供电线路多，存在主干线过长，迂回供电等情况，致使供电电压质量差，损耗大，必须合理规划布局线路，增设变电站，缩短供电半径。

1）10kV 线路经济供电半径。目前我国配电网普遍采用 10kV 电压等级，它的供电范围将直接影响到 35kV 以上线路的供电半径、变电站布点和容量选择。因此，确定 10kV 线路的经济供电半径，对于优化该电压等级供电范围以及优化整个电网结构都具有重要的技术经济意义。

10kV 配电网合理供电半径的评估原理是首先按线路允许电压损失决定输送能力，然后按线路线损率控制标准得出合理供电半径，数学模型如下：

中低压电网输电线路电压损失 ΔU 计算公式如下

$$\Delta U = \frac{P_1 L}{U_1}(r + x\tan\varphi_1) \tag{4-18}$$

式中：ΔU 为电压损失，kV；P_1 为首端有功功率，MW；U_1 为首端电压，kV；r、x 为每千米线路的电阻值，Ω；L 为输电线路长度，km；$P_1 L$ 为负荷距，MW·km。

在允许电压损失条件下，输电线路的输送能力可用负荷距 $P_1 L$ 表示为

$$P_1 L = \frac{U_1^2 \Delta U\%}{100(r + x\tan\varphi_1)} \tag{4-19}$$

由式（4-19）可推导出供电半径为

$$L = \frac{P_1 L}{I_1 \sqrt{3} U_1 \cos\varphi_1} \qquad (4-20)$$

式中：I_1 为导线的首端负载电流，kA。

从式（4-20）可计算出线路线损率 $\Delta P\%$ 为

$$\Delta P\% = \frac{3 I_1^2 r L}{P_1} \times 100 \qquad (4-21)$$

故而可计算得出每千米线损率为

$$\Delta P_1\% = \frac{\Delta P\%}{L} \qquad (4-22)$$

式中：$\Delta P_1\%$ 为线路每千米线损率。

近似认为传输功率、传输电流不变时，线损率与供电半径成正比关系，按照线路控制线损率得出合理供电半径 L_h 为

$$L_h = \frac{\Delta P_k\%}{\Delta P_1\%} \qquad (4-23)$$

式中：$\Delta P_k\%$ 为线路控制线损率；$\Delta P_1\%$ 为线路每千米线损率；L_h 为合理供电半径，km。

为了保证各类用户受电电压质量，Q/GDW 156—2006《城市电力网规划设计导则》规定：各级城市配电网允许的最大电压损失必须满足 10kV 线路电压损失标准为 2%～4%，380V 线路电压损失标准为 4%～6%。

线损标准可依据配电网规划设计导则规定选定，如《南方电网公司 110kV 及以下配电网规划指导原则》对中低压配电网线损率控制如表 4-2 所示。

表 4-2　　　　各类供电区规划电网分电压等级理论计算技术线损率控制目标

电压等级	A 类	B 类	C 类	D 类	E 类	F 类
110kV	<0.5%			<2%	<3%	<4%
35kV	—			<2%	<3%	<4%
10（20）kV	<2%	<2.5%	<2.5%	<4%		<5%
380V	<2%	<2.5%	<2.5%	<5%		<9%
累计综合技术线损率	<3%	<4.5%		<6%	<11%	<15%

注　各电压等级理论损耗包括该电压等级的线路和变压器损耗。

其中各类供电区划分见表 4-3 和表 4-4。

表 4-3　　　　　　　　　　　供电区分类对照表

地区级别	A 类	B 类	C 类	D 类	E 类	F 类
特级	中心区或 30MW/km² 及以上	一般市区或 20～30MW/km²	10～20MW/km² 的郊区及城镇	5～10MW/km² 的郊区及城镇	城镇或 1～5MW/km²	乡村
一级	30MW/km² 及以上	中心区或 20～30MW/km²	一般市区或 10～20MW/km²	5～10MW/km² 的郊区及城镇	城镇或 1～5MW/km²	乡村
二级		20～30MW/km²	中心区或 10～20MW/km²	一般市区或 5～10MW/km²	郊区、城镇或 1～5MW/km²	乡村
三级			10～20MW/km²	县城或 5～10MW/km²	城镇或 1～5MW/km²	乡村

表 4 - 4 地区级别划分表

地区级别	特级	一级	二级	三级
划分标准	国际化大城市	省会及其他主要城市	其他城市，地、州政府所在地	县

根据允许电压损失和线损率控制，10kV 配电网供电半径不宜超过表 4 - 5 的范围。

表 4 - 5 10kV 配电网供电半径

供电区	A 类供电区	B 类供电区	C 类供电区	D 类供电区	E 类供电区	F 类供电区
供电半径（km）	3	4	6	6	10	15

2) 35kV 及以上线路允许供电半径。35kV 及以上线路在电网中，主要用来作为送电线路，故导线都是按经济电流密度选择，且其供电半径多受线路允许电压损失来控制。因此，若能同时满足上述要求，可以认为它已符合了送电线路的技术经济条件。

根据上述要求，以 35kV 电压等级为例，推算 35kV 电压等级允许供电半径，设 35kV 线路最大供电负荷和功率因数分别为 $P_{\max}(\text{MW})$、$\cos\varphi$，则线路的最大负荷电流为

$$I = \frac{P_{\max}}{\sqrt{3}U\cos\varphi}(\text{kA}) \tag{4 - 24}$$

假设导线按经济电流密度选择，则导线截面为

$$S = \frac{I}{J} = \frac{P_{\max}}{\sqrt{3}UJ\cos\varphi} \times 10^{-3}(\text{mm}^2) \tag{4 - 25}$$

则导线的电阻为

$$R = \rho \frac{L}{S} = \frac{\sqrt{3}\rho UJ\cos\varphi L}{P_{\max}} \times 10^{-3}(\Omega) \tag{4 - 26}$$

线路的电抗值一般按 $0.4\Omega/\text{km}$ 考虑，经济负荷密度 J 取 1.15A/mm^2，铝的电阻率 ρ 取 $31.2\Omega \cdot \text{mm}^2/\text{m}$，允许电压损失按 10% 考虑，可得

$$\frac{\sqrt{3}\rho LUJ\cos\varphi \times 10^{-3} + 0.4LP_{\max}\tan\varphi}{U^2} = 0.1 \tag{4 - 27}$$

把参数代入得

$$\begin{aligned}
L &= \frac{0.1U^2}{\sqrt{3}\rho UJ\cos\varphi \times 10^{-3} + 0.4P_{\max}\tan\varphi} \\
&= \frac{0.1 \times 35^2}{\sqrt{3} \times 31.2 \times 35 \times 1.15\cos\varphi \times 10^{-3} + 0.4P_{\max}\tan\varphi} \\
&= \frac{122.5}{2.175\cos\varphi + 0.4P_{\max}\tan\varphi}
\end{aligned} \tag{4 - 28}$$

式中：L 为 35kV 线路允许供电半径，km；$\cos\varphi$ 为线路负荷功率因数；$P_{\max}$ 为 35kV 线路最大供电负荷，MW。

35kV 线路允许供电半径为电网规划主网架布局以及与上一级电压网络合理联络提供了依据。

（2）新增变电站布点。新增变电站布点，能够大大改善线路上的电流分布，相当于缩短线路长度（缩短供电半径）和加大导线截面。

1）变电站的布点。变电站的布点主要取决于供电区域的负荷密度与供电半径。在规划期内，35kV 及以上电压等级的变电站布置何处以及布点多少对于网络结构的合理性有着重要的影响。因此，它已成为高中压配电网规划中的一项重要内容。使用常规规划方法时，主要是根据已知的

有关数据，提出若干个地理布置方案，然后进行技术经济比较推荐规划方案。

在方案设计中，首先考虑站址应尽可能靠近负荷中心，或靠近高负荷密度地区的中心，因为从一个变电站向较多负荷中心供电在经济上是不可取的。其次，由于只能从有限数目的合适地点中进行选择，所以任何选择都必须考虑包括线路费用在内的总建设费用，否则方案的经济评估将失去合理意义。如果考虑上一级高压电网的送电距离费用和下一级中压电网线路数目费用，那么站址的相对最优位置将由高压和中压线路的数目和长度来决定。

变电站布点及设计应满足如下要求：

a. 在符合地区、城市总的规划的基础上，变电站布点应以负荷分布为依据，兼顾电网结构调整的要求统筹考虑；站址选择需结合建站条件，通过优化必选确定。

b. 必须保证高一级电压电网的下供容量能可靠地输给低一级电压电网，应具有合理的容载比。高压配电网容载比选取指标宜为：1.8～2.1。各电压等级容载比近期取高值，远期取低值。对于有发展潜力、处于发展初期或快速发展期的地区，可适当提高容载比取值，对于负荷增长率低，网络结构联系紧密的地区，容载比可适当降低。在满足用电需求、可靠性要求前提下应逐步降低容载比，以提高投资效益。

c. 在负荷密度较大的地区，根据城市规划和走廊情况，变电站设计宜选择大容量、多台变压器方案；变电站本期容量的选择满足近期负荷的需要外，一般建成后 3～5 年内不扩建。

d. 在负荷密集变电站布点困难地区，可考虑较高一级电压深入到城市中心地区，新建高一级变电站宜考虑建设多台、大容量主变压器，以减少变电站布点、缩短供电距离、降低网络损耗和节约土地资源。

2）变电站的容量。在电网规划中，选取 10kV 线路经济供电半径时，相应的 35kV（110kV）变电站的控制供电范围 $M(\mathrm{km}^2)$ 可根据下式进行计算

$$M = 2\sqrt{3}L_j^2 \tag{4-29}$$

式中：L_j 为 10kV 线路经济供电半径，km。

由于假设前提认为供电负荷在供电区域内是均匀分布的，故实际控制面积将小于上述的理论值。同时，变电站的设计容量为

$$S = \frac{P}{\cos\varphi} = \frac{\sigma M(1+\Delta P)}{\cos\varphi} = \frac{2\sqrt{3}L_j^2\sigma(1+\Delta P)}{\cos\varphi} \tag{4-30}$$

式中：S 为变电站的设计容量，kVA；P 为变电站的供电负荷，kW；ΔP 为 10kV 线路的功率损失率，%；$\cos\varphi$ 为变电站要求达到的功率因数水平。

统计计算结果表明，一般 35kV 变电站的最大容量为 10～12MVA。若所需负荷更大时，应考虑增加布点或建设高一级电压的变电站供电。有些农业用电比重较大的地区，可能实际负荷很低，但 35kV 变电站的最小容量也不应小于 1MVA。

此外还应考虑用电地区的负荷特点、地区的经济发展水平等因素。

3）变电站主变压器台数。对于负荷的季节性强、波动较大的地区，其变电站主变压器的台数一般宜选择两台为好，并考虑具备并列运行的可能性。两台可以相同容量，但在负荷峰谷差大的地区，则两台主变压器宜选择一大一小。其中小容量主变压器的选择，应以能满足低谷时最小负荷不低于其额定容量的 50% 左右为宜。

四、重视电网规划降损分析

根据电网公司技术降损工作指导意见，在电网近期规划中，必须包含电网节能降损潜力分析的内容，并经过测算给出现状电网及各规划水平年的线损情况，下面就电网规划降损潜力估算方法进行简单介绍。

1. 基于电网结构系数的线损估算方法

根据式（4-25）可得

$$\frac{\Delta A}{A_s} = K \times \frac{S_N L_0^2 r_0}{U^2 \sum L} \times 10^{-3} \tag{4-31}$$

设

$$K_G = \frac{S_N L_0^2 r_0}{U^2 \sum L}$$

则有

$$\frac{\Delta A}{A_s} = K K_G \times 10^{-3} \tag{4-32}$$

式中：K_G 为电网结构系数，从式（4-32）中可以看出，它越小，则线损越小。在电网规划中，可根据电网现状和各规划水平年的电网结构系数的变化来估算进行线损率的变化，进而对电网规划降损潜力进行评估分析。

2. 基于配电网等效参数的线损估算方法

线损电量是线路的等值电阻 R、配电变压器的空载损耗 ΔP_0、负荷曲线的形状系数 I、线路的平均电流 I_{av}、线路的平均运行电压 U、负荷的功率因数 $\cos\varphi$，以及计测时间段 T 的函数

$$\Delta A = f(R, \Delta P_0, K, I_{av}, U, \cos\varphi, T) \tag{4-33}$$

线损率的评估分析不同于理论线损计算，其方法首先应当简单，其次应满足一定的精度，并且应具有良好的可操作性，也就是说，只要利用与网络结构有关的一些统计数字，以及现有的一些量测数据，就可对特定网络的线损率进行科学预测。

（1）基本假定。按目前国内中低压配电网络的系统数据管理和量测模式，精确计算各条中压配电线路的理论线损率有一定难度，主要困难在于各条配电线路只有线路出口的负荷曲线是相对准确的，而沿线路分布的各台配电变压器的负载率和功率因数基本上都没有实测数据，因此对于那些没有实测数据而又必不可少的数据项，就只能采用一些合理的假设来近似构成，这些假设条件为：

1）配电线路上各配电变压器的负载率相同；

2）配电线路上各配电变压器的功率因数相同；

3）配电线路上各配电变压器负荷点的负荷形状系数相同；

4）配电变压器的实际运行电压相同（约等于线路首端电压）。

（2）数据准备。采用统计方法，与线损率理论计算最主要的区别在于其仅利用与网络结构有关的一些统计数字，以及易于收集的一些量测数据，它们分别是：

1）线路、配电变压器结构参数：主要是线路长度、型号及配电变压器型号、容量。

2）线路运行参数：10kV 出口典型日 24h 电流，计算时段内的有功供电量和无功供电量。

3）配电变压器的运行参数，主要有负载率、功率因数、负荷点的负荷形状系数以及实际运行电压。

（3）平均等效线路的等值电阻。

1）导线的等值电阻可按如下步骤计算：

把不同导线截面的各条线路，用导线截面作权系数，换算成标准截面的等效导线长度，并计算全部等效导线的平均等效长度 $\overline{L}$

$$\overline{L} = \frac{A_{sce}}{N} \sum_{i=1}^{N} \frac{l_i}{a_i} \tag{4-34}$$

式中：$\overline{L}$ 为等效导线长度，km；A_{sce} 为导线的标准截面积，mm²；l_i 为第 i 种导线的长度，km；

a_i 为第 i 种导线的截面积，mm^2；N 为各种导线型号点数。

计算平均等效长度导线的平均线路电阻 R_L

$$R_L = r_{Ao}\overline{L} \qquad (4-35)$$

式中：R_L 等效导线总电阻，Ω；r_{Ao} 为标准截面导线的单位电阻，Ω/km。

导线的等值电阻与负荷在线路上的分布情况有关。当负荷沿线路均匀分布时，线路的等值电阻为线路本身电阻的 $1/3$；当负荷集中在线路末端时，线路的等值电阻就等于线路本身的电阻。

2）配电变压器的等值电阻 R_T，可近似地按配电变压器的容量求得

$$R_T = \frac{U_N^2 \sum\limits_{i=1}^{n} \Delta P_{it}}{S_{N\sum}^2} \times 10^3 \qquad (4-36)$$

式中：R_T 为配电变压器的等值电阻，Ω；U_N 为配电网额定电压，kV；ΔP_{it} 为第 i 台配电变压器的短路损耗，kW；$S_{N\sum}$ 为配电变压器总容量，kVA；n 为配电变压器台数。

3）计算线损电量的等值电阻 R_{eq}

$$R_{eq} = R_L + R_T \qquad (4-37)$$

等值电阻跟线路的结构和负荷的分布有关。在极端情况下，当负荷全部集中在线路末端时，等值电阻最大，即

$$R_{eqmax} = R_L + R_T \qquad (4-38)$$

当负荷全部集中在线路始端时，等值电阻最小，即

$$R_{eq} = R_T \qquad (4-39)$$

上述最小等值电阻仅从理论上讲是合理的，但是，在分析实际 10kV 配电线路负荷分布后可知，城市 10kV 线路不会出现负荷全部集中在线路始端的情况。所以，常以负荷均匀分布时线路的等值电阻作为最小等值电阻，不过，可能会出现线路始端部分负荷较重而线路末端部分负荷较轻的情况，导致线路等值电阻比负荷均匀分布时的等值电阻还小。但是，这种情况出现很少，不能反映大多数的线路情况，所以，还是运用负荷均匀分布时线路的等值电阻为最小等值电阻。

$$R_{eqmin} = R_L/3 + R_T \qquad (4-40)$$

按上述方法计算线路等值电阻的优点是不要求收集各配电变压器的运行参数。但近似的前提条件是假定线路各段负荷按配电变压器额定容量成正比进行分配，即假定各配电变压器负荷率、功率因数、节点电压和负荷曲线形状系数都相等。而实际上各台配电变压器的上述各值都不相同，因此计算值与工程实际产生较大的偏差。

按照统计学原理，在实际计算时应对计算出的线路等值电阻进行适当的修正，一般采用如下的修正公式

$$R_{eqmax} = R_L + R_T - \Delta R \qquad (4-41)$$
$$R_{eqmin} = R_L/3 + R_T + \Delta R \qquad (4-42)$$
$$\Delta R = R_L/6 \qquad (4-43)$$

（4）配电变压器的平均空载损耗。把每条线路上各台配电变压器的空载损耗累加起来，可得到该条线路上配电变压器的总空载损耗，把全部线路上的空载损耗累加起来，再取均值可得到线路的平均等效空载损耗 $\Delta \overline{P}_{oi}$

$$\Delta \overline{P}_{oi} = \frac{1}{N} \sum_{i=1}^{N} \sum_{j=1}^{M} \Delta P_{oij} \qquad (4-44)$$

式中：$\Delta \overline{P}_{oi}$ 为线路的平均等效空载损耗，kW；N 为配电网馈线回路数；M 为各回馈线接装配电

变压器数；ΔP_{oij} 为第 i 回馈线第 j 台配电变压器空载损耗，kW。

（5）等效线路负荷的平均电流和形状系数。通过对典型日 24h 的正点电流的平方和取均值再开方，来得到线路典型日的均方根电流，通过对典型日 24h 的整点电流取均值，来得到线路典型日的平均电流，线路的形状系数等于该条线路的均方根电流与平均电流的比。

把各条线路经过加权的等效形状系数累加并取均值，就可得到线路的加权平均形状系数。

（6）线损率预测计算公式。利用已经求得的上述各等效平均参数，采用计算线损率的公式，可以得到线损率预测公式为

$$\Delta A\% = 100 \times \left(\frac{\sqrt{3}K^2 R_{eq}}{0.8U\cos\varphi}I_P + \frac{\Delta\overline{P_0}}{\sqrt{3}UI_P\cos\varphi} \right) \tag{4-45}$$

式中：0.8 为考虑了馈线分支线的损耗系数。

3. 低压线损估算方法

低压配电网结点多，分支线和元件多，各支线导线型号、功率因数和运行数据也不相同。由于这些数据难于获得，要精确计算现状低压配电网的电能损耗都比较困难，更何况规划期的线损计算。考虑到规划导则对低压线路一般都有年平均线损率和电压损耗率两个约束条件，首先从满足最大允许线损率和最大允许电压损耗率出发，找出满足两个条件且在给定线路负载率情况下的主干线极限长度，再运用实际规划结果中的关键数据（如负载率和主干线长度）对要求的最大允许线损率进行修正（即允许损耗率修正因子法），得到低压规划线路的线损估算值。

（1）主干线极限长度的推导。低压电网的最大线损率可表示为

$$\Delta P_{max}\% = \frac{\dfrac{S^2}{U_N^2}rLG_P\tau_{max}}{S\cos\varphi T_{max}} = \frac{\dfrac{S}{U_N^2}rLG_P\tau_{max}}{\cos\varphi T_{max}} \tag{4-46}$$

式中：S 为线路视在功率；r 为线路单位长度电阻；L 为线路长度；T_{max} 为最大负荷利用小时数；U_N 为线路额定电压；$\cos\varphi$ 为线路功率因数；τ_{max} 为最大负荷损耗小时数；G_P 为功率损失系数。

由此可推出最大线损率时主干线供电长度为

$$L_{P max} = \frac{\Delta P_{max}\% \cos\varphi T_{max}U_N^2}{SrG_P\tau_{max}} \tag{4-47}$$

假设主干线总阻抗为 $R+jX$，末端视在功率为 $S=P+jQ$，则主干线上电压总损耗为

$$\Delta U = \frac{PR+QX}{U_N} = \frac{SrL\cos\varphi}{U_N}\left(1+\frac{x}{r}\tan\varphi\right) \tag{4-48}$$

由此可知，线路电压总损耗率为

$$\Delta U\% = \frac{\dfrac{SrL\cos\varphi}{U_N}\left(1+\dfrac{x}{r}\tan\varphi\right)G_U}{U_N} \times 100\%$$

$$= \frac{SrL\cos\varphi\left(1+\dfrac{x}{r}\tan G_U\right)}{U_N^2} \times 100\% \tag{4-49}$$

式中：G_U 为电压损失系数。

由此可推算出满足最大允许电压损耗的低压干线极限长度为

$$L_{U max} = \frac{U_N^2 \times \Delta U\%}{Sr\cos\varphi\left(1+\dfrac{x}{r}\tan\varphi\right)G_U} \tag{4-50}$$

$$L_{max} = \min\{L_{P max}, L_{U max}\} \tag{4-51}$$

不同负荷分布情形下，功率损耗系数和电压损耗系数值见表 4-6。

表 4-6 功率损耗系数和电压损耗系数表

负荷分布情形	G_P	G_U	负荷分布情形	G_P	G_U
末端集中负荷	1.000	1.000	逐渐减少负荷	0.200	0.333
平均分布负荷	0.333	0.500	中间较重分布	0.380	0.250
逐渐增加负荷	0.533	0.667			

按照配电网规划指导原则中对低压网年平均线损率和电压损耗率等指标的规定，即可得到低压网规划中的最大供电半径。

如按线损率不能大于 2%，电压损耗小于 5% 考虑，最大负荷小时取 3000h，可得表 4-7、表 4-8 数据。

表 4-7 低压主干线长度控制表（负荷率 50%）

导线型号	允许电流 （A）	电阻 （Ω）	X/r	最大允许负荷 （kVA）	线损率小于 2% 时 最大供电长度（m）	电压损耗小于 5% 时 最大供电长度（m）
铜 300	640	0.1	3.689	421.22	694.89	273.37
铜 240	550	0.125	3.281	361.99	646.88	273.91
铜 185	465	0.16	2.568	306.04	597.75	292.06
铜 150	440	0.206	2.193	289.59	490.65	260.85

表 4-8 低压主干线长度控制表（负荷率 80%）

导线型号	允许电流 （A）	电阻 （Ω）	X/r	最大允许负荷 （kVA）	线损率小于 2% 时 最大供电长度（m）	电压损耗小于 5% 时 最大供电长度（m）
铜 300	640	0.1	3.689	421.22	434.31	170.86
铜 240	550	0.125	3.281	361.99	404.30	171.19
铜 185	465	0.16	2.568	306.04	373.60	182.54
铜 150	440	0.206	2.193	289.59	306.66	163.03

由表 4-7 和表 4-8 可知，满足最大允许电压损耗率（5%）的供电长度一般都小于满足最大允许线损率（2%）的供电长度。

第二节　无功补偿与经济运行

电网的输、变、配电设备本身，是系统中主要的无功功率消耗者，其中变压器消耗的无功功率最大；用电设备中感应电动机是最大的无功功率消耗者。供、用电设备所消耗的无功功率的合计值，为系统有功负荷的 100%～120%，因此，当系统中无功功率补偿设备不足时，导致功率因数下降，不仅无法维持供电能力，而且使电网电压降低，电能损失增加。当电网中某一点增加无功补偿容量后，则从该点至电源点所有串接的线路及变压器中的无功潮流都将减少，从而使该点以前串接元件中的电能损耗减少，达到了降损节电和改善电能质量的目的。

深入开展电力网经济运行是挖掘降低电网电能损耗的重要措施，各电网企业在确保电网安全、稳定的前提下，根据网络结构、潮流变化、设备状况等合理安排好电网运行方式，使之保持在最佳经济运行状态，以取得更好的降损效果。电力网经济运行包括合理调节运行电压、线路经济运行、变压器经济运行、无功电压优化、提高用电功率因数、平衡三相负荷等。

一、无功补偿

电网在运行时，由电源供给用户的电功率有两种：一种是有功功率，另一种是无功功率。

电网输出的功率包括两部分：一是有功功率。直接消耗电能，把电能转变为机械能、热能、化学能或声能，利用这些能作功，这部分功率称为有功功率。二是无功功率。不消耗电能，只是把电能转换为另一种形式的能，这种能作为电气设备能够作功的必备条件，并且，这种能是在电网中与电能进行周期性转换，这部分功率称为无功功率（如电磁元件建立磁场占用的电能，电容器建立电场所占的电能）。

在正常情况下，用电设备不但要从电源取得有功功率，同时还需要从电源取得无功功率。如果电网中的无功功率供不应求，用电设备就没有足够的无功功率来建立正常的电磁场，那么，这些用电设备就不能维持在额定情况下工作，用电设备的端电压就要下降，从而影响用电设备的正常运行。从发电机和高压输电线供给的无功功率，远远满足不了负荷的需要，所以在电网中要设置一些无功补偿装置来补充无功功率，以保证用户对无功功率的需要，这样用电设备才能在额定电压下工作。这就是电网需要装设无功补偿装置的道理。

无功补偿的具体实现方式是把具有容性功率负荷的装置与感性功率负荷并联接在同一电路，能量在两种负荷之间相互交换。这样，感性负荷所需要的无功功率可由容性负荷输出的无功功率补偿。

无功功率在电网中的传输与有功功率一样会产生电能损耗，计算公式如下

$$\Delta P = \frac{P^2 + Q^2}{U^2} R \times 10^{-3}$$

通常采用功率因数来描述电网中传输无功功率的情况，根据上式可以看出，当功率因数等于0.7时，电网中的电能损耗有一半是由无功功率引起的。电网中有很多感性负荷，所以增加无功功率补偿容量，减少无功功率在电网的传输，对于降低电网损耗有着重要作用。

增加无功补偿有三种方案可供选择，对于需要集中补偿的可按无功经济当量来选择补偿点和补偿容量；对于用户来说可按提高功率因数的原则进行无功补偿以减少无功功率受入，对于全网来说，可根据增加无功补偿的总容量采用等网损微增率进行无功补偿。

1. 根据无功经济当量进行无功补偿

(1) 无功经济当量 C_P。无功经济当量是指增加每千乏无功功率所减少有功功率损耗的平均值，用 C_P 表示，如下

$$C_P = \frac{\Delta P_1 - \Delta P_2}{Q_C} = \frac{2Q - Q_C}{U^2} R \times 10^{-3} \qquad (4-52)$$

式中：ΔP_1 为没有增加无功补偿容量的有功损耗，kW；ΔP_2 为增加无功补偿容量的有功损耗 kW；Q_C 为无功补偿容量，kvar；Q 为补偿前的无功功率，kvar。

(2) 无功补偿设备的经济当量 $C_P(X)$。无功补偿设备的经济当量是该点以前潮流流经的各串接元件的无功经济当量的总和，其计算公式为

$$C_P(X) = \sum_{i=1}^{m} C_P(i) \qquad (4-53)$$

式中：$C_P(X)$ 为补偿设备装设点（X 点）的无功经济当量；$C_P(i)$ 为 X 点以前各串接元件的无功经济当量。

为简化计算，串接元件只考虑到上一级电压的母线，$C_P(i)$ 计算式为

$$C_P(i) = \frac{2Q(i) - Q_C}{U^2(i)} R(i) \times 10^{-3} \qquad (4-54)$$

式中：$Q(i)$ 为第 i 串接元件补偿前的无功潮流，kvar；$R(i)$ 为第 i 串接元件的电阻，Ω；$U(i)$

为第 i 串接元件的运行电压，kV；Q_C 为无功补偿装置的容量，kvar。

（3）增加无功补偿后的降损节电量。增加无功补偿后的降损节电量计算式为

$$\Delta(\Delta A) = Q_C[C_P(X) - \tan\delta]t \qquad (4-55)$$

式中：$\tan\delta$ 为电容器的介质损耗；t 为无功补偿装置的投运时间，h。

各种供电方式的无功经济当量见表 4-9。

表 4-9 各种供电方式的无功经济当量

功率因数	无功经济当量（kW/kvar）		
	供电方式		
	发电厂直供方式	经过一次降压供电方式	经过 2～3 次降压供电方式
0.75	0.086	0.13	0.18
0.80	0.076	0.12	0.17
0.90	0.062	0.09	0.16

一般情况下，根据无功经济当量的概念得出以下结论：

1）电网电阻越大，需要安装的无功补偿容量越大。

2）无功负荷越大，安装的无功补偿容量越大。

3）C_P 越大，补偿的容量越大，补偿节电效果越好。

4）C_P 越小补偿节电效果越差。

2. 根据功率因数进行无功补偿

功率因数指有功功率与视在功率的比值，通常用 $\cos\varphi$ 表示。在电力网里无功功率消耗是很大的，大约有 50% 的无功功率消耗在输、变、配电设备上，50% 消耗在电力用户。为了减少无功功率消耗，就必须减少无功功率在电网里的流动，最好的办法是从用户开始增加无功补偿，提高用电负荷的功率因数，这样就可以减少发电机无功出力和减少输、变、配电设备中的无功电力消耗，从而达到降低损耗的目的。

（1）各串接元件补偿前后的功率因数计算。补偿前各串接元件负荷的功率因数为

$$\cos\varphi_{i1} = \cos\left(\arctan\frac{Q_i}{P_i}\right) \qquad (4-56)$$

式中：P_i 为补偿前各元件的有功功率，kW；Q_i 为补偿前各元件的无功功率，kvar。

补偿后各串接元件负荷的功率因数为

$$\cos\varphi_{i2} = \cos\left(\arctan\frac{Q_i - Q_C}{P_i}\right) \qquad (4-57)$$

式中：P_i 为补偿前各元件的有功功率，kW；Q_i 为补偿前各元件的无功功率，kvar；Q_C 为无功补偿容量，kvar。

（2）补偿后电网中的降损节电量为

$$\Delta(\Delta A) = \sum_{i=1}^{m}\left[\Delta A_i\left(1 - \frac{\cos^2\varphi_{i1}}{\cos^2\varphi_{i2}}\right)\right] - tQ_C\tan\delta \qquad (4-58)$$

式中：ΔA_i 为各串接元件补偿前的损耗电量，kWh；$\tan\delta$ 为电容器的介质损耗；$\cos\varphi_{i1}$、$\cos\varphi_{i2}$ 分别为补偿前、后各串接元件负荷的功率因数；Q_C 为无功补偿容量，kvar；t 为无功补偿装置的投运时间，h。

（3）提高功率因数和降低有功损耗的关系。当输送有功功率不变，功率因数从 $\cos\varphi_1$ 提高到 $\cos\varphi_2$，电网中各串接元件的有功功率损耗降低百分率为

$$\Delta P\% = \left(1 - \frac{\cos^2 \varphi_1}{\cos^2 \varphi_2}\right) \times 100 \qquad (4-59)$$

式中：$\cos\varphi_1$、$\cos\varphi_2$ 分别为补偿前、后的功率因数。

表 4-10　　　　　　　　　　　提高功率因数降低有功损耗百分数

$\Delta P\%$		$\cos\varphi_2$				
		0.80	0.85	0.90	0.95	1.00
$\cos\varphi_1$	0.60	43.75	50.17	55.55	60.11	100
	0.65	33.98	41.52	47.84	53.18	57.75
	0.70	23.44	32.18	39.50	45.70	51.00
	0.75	12.11	22.15	30.56	37.67	43.75
	0.80		11.42	20.98	29.08	36.00
	0.85			10.80	19.94	27.75
	0.90				10.25	19.00
	0.95					9.25

3. 根据等网损微增率进行无功补偿

对一个电力网来说，无功补偿分配是否合理，总的电能损耗是否最小，用无功经济当量和提高功率因数的方法是难以确定的，只有根据等网损微增率的原则分配无功补偿容量才能实现。假设已知电力网各点的有功功率，那么这个网络的有功总损耗与各点的无功功率和无功补偿容量有关，如果不计网络无功功率损耗，只要满足下列方程式，就可以得到最佳补偿方案。

等网损微增率方程式为

$$\frac{\partial \Delta P_1}{\partial Q_{1C}} = \frac{\partial \Delta P_2}{\partial Q_{2C}} = \frac{\partial \Delta P_3}{\partial Q_{3C}} = \cdots = \frac{\partial \Delta P_n}{\partial Q_{nC}}$$

$$\sum_{i=1}^{n} Q_{iC} - \sum_{i=1}^{n} Q_i = 0 \qquad (4-60)$$

式中：$\dfrac{\partial \Delta P_1}{\partial Q_{1C}} = \dfrac{\partial \Delta P_2}{\partial Q_{2C}} = \dfrac{\partial \Delta P_3}{\partial Q_{3C}} = \cdots = \dfrac{\partial \Delta P_n}{\partial Q_{nC}}$ 为通过某段线路上的功率损耗对该段线路终端无功功率补偿容量的偏微分。

从而可以推得

$$(Q_1 - Q_{1C})r_1 = (Q_2 - Q_{2C})r_2 = (Q_3 - Q_{3C})r_3 = \cdots = (Q_n - Q_{nC})r_n$$

故安装在各点的无功补偿容量按下式计算

$$Q_{1C} = Q_1 - \frac{(Q_\Sigma - Q_{\Sigma C})\, r_{eq}}{r_1} \qquad (4-61)$$

$$Q_{nC} = Q_n - \frac{(Q_\Sigma - Q_{\Sigma C})\, r_{eq}}{r_n} \qquad (4-62)$$

式中：Q_1、$\cdots$、Q_n 为各点的无功功率，kvar；$Q_{\Sigma C}$ 为此网络总的无功功率，kvar；r_1、$\cdots$、r_n 为各条线路的等值电阻，Ω；r_{eq} 为装设无功补偿设备的所有各条线路的等值电阻，Ω，计算式为

$$r_{eq} = \frac{1}{\dfrac{1}{r_1} + \dfrac{1}{r_2} + \dfrac{1}{r_3} + \cdots + \dfrac{1}{r_n}} \qquad (4-63)$$

实践证明，当在电力网中安装了一定数量的无功补偿设备时，必须按照等网损微增率的原则进行合理分配，这样才能达到最佳补偿效果。

二、电压无功优化控制

电压是衡量电能质量的重要指标，电压质量对电力系统稳定运行、降低线路损耗、保证电力安全生产、提高供电质量、降低用电损耗都有直接影响。电网电压无功优化运行是指利用地区调度自动化的遥测、遥信、遥控、遥调功能，对地区调度中心的 220kV 以下变电站的无功、电压和网损进行综合性处理。无功电压优化运行的基本原则，是以网损最佳为目标，各节点电压合格为约束条件，集中控制变压器有载分接开关挡位调节和变电站无功补偿设备（容性和感性）投切，达到全网无功分层就地平衡、全面改善和提高电压质量、降低电能损耗的目的。

1. 电力系统的无功优化

电力系统无功优化问题是指当系统结构和参数、负荷有功功率和无功功率以及发电机有功出力给定时（平衡机除外），在满足系统各种运行限制条件和设备安全约束的情况下，通过对发电机的机端电压、无功补偿设备（包括电力电容器、静止无功发生器等）的出力及可调变压器的分接头进行调整，使系统的某个性能指标达到最优。无功优化对改善电压质量，提高电力系统稳定性，减少网损、提高电力系统经济效益具有十分重要的理论意义和现实意义。

电力系统无功优化在数学上是一个典型的非线性规划问题，其简要数学模型可表示如下

$$\min \quad f(\boldsymbol{x}) \tag{4-64}$$

$$\text{s. t.} \quad \boldsymbol{g}(\boldsymbol{x}) = 0 \tag{4-65}$$

$$\boldsymbol{h}_{\min} \leqslant \boldsymbol{h}(\boldsymbol{x}) \leqslant \boldsymbol{h}_{\max} \tag{4-66}$$

$$\boldsymbol{x}_{\min} \leqslant \boldsymbol{x} \leqslant \boldsymbol{x}_{\max} \tag{4-67}$$

其中，$\boldsymbol{x}$ 为系统变量，$f(\boldsymbol{x})$ 表示目标函数，式（4-65）表示等式约束，式（4-66）为函数不等式约束，式（4-67）为变量不等式约束。

电力系统无功优化的目标函数一般为全网有功损耗，等式约束主要包括节点功率平衡方程，不等式约束主要分为变量不等式约束和函数不等式约束两大类，变量不等式约束包括节点电压幅值，发电机和无功补偿装置的无功出力，函数不等式约束如线路有功功率的约束等。

电力系统无功优化的常规优化算法主要有：线性规划、非线性规划、混合整数规划法及动态规划法等，这类算法是以目标函数和约束条件的一阶或二阶导数作为寻找最优解的主要信息。

（1）线性规划法。在所有规划方法中，线性规划法是发展最为成熟的一种方法。无功优化虽然是一个非线性问题，但可以采用局部线性化的方法，将非线性目标函数和安全约束逐次线性化，仍可以将线性规划法用于求解无功优化问题。其中提出的较为经典的方法是利用牛顿拉夫逊潮流计算中的雅可比矩阵，来得到系统状态变量对控制变量的灵敏度关系的"灵敏度分析法"。在进行无功优化时，利用灵敏度矩阵可以方便地引入各种约束条件，并能够较好地实现系统有功损耗为最小的优化目标。

（2）非线性规划法。由于无功优化问题自身的非线性，因此非线性规划法最先被运用到电力系统无功优化之中。最具代表性的是简化梯度法、牛顿法、二次规划法（QP）。

简化梯度法是求解较大规模最优潮流问题的第一个较为成功的算法。它以极坐标形式的牛顿潮流计算为基础，对等式约束用拉格朗日乘数法处理，对不等式约束用 Kuhn-Tucker 罚函数处理，沿着控制变量的负梯度方向进行寻优，具有一阶收敛性。

牛顿法与简化梯度法相比是具有二阶敛速的算法，基于非线性规划法的拉格朗日乘数法，利用目标函数二阶导数（考虑梯度变化的趋势，所得搜索方向比梯度法好）组成的海森矩阵与网络潮流方程一阶导数组成的雅可比矩阵来求解。对控制变量和拉格朗日乘子穿插排序，统一修正。利用海森矩阵和雅可比矩阵高度稀疏性，使计算量减小。当前牛顿法用于无功优化的研究已进入实用化阶段。

二次规划（QP）是非线性规划中较为成熟的一种方法。将目标函数作二阶泰勒展开，非线性约束转化为一系列的线性约束，从而构成二次规划的优化模型，用一系列的二次规划来逼近最终的最优解。由于二次型的目标函数可以较好的适应无功优化目标函数的非线性特征，收敛性及计算速度比较理想，因而在无功优化中得到了应用。

（3）混合整数规划法。混合整数规划法的原理是先确定整数变量，再与线性规划法协调处理连续变量。它解决了前述方法中没有解决的离散变量的精确处理问题，其数学模型也比较准确的体现了无功优化实际，但是这种分两步优化的方法削弱了它的总体最优性，同时在问题的求解过程中常常发生振荡发散，而且它的计算过程十分复杂，计算量大，计算时间属于非多项式类型，随着维数的增加，计算时间会急剧增加，有时甚至是爆炸性的，所以既精确地处理整数变量，又适应系统规模使其实用化，是完善这一方法的关键之处。

（4）动态规划法。动态规划法是研究多阶段决策过程最优解的一种有效方法，按时间或空间顺序将问题分解为若干互相联系的阶段，依次对它每一阶段做出决策，最后获得整个过程的最优解。其基本特点是从动态过程的总体上寻优，将问题分阶段求解，每个阶段包含一个变量，尤其适合于多变量方程。动态规划法较多应用于有功优化问题，在无功优化中也有运用。

2. 电力系统电压无功控制

系统的无功平衡是保证电压质量的重要条件，系统无功供给不足，会降低运行电压水平和增加网损；若系统无功供给过剩，则会提高系统运行电压，影响设备使用寿命和系统的安全稳定性，使系统输送容量降低，不利于电网的运行调度。因此，保证电压质量合格，是电力系统安全优质供电的重要条件，对节约电能有着重要的意义。

在变电站中主要通过调节有载调压变压器的分接头（OLTC）和投退无功补偿设备达到调整电压的目的。在各种无功补偿设备中，并联电容器组简单经济，易于安装维护、有功损耗小，同时电力系统的大部分负荷主要是感性负荷，因此并联电容器组逐渐取代同步调相机，得到广泛应用。而 OLTC 则适用于供电线路较长，负荷变动较大的场合，调压范围较大且不影响供电。

目前，已有一些科研所设计和生产了相应的对于单变电站电压无功控制的装置（VQC 装置），并已投入运行，取得了不错的效果。

（1）VQC 控制原理。VQC 装置是根据电网电压、无功的变化，为满足供电用户的电压，供电部门功率因数的要求，自动调整变压器分接头、投切电容器的自动装置。它的控制目标是通过实时检测系统电压、无功功率、功率因数等参数，通过投切电容器（电抗器）、调节变压器分接头，使得输出电压和功率因数在合格范围内，从而达到提高供电质量的目的。下面以一简单例子说明 VQC 的控制原理。

简单系统接线图如图 4-1 所示，U_S 为系统电压；U_1、U_2 为变电站主变压器高低压侧电压，U_L 为负荷电压，P_L、Q_L 分别为负荷有功功率和无功功率，K_T 为变压器变比，Q_C 为补 U_S 偿无功功率，R_S、X_S、R_L、X_L 分别为线路阻抗参数，R_T、X_T 为变压器阻抗参数。

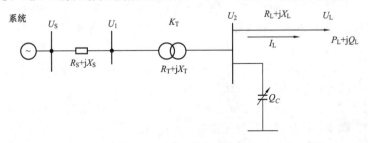

图 4-1 变电站等值电路图

1）调节有载调压器的变比。由于 $U_2 = \dfrac{U_1}{K_T}$ 为可控变量，当负荷增大，降低 K_T 以提高 U_2，从而以提高 U_2 来补偿线路上的电压损耗，反之亦然。

2）改变电容组的投切组数。

当投入电容量前，有

$$U_2 = U_S - \frac{P_2(R_S + R_T) + Q_2(X_S + X_T)}{U_2} \qquad (4-68)$$

当投入电容量 Q_C 后，有

$$U_2 = U_S - \frac{P_2(R_S + R_T) + (Q_2 - Q_C)(X_S + X_T)}{U_2} \qquad (4-69)$$

比较式（4-68）和式（4-69）后可以看出，Q_C 的改变会影响系统中各点电压值和无功的重新分配，当负荷增大，通过降低从系统到进站线路上的电压降 ΔU_S 亦可增大 U_2，以抵消 ΔU_L 的增大。

投入 Q_C 后网损为

$$\Delta S = \frac{P_2^2 + (Q_2 - Q_C)^2}{U_2^2}(R_S + R_T) + j\frac{P_2^2 + (Q_2 - Q_C)^2}{U_2^2}(X_S + X_T) \qquad (4-70)$$

可见网损随 $Q_2 = (Q_2 - Q_C)^2$，即主变压器低压侧无功功率的平方而变化，在输送功率一定的情况下，Q_2 越小，网损越小。理论上，当 $Q_2 = 0$ 时功率损耗最小，因此，对于简单的辐射形网络，提高功率因数是降低网损的有效措施。

（2）VQC 的控制目标。VQC 的控制目标是通过实时检测系统电压、无功功率、功率因数等参数，通过投切电容器（电抗器）、调节变压器分接头，使得输出电压和功率因数在合格范围内，从而达到提高供电质量的目的。

1）保证电压合格。主变压器低压母线电压必须满足：$U_L \leqslant U_2 \leqslant U_H$（$U_H$、$U_L$ 是规定的母线电压上、下限值）。电力系统运行时由于负荷的随机变化和运行方式的改变，母线上的电压是经常变动的，因此允许各电压中枢点（监测点）的电压有一定的偏移范围，例如 10kV 及以下三相供电电压允许偏差为额定电压的 $\pm 7\%$（GB/T 12325—2008《电能质量　供电电压偏差》）。

2）维持无功基本平衡，使系统的功率损耗尽量减小。从变电站电压无功综合控制的角度，通常要求主变压器高压侧注入的无功功率 Q_1 必须满足：$Q_L \leqslant Q_1 \leqslant Q_H$，一般情况下应使流入变电站的无功功率大于 0，即无功功率不倒送。在有的时候，为保证电压合格，常采用强行调节的措施，如当分接开关调节次数达限时，常采用强投强切电容器组的措施来保证电压质量，以牺牲无功和网损合格率为代价。

3）尽量减少控制设备的动作次数，尤其是减少有载分接头的调节次数。由于变压器在电网中的重要地位，应对其进行重点保护。在有载调节分接开关时，由于会出现短时的匝间短路产生电弧，一方面会对分接开关的机械和电气性能产生影响，另一方面也影响变压器油的性能。有关资料表明，有载调压变压器 80% 的故障是由于有载分接开关所引起的，因此各变电站都严格限制了有载分接头的日最大调节次数（一般 110kV 为 10 次，35kV 为 20 次等），同时也对电容器组的日最大投切次数作出了限制（如 30 次），并对总的动作次数作出了限制。因此在控制策略上应尽量使日动作次数越少越好（特别是分接开关的调节次数）。

（3）VQC 的控制模式。VQC 的控制模式采用电压—无功功率控制模式，无功功率能真实反映无功出力情况，如变压器重载运行时无功功率波动较大，轻载运行时无功功率波动较小；无功功率与全网无功优化的目标函数紧密关联。它可避免无功倒送现象，有利于电网的安全运行；可避免变压器轻载运行时电容器组频繁投切现象，适应性强，便于实现实时的无功控制；控制简单方便，可有效避免电容器组的频繁投切现象。

（4）控制策略。VQC的控制目标采用基于九区图的控制策略。为实现母线电压和无功功率综合控制就是利用电压、无功2个判据量对变电站主变压器高压侧无功和目标侧电压进行综合调节，以保证电压在合格范围内，同时实现无功基本平衡。按电压、无功的限制整定方式进行综合控制时，电压、无功的上、下限如图4-2所示。

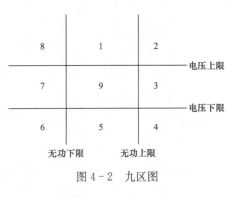

图4-2 九区图

根据VQC的调控要求，应将受控母线电压控制在规定的电压上、下限之间，确保电压合格，同时尽量使无功控制在规定的无功上、下限之间，如果电压、无功不能同时达到要求，则优先保证电压合格。九区图各区域具体的综合控制策略如表4-11所示。

表4-11 九区图各区域具体的综合控制策略表

控制区域	监控变量状态	控制措施
1区	电压越上限	升挡降压，如在最高挡，强切电容
2区	电压、无功越上限	升挡降压，如在最高挡，强切电容
3区	无功越上限	投电容，如无电容可投，则维持不变
4区	电压越下限、无功越上限	投电容，如无电容可投，降挡升压
5区	电压越下限	降挡升压，如在最低挡，强投电容
6区	电压、无功越下限	降挡升压，如在最低挡，强投电容
7区	无功越下限	切电容，如无电容可切，维持不变
8区	电压越上限，无功越下限	切电容，如无电容可切，升挡降压
9区	电压、无功在允许范围内	不动作，逆调压原则调整电压下限

虽然VQC控制装置对电网电压、无功控制起到重要作用，但其九区图控制策略具有局限性：如无法体现不同电压等级分接头调节对电压的影响，不能做到无功分区分层平衡；无法满足某些全网的控制目标以及约束条件，如省网关口功率因数，220kV母线电压约束，全网网损最小的目标等。这种孤岛控制方式也越来越不适应电网的发展。

（5）电网无功、电压闭环控制系统。电网无功、电压闭环控制系统（以下简称AVC系统）是通过监视关口的无功和变电站母线电压，保证关口无功和母线电压合格的条件下进行无功、电压优化计算，通过改变电网中可控无功电源的出力，无功补偿设备的投切，变压器分接头的调整来满足安全经济运行条件，提高电压质量，降低网损。系统优化的目标为关口无功合格，母线电压合格，网损最优。

无功、电压优化运行闭环控制系统控制原理图如图4-3所示。

系统主要由硬件和软件两个部分组成，硬件部分主要由无功、电压优化服务器和远程工作站组成。软件部分主要包括无功优化数学模型、数据采集、电压及无功优化计算和处理、控制执行等模块。无功、电压优化系统由电网实时数据采集接口，网络拓扑分析系统，无功、电压计算分

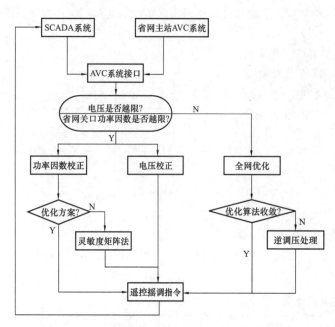

图4-3 无功、电压优化运行闭环控制系统控制原理图

析平台，变电站及设备控制出口等功能模块组成，采用先进的无功优化算法，通过可靠的技术平台实现，最大程度上的确保了优化方法的科学性、控制模式的安全性、设备管理的合理性。系统除了实现无功电压的优化控制之外，还提供了网损统计分析、系统参数调节等功能，在帮助电网工作人员跟踪系统实施结果的同时，改进控制方式和策略，使系统通过逐步的完善，最终达到降损节能和改善电压质量的目的。

AVC系统的基本功能：

1）全网电压优化功能。当无功功率流向合理，某变电站10kV侧母线电压越上限或越下限运行，处在不合理范围时，分析同电源、同电压等级变电站和上级变电站电压情况，决定是调节本变电站有载主变压器分接头开关还是调节上级电源变电站有载主变压器分接头开关挡位。实现全网调节电压，可以达到以尽可能少的有载调压变压器分接开关调节次数，达到最大范围地提高电压水平，同时避免了多变电站多主变压器同时调节主变压器分接开关可能引起的调节振荡。

实施有载调压变压器分接开关调节次数优化分配，保证了电网有载调压变压器分接开关动作安全和减少日常维护工作量。

实现热备用有载调压变压器分接开关挡位联调，使热备用有载调压变压器分接开关挡位与运行有载调压变压器分接开关挡位一致调节，可迅速完成热备用变压器的并联运行。

2）全网无功优化功能。当电网内各级变电站电压处在合格范围内时，可控制本级电网内无功功率流向，使其更为合理，达到无功功率分层就地平衡，提高受电功率因数。

依据电网对电压、无功变化的需要，计算并决策同电压等级不同变电站电容器组、同变电站不同容量电容器组谁优先投入。省网关口功率因数不合格时，优化220kV及其下级变电站的电容器组的投切。

3）无功电压综合优化功能。当变电站10kV母线电压越上限时，先降低主变压器分接开关挡位，如达不到要求，再切除电容器。当变电站10kV母线电压超下限时，先投入电容器，达不到要求时，再提高主变压器分接开关挡位，尽可能做到电容器投入量达到最合理。预测10kV母线电压和负荷变化，防止无功补偿设备投切振荡。

4）网损的优化。在电压和功率都合格的情况下，通过设备的电压、网损灵敏度分析和综合的调整费用来进行排队选择控制的设备。对设备的控制保证电压合格，同时不引起电压的太大变化。通过定义设备的调整费用来控制调整频度和调整优先级。

5）实现逆调压。软件系统可以根据当前的负荷水平，自动实现高峰负荷电压偏上限运行，低谷负荷电压偏下限运行的逆调压功能。电压校正、功率因数校正、网损优化这三个功能的优先级可根据用户考核和管理的规定设定。

三、加强电网经济运行

所谓电网经济运行，就是对电网各种运行方式重点从降损节能的角度进行对比优化选择。而供电网络是由诸多输电、变电、配电线路与设备构成，电网的经济运行既包括了单体元件（如某一条线路或某一台变压器）的经济运行，又包括网络元件组合的经济运行（如线路变压器组、变电站供电区等）以及整个区域电网的经济运行。

1. 合理调整运行电压

电力网的运行电压对电网中的元器件的负载损耗和空载损耗均有影响，电网中的负载损耗与运行电压成反比，而空载损耗一般与电压的平方成正比关系，因此，根据电网损耗中负载损耗和空载损耗比重情况，适当调整运行电压可以达到节电降损的效果。

当电网的负载损耗与空载损耗的比值 C 大于表 4-12 中的数值时，提高运行电压达到降损节电的效果。

表 4-12　　　　　　　　　提高运行电压降损判据表

提高电压百分数 $a\%$	1	2	3	4	5
负载损耗与空载损耗比值 C	1.02	1.04	1.061	1.082	1.10

当电网的负载损耗与空载损耗的比值 C 小于表 4-13 中的数值时，降低运行电压达到降损节电的效果。

表 4-13　　　　　　　　　降低运行电压降损判据表

降低电压百分数 $a\%$	1	2	3	4	5
负载损耗与空载损耗比值 C	0.98	0.96	0.941	0.922	0.903

合理调整运行电压是指通过调整发电机端电压、变压器分接头外，主要是要搞好全网的无功平衡工作，其中包括在变电站采用无功补偿装置，在公用配电变压器低压侧加装低压无功补偿装置，用户侧无功补偿等措施，提高功率因数。在无功平衡的前提下通过调整变压器的分接头合理地调整电网的运行电压，从而提高电压质量、降低线损。

2. 提高用户的功率因数

提高用户的功率因数，减少输电网络中输送的无功功率，首先应提高负荷的自然功率因数，其次是增设无功功率补偿装置。

负荷的自然功率因数是指未设置任何无功补偿设备时负荷自身的功率因数。在电力系统中，异步电动机占相当大比重，它是系统中主要需要无功功率的负荷。欲提高负荷的功率因数，首先在选择异步电动机容量时，应尽量接近它所带的机械负荷，避免电动机长期处于轻负荷下运行，更应避免电动机空载运转。其次在可能的条件下，大容量的用户尽量使用同步电动机，并过激运行；对绕线式异步电动机转子绕组通以直流励磁，改作同步机运行；再次应提高电动机的检修质量。

此外，变压器也是电力网中消耗无功功率较多的设备，因此应合理地配置其容量，并限制变压器空载运行的时间，这也是提高功率因数的重要措施。

3. 改善网络中的无功功率分布

提高功率因数对降损是非常有利的，而提高功率因数的主要途径有：一是减少系统各部分的无功损耗，二是进行无功补偿。

合理地配置无功补偿装置，改变无功潮流分布，减少有功损耗和电压损耗，不但使线损大为降低，还可以改善电压质量，提高线路和变压器的输送能力。补偿的方法有：随机补偿、随器补偿、线路集中补偿、变电站集中补偿。通过对各种方法的综合比较，线路集中补偿简单、投资少，设备利用率高，能改善线路电压质量。根据电网中无功负荷及无功分布情况，合理选择无功补偿容量和确定补偿容量的分布，可以进一步降低电网损耗。因此，在有功功率合理分配的同时，努力做到无功功率的合理分布，按无功功率就地平衡原则，尽量减少无功远距离输送，就近装设无功补偿装置，提高负荷的功率因数。

合理地选择异步电动机及变压器容量，可以提高功率因数，降低电能损耗，但不能完全限制无功功率在电网中存在。因此，在用户处或靠近用户的变电所中，装设无功功率补偿设备，如静电电容器、同期调相机、静止补偿器等，可就地平衡无功功率，减少无功功率在电网中传送。这也是提高功率因数，降低线损的重要措施。

4. 变压器的经济运行

变压器是电力网中的重要元件，一般地说，从发电、供电一直到用电，大致需要经过 3～4 次变压器的变压过程。变压器在传输电功率的过程中，其自身要产生有功功率和无功功率损耗，由于变压器的总台数多、总容量大，所以在发、供、用电过程中变压器总的电能损耗占整个电力系统损耗的 30%～40%。因此，全面开展变压器经济运行是实现电力系统经济运行的重要环节，对节电降损也是一个重要手段。

变压器经济运行是在确保变压器安全运行、满足正常供电需求和标准供电质量的基础上，充分利用现有设备，通过选择变压器的最佳运行方式、负载调整、运行位置最佳组合以及改善变压器的运行条件，从而最大限度地降低变压器的电能损失和提高其电源侧的功率因数。

由于变压器损耗在电网总损耗中所占比例相当大，故降低变压器的损耗是电网降损的重要内容。根据负荷的变化适当调整投入运行的变压器台数，可以减少功率损耗。当负荷小于临界负荷时，减少一台变压器运行较为经济；反之，当负荷大于临界负荷时，并联运行较为经济。一般在变电站内应设计安装两台及以上的变压器，作为改变系统运行方式的技术基础。这样既提高了供电的可靠性，又可以根据负荷合理停用并联运行变压器的台数，降低变压器损耗。

(1) 单台变压器的经济运行。当单台变压器负载率达到经济负载率 β_j 时，变压器经济运行。变压器经济负载率计算式为

$$\beta_j = \sqrt{\frac{\Delta P_0 + K_Q \Delta Q_0}{\Delta P_k + K_Q \Delta Q_k}} \tag{4-71}$$

式中：ΔP_0 为变压器空载损耗，kW；ΔP_k 为变压器短路损耗，kW；ΔQ_k 为变压器短路无功损耗，kvar；ΔQ_0 变压器空载无功损耗，kvar；K_Q 为变压器负荷无功经济当量，一般主变压器 $K_Q = 0.06 \sim 0.10$ kW/kvar，配电变压器 $K_Q = 0.08 \sim 0.13$ kW/kvar。

此时，变压器经济负载值，即变压器输出的有功功率的经济值为

$$P_j = \beta_j P_N = S_N \cos\varphi \sqrt{\frac{\Delta P_0}{\Delta P_k}} \quad (\text{kW}) \tag{4-72}$$

式中：β_j 为变压器经济负载率；S_N、P_N 为变压器额定有功功率、额定容量，kW、kVA；ΔP_0 为变压器空载损耗，kW；ΔP_k 为变压器短路损耗，kW；$\cos\varphi$ 变压器二次侧负荷功率因数。

(2) 两台变压器的经济运行。

1) 两台同型号、同容量变压器的经济运行。此种情况，定义一个参数，称为"临界负荷" S_{cr}，其计算公式为

$$S_{cr} = S_N \sqrt{\frac{2(\Delta P_0 + K_Q \Delta Q_0)}{\Delta P_k + K_Q \Delta Q_k}} \quad (\text{kVA}) \tag{4-73}$$

式中：S_N 为变压器额定容量，kVA；K_Q 为变压器负荷无功经济当量；ΔP_0 为变压器空载损耗，kW；ΔP_k 为变压器短路损耗，kW；ΔQ_k 为变压器短路无功损耗，kvar；ΔQ_0 变压器空载无功损耗，kvar。

当用电负荷 S 小于临界负荷 S_{cr} 时，投一台变压器运行，功率损耗最小，最经济。当用电负荷 S 大于临界负荷 S_{cr} 时，将两台变压器都投入运行，功率损耗最小，最经济。

根据临界负荷投切变压器的容量，对于供电连续性要求较高的、随月份变化的综合用电负荷，不仅有重大的降损节能意义，而且也是切实可行的。但是对于一昼夜或短时间内负荷变化较大的情况，则不宜采取这个措施。

2）"母子变压器"的经济运行。在配电网络中有些配电变压器全年负荷是不平衡的，有时负荷很重，接近满载或超载运行；有时负荷很轻，接近轻载或空载状态，如农业排灌、季节性生产等用电的配电变压器，可采取停用或采用"子母变"的措施，即排灌用配电变压器，空载运行时间约有半年的应及时停用。季节性轻载运行配电变压器，根据实际情况配置一台小容量配电变压器，即"子母变"，按负载轻重及时切换，以达到降损节电的效果。

"母子变压器"是两台容量大小不同的变压器，所以其投运方式有三种：一是小负荷用电投"子变"；二是中负荷用电投"母变"；三是大负荷用电"母变""子变"都投运。

类似于两台同容量运行的情况，此时定义了两个"临界负荷"参数，$S_{cr \cdot 1}$ 和 $S_{cr \cdot 2}$。其计算公式分别为

$$S_{cr \cdot 1} = S_{N \cdot m} S_{N \cdot z} \sqrt{\frac{\Delta P_{0 \cdot m} - \Delta P_{0 \cdot z}}{S_{N \cdot m}^2 \Delta P_{k \cdot z} - S_{N \cdot z}^2 \Delta P_{k \cdot m}}} \quad (kVA) \tag{4-74}$$

$$S_{cr \cdot 2} = S_{N \cdot m} \sqrt{\frac{\Delta P_{0 \cdot z}}{\Delta P_{k \cdot m} - \dfrac{S_{N \cdot m}^4 \Delta P_{k \cdot m}}{(S_{N \cdot m} + S_{N \cdot z})^4} - S_{N \cdot m}^2 S_{N \cdot z}^2}} \quad (kVA) \tag{4-75}$$

式中：$\Delta P_{0 \cdot z}$、$\Delta P_{k \cdot z}$ 分别为子变压器的空载损耗、短路损耗，kW；$\Delta P_{0 \cdot m}$、$\Delta P_{k \cdot m}$ 分别为母变压器的空载损耗、短路损耗，kW；$S_{N \cdot z}$、$S_{N \cdot m}$ 分别为子变压器、母变压器的额定容量，kVA。

当用电负荷 S 小于第一个"临界负荷"$S_{cr \cdot 1}$ 时，将子变压器投入运行损耗最小，最经济；当用电负荷 S 大于第一个"临界负荷"$S_{cr \cdot 1}$ 而小于第二个"临界负荷"$S_{cr \cdot 2}$ 时，将母变压器投入运行损耗最小，最经济；当用电负荷 S 大于第二个"临界负荷"$S_{cr \cdot 2}$ 时，将母变压器和子变压器都投入运行功率最小，最经济。"母子变压器"供电方式适用于对供电连续性要求较高和随月份变化的综合用电负荷，根据计算确定的临界负荷，来衡量用电负荷达到哪一境界范围，然后确定投运变压器的容量，采取适宜的供电方式。

3）多台变压器的经济运行。这里所说的多台变压器，是指同型号、同容量的三台及三台以上变压器。它们的经济运行，可采用下式进行说明。

当用电负荷增大，且达到

$$S > S_N \sqrt{\frac{\Delta P_0 + K_Q \Delta Q_0}{\Delta P_k + K_Q \Delta Q_k} n(n+1)} \quad (kVA) \tag{4-76}$$

时，应增加投运一台变压器，即投运（$n+1$）台变压器较经济。

当用电负荷减小，且降到

$$S > S_N \sqrt{\frac{\Delta P_0 + K_Q \Delta Q_0}{\Delta P_k + K_Q \Delta Q_k} n(n-1)} \quad (kVA) \tag{4-77}$$

时，应停运一台变压器，即投运（$n-1$）台变压器较经济。

应当指出，对于负荷随昼夜起伏变化，或在短时间内变化较大的用电，采取上述方法降低变压器的电能损耗是不合理的，这将使变压器高压侧的开关操作次数过多而增加损坏的机会和检修的工作量；同时，操作过电压对变压器的使用寿命也有一定影响。

5. 配电网的经济运行

所谓配电网的经济运行，是指在现有电网结构和布局下，一方面要把用电负荷组织好，调整得尽量合理，以保证线路及设备在运行时间内，所输送的负荷也尽量合理；另一方面，通过一定途径，按季节调节电网运行电压水平，也使其接近或达到合理值。

当以下两个条件任一实现时，配电网线路实现经济运行。

(1) 当线路负荷电流 I_{av} 达到经济负荷电流 I_j 时。

$$I_j = \sqrt{\frac{\sum\limits_{i=1}^{m} \Delta P_{0 \cdot i}}{3K^2 R_{eq \cdot \Sigma}}} \quad (A) \tag{4-78}$$

式中：$\Delta P_{0 \cdot i}$ 为线路上每台变压器的空载损耗，W；K 为线路负荷曲线形状系数；$R_{eq \cdot \Sigma}$ 为线路总等值电阻，Ω。

(2) 当变压器综均负载率 β 达到经济综均负载率 β_j 时。

$$\beta_j\% = \frac{U_N}{K \sum\limits_{i=1}^{m} S_{N \cdot i}} \sqrt{\frac{\sum\limits_{i=1}^{m} \Delta P_{0 \cdot i}}{R_{eq \cdot \Sigma}}} \times 100\% \tag{4-79}$$

式中：U_N 为线路的额定电压，kV；$\Delta P_{0 \cdot i}$ 为线路上各台变压器的空载损耗，kW；K 为线路负荷曲线形状系数；$R_{eq \cdot \Sigma}$ 为线路总等值电阻，Ω；$S_{N \cdot i}$ 为线路上各台变压器的额定容量，kVA。

当配电网线路实现经济运行时，线路达到最佳线损率。其计算式为

$$\Delta A_{zj}\% = \frac{2K \times 10^{-3}}{U_N \cos\varphi} \sqrt{R_{eq \cdot \Sigma} \sum\limits_{i=1}^{m} \Delta P_{0 \cdot i}} \times 100\% \tag{4-80}$$

式中：K 为线路负荷曲线形状系数；U_N 为线路的额定电压，kV；$\cos\varphi$ 线路负荷功率因数；$R_{eq \cdot \Sigma}$ 为线路总等值电阻，Ω；$\Delta P_{0 \cdot i}$ 为线路上每台变压器的空载损耗，W。

6. 加强低压三相负荷平衡降损工作

(1) 三相负荷不平衡对线损的影响。在三相四线制供电网络中，由于有单相负载存在，造成三相负载不平衡在所难免。当三相负载不平衡运行时，中性线即有电流通过。这样不但相线有损耗，而且中性线也产生损耗，从而增加了电网线路的损耗。

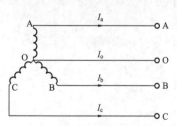

图 4-4　三相四线制接线方式

三相四线制接线方式如图 4-4 所示。

这时单位长度线路上的功率损耗为

$$\Delta P = I_a^2 R + I_b^2 R + I_c^2 R + I_o^2 R_o \tag{4-81}$$

式中：R、R_o 分别为相线和中性线单位长度线路的电阻值。

当三相负荷完全平衡时，三相电流 $I_a = I_b = I_c = I_{cp}$，中性线的电流为 0，这时单位长度线路上的功率损耗为

$$\Delta P = 3 I_{cp}^2 R \tag{4-82}$$

式中：I_{cp} 为三相负荷完全平衡时的相电流值。

如果各相电流不平衡，则中性线中有电流通过，损耗将显著增加。为讨论方便，引入负荷不平衡度 β 概念

$$\beta = (I_{max} - I_{cp})/I_{cp} \times 100\% \tag{4-83}$$

式中：I_{max} 为负荷最大一相的电流值。

下面分三种情况讨论三相负荷不平衡时线损值的增量：

1) 一相负荷重，两相负荷轻。假设 A 相负荷重，B、C 相负荷轻，则 $I_a = (1+\beta)I_{cp}$，$I_b = I_c = (1-\beta/2)I_{cp}$，在三相相位对称的情况下，中性线的电流 $I_0 = \frac{3}{2}\beta I_{cp}$。这时单位长度线路上的功率损耗为

$$\Delta P = (1+\beta)^2 I_{cp}^2 R + 2 \times (1-\beta/2)^2 I_{cp}^2 R + \frac{9}{4}\beta^2 I_{cp}^2 R_o = 3I_{cp}^2 R + \frac{\beta^2 I_{cp}^2}{4}(6R+9R_o)$$

$$(4-84)$$

它与三相负荷平衡时单位长度线路上的功率损耗的比值，称为功率损耗增量系数。其值为 K_1，则

$$K_1 = 1 + \frac{\beta^2}{12R}(6R+9R_0)$$

$$(4-85)$$

2) 一相负荷重，一相负荷轻，第三相的负荷为平均负荷。假设 A 相负荷重，B 相负荷轻，C 相负荷为平均值，显然 $I_a = (1+\beta)I_{cp}$，$I_b = (1-\beta)I_{cp}$，$I = I_{cp}$，则在三相相位对称的情况下，中性线的电流 $I_o = \sqrt{3}\beta I_{cp}$。得出单位长度线路上的功率损耗为

$$\Delta P = (1+\beta)^2 I_{cp}^2 R + (1-\beta)^2 I_{cp}^2 R + I_{cp}^2 R + 3\beta^2 I_{cp}^2 R_o = 3I_{cp}^2 R + \beta^2 I_{cp}^2 (2R+3R_o)$$

$$(4-86)$$

$$K_2 = 1 + \frac{\beta^2(2R+3R_o)}{3R}$$

$$(4-87)$$

3) 一相负荷轻，两相负荷重。假设 $I_a = (1-2\beta)I_{cp}$，$I_b = I_c = (1+\beta)I_{cp}$，则在三相相位对称的情况下，中性线的电流 $I_o = 3\beta I_{cp}$。这时单位长度线路上的功率损耗为

$$\Delta P = (1-2\beta)^2 I_{cp}^2 R + 2 \times (1+\beta)^2 I_{cp}^2 R + 9\beta^2 I_{cp}^2 R_o = 3I_{cp}^2 R + \beta^2 I_{cp}^2(6R+9R_o) \quad (4-88)$$

$$K_3 = 1 + \frac{\beta^2}{3R}(6R+9R_o)$$

$$(4-89)$$

显然，当负荷不平衡度 β 相等时，$K_3 > K_2 > K_1 > 1$，对于三相四线制接线方式，由此可得出如下结论：

a. 三相四线制接线方式，当三相负荷平衡时线损最小；当一相负荷重，两相负荷轻的情况下线损增量较小；当一相负荷重，一相负荷轻，而第三相的负荷为平均负荷的情况下线损增量较大；当一相负荷轻，两相负荷重的情况下线损增量最大。

b. 当三相负荷不平衡时，不论何种负荷分配情况，电流不平衡度越大，线损增量也越大。

c. 按照规程规定，不平衡度 β 不得大于 20%。设中性线截面为相线截面的一半，假若 $\beta = 0.2$，则 $K_1 = 1.08$，$K_2 = 1.11$，$K_3 = 1.32$，也就是说，相对于三相平衡的情况而言，由于三相负荷不平衡（且在规程允许范围内）所引起的线损分别增加 8%、11%、32%。

为此在三相四线制的低压网络运行中，应经常测量三相负荷并进行调整，使之平衡，这是降损节能的一项有效措施，对于输送距离比较远的配电线路来说，效果尤为显著。

（2）调整三相负荷的基本原则。

1) 三相负荷平衡基点的选取，平衡点只有放在最底层的用户上，才能取得最精确的平衡。均衡分配用户不仅仅是形式上看来每相接单相用户总数的 1/3，而且要把其中的用电情况在同一等级的用户也均衡分配到三相上。

2) 三相负荷平衡时段的选取，由于电网电流不断变化，某一时刻三相负荷平衡，换一时刻就不见得平衡。平衡时段的选取应根据用户用电规律，选取负荷高峰且持续时间较长时三相负荷

线损与降损措施

平衡为基准，兼顾其他时段。

（3）三相负荷调整方法

1）从末端开始调整。末端中性电流经过的路径最长，电能损失相对较大。

2）以接点平衡，即就地平衡为主，就近平衡为辅。接点平衡，中性电流仅在下户线中流动，不流入低压线路，节能效果最好。

3）以用电用户为单位，以平均月用电量为调整依据。当户数和电量冲突时，应以电量为依据。

第三节　配电网降损技术改造

配电网改造属于降损技术措施的建设措施，建设措施是指要投资来改进系统结构的措施。主要包括有加强电网结构的合理性、电力网升压改造、增加并列线路运行（加装复导线或架设第二回线路）、更换导线、环网开环运行、改进不正确的接线方式（迂回、卡脖、配电变压器不在负荷中心、低压台区改造）、增设无功补偿装置、采用低损耗和有载调压变压器、逐步更新高损耗变压器。

以下分别对电力网升压改造、增加并列线路运行、更换导线、采用低损耗和有载调压变压器、逐步更新高损耗变压器来降低线损进行介绍。

一、电力网升压改造

随着国民经济的快速发展和生活用电量的增大，使电力线路输送的容量不断增加，造成部分线路可能超负荷运行，其结果必然使电能损耗大幅度增加。如果将原来的电压提高一个等级，如 10kV（6kV）提高到 20kV（35kV），即可使线路的输送容量和电能损耗得到改善，达到降损的目的，对配电网进行升压改造，是在较短的时间内提高供电能力降低线损的一项有效措施，也是今后电网的发展方向。电力网升压改造适用于：用电负荷增长造成线路输送容量不够或线损大幅度上升，达到明显不经济程度，以及简化电压等级、淘汰非标准电压两种情况。

由于配电网中的可变损耗与运行电压的平方成反比，固定损耗与运行电压的平方正正比，电网升压运行可导致配电网可变损耗的降低和空载损耗的增加，因此，电网升压运行的原则是使可变损耗的减少量超过固定损耗的增加量，以达到降低配电网总损耗的目的。

电网升压运行不仅可以提高电网的供电能力，而且还可以降低电网的有功功率损耗。

电网升压后，可以增大电网输送容量，提高输送能力的百分数可采用下式计算

$$P_{\text{tg}} = \frac{P_2 - P_1}{P_1} \times 100\%$$
$$= \frac{U_{\text{N2}} - U_{\text{N1}}}{U_{\text{N1}}} \times 100\% \tag{4-90}$$

式中：P_{tg} 为电网输送能力提高的百分数，%；P_1 为升压前电网的输送功率，kW。P_2 为升压后电网的输送功率，kW。U_{N1} 为电网升压前的额定电压，kV；U_{N2} 为电网升压后的额定电压，kV。

当输送负荷不变时，电网升压改造后的降损节电效果计算方法如下：

电网升压后降低负载损耗的百分率为

$$\Delta P = \left(1 - \frac{U_{\text{N1}}^2}{U_{\text{N2}}^2}\right) \times 100\% \tag{4-91}$$

电网升压后降损节电量为

$$\Delta(\Delta A) = \Delta A \times \Delta P = \Delta A \times \left(1 - \frac{U_{\text{N1}}^2}{U_{\text{N2}}^2}\right) \tag{4-92}$$

式中：ΔA 为电网升压前的线路损耗电量，kWh。

170

电网升压改造后负载损耗降低百分率如表 4 - 14 所示。

表 4 - 14　　　　　　　　　　电网升压改造后负载损耗降低百分率

升压前电压 （kV）	升压后电压 （kV）	升压后负载 损耗降低（%）	升压前电压 （kV）	升压后电压 （kV）	升压后负载 损耗降低（%）
220	330	55.43	20	35	60.39
110	220	75.11	10		91.84
66	110	67.22	6	10	64.28
35		89.87	3	10	91

如中国目前使用的 10kV 配电网，由于自身特点的限制，显现出容量小、损耗大、供电半径短、占用通道、占用土地多等劣势。将 20kV 电压等级纳入电网系统输配电序列，与原有作为城市中压配电网主力的 10kV 电压等级相比，20kV 供电半径增加 60%，供电范围扩大 1.5 倍，供电能力提高 1 倍，输送损耗降低 75%，通道宽度基本相当，在输送功率相同的时候，可以大量减少变电站和线路布点。对偏远农村地区供电的优势潜能巨大，如采用 10kV 长距离供电的偏远农村地区存在损耗和电压降过大的问题，采用 20kV 供电则可以发挥在低负荷密度地区长距离输送的优势。

二、增加并列线路运行及更换导线

线路的电能损耗同电阻成正比，增大导线截面可以减小线路的电阻，从而减小电能损耗。但导线截面的增加，线路的建设投资也增加。导线的选择应首先考虑末端电压降（10kV 线路允许的电压降为 5%，0.4kV 低压线路允许的电压降为 7%），同时考虑经济电流密度，并结合发热条件，机械强度等确定导线的规格。按导线截面选择的一般原则，可以确定满足要求的最小截面导线；但从长远来看，选用最小截面导线并不经济。如果把理论最小截面导线加大一到二级，线损下降所节省的费用，便可以在较短时间内把增加的投资收回。

对于低压电力供应密度比较高的情况，采用铜导体比采用铝导体有更好的节能效果。由于铜导体的电阻率是铝导体电阻率的 57.7%，由 I^2R 的计算可知，在同等条件下，损失率可以减小 42.3%。

目前的配电网，大多数都是 20 世纪 60、70 年代架设的，由于当时用电负荷小，又受到当时物质条件的制约，线路使用的导线截面过小，特别是农网，不管配电变压器容量大小，供电距离远近，主干线还是分支线，使用的导线截面大都是 16mm² 或 25mm² 铝绞线（钢芯铝绞线），经过 30 多年的运行，大部分线路已老化。改革开放以来，随着生产发展和人民生活水平的提高，用电负荷急剧增加，原来的线路已不能满足用电要求，20 世纪末，虽经历了三次农网改造，上述问题得到很大改善，但仍有部分线路线径截面偏小，负荷重，导致配电网线损率偏高。

综合考虑线路投资、降低年运行费用、节省导线等方面的因素，配电网的导线截面应按导线的经济电流密度来选择。

$$S_j = \frac{I_{max}}{J_j} \tag{4-93}$$

式中：S_j 为导线经济截面；I_{max} 导线最大工作电流；J_j 导线的经济电流密度。

表 4 - 15　　　　　　　　架空导线经济电流密度　　　　　　　　A/mm²

导线材料	年最大负荷利用小时数			
	500～1500h	1500～3000h	3000～5000h	5000h 以上
裸铝线	2.0	1.65	1.15	0.9

通过更换配电网主干线路的截面增加并列线路，使导线截面增大，导线单位长度电阻减小，其结果将使导线的线路电阻减小，从而达到降损的目的。增加并列运行线路指由同一电源至同一受电点增加一条或几条线路并列运行。

（1）增加等截面、等距离线路并列运行后的降损节电量为

$$\Delta(\Delta A) = \Delta A \times \left(1 - \frac{1}{N}\right) \tag{4-94}$$

式中：ΔA 为原来一回线路运行时的损耗电量，kWh；N 为并列运行线路的回路数。

（2）在原导线上增加一条不等截面导线后的降损节电量为

$$\Delta(\Delta A) = \Delta A \times \left(1 - \frac{R_2}{R_1 + R_2}\right) \tag{4-95}$$

式中：ΔA 为改造前线路的损耗电量，kWh；R_1 为原线路的导线电阻，Ω；R_2 为增加线路的导线电阻，Ω。

（3）增大导线截面或改变线路迂回供电的降损节电量为

$$\Delta(\Delta A) = \Delta A \times \left(1 - \frac{R_2}{R_1}\right) \tag{4-96}$$

式中：ΔA 为改造前线路的损耗电量，kWh；R_1 为线路改造前的导线电阻，Ω；R_2 为线路改造后的导线电阻，Ω。

对有分支的线路则以等值电阻代替。

更换导线截面降低损耗百分率见表 4-16。

表 4-16　　　　　　　　　　更换导线截面降低损耗百分率

导线更换前的电阻		导线更换后的电阻		降低损耗百分率（%）
型号	电阻（Ω/km）	型号	电阻（Ω/km）	
LGJ-25	1.38	LGJ-35	0.85	38.4
LGJ-35	0.85	LGJ-50	0.65	23.5
LGJ-50	0.65	LGJ-75	0.46	29.2
LGJ-75	0.46	LGJ-90	0.33	28.3
LGJ-90	0.33	LGJ-120	0.27	18.2
LGJ-120	0.27	LGJ-150	0.21	22.2
LGJ-150	0.21	LGJ-185	0.17	19.0
LGJ-185	0.17	LGJ-240	0.132	22.4
LGJ-240	0.132	LGJ-300	0.107	18.8
LGJ-300	0.107	LGJ-400	0.08	25.2

三、配电变压器的技术改造

提高输配电网效率的另一项关键技术，就是提高电气设备的效率。其中，提高配电网变压器的效率尤其具有重大意义。从节能的观点来看，因为配电网变压器数量多，大多数又长期处于运行状态，因此这些变压器的效率哪怕只提高千分之一，也会节省大量电能。基于现有的实用技术，高效节能变压器的损耗至少可以节省 15%。

通常在评价变压器的损耗时，要考虑两种类型的损耗：铁芯损耗和线圈损耗。铁芯损耗通常是指变压器的空载损耗。因为需要在变压器的铁芯中建立磁场，所以不论负荷大小如何，它们都会发生。线圈损耗则发生在变压器的绕组中，并随负荷的大小而变化。因此又被称为负荷损耗。

变压器的空载损耗可以通过采用铁磁材料或优化几何尺寸来减少。增加铁芯截面积，或减小每一匝的电压，都可以降低铁芯的磁通密度，进而降低铁芯损耗。减小导线的截面积，可以缩短磁通路径，也可以减小空载损耗。降低负荷损耗有多种方法，比如采用高导通率的线材，扩大导线截面积，或用铜导线来替代铝导线。采用低损耗的绕组相当于缩短了绕组导线的长度。更小的铁芯截面积和更少的匝数，都可以减少线圈损耗。

从以上的分析可见，减少空载损耗可能导致负荷损耗的增加，反之亦然。因此，降低变压器的损耗是一个优化的过程，它涉及物理、技术和经济等各方面因素，还要对变压器整个使用寿命周期进行经济分析。在大多数情况下，变压器的设计都要在考虑铁芯及绕组的材料、设计，以及变压器的业主总费用等各方面因素后，得到一个折中的方案。在配电网的规划时，要严格按国家有关规定选用低损耗变压器，对于历史遗留运行中的高损耗变压器，在经济条件许可的情况下，逐步更换为低损耗变压器或通过节能技术改造，减少配电网的变损，从而提高电网的经济效益。

1. 推广使用低损耗配电变压器

所谓低损耗变压器就是高导磁材料，低损耗材料和先进制作工艺生产的节能变压器，低损耗变压器比高损耗变压器的空载损耗和短路损耗均有较大幅度的降低，推广使用低损耗变压器，是降低配电网损耗的重要措施。

以 100kVA 容量的配电变压器为例，相关实验分析表明，当负荷为 20％～100％时，"86"标准的配电变压器比"64"标准的配电变压器损耗率降低 2.66～1.01 个百分点，比"73"标准的配电变压器损耗率降低 1.94～0.7 个百分点，非晶变压器的负载损耗与 S9 系列常规油变压器的负载损耗相同，空载损耗非晶变压器 SH15 系列比 S9 系列下降 70％左右，降损效果显著。因此要根据部颁规定淘汰"64"、"73"标准的高损耗变压器。

此外，新建、改造配电台区，应选用 S9 及以上系列或非晶合金节能型变压器，县城电网、负荷较大的可采用 S11 系列或非晶合金变压器，64、73 系列高耗能配电变压器要全部更换；负荷密度小、负荷点少、单相负荷占较大比例的地区，有条件的可采用单相变压器或单、三相混合供电方式；负荷变动大的地区，有条件的可采用调容量变压器等。

2. 改造高损耗变压器

变压器节能改造的具体方法包括减容改造法、保容改造法和调容改造法。

(1) 减容改造法。减容改造法就是利用原有高损耗变压器的铁芯和外壳等部件，采用小一个等级的导线重新绕制高、低压绕组，以使改造后的变压器降低一个容量等级，改造后的变压器短路损耗达到 JB 1300—73 组 I 标准，重绕变压器绕组时，适当增加高、低压绕组的匝数，以使其空载损耗达到 S7 标准。高压绕组匝数增加的范围一般为 42％～46％，低压绕组匝数一般增加 8.3％～12.5％为宜。减容改造法工艺简单，所需费用低，约为一台低损耗变压器购置费用的 1/3，绕组重新绕制后和新的基本一样，改造后变压器空载损耗降低，空载电流减少，变压器的无功消耗也减少，对改善配电网的功率因数和电压质量颇有益处。

(2) 保容改造法。保容改造法包括更换铁芯改造法，更换部分铁芯改造法，更换铁芯立柱、重绕高压绕组改造法和更换心体改造法等。

1) 更换铁芯改造法。高损耗变压器大多采用热轧硅钢片，磁导率低，单位损耗大，更换铁芯改造法就是采用 Z10‑0.35 优质的硅钢片代替原高损耗变压器的铁芯的热轧硅钢片，铁芯级数采用低损耗变压器级数，铁芯结构采用 45°全斜不冲孔形式，高、低压绕组利用原来的。

2) 更换部分铁芯改造法。更换部分铁芯改造法就是将原高损耗变压器铁芯中间的一个叠层抽出来，用 Z11‑0.35 优质硅钢片按原来的规格剪裁后，重新叠进去，高、低压绕组利用原来的。

3) 更换铁芯立柱、重绕高压绕组改造法。此改造法就是以 Z11－0.35 优质硅钢片采用直接缝的叠片方式更换原铁芯立柱，新立柱的级数比原立柱的级数大 2～3 级，使立柱的截面在相同的心柱直径下增大 2.5%～4%，同时适当增加导线截面和匝数，重绕高压绕组，低压绕组不动，通过以上措施，达到降低磁通密度，减少空载损耗的目的。

4) 更换心体改造法。对于铁芯材质差，制造工艺低劣，绕组绝缘老化而需要大修的高损耗变压器，应按低损耗变压器的标准，重新设计、制造铁芯和绕组，铁芯采用 Z10－0.35 优质硅钢片，结构采用 45°全斜不冲孔形式，并用铜导线重新绕制高、低压绕组，也就是把原高损耗变压器的整个内心换掉。

(3) 调容改造法。调容改造法就是将原来的高损耗变压器改造为能够改变容量的变容量变压器，以适应农村用电负荷的季节性变化。

1) 串—并联型调容变压器。将变压器高、低压绕组每相分成两段，每段匝数与原来匝数相同，导线截面减少一半，增设一个调容开关。串联时，绕组匝数为原来的两倍，导线截面为原来的一半，允许通过 1/2 的额定电流，容量减半。并联时，绕组匝数与导线截面和原来一样，允许通过额定电流，变压器保持原有容量。

2) 星—三角形连接调容变压器。将低压绕组分成三段，第一段是绕组的 27% 匝数，另两段均为绕组的 73% 匝数，其导线截面相同，均为第一段的 1/2，高压绕组不变。当高压绕组连接成三角形，低压绕组每相的二、三段并联后与第一段串联，三相接成星形时，变压器具有额定容量；当高压绕组连接成星形，低压绕组三段串联后接成星形时，变压器容量减半。

通过对高损耗配电变压器进行技术改造，不但节约资金，同时也可降低配电变压器的损耗，对降损节能起到一定作用。

四、加强配电网无功补偿

随着国民经济的高速发展和人民生活水平的提高，人们对电力的需求日益增长，同时对供电的可靠性和供电质量提出了更高的要求。由于负荷的不断增加，以及电源的大幅增加，不但改变了电力系统的网络结构，也改变了系统的电源分布，造成系统的无功分布不尽合理，甚至可能造成局部地区无功严重不足、电压水平普遍较低的情况。随着系统结构日趋复杂，当系统受到较大干扰时，就可能在电压稳定薄弱环节导致电压崩溃。

合理的无功补偿点的选择以及补偿容量的确定，能够有效地维持系统的电压水平，提高系统的电压稳定性，避免大量无功的远距离传输，从而降低有功网损，减少发电费用。而且由于我国配电网长期以来无功缺乏，尤其造成的网损相当大，因此无功功率补偿是降损措施中投资少回报高的方案。一般配电网无功补偿方式有：变电站集中补偿方式、低压集中补偿方式、杆上无功补偿方式和用户终端分散补偿方式。

1. 变电站集中补偿方式

针对输电网的无功平衡，在变电站进行集中补偿（见图 4－5 的方式 1），补偿装置包括并联电容器、同步调相机、静止补偿器等，主要目的是改善输电网的功率因数、提高终端变电站的电压和补偿主变压器的无功损耗。这些补偿装置一般连接在变电站的 10kV 母线上，因此具有管理容易、维护方便等优点，但是这种方案对配电网的降损起不到什么作用。

为了实现变电站的电压控制，通常无功补偿装置（一般是并联电容器组）结合有载调压抽头来调节。通过两者的协调来进行电压/无功控制在国内已经积累了丰富的经验，九区图便是一种变电站电压/无功控制的有效方法。然而操作上还是较为麻烦的，因为由于限值需要随不同运行方式进行相应的调整；在某些区上会产生振荡现象；而且由于实际操作中抽头调节和电容器组投切次数是有限的，但九区图没有相应的判断。而现行九区图的调节效果也不是数学上证明的最好效果，因此九区图的应用还有待进一步改善。

2. 低压集中补偿方式

目前国内较普遍采用的另外一种无功补偿方式是在配电变压器380V侧进行集中补偿（见图4-5的方式2），通常采用微机控制的低压并联电容器柜，容量在几十至几百千乏不等，根据用户负荷水平的波动投入相应数量的电容器进行跟踪补偿。主要目的是提高专用变压器用户的功率因数，实现无功的就地平衡，对配电网和配电变压器的降损有一定作用，也有助于保证该用户的电压水平。这种补偿方式的投资及维护均由专用变压器用户承担。目前国内各厂家生产的自动补偿装置通常是根据功率因数来进行电容器的自动投切的，也有为了保证用户电压水平而以电压为判据进行控制的。这种方案虽然有助于保证用户的电能质量，但对电力系统并不可取。因为虽然线路电压的波动主要由无功量变化引起，但线路的电压水平是由系统情况决定的。当线路电压基准偏高或偏低时，无功的投切量可能与实际需求相去甚远，出现无功过补偿或欠补偿。

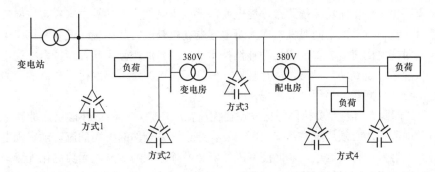

图4-5 配电网无功补偿方式示意图

对配电系统来说，除了专用变压器之外，还有许多公用变压器。而面向广大家庭用户及其他小型用户的公用变压器，由于其通常安装在户外的杆架上，进行低压无功集中补偿则是不现实的：难于维护、控制和管理，且容易成为生产安全隐患。这样，配电网的补偿度就受到了限制。

3. 杆上无功补偿方式

由于配电网中大量存在的公用变压器没有进行低压补偿，使得补偿度受到限制。由此造成很大的无功缺口需要由变电站或发电厂来填，大量的无功沿线传输使得配电网网损仍然居高难下。因此可以采用10kV户外并联电容器安装在架空线路的杆塔上（或另行架杆）进行无功补偿（见图4-5的方式3），以提高配电网功率因数，达到降损升压的目的。由于杆上安装的并联电容器远离变电站，容易出现保护不易配置、控制成本高、维护工作量大、受安装环境和空间等客观条件限制等工程问题，因此，杆上无功优化补偿必须结合以下实际工程要求来进行：

（1）补偿点宜少。一条配电线路上宜采用单点补偿，不宜采用多点补偿。

（2）控制方式从简。杆上补偿不设分组投切。

（3）补偿容量不宜过大。补偿容量太大将会导致配电线路在轻载时的过电压和过补偿现象；另外杆上空间有限，太多的电容器同杆架设，既不安全，也不利于电容器散热。

（4）接线宜简单。最好是每相只采用一台电容器装置，以降低整套补偿设备的故障率。

（5）保护方式也要简化。主要采用熔断器和氧化锌避雷器分别作为过电流和过电压保护。

显然，杆上无功补偿主要是针对10kV馈线上沿线的公用变压器所需无功进行补偿。因其具有投资小、回收快、补偿效率较高、便于管理和维护等优点，适合于功率因数较低且负荷较重的长配电线路，但是因负荷经常波动而该补偿方式是长期固定补偿，故其适应能力较差，主要是补偿了无功基本负荷，在线路重载情况下补偿度一般是不能达到0.95。

4. 用户终端分散补偿方式

目前在我国城镇，低压用户的用电量大幅增长，企业、厂矿和小区等对无功需求都很大，直接对用户末端进行无功补偿（见图4-5的方式4），将最恰当地降低电网的损耗和维持网络的电压水平。

GB 50052—2009《供配电系统设计规范》指出，容量较大，负荷平稳且经常使用的用电设备无功负荷宜单独就地补偿。故对于企业和厂矿中的电动机，应该进行就地无功补偿，即随机补偿；针对小区用户终端，由于用户负荷小，波动大，地点分散，无人管理，因此应该开发一种新型低压终端无功补偿装置，并满足以下要求：①智能型控制，免维护；②体积小，易安装；③功能完善，造价较低。

与前面三种补偿方式相比，本补偿方式将更能体现以下优点：①线损率可减少20%；②减小电压损失，改善电压质量，进而改善用电设备启动和运行条件；③释放系统能量，提高线路供电能力。缺点是由于低压无功补偿通常按配电变压器低压侧最大无功需求来确定安装容量，而各配电变压器低压负荷波动的不同时性造成大量电容器在较轻载时的闲置，设备利用率不高。

随着人们对配电网建设的重视和无功补偿技术的发展，低压侧无功补偿技术在配电系统中也开始普及。从静态补偿到动态补偿，从有触点补偿到无触点补偿，都取得了丰富的经验。但是在实践中也暴露出一些问题，必须引起重视。

（1）优化的问题。目前无功补偿的出发点往往放在用户侧，只注意补偿用户的功率因数。然而要实现有效的降损，必须从电力系统角度出发，通过计算全网的无功潮流，确定配电网的补偿方式、最优补偿容量和补偿地点，才能使有限的资金发挥最大的效益。无功优化配置的目标是在保证配电网电压水平的同时尽可能降低网损。由于它要对补偿后的运行费用以及相应的安装成本同时达到最小化，计算过程相当复杂。

（2）量测的问题。目前10kV配电网的线路上的负荷点一般无表计，且人员的技术水平和管理水平参差不齐，表计记录的准确性和同时性无法保证。这对配电网的潮流计算和无功优化计算带来很大困难。要争取带专用变压器房的用户的支持，使他们能按一定要求进行记录。380V终端用户处通常只装有功电能表，要实现功率因数的测量是不可能的。这也是低压无功补偿难于广泛开展的原因所在。

（3）谐波的问题。电容器本身具备一定的抗谐波能力，但同时也有放大谐波的副作用。谐波含量过大时会对电容器的寿命产生影响，甚至造成电容器的过早损坏；并且由于电容器对谐波的放大作用，将使系统的谐波干扰更严重。因而做无功补偿时必须考虑谐波治理，在有较大谐波干扰，又需要补偿无功的地点，应考虑增加滤波装置。

（4）无功倒送的问题。无功倒送会增加配电网的损耗，加重配电线路的负担，是电力系统所不允许的。尤其是采用固定电容器补偿方式的用户，则可能在负荷低谷时造成无功倒送，这需要引起充分考虑。

（5）电压调节方式的补偿设备带来的问题。有些无功补偿设备是依据电压来确定无功投切量的，这有助于保证用户的电能质量，但对电力系统而言却并不可取。因为虽然线路电压的波动主要由无功量变化引起，但线路的电压水平是由系统情况决定的。当线路电压基准偏高或偏低时，无功的投切量可能与实际需求相去甚远，出现无功过补或欠补。

10kV配电网的无功补偿工作应更多地考虑系统的特点，不应因电压等级低、补偿容量小而忽视补偿设备对系统侧的影响（包括网损）。如果需降损的线路能基于一个完善的补偿方案进行改造，则电力系统的收益将比分散的纯用户行为的补偿方式要大得多。

五、重视谐波治理

随着电网非线性负荷用电设备、种类和用电量的日益增长，特别是大功率变流设备和电弧炉等的广泛应用，使配电网中的高次谐波污染也日益严重，给电力系统发、配和用电设备造成不良影响，如谐波造成电网的功率损耗增加、设备寿命缩短、接地保护功能失常、遥控功能失常、线路和设备过热等，特别是 3 次谐波会产生非常大的中性线电流，使得配电变压器的中性线电流甚至超过相线电流值，造成设备的不安全运行。谐波对电网的安全性、稳定性、可靠性的影响还表现在可能引起电网发生谐振、使正常的供电中断、事故扩大、电网解裂等，还影响了电能计量误差。

1. 谐波污染对线路的影响

(1) 谐波污染增加了输电线路的损耗。输电线路中的谐波电流加上集肤效应的影响，将产生附加损耗，使得输电线路损耗增加。特别是在电力系统三相不对称运行时，对中性点直接接地的供电系统线损的增加尤为显著。

(2) 谐波污染增大了中性线电流，引起中性点漂移。在低压配电网络中，零序电流和零序性的谐波电流（3、6、9次……）不仅会引起中性线电流大大增加，造成过负荷发热，使损耗增加，而且产生压降，引起零电位漂移，降低了供电的电能质量。

(3) 谐波污染将会使电缆的介质损耗、输电损耗增大、泄漏电流上升、温升增大及干式电缆的局部放电增加，引发单相接地故障的可能性增加。

当谐波电流流过输电线路时，附加损耗可以表示为

$$\Delta P_{\mathrm{L}} = \sum I_h^2 R_h \tag{4-97}$$

式中：I_h 为 h 次谐波电流；R_h 为 h 次谐波频率下的线路电阻。

2. 谐波对变压器损耗的影响

(1) 谐波电流使变压器的铜耗增加，引起局部过热，振动，噪声增大，绕组附加发热等。

(2) 谐波电压引起的附加损耗使变压器的磁滞及涡流损耗增加，当系统运行电压偏高或三相不对称时，励磁电流中的谐波分量增加，绝缘材料承受的电气应力增大，影响绝缘的局部放电和介质增大。对三角形连接的绕组，零序性谐波在绕组内形成环流，使绕组温度升高。

(3) 变压器励磁电流中含谐波电流，引起合闸涌流中谐波电流过大，这种谐波电流在发生谐振时的条件下对变压器的安全运行将造成威胁。

谐波电流在变压器中造成的附加损耗可以表示为

$$\Delta P_{\mathrm{T}} = 3 \sum I_h^2 R_{\mathrm{T}} K_{h\mathrm{T}} \tag{4-98}$$

式中：I_h 为 h 次谐波电流；R_{T} 为变压器工频等值电阻；$K_{h\mathrm{T}}$ 为由于谐波的集肤效应和邻近效应使电阻增加的系数，当 h 为 5、7、11、和 13 时，该系数分别取 2.1、2.5、3.2、3.7。

3. 谐波对电容损耗的影响

电力电容器对谐波较为敏感，电容器的容抗与频率成反比，故在高次谐波电压作用下的容抗要比在基波电压作用下的容抗小得多，从而使谐波电流的波形畸变的作用远大于使谐波电压波形畸变的作用。在发生谐波的情况下，很小的谐波电压就可引起很大的谐波电流，注入并联电容器后产生谐波损耗，在被放大的情况下，产生过电压导致局部放电，使电容器产生噪声、发热、击穿和鼓肚等危害。

在谐波电压作用下，使电容器产生的额外损耗为

$$\Delta P = \omega C \tan\delta \sum h U_h^2 \tag{4-99}$$

4. 谐波对电能计量的影响

(1) 对感应型电能表计量准确度的影响，感应型电能表对 2 次以上的谐波有逐渐增大的衰减

特性，达到 9 次时已衰减了 80％以上。因此，谐波的影响具有下降频率特性，即对于同样大小的功率，电能表反应谐波功率的转速随谐波次数的增大而减小，主要原因是感应式电能表的圆盘涡流路径的等效圆盘阻抗角随频率的增高而增大，谐波功率产生的转矩比等量基波功率产生的转矩要小。

（2）对电子型电能表呈宽带响应的特性，电子表带宽主要受其互感器频带和乘法器时钟频率的限制。电子式电能表的误差主要源自其输入模块。在结构设计上，由于电能表输入模块的信号变送仅考虑基波，当电压、电流波形发生畸变时，磁通不能相应地发生线性变化而产生误差，影响了电能表的整体计量精度。

从电能计量的角度来看，正弦波电源供非线性负荷，负荷污染电网，向系统注入谐波功率，少交电费，对电力系统不公平；谐波电源供线性负荷，用户设备性能变坏，吸收谐波功率，多交电费，对电力用户不公平。

总的来说，在交流系统中，能产生用户所需有用功率的只是基波电压、电流和功率。而谐波功率不会做任何有用的功，只是在系统的各种发、变、配、用电设备中以发热的方式消耗掉。所以，谐波功率实质上就是谐波"线损"。当电网中的谐波电压和电流都不超过标准规定允许值时，公用电网中的谐波功率损耗比起用电负荷来是很小的，谐波功率损耗占总线损率中的比例仅为 $1\%\sim2\%$。但若谐波严重超标，则谐波功率损耗可占到总的供电线损电量的约 20％。

第四节　节　能　新　技　术

电力为世界的进步提供了无穷动力，然而发展至今，电网且面临着各种挑战，由于电网效率低下，电力在生产和传输中损耗严重。随着经济快速发展，高峰电力负荷不断攀升，电力研究工作者必须与时俱进，深入研究电力新产品、新工艺、新材料，为电网的发展做出贡献。

一、卷铁芯变压器技术的应用

卷铁芯技术是 20 世纪 90 年代后期从国外引进并在此基础上发展而来的技术，在总结以往 10kV 配电变压器设计经验的基础上并结合和吸收国内先进技术而研制开发的最新一代节能产品，完全采用了新材料、新结构和独特的新工艺。圆截面卷铁芯配电变压器的铁芯为卷绕不切割型，铁芯由宽窄变化的硅钢长带卷绕而成，芯柱截面接近纯圆形，磁路中没有空隙。目前圆截面卷铁芯有三种，如图 4-6 所示。

(a)　　　　　　(b)　　　　　　(c)

图 4-6　圆截面卷铁芯的三种类型示意图
(a) 三角形三相卷铁芯；(b) 三相"日"
字形卷铁芯；(c) 单相卷铁芯

卷铁芯配电变压器铁芯打破了传统的叠片式铁芯结构，将硅钢带剪成长带，在铁芯卷绕机上绕成封闭形整体，这种铁芯截面接近圆形，填充系数高，铁芯经过退火处理，没有接缝，空载损耗、空载电流和噪声都较叠片铁芯变压器小；卷铁芯变压器的线圈绕制工艺和器身制作工艺与传统制造工艺有较大区别，它是在专用绕线机上将线圈直接绕制在铁芯处，不需要进行线圈套装工序，直接进行引线制作。卷铁芯变压器是一低噪声、环保型、高效节能的配电变压器，其主要性能特点如下：

（1）卷铁芯变压器无需消耗接缝的磁化容量，磁路中无气隙，大大减少了励磁电流，提高了功率因数，降低了电网损耗，改善了电网的供电品质。

（2）环型铁芯充分利用了砖钢片的取向性，铁芯磁路匀砖钢片的晶粒取向完全一致，消除了因磁路与硅钢片取向不一致所增加的损耗，可使损耗降低。

（3）环型铁芯自身是一个无接缝的整体，在运行时的噪声水平下降，低到40～50dB，保护了环境。因此，很适合于室内和生活区安装使用。

（4）环型铁芯结构呈自然紧固状态，无须火件紧固，避免了因铁芯受力所带来的铁芯性能恶化，损耗增加。

（5）卷铁芯变压器与全密封变压器相比也是一种节能、低噪声、免维护的变压器。它在器身定位、密封材料、密封处理上采取了与全密封变压器相同的措施，取消了储油箱，油体积的变化由波纹片的弹性调节补偿。由于隔绝了油与空气接触的途径，绝缘不易受潮，老化率大大降低，因而变压器的使用可靠性及寿命大为提高。

卷铁芯结构变压器与叠铁芯结构相比，具有以下几个显著不同点：

（1）卷铁芯与叠铁芯的结构对比。卷铁芯配电变压器采用硅钢片卷制工艺，铁芯无接缝，三相卷铁芯比传统的叠片铁芯少四个大尖角和四个小尖角，如图4-7所示。经分析推导可知，它近似等于（1.25～5π）$G_\triangle$（$G_\triangle$为角质量）。在按现行标准设计方案中，角质量约占铁芯质量的10%～12%。另外，叠片式铁芯材料利用率约为90%，卷铁芯的材料利用率有可能达到95%以上。

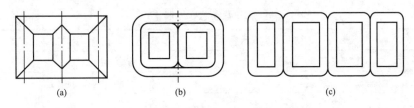

图4-7 叠铁芯结构与卷铁芯结构对比图
（a）叠铁芯结构；（b）心式卷铁芯结构（一大卷加两小卷）；（c）壳式卷铁芯结构（两大卷加两小卷）

（2）卷铁芯与叠铁芯的损耗对比。按照JB/T 3837—2010《变压器类产品型号编制方法》的规定："10kV的S9型配电变压器的空载损耗符合GB/T 6451—2008《油浸式电力变压器技术参数和要求》，而S11型配电变压器的空载损耗比S9型平均下降20%；10kV的S11型配电变压器的负载损耗比S9型平均下降5%"。该标准明确列出了S10、S11、S12、S13型配电变压器每一容量等级的空载和负载损耗值。下面列出了比较有代表性的S11型卷铁芯变压器的空载、负载损耗标准与S9型的损耗比较表（见表4-17）和S11型卷铁芯变压器与叠铁芯变压器的比较表（见表4-18）。

表4-17　　　S11与S9，30～1600/6、10配电变压器损耗参数比较

额定容量（kVA）	空载损耗（W）		负载损耗（W）		空载损耗（%）	
	S11	S9	S11	S9	S11（R）	S9
30	100	130	600	600	0.4	2.1
50	130	170	870	870	0.4	2.0
63	150	200	1040	1040	0.4	1.9
80	180	250	1250	1250	0.3	1.8
100	200	290	1500	1500	0.3	1.6

续表

额定容量（kVA）	空载损耗（W）		负载损耗（W）		空载损耗（%）	
	S11	S9	S11	S9	S11（R）	S9
125	240	340	1800	1800	0.3	1.5
160	280	400	2200	2200	0.3	1.4
200	340	480	2600	2600	0.3	1.3
250	400	560	3050	3050	0.3	1.2
315	480	670	3650	3650	0.3	1.1
400	570	800	4300	4300	0.3	1.0
500	680	960	5100	5100	0.3	1.0
630	810	1200	6200	6200	0.2	0.9
800	980	1400	7500	7500	0.2	0.8
1000	1150	1700	10300	10300	0.2	0.8
1250	1360	1950	12000	12000	0.2	0.6
1600	1640	2400	14500	14500	0.2	0.6

表 4-18 卷铁芯与叠铁芯变压器比较

	卷铁芯型变压器	叠铁芯型变压器
空载电流	比 S9 下降 60% 以上	与 S9 相当
空载损耗	比 S9 下降 30% 以上	比 S9 下降 30% 以上
负载损耗	与 S9 相当	与 S9 相当
噪声	45dB 以下	与 S9 相当，大约 50dB
工艺	新工艺，有待完善	传统 S9 制造工艺，成熟
工艺特点	线圈加工技术难度大，需要依靠完善的工艺措施进行严格的操作和控制才能保证线圈满足要求	容量不受限制，但小容量时要多消耗材料

S11 卷铁芯变压器与 S9 系列叠片式铁芯变压器的损耗明显不同。S11 比 S9 空载损耗下降 30%～40%，空载电流降低 70%～80%。卷铁芯自身是一个无接缝的整体，且结构紧密、噪声低（一般为 30～45dB，1000kVA 以下的国家标准为 44～57dB），更符合环保要求。

（3）卷铁芯与叠铁芯的工艺对比。卷铁芯的加工程序：开卷→卷绕→退火→浸漆。对于单台或小批量加工，其生产周期为 4～5 天。而叠片式铁芯的相应周期要短一些，一般 2～3 天可完成，前者受设备限制影响较大，而叠片式铁芯加工用的纵、横剪生产线效率高，适合大批量生产。由于卷铁芯变压器不需要拆除和套绕组的插片工序，故可节省其装配时间。在卷铁芯变压器的生产工序中，绕组的绕制工艺变化很大，它需要把绕组直接绕在铁芯上。尽管目前已有经多次改进的专用绕线机设备，绕制绕组的速度已从初期的（1～2）柱/班，提高到目前的（3～4）柱/班，但和叠片式产品的绕组（可单独绕制后再套装）相比，生产效率还是有明显差距。由于卷铁芯的特点，在线圈绕制时其导线的紧力受到制约，使得线圈加工比较困难，尤其是对于 630kVA 以上容量的配电变压器。对于运行中损坏的卷铁芯配电变压器，其铁芯和绕组维修困难（卷铁芯配电变压器重绕线圈时需要专用设备，所以一般宜在变压器厂内维修），而且卷铁芯退火工艺和生产工艺要求较高，铁芯卷绕和线圈绕制需要专用设备，工厂一次性投入较大。

但卷铁芯生产加工机械化程度高，与叠片相比，其生产效率有较大的提高，且节约硅钢片原材料，S11与S9叠铁芯变压器相比，在同等容量下，铁芯质量约下降10％，性能价格比有所提高，提高了制造厂的竞争力。此外，卷铁芯的加工工艺更适宜采用薄型硅钢片，这样更能充分发挥薄型硅钢片的良好低损性能。

（4）卷铁芯与叠铁芯的防盗对比。新型的卷铁芯变压器具有较好的防盗性。当盗贼把打开了油箱盖的变压器从变电台卸下后，由于卷铁芯是一个整体，盗贼无法把它拆开，而叠铁芯变压器一旦拆开机身的紧固件后，很容易将硅钢片敲落，窃走硅钢片和绕组。若铁芯拆不下来，线圈则无法取下。如果盗贼想把整体铁芯和线圈搬走，相当困难。因为1台100kVA变压器的质量为400kg，200kVA的质量为650kg。若变压器装在乡村田野，即使5个盗贼要想搬动这种新型卷铁芯变压器也无能为力。因此，这种新型卷铁芯变压器最适宜装在农村，尤其适宜安装在无人管理的偏远山村。

总之，由于卷铁芯采用退火工艺，降低了剪切、缠绕成形等工序造成的附加损耗，并减少了励磁性能劣化的影响，特别是卷铁芯几乎没有叠铁芯的叠接接缝，因此，它具有质量轻、体积小、损耗低、噪声低、空载电流小等优点。这些都是单相叠铁芯产品所无法比拟的。对三相卷铁芯变压器而言，由于存在轭部磁路的自调节效应，由此产生的附加损耗，通过退火也无法消除，从而抵消了部分结构和工艺的优势。但315kVA及以下配电变压器卷铁芯结构的优势还是比较明显的，它的弱点则不太明显。对S11-M的卷铁芯和叠片铁芯的推荐使用意见如表4-19所示。

表4-19　　　　　对S11-M的卷铁芯和叠片铁芯的推荐使用意见

容量	315kVA以下	315～500kVA	500kVA及以上
使用意见	可以多选用卷铁芯的配电变压器	同时选用卷铁芯与叠片铁芯	主要选用叠片铁芯的配电变压器。采用箔绕等方式改进线圈抗短路能力条件的卷铁芯配电变压器也可使用

二、非晶合金变压器技术的应用

变压器是根据电磁原理而制造的一种变电设备，导磁磁路系统是变压器的一个重要组成部分，导磁材料的性能直接影响变压器的技术经济指标。非晶合金变压器是采用新型导磁材料——非晶合金带材来制作铁芯的新型高效节能变压器。非晶合金是一种新型节能材料，它是以铁、硼、硅、钴和碳等元素为原料，用急速冷却等特殊工艺使内部原子呈现无序化排列的合金。非晶合金带材生产时，在铁、钴、镍、铬等金属中添加硅、硼、碳等非金属，将1400℃高温下一定比例的铁、硅、硼等混合热熔液，以相当于每秒钟冷却一百万摄氏度的高速冷却，冷却速度为$10^5\sim10^7K/s$，冷却底盘的转动速度约为30m/s，从溶液到薄带成品一次成形。由于高速旋转和冷却时的高温骤降，合金箔的原子结构呈现无序排列，类似于玻璃，不存在通常金属合金所表征的晶体结构，故称其为"非晶合金"。采用非晶合金带材制造的变压器的空载损耗和空载电流非常低，可减少CO、SO、NO_x等有害气体的排放，它也被称为21世纪的"绿色材料"，非晶合金变压器最突出的特点就是空载损耗和空载电流非常小，是目前节能效果非常好的配电变压器，是符合国家经委、计委颁布的《中国节能技术大纲》精神的理想电气产品。自1982年美国通用电气公司研制的非晶配电变压器商业投运以来，这二十多年来非晶变压器已经在国内、国外电网上普遍运行了。

(1) 非晶合金变压器的结构特点：利用导磁性能突出的非晶合金，来用作制造变压器的铁芯材料，最终能获得很低的损耗值。但它具有许多特性，在设计和制造中是必须保证和考虑的。主要体现在以下几个方面：

1) 非晶合金片材料的硬度很高，用常规工具是难以剪切的，所以设计时应考虑减少剪切量。

2) 非晶合金单片厚度极薄，材料表面也不是很平坦，则铁芯填充系数较低。

3) 非晶合金对机械应力非常敏感。结构设计时，必须避免采用以铁芯作为主承重结构件的传统设计方案。

4) 为了获得优良的低损耗特性，非晶合金铁芯片必须进行退火处理。

5) 电气性能上，为了减少铁芯片的剪切量，整台变压器的铁芯由四个单独的铁芯框并列组成，并且每相绕组是套在磁路独立的两框上。每个框内的磁通除基波磁通外，还有 3 次谐波磁通的存在，一个绕组中的两个卷铁芯框内，其 3 次谐波磁通正好在相位上相反，数值上相等，因此，每一组绕组内的 3 次谐波磁通相量和为零。如一次侧是三角形接法，有 3 次谐波电流的回路，在感应出的二次侧电压波形上，就不会有 3 次谐波电压的分量。

根据上面的分析，三相非晶合金配电变压器最合理的结构是：铁芯，由四个单独铁芯框在同一平面内组成三相五柱式，必须经退火处理，并带有交叉铁轭接缝，截面形状呈长方形；绕组，为长方形截面，可单独绕制成型的，双层或多层矩形层式；油箱，为全密封免维护的波纹结构。

(2) 非晶合金变压器的主要性能特点：

1) 铁芯的导磁材料采用非晶合金。由于非晶合金不存在晶体结构并具有软磁特性，磁滞回线的面积很狭窄，磁化功率小，电阻率高，涡流损耗小，所以采用此材料制造的变压器的空载损耗和空载电流非常低。

2) 由于非晶合金比较脆、饱和磁通密度较低（约 1.5T），所以非晶合金铁芯的额定磁通密度一般为（1.3～1.4T），比冷轧硅钢片（1.6～1.7T）低。变压器铁芯采用非晶合金带材一般卷制成三相五柱式结构，使变压器的高度比三相三柱的低。铁芯截面为矩形，其下轭可以打开便于线圈的套装。当然由于非晶合金带材的厚度为 0.02～0.03mm，只有硅钢片的 1/10 左右，非常薄、脆，并且对机械应力很敏感，因此装配时要注意轻拿轻放，避免因为过多的外力而增加产品的空载损耗和噪声。

3) 低压绕组除小容量（160kVA 以下）采用铜导线以外，一般采用铜箔绕制的圆筒式结构；高压绕组采用多层圆筒式结构，使绕组的安匝分布平衡，漏磁小。高、低压绕组采用导线张力装置一起绕制成矩形线圈，并通过热压整形将线圈固化成一整体，以增强绕组的机械强度和抗短路的能力。

4) 器身装配、油箱结构、保护装置等采用不吊心结构，并采用真空干燥、真空滤油和注油的工艺，采用全密封油箱，没有储油柜等结构。

5) SH15 非晶变压器的负载损耗与 S9 系列常规油变压器的负载损耗相同，空载损耗非晶变 SH15 系列比 S9 系列下降 70% 左右；空载电流非晶变压器 SH15 系列比 S9 系列下降 80% 左右。

6) 非晶变压器联结组采用 Dyn11 接法，减少了谐波对电网的影响，改善了供电质量。由于非晶变压器的铁芯都是四框五柱式结构，在 Yyn0 接线的状态下，三相不平衡负载电流会引起三相电压的严重不平衡。

7）由于非晶变压器采用全密封结构，绝缘油和绝缘介质不与空气接触，在正常运行下不需要换油，这就大大降低了变压器维护成本和延长了使用寿命，并且可在潮湿的环境中运行，是城市和农村配电网络中理想的配电设备。

8）虽然非晶合金变压器的有效成本比 S9 型平均上升了 20% 以上，其售价比 S9 型约高 30% 以上，但其比 S9 型同容量的变压器其空载损耗降低 75% 以上，年运行成本平均降低 30%，通过年电能损耗、年电能损耗成本、年节电费的计算，一般在 3～4 年内可以收回它相对于硅钢片铁芯变压器所增加的投资成本。

表 4-20　　S9、S11 型系列配电变压器与 SH15 非晶合金变压器的性能参数比较

容量 (kVA)	空载损耗（铁损，W）			负载损耗（铜损，W）	空载电流（%）			短路阻抗（%）
	SH15	S11	S9	S9、S11、SH15	SH15	S11	S9	
30	33	100	130	600	1.70	2.80	2.80	
50	43	130	170	870	1.30	2.50	2.50	
63	50	150	200	1040	1.20	2.40	2.40	
80	60	180	250	1250	1.10	2.20	2.20	
100	75	200	290	1500	1.00	2.10	2.10	
125	85	240	340	1800	0.90	2.00	2.00	4.0
160	100	280	400	2200	0.70	1.90	1.90	
200	120	340	480	2600	0.70	1.80	1.80	
250	140	400	560	3050	0.70	1.70	1.70	
315	170	480	670	3650	0.50	1.60	1.60	
400	200	570	800	4300	0.50	1.50	1.50	
500	240	680	960	5150	0.50	1.40	1.40	
630	320	810	1200	6200	0.30	1.30	1.30	
800	380	980	1400	7500	0.30	1.20	1.20	
1000	450	1150	1700	10300	0.30	1.10	1.10	4.5
1250	530	1360	1950	12000	0.20	1.00	1.00	
1600	630	1640	2400	14500	0.20	0.90	0.90	

1. 三相五柱式非晶合金铁芯磁通的分析

（1）铁芯结构特点。普通三相变压器一般采用三相三柱式结构，非晶合金的三相三柱式铁芯由内两小框、外一大框组成。目前，受国内非晶合金铁芯制作技术的限制，这种结构中大框的尺寸不能过大，其热处理较困难，三相三柱式铁芯心柱的三角区导磁特性不易控制。虽然非晶合金铁芯有三相三柱式和三相五柱式两种结构，但大容量非晶合金变压器多采用三相五柱式。

三相五柱式非晶合金变压器结构特点主要有：铁芯一般由五个铁芯心柱构成，其中旁轭和上铁轭与心柱的截面积成 1/2 关系。绕组分别套在中间的三个心柱上，两旁轭可供磁通中的高次谐波或零序分量流通。

（2）联结组别。三相五柱式的非晶合金变压器，每相绕组套在磁路独立、相邻的两个框上。每个框内的磁通除基波外，主要还有 3 次谐波，3 次谐波磁通占基波正弦波磁通的百分数与运行时额定磁通密度的选取值有关。心柱中相邻两个铁芯框内的 3 次谐波磁通相位相反，数值相等，

因此每相绕组内 3 次谐波磁通的相量和为零。

当变压器高压绕组采用三角形连接时，3 次谐波电流在高压绕组三角形内构成环流，有利于抑制低压电网中的谐波，而星形连接抑制谐波的能力较差。故三相非晶合金变压器宜采用 Dyn11 联结组。

（3）铁芯的磁通关系。非晶合金铁芯由四个独立的铁芯框组成。图 4-8 为三相五柱式铁芯的磁通分布和基波相量图。因为三相五柱式变压器总是带有连接成三角形的绕组，因此可以认为三相磁通是三相对称的正弦波形。

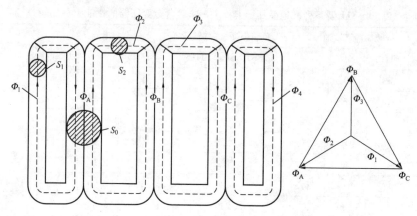

图 4-8　铁芯的磁通分布和基波相量图

三相五柱铁芯的磁通关系为

$$\Phi_1 = \Phi_2 = \Phi_3 = \frac{1}{\sqrt{3}}\Phi_m \approx 0.577\Phi_m$$

分析结果表明，当心柱磁通密度位于磁化曲线非饱和区时，旁轭与上铁轭的磁通等于心柱磁通的 0.577。

（4）磁通密度的选取。非晶合金的四个框是完全独立的，图 4-8 中旁轭和上铁轭截面积满足下式

$$S_1 = S_2 = \frac{1}{2}S_0$$

由 $\Phi_1 = \frac{1}{\sqrt{3}}\Phi_m$，$\Phi = BS$ 可得

$$S_1 B_1 = \frac{1}{\sqrt{3}}S_0 B_0$$

$$\frac{S_0}{2}B_1 = \frac{1}{\sqrt{3}}S_0 B_0$$

$$B_1 = 2 \times \frac{1}{\sqrt{3}}B_0$$

$$B_1 \approx 1.155B_0$$

由此可知，上铁轭和旁轭的磁通密度为心柱等效磁通密度的 1.155 倍。

上铁轭和旁轭的磁通密度通常按心柱的磁通密度计算。实际上，铁芯的上铁轭和旁轭的磁通密度为计算值的 1.155 倍，这是铁芯磁通密度选取的一个关键原则。非晶合金的饱和磁通密度为 1.55T，由此可知，铁芯磁通密度的选取应该小于 1.34T，使上铁轭和旁轭部分磁通密度低于饱

和值。磁通密度选取过高将影响变压器的各项性能。

2. 非晶合金变压器性能与磁通密度的关系

(1)空载特性。

1)空载损耗。变压器空载运行时，一次绕组的损耗很小，空载损耗基本上等于铁芯损耗。计算铁芯损耗时未将心柱和上铁轭单独计算，而是按照 $P_0 = KGQ_z$ 来计算，其中 Q_z 为单位损耗，K 为工艺系数，G 为铁芯质量。假设选取磁通密度时未考虑上述原则，将所计算出的空载损耗与变压器的实际空载损耗值进行比较。图 4-9 为非晶合金在 50Hz 下的单位损耗曲线。假设磁通密度取 1.34T，则

$$P_1 = 0.2W/kg; \quad P_0 = 0.2KG$$

实际上上铁轭和旁轭的磁通密度为 $B_1 = 1.34 \times 1.155$ $= 1.55T$，此时上铁轭和旁轭已经饱和。从图 4-9 曲线可以看到，当磁通密度超过 1.55T 时，铁芯的单位损耗和磁通密度已经不再呈线性变化，单位损耗趋向于无穷大。这样按照 $P_0 = KGQ_z$ 计算的空载损耗值与实际值有着很大的差异。由以上对比计算可知，选取非晶合金变压器磁通密度时一定不能忽略上述选取原则。

2)空载电流。空载电流由两部分组成，一部分为有功分量 i_{Fe}；另一部分为无功分量 i_m，即励磁电流和接缝电流。

当电源电压达到额定值时，铁芯中的主磁通 Φ 使磁路达到饱和。当 Φ 随着时间正弦变化时，由磁路饱和而引起非线性，每个铁芯框内磁通除基波磁通外还含有奇次谐波，导致磁化电流成为与磁通同相位的尖波。磁路越饱

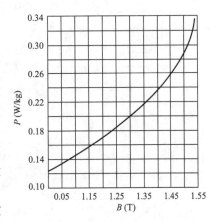

图 4-9 非晶合金的单位损耗曲线（50Hz）

和，磁化电流的波形越尖，畸变越严重。另外，非晶合金铁芯下铁轭有搭接部分，在搭接处消耗的接缝电流，也随着铁芯磁路的饱和而增大。

若铁芯最大的磁通密度小于 1.55T，磁路未饱和，则磁化曲线呈线性，i_{Fe} 与 Φ 成正比，当主磁通 Φ 随时间正弦变化时，i_{Fe} 也随着时间正弦变化。

(2)负载特性。当铁芯磁路工作在线性区时，负载的增加对铁芯并没有影响。但是如果设计时变压器磁通密度取值没有考虑到非晶合金框架结构的特点，忽略了磁通密度选取的原则，使得铁芯磁路工作在非线性区，变压器运行中二次侧超铭牌容量运行时，二次侧的电流增加，铁芯磁场强度增加，磁路饱和，使得铁芯磁导率很小，一次侧与二次侧不能再维持功率平衡，一次侧的功率感应不到二次侧，一次电源侧电流会增大许多，绕组的电阻损耗也会急剧上升。由于绕组产生的热量不能及时散发出去，绕组温升会直线上升，对变压器造成危害。

(3)噪声水平。变压器的噪声主要是由于铁芯在磁场作用下产生的磁致伸缩和器身电磁力所引起的振动造成的。

研究表明，铁芯片的磁致伸缩现象是产生变压器噪声的主要原因。减少铁芯的磁致伸缩，降低磁通密度是降低噪声的有效措施。对于非晶合金变压器，在同一磁通密度下，其磁致伸缩程度比冷轧硅钢片高约 10%。冷轧硅钢片的饱和磁通密度约为 2.03T，非晶合金的饱和磁通密度约为 1.55T。按上述分析，如果铁芯磁通密度选取 1.3T 左右时，非晶合金变压器的噪声可能高达 65dB，选取 1.25T 左右时，其噪声可控制在 55dB 以内。

非晶合金变压器的噪声与其质量和制作工艺有密不可分的关系，从结构上采取措施也是降低

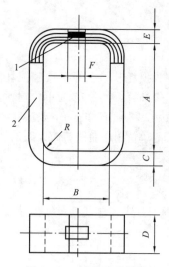

图 4-10 搭接式卷铁芯
A—窗口高度；B—窗口宽度；
C—叠厚；D—铁芯宽度；R—窗口
圆角 (6.4mm)；
1—搭接区（打开时，刷变压器油）搭
接长度 F=10~15mm，E=1.18
C~1.25C；2—环氧树脂涂层区

噪声的一个办法，但应遵循非晶合金变压器的结构特点，选取低于饱和值的磁通密度。

3. 非晶合金变压器与传统变压器的不同之处

（1）非晶合金变压器铁芯截面为矩形，因此一、二次绕组均加工成带圆角矩形，从而提高了导线的利用率。与采用多级圆形截面铁芯相比，可节省铁芯及电磁线材料，并提高油箱内的填充率。

（2）非晶合金铁芯的结构可分为叠环式、单环式、气隙分布式、叠片式和搭接式卷铁芯五种。通常铁芯采用搭接式，这是考虑到铁芯受力、铁芯强度、铁芯和绕组的夹紧结构等各类因素的合理选择。但搭接式有额外的搭接长度，上下重叠，它的接缝如图 4-10 所示。搭接式结构的材料利用率较低，同时铁轭厚度的增加（$E=1.18C\sim1.25C$）也会增大油箱尺寸，增加油重。

（3）非晶合金变压器铁芯的总体结构为三相五柱式。由 4 个单框卷铁芯（见图 4-10 及表 4-21）组合而成，有两个旁轭可供磁通中的高次谐波或零序分量流通。当变压器投运后，铁芯柱中的奇次谐波能相互抵消，可降低漏抗压降，改善电流质量。

表 4-21 非晶合金铁芯截面、尺寸及其质量

容量 (kVA)		尺寸 $A\times B\times C\times D$ (mm)	只 (台)	每只质量 (kg)	每台总质量 (kg)	截面积 (cm²)
30	1	245×130×55×100/245×75×55×100	2/2	29.2/25.7	109.8	110
	2	220×120×41.5×146/220×70×41.5×146	2/2	30/27	114	121.18
50	1	245×135×52×150/245×75×52×150	2/2	41.5/36.1	155.2	156
	2	235×125×47×174/235×75×47×174	2/2	44/39	166	163.56
80	1	260×145×67×150/260×80×67×150	2/2	59.1/51.5	221.2	201
	2	265×130×58×174/265×75×58×174	2/2	60/53	226	201.84
100	1	280×145×70×150/280×80×70×150	2/2	64.7/56.8	243	210
	2	265×130×54×217/265×75×54×217	2/2	69/61	260	234.36
400		450×155×94×217/450×90×94×217	2/2	187/171	716	407.96
800		405×170×116×146/405×95×116×146	4/4	155/140	1180	677.44

注 30~100kVA 有两种定型的非晶合金铁芯可供选择。

（4）非晶合金变压器不以非晶合金为主支承结构件，绕组的压紧自成体系，以减少绕组和器身对铁芯的压力。

（5）非晶合金铁芯截面积要比同容量的硅钢片变压器铁芯大。这是因为非晶合金带的工作磁密比硅钢片低。

在截面相同的条件下，矩形周长比圆形长，因此，非晶合金变压器高、低压绕组主空道的周长要比同容量硅钢片铁芯变压器长得多。

（6）在确保标准规定的绝缘水平下，非晶合金变压器的主绝缘距离比硅钢片变压器小。

（7）非晶合金变压器的噪声比硅钢片铁芯变压器高 6～8dB。变压器的噪声来源于变压器的铁芯在交变磁通下磁致伸缩而引起的振动。决定噪声高低的主要因素是铁芯中的磁通密度和铁芯的夹紧程度。

（8）由于非晶合金材料的涡流损耗大大降低，其单位损耗仅为硅钢片的 20％～30％。因此，非晶合金变压器比 S9 系列变压器的空载损耗下降 74％，空载电流下降 45 ％。

（9）非晶合金变压器的联结组采用 Dyn11，以减少谐波对电网的影响，改善供电质量。由于非晶合金变压器的铁芯都是四框五柱式结构，在 Yyn0 接线的状态下，三相不平衡负载电流会引起三相电压的严重失衡。

4. 非晶合金变压器的节能效果

三相非晶合金铁芯配电变压器与新 S9 型配电变压器相比，其年节约电能量是相当可观的。

以 800kVA 为例，ΔP_0 为 1.05kW；两种配电变压器的负载损耗值是一样的，则 $\Delta P_k = 0$，便可计算出一台产品每年可减少的电能损耗为

$$\Delta W_s = 8760(1.05 + 0.62 \times 0) = 9198(\text{kWh})$$

通过该种规格产品的计算可知，三相非晶合金铁芯配电变压器系列产品的节能效果非同一般。由于油箱又设计成全密封式结构，使变压器内的油与外界空气不接触，防止了油的氧化，延长了产品的使用寿命，为用户节约了维护费用。

非晶合金变压器若能完全替代新 S9 系列配电变压器，如 10kV 级配电变压器年需求量按 5000 万 kVA 计算时，那么，一年便可节电 100 亿 kWh 以上。同时，还可带来少建电厂的良好的环保效益，少向大气排放温室气体，这样会大大地减轻对环境的直接污染，使其成为新一代名副其实的绿色环保产品。国家在城乡电力网系统发展与改造中，若能大量推广采用三相非晶铁芯配电变压器产品，其最终会获得节能与环保两方面的效益。

5. 推广非晶合金变压器的必要性

通过计算和分析可知，用非晶合金变压器替代 S9 型变压器能够带来可观的经济效益。同时，对节能所带来的环境保护效益亦非常明显。因此，大量推广使用非晶合金变压器，不仅对能源节约和可持续发展意义重大，更减缓了供电紧张的局面。

非晶合金变压器（SH15）与 S9 型变压器仅空载损耗每年每台可节约的电量就相当可观，大约 3 年时间就可回收多投入的材料成本。在剩下的时间里，便可享受到非晶合金变压器带来的节能效益。另外，随着硅钢片的价格不断上涨，两者的价格差将逐渐缩小，这正是推广和使用非晶合金变压器的有利时机。

变压器是输变电中的损耗大户，在配电网损耗中变压器损耗占 30％～60％，其中空载损耗约占变压器损耗的 50％～80％，因此推广高效节能的变压器是电网节能的重要途径。在配电网和新能源领域，预计未来 10 年非晶合金变压器的总需求量将达 12.7 亿 kVA，可以预见未来非晶合金变压器市场空间巨大，前景广阔。

三、有载调容变压器技术的应用

非晶合金配电变压器虽然是节能性能很好的变压器，但由于价格较高而制约了其在农网中的推广应用。传统的无载调容变压器适用于季节性负载的变化，当空（或轻）载时可以换挡降低容量，减少变压器的铁芯损耗，具有明显的节电效果。但因需要停电手工切换，限制了它的便用范围，适用于农村、林场、盐场等用电量变化较大而变化周期较长的用户。为使调容量变压器节电量更大、操作更方便、适用范围更广泛，特别是能适应变化周期较短的用户，推广使用有载调容变压器。

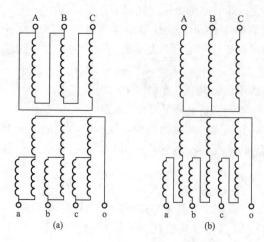

图 4-11 有载调容变压器结构原理
(a) Dyn11 连接（大容量时）；(b) Yyn0 连接
（小容量时）

有载调容变压器是一种具有大、小两个容量，并可根据负荷大小进行调整的配电变压器。其基本设计思想是：变压器三相高压绕组在大容量时接成三角形，小容量接为星形。每相低压绕组由三部分组成：一是少数线匝部分（Ⅰ段），另外的多数线匝的线段由两组导线并绕而成两部分（Ⅱ，Ⅲ段）。大容量时Ⅱ、Ⅲ段并联再与Ⅰ段串联，小容量时Ⅰ、Ⅱ、Ⅲ段全部串联。由大容量调为小容量时，低压绕组匝数增加，同时高压绕组变为星形接法而相电压降低，且匝数增加与电压降低的倍数相当，可以保证输出电压不变。调容变压器结构原理如图 4-11 所示。

高压绕组连接方式的改变，低压绕组并、串联的转换以及各分接部分的调整均由特制的无励磁调容开关完成。同时，大容量调为小容量时，由于低压匝数的增加，铁芯磁通密度大幅度降低，而使硅钢片单位损耗变小，空载损耗和空载电流也就降低了，达到降损节能的目的。

有载调容变压器可根据负荷情况进行有载容量调节，提高不同时期、不同时段的负载率，从而避免"大马拉小车"现象，尽可能使变压器处于经济运行状态，有效降低损耗。具体是通过有载调容控制器监测变压器低压侧的电压、电流，来判断当前负荷电流的大小，如果满足前期整定的调容条件控制器则发出调容指令给有载调容开关，有载调容开关根据调容指令进行容量切换，实现变压器内部高、低压线圈的星、角变换和串、并联转换，在带励磁状态下，完成变压器的自动容量转换，在无励磁状态下，完成变压器的电压调节。

1. 有载调容变压器的结构特点

（1）铁芯。为满足用户的不同要求，铁芯结构有两种：一是卷铁芯结构，它是将硅钢片带料，加工卷制成封闭形铁芯；二是叠积式的铁芯结构，采用优质取向冷轧硅钢片，阶梯形三级全斜带尖角接缝，不冲孔，改善了磁路结构。两种结构均可保证与同规格 S9 产品相比，空载损耗降低 30%，空载电流下降 70%。

（2）绕组。绕组均采用圆筒式结构，冲击电压分布好，油道散热效率高。采用卷铁芯结构时高、低压绕组直接绕制在铁芯心柱上，在线圈绕制方法上，要采取一些特殊技术措施。

（3）器身。适当调整器身有关主绝缘距离，沿线圈圆周的轴向支撑，均用层压纸板或层压木做成的绝缘块，保证受热基本不收缩，实现有效压紧。

（4）调容开关。调容开关为卧式笼形结构，外部手柄、限位在装配时经仔细调整定位，其传动机构为一对精加工的齿轮，确保动作可靠。在操动机构顶部有防水罩，保证操动机构安全，延长了使用寿命。

（5）油箱。油浸式变压器的油箱既是变压器身的外壳和浸油的容器，又是变压器总装的骨架，因此，变压器油箱起到机械支撑、冷却散热和绝缘保护的作用。调容变压器的油箱可以选用传统的管状散热器油箱或片式散热器油箱，也可用波纹油箱。

2. 有载调容变压器的调容及节能分析

（1）组成结构。有载调容变压器，由变压器本体、有载调容开关、有载调容控制系统以及配套设备（计量和测量）几部分组成，如图 4-12 所示。变压器本体包括高压绕组、低压绕组、铁芯、器身等。

（2）调容原理。由前述可知，有载调容变压器两种容量的转换主要依靠改变高、低压绕组的接线方式来实现。

在大容量方式时，高压绕组为三角形接线，低压绕组为并联结构，接线组别为 Dynl1；在小容量方式时，高压绕组接成星形，低压绕组为串联结构，接线组别为 Yyn0。高压绕组与有载调容开关连接如图 4-13 所示，大容量方式时，S1、S3、S5 处于开断状态，S2、S4、S6 处于闭合状态；小容量方式时 S2、S4、S6 处于开断状态，S1、S3、S5 处于闭合状态。因此，高压绕组需要抽出 9 个接点与有载调容开关进行连接，以实现 △-Y 转换。

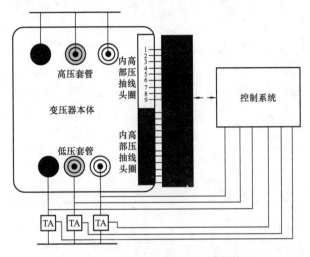

图 4-12　有载调容变压器组成结构图

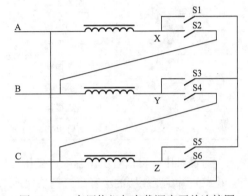

图 4-13　高压绕组与有载调容开关连接图

低压绕组与有载调容开关连接如图 4-14 所示，每相低压绕组由少数线匝部分（占 27%）Ⅰ段和多数线匝部分（占 73%）Ⅱ、Ⅲ段组成，Ⅱ、Ⅲ两段绕组导线的截面积约为Ⅰ段绕组导线截面积的一半。大容量方式时，Ⅱ、Ⅲ段并联后再与Ⅰ段串联，S7、S8、S10、S13、S14处于闭合状态，S9、S12、S15 处于开断状态；小容量方式时，Ⅰ、Ⅱ、Ⅲ段全部串联，S9、S12、S15 处于闭合状态，开关 S7、S8、S10、S11、S13、S14 处于开断状态。因此低压绕组需要抽出 12 个接点与有载调容开关连接，以实现并联—串联转换。

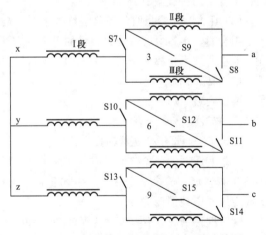

图 4-14　低压绕组与有载调容开关连接图

（3）节能分析。设大容量方式时，$U_2 = \dfrac{N_2}{N_1}$

U_1，式中，N_1、N_2 分别为此方式下高、低压绕组线匝数。当调容变压器由大容量方式调为小容量方式时，高压绕组连接方式由三角形接线改为星形接线，相电压相应地减小为大容量时的 $1/\sqrt{3}$；低压绕组中并联的Ⅱ、Ⅲ段部分转为串联（线匝数增至 146%），再与Ⅰ段的线匝串联起来，线匝数增至原来的 173%（约 $\sqrt{3}$）。由于高压绕组电压降低和低压绕组线匝增加的倍数相同，从而保持输出电压稳定不变。但此时由于线圈匝数增加了1.73倍，铁芯磁通密度大幅度降低，硅钢片单位损耗变小，空载损耗和空载电流也大幅下降，从而大大降低了变压器的空载无功损耗（小容量方式时的空载无功损耗小于大容量方式时损耗的1/10）和有功损耗（小容量方式时的空载有功损耗小于大容量方式时损耗的1/3），达到节能降耗的目的。

以 S11 - M. R. T - 160∶63/10 全密封卷铁芯调容配电变压器为例，表 4 - 22 列出了其测试结果与 S11（9）- 160/10、S11（9）- 63/10 普通配电变压器的主要技术指标对比的一组数据。

表 4 - 22　　　　　　S11 - M. R. T 型与 S11、S9 普通变压器技术指标对比表

额定容量（kVA）	技术指标名称	S11 - M. R. T 型（测量）	普通 S11（标准值）	普通 S9（标准值）
160（联结组标号 Dyn11）	空载损耗 P_0（W）	260	290	400
	空载电流 I_0（%）	0.34	0.42	1.4
	负载损耗 P_k（W）	2160	2200	2200
	短路阻抗 U_k（%）	3.82	4.0	4.0
630（联结组标号 Yyn0）	空载损耗 P_0（W）	130	150	200
	空载电流 I_0（%）	0.17	0.57	1.9
	负载损耗 P_k（W）	1060	1040	1040
	短路阻抗 U_k（%）	4.07	4.0	4.0

通过对比，可以看出调容配电变压器的性能特点：

（1）调容变压器的小容量，各项性能指标优于普通同容量产品性能，空载损耗低，空载电流小，可适应农网负载率低的状况，节能效果好。调容变压器还加装有特制的无励磁调容开关进行大、小容量的有载调节。

（2）在大、小容量时的短路阻抗基本上是接近于标准值的，从这个角度出发，在选择大、小容量组合时，小容量应选为大容量的1/3左右，这也正适应了小容量用在负荷小的状态下。调容变压器主要技术指标优于 GB/T 6451—2008《油浸式电力变压器技术参数和要求》中的规定。

（3）根据负荷情况，负荷低于40%时，就可以调到小容量，有效解决"大马拉小车"的问题，要比安装"母子变压器"造价低得多。

3. 有载调容变压器的经济效益分析

（1）与普通母子变压器的投资比较。在我国农村电网中，一个台区（一般为一个村庄）使用一台配电变压器的现象较为普遍，在这种状况下，负荷高峰期（7、8、9月）变压器的负荷率可达到85%；而在其余9个月中，平均负荷率却不到30%，长时间处于"大马拉小车"的状态，造成变压器空载损耗严重。

针对这种情况，有些地区为了避免这种电力浪费，就采取安装母子变压器进行季节性调整，如采用80、30kVA的2台不同容量母子变压器。如果管理完善，其节能效果可与调容变压器相当，但母子变压器比一台调容变压器价格要高出约1500元，安装费（含辅材）相差约2000元，若再计及要多增加一屏 JP 柜的费用约5500元，其他费用1000元，则采用调容变压器可节省投资费用约10000元，还可有效节省占地面积。

（2）运行经济效益比较。在相同容量下，采用有载调容变压器后年损耗电量比较如表 4 - 23 所示，计算中，年负荷利用小时数按连续 25 天平均最大负荷利用小时数 6200 h 计。采用有载调容变压器时，负荷率为 85% 和 30% 的利用小时数分别按 1500 h 和 4700 h 计。

表 4-23 有载调容变压器运行年损耗电量比较表

变压器型号	容量 (kVA)	年负荷利用小时数（h）	年最大负荷率	空载损耗 (W)	分类年损耗电量（kWh）	年损耗电量 (kWh)
S9 型	315	6200	70%	670	—	4154
S9 型有载调容	315	1500	85%	670	1005	1319.9
		4700	30%	67	314.9	
S11 型	315	6200	70%	480	—	2976
S11 型有载调容	315	1500	85%	480	720	945.6
		4700	30%	48	225.6	

根据以上计算结果，容量为 315 kVA 的 S9 型有载调容变压器与普通 S9 型变压器相比每年可少损耗电量 2834.1kWh，根据平均电价 0.57 元/kWh 测算，每年可节约费用 1615.44 元。采用相同的计算方法，容量为 315 kVA 的 S11 型有载调容变压器与普通 S9 型变压器相比每年可节约费用 1157.33 元。

调容变压器节能效果显著，技术经济性较好，对于农村电网的用电情况有较好的适用性；调容变压器的容量可以随负载容量的增减而增减，既满足农村负荷的季节性、时段性要求，又可以明显提高变压器的效率，改变农村变压器负载率偏低的不合理现象，有效减少变压器的容量浪费及有功功率和无功功率的损耗，降低农村配电变压器的空载损耗和负载损耗，从而降低网损，同时大大节省增容和运行费用，降低生产成本，提高经济效益。目前，调容变压器技术已在北京、上海、山西、江苏等十多个省市区农网中应用，取得了较好的节能效果。

四、新型智能无功补偿技术的应用

合理地在配电网中采用并联容性负载的方法来补偿无功功率，是提高功率因数的有效方法；传统的方法是采用固定电容补偿法，它仅适用于负载固定、无功功率相对稳定的情况；对于多数情况，更需要采取实时监控、自动补偿方式，随着微机和半导体技术的发展，利用计算机进行实时监测、控制，并根据无功变化，实现准确、快速的动态无功补偿，是当前新型智能无功补偿技术的发展趋势。

配电变压器低压智能无功补偿技术采用自动控制的方式，通过自动补偿控制器，采集电网的电压、电流、功率及功率因数等参数，随时跟踪电网的运行状态，综合各种运行参数，发出适当的操作指令，使配电变压器低压无功补偿处于最佳状态。

智能型配电变压器低压无功补偿技术是适用于 100kVA 及以上配电变压器的低压就地无功补偿技术，可随负荷的变化而合理自动跟踪投切电容器组，有效补偿各相无功负荷，提高功率因数，降低线损。据各地使用情况分析：可使功率因数提高到 0.95 以上，且不会产生无功倒送；功率因数的提高可增加变压器的负载能力；在冲击性和波动性负荷处，可减少电压波动；在优化电能质量的同时提高了配电设备的利用率 20% 以上，且投资回收期在 1～2 年内，此项技术的应用具有明显的经济和社会效益。

1. 目前应用的智能无功补偿设备状况

随着电力电子技术、智能控制技术和信息通信技术的不断发展，带动了许多电力新技术、新设备的不断出现，近年智能电网的建设加速了城乡电网的改造，动态智能无功补偿技术在各地低压配电网的公用配电变压器中开始应用，它集低压无功补偿、综合配电监测、配电台区的线损计量、电压合格率的考核、谐波监测等多种功能于一身，同时还充分考虑了与配电自动化系统的结合，是今后低压线路无功补偿技术发展的必然趋势。

（1）补偿方式。

1）固定补偿与动态补偿相结合。单纯的固定补偿已经不能满足复杂的负载类型及电网的无功要求，而新的动态无功补偿技术能较好地适应负载变化。

2）三相共补与分相补偿相结合。新的设备尤其是家居设备，都是两相供电，因此电网中三相不平衡的情况越来越多，三相共补同投同切已无法解决三相不平衡的问题，而全部采用单相补偿则投资较大。因此根据负载情况充分考虑经济性的共分结合方式在新的经济条件下日益广泛应用。

3）稳态补偿与快速跟踪补偿相结合。稳态补偿与快速跟踪补偿相结合的补偿方式是未来发展的一个趋势。不仅可以提高功率因数、降损节能，而且可以充分挖掘设备的工作容量，充分发挥设备能力，提高工作效率。

（2）采用先进的投切开关。

1）过零触发固态继电器。其特点是动态响应快，在投切过程中对电网无冲击、无涌流，寿命较长，但有一定的功耗和谐波污染，目前运用比较普遍。

2）机电一体化智能复合开关。该开关是由交流接触器和固态继电器并联运行，综合两种开关的优点，既实现了快速投切，又降低了功耗。目前由于成本及可靠性原因应用较少。

3）机电一体化智能型真空开关。该开关采用低压真空灭弧室及永磁操动机构，可实现电容过零投切，还可适应电容器串联电抗器回路的投切，寿命长，可靠性高，目前正在实现商品化。

（3）采用智能无功控制策略。采集三相电压、电流信号，跟踪系统中无功的变化，以无功功率为控制物理量，以用户设定的功率因数为投切参考限量，依据模糊控制理论智能选择电容器组合。根据配电系统三相中每一相无功功率的大小智能选择电容器组合，依据"取平补齐"的原则投入电网，实现电容器投切的智能控制，使补偿精度提高。

1）科学的电压限制条件。可设定的过、欠压保护值，可设置禁投（低谷高电压）、禁切（高峰低电压）电压值，具有缺相保护功能，以无功功率为投切门限值。

2）可设置投切延时。延时时间可调（既可支持快速跟踪无功补偿，也可支持稳态补偿），同组电容投切动作时间间隔可设置，对快速跟踪补偿可设置为零。

（4）集成综合配电监测功能。综合配电监测功能集配电变压器电气参数测量、记忆、通信于一体，是一套比较完整的配电运行参数测量机构，是低压配电电网中考核单元线损的理想手段。它能随时为电网管理人员提供所需要的各类数据，是为电网的安全运行和经济运行提供可靠的管理依据，是配电网自动化系统的基本组成部分。主要功能如下：

1）实时监测配电变压器三相数据：电压、电流、功率、功率因数、频率（1～3 次谐波）。

2）累计数据记录、整点数据记录和统计数据记录功能，累计计量有功、无功电量。

3）查询统计分析功能并根据输入条件生成各种报表、曲线等。

（5）集成电压监侧功能。根据电压检测仪标准进行采样与数据统计处理，便于用户考核电压合格率，可用于电压监测考核。

（6）集成在线谐波监测功能。监测终端采用 DSP 作为 CPU，应用 FFT 快速傅立叶算法，可精确计算测量出电压、电流、功率因数、有功及无功电量等配电参数，还可以分析 1～3 次谐波，从而实现在线的谐波监测功能，该数据可根据用户要求在后台软件上进行分析处理。

（7）通信。较先进的监控终端采用了标准的 RS-232、RS-485 接口，特殊配置（Modem）、现场总线（Profibus）等，并与配电网自动化系统有机结合，能完成与子站或主站的直接通信、实现数据远传并与配电自动化系统接口与集抄系统的通信。具体通信方式有以下两种：

1）直接通信：与配电自动化系统接口，为用户提供了多种解决方案以适应不同的配电网自动化系统与子站或主站的直接通信。

2）与 FTU 的通信：可通过 FTU 实现一点对多点采集，以实现数据远传并与配电自动化系统接口与集抄系统的通信，通常采用载波或直联。

（8）模块化结构。将电容器、投切开关、保护集成在一个单元内，形成多种规格的标准化单元，这种结构与功能模块化的形成满足了不同用户的要求，同时还便于各种装置在使用现场的维修与调整。

2. 新型低压智能无功补偿装置的构成

新型低压智能无功补偿装置是面向地、县供电公司配电网用户的新一代智能产品。其系统架构由终端设备、通信网络、主站这 3 层组成，如图 4-15 所示。

低压智能无功补偿装置主要由 CPU 测控单元、晶闸管复合开关、保护装置、两台（三角形接线）或一台（星形接线）低压自愈式电力电容器组成。

1）终端设备层主要由智能电容器与通信管理单元构成，安装在配电房，设备在对配电网进行无功补偿的同时，还可进行数据采集和对设备进行监测，并记录、分析设备工况及动作时间，在异常时主动发出告警信息，同时存储运行数据信息。通信管理单元具有通信、管理和存储的功能，是智能电容器与通用分组无线服务技术（GPRS）网络的连接点，同时存储电容器的运行信息。

2）通信网络层为 GPRS 网络，是主站和终端设备通信的桥梁，它传输终端设备的信息到主站，也把主站的控制命令下发到终端设备。

3）主站层主要对终端设备层上传的数据和告警信息进行处理，并对历史数据进行管理，同时下发各类控制命令给终端设备层。

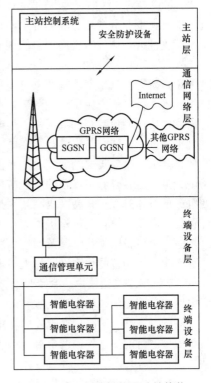

图 4-15 低压智能无功补偿装置系统架构图

五、节能新技术探索与研究

随着电力工业的快速增长、电网技术的飞速发展，为了落实中央发展低碳经济的要求，清洁利用能源，提高节能降损水平，搭建服务社会经济发展的绿色平台，南方电网积极开展关键领域的技术研究，持续优化电网结构，采用新型的输变电技术方案和手段，进一步提高大型现代化电网优化资源配置的能力，通过加强电网技术和信息、通讯技术的融合，积极稳妥地推进智能电网建设和研究工作，在十二五期间，重点开展的工作主要有：

鉴于电力系统由发电、输电、配电和用电等各部分组成，智能电网的发展也应分层分级实现，以解决能源资源分布地域广、经济发展不均衡，提高电网输送能力，实现远距离大容量输电为目的的智能输电网为一个层次；以提高供电质量和可靠性，降低系统运行损耗，改善系统的资产利用率，解决分布式能源分散化小容量多数量接入问题等为目的的智能配电网为第二个层次；而用电系统则作为第三个层次加以关注。

1. 大型互联电网的安全经济运行领域

电力系统互联是合作和竞争的一种模式，已经成为当前国际电力工业的重要趋势。电网互联实现了更大范围内资源的优化利用，促进了电力市场化的发展，但互联电网的稳定问题并不是子系统稳定问题的简单叠加，大区电网互联不但使系统的动态行为更加复杂（例如区域振动模式和混沌行为的发生），而且使系统的安全稳定裕度变小，局部故障波及的范围增大，更易导致由于相继的连锁故障而造成大面积停电的灾难。因此，跨大区联网在带来明显经济效益的同时，对电力系统安全稳定运行也提出了新的挑战，追求经济性和安全性之间的协调已迫在眉睫。

重点研究远距离大容量互联网络的规划技术、安全控制技术、无功电压优化控制技术、经济运行技术、智能调度技术，掌握交直流并联大电网安全稳定控制的核心技术，开发基于电力系统广域响应的暂态稳定控制技术，提出智能调度技术支持体系框架，构建具有即插即用能力的，基于 1＋X 模式的"纵向贯通"的数据总线系统，搭建基于云技术的智能调度综合业务试点平台，逐步实现调度业务向综合业务平台的迁移。进一步提高对电网的监测和控制能力，提高电网优化资源配置能力，通过实施经济节能调度等措施，有效提高能源综合利用效率。

2. 输变电技术领域

重点研究特高压直流输变电自主化关键技术，研究先进的灵活交流输电设备和轻型直流输电应用技术，积极研究应用统一潮流控制器（UPFC）、可控高抗、轻型直流输电，提高线路输送能力和电压、潮流控制的灵活性，为电网安全、经济运行提供技术支撑；在数字化变电站建设的基础上，进一步研究与完善智能变电站的技术架构和技术体系，构建智能设备的自诊断和状态预警体系，推进高效集成的大二次技术体系与管理体系建设，重点关注超导设备、大型电力电子设备、大型储能元件等新设备的集成应用技术，分阶段逐步完成常规变电站—数字变电站—智能化变电站的整体升级；开展高压网甚至是超高压网的超导限流技术研究，提高电网运行经济性；研究包括超高压线路自动巡检机器人在内的智能化巡视技术，使架空导地线、防振装置、绝缘子和杆塔等输电设备的损伤情况及通道状况能得到及时发现，提高运行维护水平；进一步提高输变电一、二次设备的智能化水平，为大规模新能源接入电网提供技术支撑。

（1）紧凑型交流输电。紧凑型交流输电是以增加分裂导线根数、降低电抗、增加电容从而提高电路输送能力的一种方法。这种输变电技术如果条件符合，可以使输电量增加 30％以上，具有较高的经济性。紧凑型交流输电增加了线路输送密度，减少了线路波阻抗，对增加输电量具有显著效果。目前，这种输变电技术应用较纯熟的当属俄罗斯，我国也在对该技术进行研究和应用。

（2）柔性交流输电。柔性交流输电技术最早产生于美国，是一项提高配电系统性能的综合性技术。历经三代的技术改革逐步趋于完善，这项变电技术将电力电子技术、控制技术等高新技术集中运用变电输送系统中，使变电输送系统更加可靠、可控，大大提高了输变电系统的整体性能，将其节电优势发挥到了最大，同时也使整个电力系统科技水平大大提高。

（3）分频交流输电。分频交流输电是由我国首先提出的全新输电方式，主要通过降低输电频率来减小输电系统电抗，从而达到增加输电容量的目的。分频交流输电不仅减少了输电线路的回路数和出线走廊数，提高了输电容量，而且在距离适当时可以显著的提高经济效益。此外分频交流输电运行输电性能较好，打破了仅靠提高电压来提高输送能力的局限。

（4）高压直流输电。高压直流输电的发展已超过 50 年的历史，这一技术在其发展过程中与电力电子技术、计算机技术、光纤技术和新材料技术的发展相结合逐步趋于完善。由于高压直流输电的线路造价较低，降低了运行成本，提高了经济效益，同时还有不存在稳定问题、可以与交流电联网等优势，在电力发展中应用较为广泛。

（5）微波输电。微波是波长介于无线电波和红外线辐射间的电磁波，微波输电利用电磁波与交流电之间的转换将电能提供给用户使用。这种输电技术摆脱了输电导线高、电路损耗大、占用资源多等劣势，具有结构简单、损耗低、环保等优点。我国在微波输电领域尚属空白。

（6）多相输电。多相输电指的是多于三相的输电系统。这种输电技术主要是通过在相同电压等级的条件下，采用增加输电相数的方法来增加电能的输送量。多相输电降低了出线走廊面积、减小了相间电压，但多相输电有输电导线增加、线路造价上涨、输电保护较难等缺陷，从而限制了其发展。

（7）四相输电技术。四相输电技术是在三相变两相平衡变压器的基础上做进一步推广而得到的。四相输电系统应用的关键是研究与实施四相四芯柱结构的三相变四相电力变压器。四相输电技术集合了多相输电和三相输电的优势，既提高了输送电量，又降低了投资成本，而且结构简单，对电路养护与设计工作带来了极大的便利。

3. 配电领域

配用电系统作为电力系统到用户的最后一环，与用户的联系最为紧密，对用户的影响也最为直接。智能配用电技术的发展对保证用户的高效、高质量、高可靠供电具有重要意义。此外，智能配用电技术的发展可以带动众多相关产业，有助于扩展基于电力设施的系统增值服务领域。

未来的配电系统将朝着具备灵活、可靠、高效的配电网网架结构、高可靠性和高安全性的通信网络、高渗透率的分布式电源接入、高级配电自动化系统的全面实施的总体方向和总体目标发展。

重点研究智能配电网的规划关键技术，以制定与实施技术规范和标准为龙头带动配电网智能化的科学发展；研究含分布式发电的微网规划，中压配电网电压等级优化配置和规划，研究对降低电能损耗、改善电能质量、优化资源配置方面的效益；研究配电网电能质量和节能环保关键技术，研究快速的低损耗无功补偿技术，三相不平衡补偿技术、分布式储能减少峰谷差的可行性及应用技术等；加强对分布式电源接入、集中/分散式储能、电动汽车充电站、智能调度和通信、配电网互动技术、实用型配电网自动化等关键技术的研究，开展试点与逐步推广应用工作；加强配电网信息一体化应用平台关键技术研究与构建工作，实现灵活调整、快速控制、风险评估、安全预警、紧急自愈、精细管理等功能。

智能配电网要求高层次的配电系统自动化系统与之相适应，需要对现有的配电自动化系统进行发展和延伸，以适应分布式电源接入、供电可靠性提高的要求。高级配电系统自动化在故障隔离与自愈、分布式电源与可平移负荷调度、通信技术、计算机辅助决策等方面有新的要求。需要建立在具备可自愈的配电网络结构基础之上，可以有效提高供电可靠性，缩小非故障停电区域，减少停电恢复时间。配电自动化系统中需充分考虑分布式电源、储能系统、电动汽车充放电设施、用户定制电力技术、智能需求侧管理等方面的影响。同时，其功能需要延伸至用户室内网，在保证用户用电可靠性要求的前提下，有效增加电力设备的利用率。还可根据 AMI 提供的大量实时数据，对配电网的工况进行状态估计、快速仿真与模拟，实现运行方式的优化等等，以保证配电网运行在高水平状态。

在未来智能配电网中，希望通过自愈技术快速恢复对停电区域的供电（理想情况下做到 0s 切换），同时确保电能质量满足要求。完成上述任务需要依靠继电保护、故障隔离与供电恢复（网络重构）、安全稳定控制等不同系统来完成。这需要将传统的彼此独立工作、各司其职的保护、控制、自动化系统融合成为统一的综合自动化系统，彼此协同工作，将故障扰动给配电网带来的影响降至最低。

快速仿真与模拟包括风险评估、自愈控制与优化等高级软件系统，以期达到改善电网的稳定性、安全性、可靠性和运行效率的目的。配电快速仿真与模拟需要支持以下四个主要的自愈功能：网络重构，电压与无功控制，故障定位、隔离和恢复供电，当系统拓扑结构发生变化时能够对继电保护实现再整定。这四个主要功能彼此相互联系，例如，网络的任一重构方案都要求对继电保护重新整定，需要确定新的电压调节方案，这些都需要高级配电自动化系统智能化地加以完成。

4. 用电领域

用电新技术涉及的面很广，例如，电动汽车、节能型照明电器、智能型家用电器等等。

重点研究高级量测体系的关键技术，研究构建能够适应智能电网发展的用电技术框架体系，形成智能用电计量、通信、信息、自动化、管理与服务等业务领域的标准规范体系；逐步构建能够覆盖全业务流程的智能用电系统和双向互动用电营销技术支持平台，为电力用户提供可靠、优质与多元化的用电服务和能效管理策略；重点加强用电业务领域基础建设，实现购、供、用三个环节信息的快速、全面掌握，将需求侧管理反馈信息从大用户延伸到低压用户，完善智能计量体系建设，实现自动计量系统由 AMR（自动抄表）向 AI（先进架构）的升级改造，整体推进"全采集、全覆盖"的用电管理支撑平台的建设；开展新能源利用方面的专题研究与试点工程建设，与相关产业合作，大力推动电动汽车等智能电器的发展，构建电动汽车充电站网络，研究支持大规模电动汽车充电的电网控制技术，并开展试点工程。研究风能、太阳能等分布式能源以及储能设备的接入技术，研究智能电能表、智能家电的应用技术，开展相关技术标准与规范的研究制定工作，并以此为依托，开展支持用户实现智能家居的技术研究与试点工作。重点是提高电能在终端能源消费中的比例，为用户提供友好、互动的多元化用电服务与相关增值服务，并通过与用户的友好互动实现电网设备利用效率的有效提高。

在智能配电系统中，大量智能用电装备将可以通过感知系统的频率变化信息，自动参与到负荷的移峰填谷中来，也可以通过智能化的控制系统，选择合适的用电时机，还可以通过感知到的用电价格信息，自动确定用电水平。这些用电新技术的核心就是在不影响用户生产生活水平的前提下，降低用电水平，选择合适的用电时机。

特别值得指出的是，在智能配电系统中，电动汽车将不仅仅是单一的用电设施，同时还将成为储能设施，理想情况下的电动汽车将能够在用电低谷时实现电能的存储，在用电高峰时充当电源的角色。

5. 智能用电的挑战和展望

（1）面临的挑战。未来智能用电发展会给电力企业带来诸多的可能和挑战，在为其他产业发展提供广阔的市场空间的同时，其自身的产业格局和业务范围将被重构，信息产业向电力行业的渗透是一很好例证。Google 通过 Energy 和 PowerMeter 等业务，逐渐利用其广大的用户资源和强大的服务器优势向电力行业延伸，于 2010 年 2 月获得批量能源交易许可，7 月成功实现第一笔电力交易。智能用电所促进的未来产业高度融合和竞争无疑将使电力企业重新思考自身的定位与发展方向。

我国面临着"后京都时代"的巨大减排压力，如何建设好以低碳化为特征的未来电网将是电力企业面临的又一挑战。建设能效管理系统，提高终端能源利用效率是用电侧减少碳排放的重要手段。现阶段如何提高能效管理系统的实际应用效果，吸引用户更深入地参与到综合能效管理中来；如何使高可靠性、高带宽的新型通信技术更好地支撑智能用电中的能效管理系统，这些都是目前智能用电领域迫切需要解决的问题。

（2）未来展望。智能用电海量数据的积累成为电网企业的巨大财富，挖掘这些数据的潜在价值将成为智能用电领域一个非常重要的研究方向。用电数据从大的方面说，可以反映整个社会的经济发展水平；从小的方面说，可以反映用电者的消费能力水平。作为与社会上每个行业、每个家庭及每个人联系最为密切的基础能源数据，可以反映出很多用电者的社会属性。如统计长时间不用电的家庭数量，可以得出城市房屋的空置率；如统计购电缴费记录，可以得出使用者的信用度。电网企业可以建立统一的数据中心，对数据进行加工和价值挖掘，为政府、其他行业提供增值咨询服务。电网企业将不仅是提供能源服务的企业，同时还是依靠挖掘用电数据来创造价值的企业，在即将到来的数据为王的时代会大有作为。

随着智能用电在城市社区、楼宇、园区的快速推广，可以预见在不远的将来，将逐步建成覆盖整个城市的智能能源网络。该网络不仅为构建绿色低碳的生产生活环境提供最有效的实现方式，还具备较好的功能扩展性，可广泛融合互联网、物联网、云计算等信息通信技术，为城市发展提供必要的基础管理网络，全面支撑智慧的医疗、智慧的交通、智慧的城市服务、智慧的公共安全等智慧城市多方面应用实现。因此城市能源管理对智能用电而言是一次本质上的巨大转变。

展望未来，除了要继续深入在智能用电领域的技术研究和实践外，还要积极参与智能用电相关国际标准的制定，更多地开展领域内的国际化交流，分享各自领域的经验与想法，促进智能用电的全球化大发展。

第五节　发电侧和用电侧节能降损措施浅析

一、发电厂节能措施

目前我国电力工业仍然是以火力发电为主的格局，截至 2011 年底，全国发电装机总容量达 10.6 亿 kW，其中火力发电机组装机容量已达到 7.65 亿 kW，水电装机 2.3 亿 kW。虽然近几年火电发展迅速，但很大一部分机组仍然存在机组能耗高、能源浪费等情况，已严重制约了火力发电企业的发展。

（一）火力发电

火力发电厂的节能具有双层意义：一方面，随着经济快速发展，我国主要能源和初级产品的供求格局发生了较大变化，资源对经济发展的制约作用逐渐显现，节约能源已经被视为与煤炭、石油、天然气和电力同等重要的"第五能源"，火电厂作为重点用能单位开展节能工作责无旁贷。另一方面，火力发电企业为了能在市场经济环境下求得生存与发展，必须减少生产环节中各项损失，降低煤耗，降低发电成本，采用节能技术、加强节能管理更显得尤为迫切。做好节能工作不仅是国民经济持续发展和全面建设小康社会的客观需要，而且也是发电企业增强盈利能力、提高经济效益、实现快速发展的内在要求。

1. 火电厂生产过程

尽管火电厂的种类虽很多，但从能量转换的观点分析，其生产过程却是基本相同的，概括地说是把燃料（煤）中含有的化学能转变为电能的过程。整个生产过程可分为三个阶段：

（1）燃料的化学能在锅炉中转变为热能，加热锅炉中的水使之变为蒸汽，称为燃烧系统。

（2）锅炉产生的蒸汽进入汽轮机，推动汽轮机旋转，将热能转变为机械能，称为汽水系统。

（3）由汽轮机旋转的机械能带动发电机发电，把机械能变为电能，称为电气系统。

火力发电厂的煤耗率、厂用电率是两个重要技术经济指标，是反映火力发电厂运行技术经济性能的数据。

1）煤耗率。煤耗率一般指供电煤耗率，为对外供电 1kWh 所消耗的标准煤量，目前国产 300MW 发电机组的煤耗率平均为 334.35g/kWh。

2）厂用电率。发电厂自用电（水泵、风机、磨煤机及照明器具等）功率与总发电功率之比，普通电厂厂用电率为 6%～10%；300MW 机组电厂厂用电率为 5% 左右，而 600MW 机组电厂的厂用电率为 4.8% 左右。

2. 发电厂节能途径

(1) 加强发电厂经济运行管理。火力发电厂在生产电能的过程中要消耗大量的燃料和水，电厂自身用电量也是相当大的，因此发电厂的经济运行管理十分重要。

(2) 加强发电厂技术经济指标管理。对发电厂的技术经济指标主要是煤耗率、厂用电率等，通常还按生产环节将这两大指标分解成许多技术经济小指标，以便于落实到各个生产岗位，以作为具体考核标准。

(3) 改造挖潜，提高运行经济性。对现有设备改造挖潜，引进新技术，采用计算机控制和自动化技术，大大提高了电厂生产设备安全运行水平和经济效益。

(4) 生产环节节能控制。火电厂的主要生产环节可大致分为燃料的入厂和入炉、水处理、煤粉制备、锅炉燃烧以及蒸汽的生产和消耗、汽轮机组发电和电力输送等。

1) 改善燃煤质量。一般来讲，燃料成本占发电成本约为75%左右，占上网电价成本30%左右。如果燃煤质好价优，则锅炉燃烧稳定、效率高，机组带得起负荷，不仅能够减少燃料的消耗量，更有利于节约发电成本；如果燃煤质次价高，则锅炉燃烧稳定性差，燃烧效率低，锅炉本体及其辅助设备损耗加大，因此要把入厂和入炉燃料的控制作为发电厂节能工作的源头。

2) 降低制粉系统单耗。制粉系统的耗电占厂用电的25%左右。在保证制粉系统出力，控制合理煤粉细度的前提下，降低制粉系统单耗是重要的节能途径。对制粉系统进行改造，提高制粉系统（磨煤机）干燥出力等措施。

3) 提高锅炉燃烧效率。锅炉是最大的燃料消耗设备，燃料在锅炉内燃烧过程中的能量损失主要包括：排烟损失、机械不完全燃烧损失、化学不完全燃烧损失、散热损失、灰渣物理热损失等。因此，只有通过减少各项损失，提高锅炉燃烧效率才能实现锅炉燃烧的节能控制。

4) 提高汽轮机效率。汽轮机运行时，其能量损失主要指级内损失。另外，汽轮机排汽也会造成一定的冷源损失。反映汽轮机效率水平的主要指标为汽耗率及机组热耗率。汽轮机的节能改造措施主要有：通流部分改造、汽封及汽封系统改造、低压转子的接长轴、改进油挡结构防止透平油污染、防断油烧瓦技术、改善机组振动状况、改进调节系统等。

5) 改善蒸汽质量。蒸汽压力和温度是蒸汽质量的重要指标。要合理控制这两大指标，提高经济性，对发电厂的节能具有重大意义。

6) 推广变频调速降低厂用电。发电厂厂用电量约占机组容量的5%~10%，除去制粉系统以外，泵与风机等辅机设备消耗的电能约占厂用电的70%~80%。泵与风机的节电水平主要通过耗电率来反映。泵与风机的节能，重点要看其是否耗能过多、风机与管网是否匹配。目前火电厂中的主要用电设备能源浪费比较严重，主要是风机必须满功率运行，效率低、节流损失大、设备损坏快、输出功率无法随机组负荷变化进行调整、电动机启动电流大（通常达到其额定电流的6~8倍）严重影响电动机的绝缘性能和使用寿命。解决上述问题最有效手段之一就是利用变频技术对这些设备的驱动电源进行变频改造。

(5) 降低发电煤耗。降低发电煤耗以提升机组的经济运行水平，是发电生产技术所追求的目标，降低机组的发电煤耗从反平衡角度分析，取决于提高锅炉炉效和降低汽轮机热耗。

锅炉是最大的燃料消耗设备，燃料在锅炉内燃烧过程中的能量损失主要包括：排烟损失、机械不完全燃烧损失、化学不完全燃烧损失、散热损失、灰渣物理热损失等。因此，只有通过减少各项损失，提高锅炉燃烧效率才能实现锅炉燃烧的节能控制。在锅炉运行过程中，氧量调整、配风调整、改变制粉系统运行方式以及减少空预器的漏风、消除烟道、空预器积灰等都是有利于减少各项损失的节能调整措施，其中，省煤器出口氧量、排烟温度、飞灰含碳量是重点节能控制参数。因此，锅炉运行要根据煤质变化，及时调整燃烧和辅机运行，保证氧量在合适范围，及时调整风煤配比，降低飞灰和大渣可燃物，降低排烟温度，及时关闭冷灰斗和看火孔门，减少漏风率，提高炉效。定期做好热效率测试工作，认真分析机组效率、炉效及漏风情况，积极督促检修对减速机漏油，空预器、省煤器、炉膛漏风情况进行消除。

（6）降低综合厂用电。降低综合厂用电一是要降低生产用电，二是降低非生产用电，三是降低主变压器变损。降低生产和非生产用电主要是靠加强生产和非生产节电管理、经济核算、运行经济调度和加快节电技改等措施，来达到降低厂综合用电目的。其次是利用先进技术降低主变压器变损，使全厂综合用电降到较低的水平。发电厂厂用电量约占机组容量的 $5\%\sim10\%$，其中制粉系统的耗电占厂用电的 20% 左右，泵与风机等主要辅机设备消耗的电能约占厂用电的 75%，可以看出主要辅机是节能的关键点。由于主要辅机设备在建厂时已经选配和安装好，在运行中更换既不现实也不经济，必须在建设初期把好各级关口，因此，对现有辅机进行调速驱动改造和加装高压变频装置是较为常用的节能手段。

另外，在电厂其他辅机设备中，有相当一部分泵与风机的电动机容量是固定不变的，设备一旦启动运行其单耗也是基本不变的。在一般情况下，启停调整是该类设备的主要节能控制手段。因此辅机运行应合理调配，优化运行方式，冬季气温低时，晚高峰后减负荷期间，在保证真空和循环水温度的情况下，可以停运循环泵来节约厂用电，尽量减少供水水泵的运行台数，起小停大以节约厂用电。严格执行降低除灰水系统水耗措施，及时调整冲洗泵电流。严格的执行接班巡回检查关闭配电室照明的规定，使配电室在无人的情况下保留最小照明，积极调整运行方式，减少大型空载变压的损耗，以节约厂用电。

3. 先进的节能技术应用

通过对火力发电厂节能评价结果，可针对影响机组能耗较大的系统或设备进行节能技术改造，能够使机组更加经济运行。

（1）火力发电厂燃煤锅炉畅通节能技术。由于锅炉所燃烧的燃料中含有越来越多的炉渣，因此 SO_3 含量是始终变化的。水冷壁、过热器后屏、再热器后屏及后端表面上的炉渣含量加大，因此导致 SO_3 的生成量增加，导致受热面换热效率降低。

畅通节能法工艺被设计为一个炉渣和结垢控制计划，它特别针对锅炉的辐射和对流区域。由于该技术针对锅炉的问题区域，而不是简单地将化学物质运用于燃料，因此采用该技术所达到的效果和成本效益都超过了相对不够完善的方法。化学处理剂与空气和水混和，然后被喷射到烟气之中。"标靶性"区域是依据计算流体动力学（CFD）确定的，由此在已知存在问题区域的情况下确保达到最大的覆盖率。化学制品被添加到烟气中，并针对传热问题区域或者对形成 SO_3 的化学反应有利的区域。这样即可保证被喷射的物质能够到达问题区域，并得到有效的利用。然后，添加剂在炉渣形成的时候与炉渣发生反应，并能够渗透已有的沉积物，从而影响它们的晶体物理特性。

通过采用这种方法，飞灰更易碎，而且更容易从表面清除。将这些结果融合在一起即可提高锅炉的效率。因此，除了提供解决排放问题的解决方案之外，该方法还能够实现相当可观的经济效益。

（2）飞灰含碳量在线监测——节能优化。锅炉飞灰含碳量在线监测装置是为电站锅炉烟气飞灰含碳量实时连续监测而设计的专用设备。它由飞灰含碳量现场检测站和系统主控单元（上位操作站）两部分组成，之间通过现场总线连接。现场站利用安装于锅炉尾部烟道内的灰样收集器适时收集待测灰样，再通过介质微波检测传感器将灰样的含碳量转换成与之相对应的电压信号，经微机处理单元运算，向系统传送飞灰含碳量数据，为锅炉运行提供燃烧调整以及热效率计算的依据。

（3）水冷壁性改（喷涂节能涂料）——优化传热。传热是锅炉的根本目的。在电站锅炉中，传热的部件主要有：水冷壁、过热器、省煤器等，水冷壁是其中的主要换热部件。在保持其他传热部件正常工作的前提下，提高水冷壁换热量，将会增加锅炉系统出力，产生优化传热效果，达到节能降耗目的。锅炉水冷壁的换热量是由其几何形状及材料特性决定的。提高在用锅炉换热量最理想的方法是：不改变几何形状，不更换材料，仅提高其吸收辐射热的能力。该项技术就是有效提高水冷壁换热而研制的。针对电站锅炉工况，采用在炉膛温度区间具有极高黑度的多种材料，经纳米化加工而成。同时满足粘接牢固、耐冲刷、抗老化、减缓高温氧化、减轻积灰结焦等多种性能要求。该种节能材料还具有提高燃料解吸速度的特性，从而增强了燃烧，扩大了节煤效果。

（4）磨煤机动态旋转分离器应用。磨煤机动态旋转分离器上装有旋转叶片装置，叶片逆时针方向旋转，回转支撑带动转子旋转。转子包含用于颗粒分离的叶片和原煤落煤管。转子叶片由耐磨钢板制成。分离器的传动方式为通过变频率电动机传动。静态分离器不能有效的将细的煤粉从粗煤粉中分离出来，会导致细煤粉在磨煤机里再次循环。含有细煤粉的研磨区域会降低研磨效率和磨机研磨能力（磨煤机出力）。而动态分离器有效地减少了细煤粉在磨煤机内部的循环次数，大大提高了研磨效率和磨煤机能力。动态分离器利用空气动力学和离心力将细煤粉从粗煤粒中分离出来。动态分离器改善了煤粉细度，提高了燃料热效率，改善了锅炉燃烧状况。

（5）冷水塔快速喷雾结冰防寒技术应用。快速喷雾结冰防寒法是一种快速喷雾结冰防寒法，在水塔进风口铺设的围网上形成一层带有孔洞的薄冰膜，随着塔内的下水温度及环境温度变化，来改变冰膜孔洞的大小和融化速率，实现自动控制冷却塔进风口的进风量，按设定温度范围调整进风量，调整水塔区域内的气温，使冷却水在最佳温度下运行，避免冷却塔因寒冷产生结冰所造成的塔内配件严重破坏，使循环水温度随天气及负荷变化而变化，实现冬季循环水温度可控，满足水塔的防冻要求，保持机组在最佳的循环水温度下经济运行。冷水塔快速喷雾结冰防寒法的应用，不仅有效解决冷却塔冻害问题，而且对机组冬季保持真空设计值、降低端差提供有效保证，大幅提高了机组的经济运行效率。

采用快速喷雾结冰防寒法的冷却塔与采用常规悬挂挡风板防寒法的冷却塔相比，具有如下特点：

1）采用常规悬挂挡风板防寒法的冷却塔挡风板数量不能根据大气温度随时调整，只能进行季节性调整，不能满足天气温差变化及机组调峰对水塔运行的要求，且天气变化越快，昼夜温差越大，其缺点越明显。而采用快速喷雾结冰防寒法的冷却塔通过改变冰膜孔洞的大小和融化速率，实现自动控制冷却塔进风口的进风量，按设定温度范围调整进风量，调整水塔区域内的气温，使冷却水在最佳温度下运行，避免冷却塔因寒冷产生结冰所造成的塔内配件严重破坏，使循环水温度随天气及负荷变化而变化，实现冬季循环水温度可控，满足水塔的防冻要求，保持机组在最佳的循环水温度下经济运行。

2）采用常规悬挂挡风板防寒法的冷却塔受挡风板数量的限制，特别寒冷天气的深度防冻受到限制，满足不了深度防冻的要求。而采用快速喷雾结冰防寒法的冷却塔能够满足各种温度条件下的防冻要求。

3）而采用快速喷雾结冰防寒法的冷却塔能够试验循环水温度的自动控制，而采用常规悬挂挡风板防寒法的冷却塔则不能。

4）而采用常规悬挂挡风板防寒法的冷却塔劳动强度大，且每年需要大量维护费用，而采用快速喷雾结冰防寒法的冷却塔铺设的围网则可以一劳永逸，长时间运行，节省大量维护费用。

5）采用快速喷雾结冰防寒法的冷却塔与采用常规悬挂挡风板防寒法的冷却塔相比具有一定

的运行经济性。

（6）火力发电厂循环水系统节能装置。在循环水回水管路上安装有温度传感器，在循环水给水管路上安装有传感器组，所有传感器的输出端均通过屏蔽电缆与信号采集装置相连接，信号采集装置通过 RS-485 通信与可编程控制器相连接，编程控制器分别与可视化操作装置、电力驱动控制器通信连接，电力驱动控制器通过电力电缆与循环水泵相连接，电力驱动控制器还连接能耗计量装置。实现了实时连续的水量控制，控制进度高，能明显降低循环水泵的能耗，有利于提高发电机组的运行效率。

（7）冷却塔节能节水技术——高效雾化降温降低蒸发损耗装置。常规冷却塔在设计时，为了减少水量损失，一般设有节水装置收水器。它是由一排或多排倾斜的板条或弧形叶板组成，布置在整个塔断面上，作用是阻拦热水与填料碰撞形成散溅的小水滴。小水滴夹杂在上升的湿热空气中，因突然改变方向，被截留下来。这种节水装置对湿热空气中的水蒸汽基本不起作用。冷却塔的设计是根据水的蒸发原理进行的，是以蒸发扩散带出热量为前提。蒸发损失是为完成水的冷却而必须蒸发的水量。因此，根据冷却塔理论，为达到一定的冷却效果，应尽可能增大蒸发量。目前普遍采用的常规湿冷系统的冷却塔在冷却循环水的同时通过蒸发向环境排出大量的水分，以300MW 机组为例，每年通过冷却塔消耗的淡水量在 500 万 t 左右。

冷却塔节水技术，是在冷却塔内用冷水作冷凝剂，使水蒸汽冷凝成水，从而减少冷却塔水蒸发损失，以实现冷却塔节水降低蒸发水损耗。在冷却塔风筒入口下方设冷凝喷射器，将低于湿热空气的冷凝剂均匀地喷淋成雾状细小水滴，喷淋面积与冷却塔内截面积相同，喷淋密度根据冷却塔的冷却水量而确定。喷射器喷出的冷凝剂不与冷却过程的热水接触，只与上升的湿热空气中水蒸汽密切接触进行冷凝过程。水蒸汽遇冷凝结成水，凝结水与冷凝剂一起沿冷却塔内壁落入集水池，水的冷却降温，不必以蒸发水分带出热量为代价，而只要在系统内人工改变热量传递方式，即能量转化方式，就能把热量带出系统，降低水温。

（二）水力发电

水力发电是再生能源，对环境冲击较小，发电效率高达 90% 以上，发电成本低，发电启动快，数分钟内可以完成发电，调节容易，单位输出电力之成本最低。除可提供廉价电力外，还有下列优点：

（1）发电成本低。水力发电只是利用水流所携带的能量，无需再消耗其他动力资源。而且上一级电站使用过的水流仍可为下一级电站利用。另外，由于水电站的设备比较简单，其检修、维护费用也较同容量的火电厂低得多。如计及燃料消耗在内，火电厂的年运行费用约为同容量水电站的 10~15 倍。因此水力发电的成本较低，可以提供廉价的电能。

（2）高效而灵活。水力发电主要动力设备的水轮发电机组，不仅效率较高，而且启动、操作灵活。它可以在几分钟内从静止状态迅速启动投入运行；在几秒钟内完成增减负荷的任务，适应电力负荷变化的需要，而且不会造成能源损失。因此，利用水电承担电力系统的调峰、调频、负荷备用和事故备用等任务，可以提高整个系统的经济效益。

（3）工程效益的综合性。由于筑坝拦水形成了水面辽阔的人工湖泊，控制了水流，因此兴建水电站一般都兼有防洪、灌溉、航运、给水以及旅游等多种效益。

1. 水力发电生产过程

水电站是将水能转变为电能的水力装置，它各种水工建筑物，以及发电、变电、配电等机械、电气设备，组成为一个有机的综合体，互相配合，协同工作，这种水力装置，就是水电站枢纽或者水力枢纽，简称水电站。它由挡水建筑物、泄水建筑物、进水建筑物、引水建筑物、平水建筑物及水电站厂房等水工建筑物组成，机电设备则安装在各种建筑物上，主要是在厂房内及其附近。

将水能转变成电能的生产全过程是在整个水电站枢纽中进行的，而不仅仅是在厂房中进行的。生产过程：

具有水头的水力——经压力管道或压力隧洞（或直接进入水轮机）进入水轮机转轮流道——水轮机转轮在水力作用下旋转（水能转变为机械能）——同时带动同轴的发电机旋转——发电机定子绕组切割转子绕组产生的磁场磁力线（根据电磁感应定理，发出电来，完成机械能到电能的转换）——发出来的电经升降压变压器后与电力系统联网。

2. 影响耗水率的因素

耗水率是水力发电厂的一个重要技术经济指标之一。影响发电耗水率的因素是多方面的，耗水率的高低是主要由发电水头和机组效率两个因素决定的。除此之外，入库来水，库水位运行也会影响耗水率的高低。

（1）发电水头因素。水电厂运行的经济性，主要看发电水头利用是否充分。尤其在拦蓄洪尾库水位达到最高水位以后，发电水头将影响整个供水期水资源的充分利用。从历年的水务资料统计，发电水头与耗水率总体呈相反趋势，存在发电水头越大耗水率越低的关系。因此，在一定的发电水头下，机组出力平稳保持在相应水头的高效率区运行，则耗水率低，反之耗水率高。

（2）机组效率因素。机组效率是影响耗水率的主要因素。对于不完全年调节水库而言，在供水期单机投入运行，发最大出力的综合效率系数虽然较高，但不能满足调峰、调频的需要，势必造成机组效率低，增加发电耗水率。同时，机组低效率运行，加剧对设备、建筑物的气蚀、震动损伤，其损失更难以用经济指标反映。

（3）入库来水量因素。水电厂的经济效益能否充分发挥，一般来说取决于来水情况，也直接影响耗水率高低。各月入库水量分布不均匀，汛期结束早，丰水期短，汛期伏旱时间较长，增加耗水率；上游梯级水电站水库调蓄的影响，也是增加耗水率升高的一个重要原因。

（4）库水位运行因素。主要是供水期库水位过早消落的因素。供水期水库经济调度原则是，尽可能维持高水位运行，以降低耗水率，充分利用水头进行合理经济调度。

3. 节能降耗的方法及措施

水电站节能降耗的主要目的是：充分利用水资源，避免弃水；降低发电水耗，提高水能利用率。同时，尽量抬高并保持较高的发电水头，优化水库调度及机组运行方式，节能降耗。

（1）分期控制库水位。根据水库调节能力，按水文年划分为丰水、平水、枯水年三种类型。偏丰以上年份，雨量丰沛，各月来水量较大，在汛期一般有较大洪水发生，这时主要要处理好防洪与发电关系，首先是在保证大坝安全的前提下，力争多发电、少弃水，并做到"发蓄兼顾"；对于平水年，主要要处理好发电与蓄水的关系，一般采取"发蓄并进"，适当照顾防洪，但这种年份不宜采取汛前大发电；对于枯水年，各月来水量不均，没有大洪水，防洪问题不大，汛末也难以蓄满水库，而进入汛期以后，来水量较枯，应在系统调电允许的前提下，尽可能少发电，使水库多蓄水，作到"细水长流"。按不同水文年份合理地控制库水位，降低水头损失，减少耗水率，尽量为多发电创造条件。

（2）拦洪抬高库水位。认真分析历史资料，找出汛期各时期洪水分布、量级大小、占全年比重等规律，根据天气特点，特别是伏旱天气的特点，及时与气象部门合作，准确预报伏旱发生的时间及发生的天数，拦蓄伏旱前的最后一场洪水，将水位蓄至防洪控制水位以上，或将水位蓄至接近正常高水位，从而增加水头，减少发电耗水率，提高水能利用率。

（3）提高设备健康水平。水电厂机组设备健康、安全发电是降低耗水率，提高水能利用的前提和条件。因为，汛期是水电厂大发水电、抓效益的时期，如果由于设备健康原因，致使汛期限制机组出力，或事故检修，将会造成非计划弃水，严重影响发电效益。因此，要坚持实行计划检修制度，做到"应修必修，修必修好"，并对水轮发电机组进行认真的跟踪检查，及时消除设备缺陷，提高了设备的健康水平，为充分发挥电厂的经济效益创造了条件。

（4）挖掘厂内经济运行。积极深入研究梯级水电站库群优化调度模型，实行流域梯级优化调度，充分利用水能资源，提高年综合出力系数，增大年发电量，从而提高水能利用率。同时，认真分析近年水库来水偏枯给发电带来的不利影响，不断地挖掘厂内经济运行，在供水期尽量按照水库优化调度图进行水库调度，也尽可能、合理地安排电量使水位正常消落，并按等微增率原则分配机组间负荷，从而减少供水期耗水率，提高水能利用。

（5）非汛期、汛期经济调度。在非汛期，积极做好水库入流的预测，尽可能提高预计负荷的准确率，及时与电网调度人员联系，尽量在安排日负荷曲线时的全面考虑，统筹安排梯级间负荷分配，使其实际出力过程合理，达到降低耗水率的目的。在汛期，主要是来水较多的情况下，尽可能少安排水力发电厂承担系统旋转备用，减少机组空转损失水量。由于在汛期水情多变，更应做好防洪调度和兼顾发电调度。在洪水起涨初期，利用水情预报信息，及时加大机组出力，利用发电流量消落水库水位，不仅对后期的防洪调度有利，同时亦达到充分利用水能、降低耗水率、减少弃水损失电量的作用。

综上所述，在水力发电厂节能降耗工作中，应不断坚持分析和总结经验，积极采用先进的科技手段，加强设备的管理和维护，认真开展厂内经济运行，严格按水库调度图安排出力，降低发电耗水率，合理进行水库调度等有效方法和措施，提高水能利用率。

（三）新能源

在我国，新能源与可再生能源是指除常规能源和大型水力发电之外的风能、太阳能、小水电、海洋能、地热能、氢能和生物质能等。新能源的开发利用是实现"节能、降耗、环保、增效"的重要手段。根据我国能源发展的有关规划，我国将大力发展风电，适当发展太阳能光伏发电和分布式供能系统。

风能和太阳能等可再生能源大规模开发利用时，必须解决可再生能源发电的并网以及可再生能源电源与电网之间的影响问题。一方面，电网公司除了要优先收购风电外，还应承担电网建设和传递电力的义务，需要大量的资金投入，因此政府的政策支持十分重要；另一方面，由于风电和太阳能电源的功率间歇性和随机性特点，大规模接入地区电网后，将对地区电网的结构设计、运行调度方式、无功补偿措施以及电能质量造成越来越明显的影响，电网公司必须采取妥善的技术和管理措施。

我国的小水电资源十分丰富，理论蕴藏量约为 1.5 亿 kW，可开发容量大于 7000 万 kW，相应年发电量为 2000 亿～2500 亿 kWh，到 1997 年底，我国小水电总装机容量已达 2052 万 kW，年发电量为 683 亿 kWh。

地方小水电站网大多分布在我国各水系的上中游，地理位置处在边远山区。它最大的特点就是电源点分散，负荷分散；它的最大优点是就地建站、就地成网无需超高压远距离输送；同时由水库、梯极、径流电站群所构成的小水电站网，能迅速改变运行方式，以适应山区负荷的变化。但地方小水电供电负荷以农业和民用负荷为主，用电负荷极不稳定，中、低压供电线路长且覆盖面广，运行中损耗大，经济效益低。如何降低损耗，提高经济效益是各地方小水电网都面临的问题。

1. 地方小水电网损耗大的原因

（1）地方小水电网规划布局不合理。一个布局合理的电网，无疑是一个运行经济的电网。地方小水电网常因受经济、地理等多方面因素的制约，是一步一步慢慢地发展起来的。在建网初期，小水电常以县为供电主体就地成网，并且各县自为一体。随着经济发展的需要，现已逐步形成以市（地区）为供电主体的联合供电网。这种联合供电网基本上就没有进行过合理的规划及布局，这样在运行中难以做到经济运行。

（2）线路及产品和设备老化。当电流通过导线和变压器时，由于导线和变压器绕组都有一定的电阻值，则会产生有功损耗，由于地方电网的大部分输供电设备都是 20 世纪 70 年代或 80 年代投入运行的，其线路中导线和变电站的变压器有一部分仍然在沿用以前的旧产品，这些旧产品自身电阻大，因而运行中损耗也就大。虽然，近几年对农村低压配电网进行了农网改造，但在 35kV 及其以上的线路及设备并没有进行全面改造，损耗大的现象依然没有得到有效解决。

（3）计量原因造成损耗增大。

1）计量装置配置不合理。

a. 计量装置在配置时只考虑了发电机或变压器的容量，并没有考虑在不发时，厂用电负载远小于发电功率时，电能表处于轻载状态运行而引起负的附加误差，从而导致线损加大。

b. 现在使用的国产三相两元件感应式电能表存在缺陷。电能表误差调节装置有随意性、任意性，容易造成计量不准确；无电压断相计时功能，电能表一旦断相，将会造成少计电量；实际运行中，感应式电能表受外界影响大，容易产生附加误差。

c. 电压互感器二次导线压降引起的计量误差较大。20 世纪 90 年代以前设计的电厂、变电站绝大多数电能计量装置的 TA、TV 设备，受当时管理方法与制造水平的限制，不具备专用测量绕组，二次设备共用一组绕组，使 TV 二次负担过重，TV 二次导线压降计量误差增大。另外，长期以来，对电能计量装置的现场校验工作只是注重电能表工作误差的校准和接线检查，而忽视了互感器合成误差和 TV 二次导线压降引起的误差对计量的影响，因此不能正确掌握电能计量装置的综合误差。

d. 互感器的准确度等级不符合规程要求。尽管有时电能计量装置中电能表的准确度等级很高，但由于互感器本身准确度等级低，使计量的准确性受到影响。

e. 指标仪表与电能表共用一套 TA，一个 TV 熔断器，而且各指示仪表一般安装在电能表前面。当对电测指示仪表进行校验时，需要短路 TA，并断开 TV 熔断器，这样在这段时间内电能表无法计量。

2）上网计量点位置的影响。计量点距地方小水电网配电出口主干线的距离约几百米至数千米，这一距离的线损也是影响地方小水电网损耗的原因之一。

（4）管理、监督不力造成损耗增大。

1）小水电站的个别承包人不择手段，千方百计地研究窃电或增收方案，想出了专发有功或无功的方法，不按发电上网要求严格控制有功、无功定比的规定，增加了地方小水电网无功负荷电流损失，造成了损耗加大。

2）农村用电中小企业、个体用电户窃电现象严重，而因为技术及管理的滞后，明知有窃电现象，就是查不出来。

3）个别内部职工思想不健康，受人拉拢，胳膊肘往外拐，内外勾结帮助用户窃电。

2. 降损节能的途径及措施

（1）抓电网规划的同时技术降损。

1）对于地方小水电网的今后发展，要根据地方的经济增长，电力负荷分布等情况，进行合理规划。在实施规划过程中，每年应根据地方实际情况进行滚动修改。新投资的电力工程项目，要求降损效益大的工程项目优先组织实施。通过合理规划的电网，结构趋于合理，有利于地方经济的发展，更有利于降损节能。

2）结合地方电网实施技术降损。

a. 合理调整并联运行的主变压器的运行方式，使变电站的变压器运行在最佳经济运行点。

线路的总损耗＝线路的电阻损耗＋变压器的负载损耗＋变压器的空载损耗

当线路的阻抗一定时，变压器的损耗便与变压器的经济、合理运行有着密切的关系了。特别是地方小水电网以农业和民用负荷为主，季节性变化和峰谷变化均很大，合理投运变压器起着至关重要的作用。

b. 进行无功补偿，提高功率因素。在电力传输过程中，有功功率和无功功率都会造成功率损耗，当输送的有功功率一定时，总的功率损耗便决定于输送的无功功率的变化。而线路中输送无功功率的多少，又决定于负荷的功率因素的高低。功率因素越低，说明无功功率越大，在电力传输中无功造成的损耗也越大。在理论上，功率因数从 1.0 下降到 0.85 时有功损耗增加 38%；而功率因素从 1.0 下降到 0.6 时，有功损耗增加 178%。因此，在地方小水电网进行无功补偿时，应遵循全面规划、合理布局、分级补偿、就地平衡的原则，以使功率因数和电压有较好的状态，这就需要提高变电站电容器的投入率，达到技术降损的功效。

c. 平衡配电网络中的三相负荷。广大农村低压配电网普遍存在着三相负荷不对称，由于不对称电流的存在，势必在中性线上引起功率损耗，从而导致总损耗增加。在农村很难做到三相负荷平衡。不过，可以通过改变供电方式来达到降损的目的。即把以前的单相两线制供电改为两相三相制供电，此种供电方式在国外已存在，且改造费用低，只需在原供电线的基础上增加一根相线及相关金具就可实现。

（2）改造输电线路及采用节能新产品。在农网改造的基础上，有计划地组织 35kV 及其以上电压等级线路的改造，设法减少线路中电阻值，从而减少线损。另外，有计划地更换掉高能耗变压器，积极推广应用节能新产品。目前国产非晶合金铁芯变压器的价值是同容量 S9 型产品的 1.35 倍，两种变压器购置的差价，可在 5～7 年内由所降损耗少付的电费来抵偿。按变压器的实际寿命 20～30 年计算，5～7 年后节约的电费为净收益。

（3）采用正确的计量方式，合理配置计量装置。

1）要在变电站有小发电站（可能引起电能表反转）的配电出口和小水电原计量方式的基础上各加一套计量装置，采用两套带有止逆装置的计量表进行计量，即可达到正确的计算线损的目的，同时也杜绝了电能表反转引起的计量误差。

2）有计划地逐年更换准确度等级不满足要求的计量装置。

3）设置专用的二次回路，把电能表回路与继电保护回路和其他仪表回路分开，减小计量二次回路的负担。

4）积极推广和应用计量新产品。全电子多功能电能表，集有功、无功、正反向和复费计量于一身，不但体积小、质量轻，而且杜绝了反向计量误差；复比和 S 级电流互感器，不但满足了用户负荷变化的需要，也将最小负荷计量的允许度降低到额定电流的 1%，提高了计量精度，减少了计量误差；计量变化负荷的自动转换电路也已问世，将进一步推进电能计量的发展。有条件的地区在新建和改造小水电网工程中，要大力推广新技术，应用新产品，加快电能计量标准化的步伐。

5）将小水电的计量点由以往的发电机出口，移至主变压器高压侧或出线侧，使计量装置能真正反映出发电厂的上网电量和供电企业的主网供电量。

（4）加强用电经营管理。

1）坚持分压、分线、分片核算线损。每月召开一次线损分析会，分析存在问题，制定整改措施，责任落实到部门及人，使问题能及时发现和解决。

2）采用计量箱加封印、加封条，定期调换计量 TA、表计及接线盖，开展现场表计轮接。对有异议的用户采用一月多次抄表等做法。

3）教育用电营业人员，端正思想，同是制定相应的奖惩机制。

总之，造成地方小水电网损耗大的原因很多。如何有效降低损耗，提高经济效益，还有待于在今后的实践中逐步总结经验，优化运行体制，不断运用新技术和新设备。

二、工业企业节能措施

电力是工业企业重要能源，目前在我国电力使用效率低。工业企业应加强企业用电管理，结合企业实际，在电力传输、用电设备选型和运行管理等环节实现合理化，综合提升企业电力使用效率，实现节能降耗。

（一）供配电

线路损耗（线损）是电力在输送过程中产生的损耗，企业内部供配电损耗主要来源于如下几个方面：

（1）电力变压器损耗。

（2）高、低压架空线路损耗。

（3）电缆线路损耗。

（4）车间配电线路损耗。

（5）车间母线排，高、低压开关，隔离开关，电力电容器及各类电气仪表等相关元器件损耗等。

减少供配电损耗的主要措施：

（1）加强变压器经济运行和技术管理，降低运行损耗。

（2）提高功率因数，减少输送的无功功率：

1）根据电网负荷类型，合理安装无功功率补偿设备。对于瞬间波动较大负荷，如有电焊机和中频加热炉等瞬间、冲击性负荷，宜安装动态无触点无功功率补偿设备，提高补偿系统反应速度，对于多台单相设备或三相负荷不平衡情况，应安装分相无功功率补偿设备，采用单相补偿电容对电力系统 A、B、C 三相分别进行检测和补偿，确保三相功率因数均大于 0.98。

2）采取措施，提高自然功率因数。提高自然功率因数是指通过技术管理方法减少用电设备消耗无功功率，不需要投入补偿设备，是最经济的提高功率因数的方法。首先工业企业众多的异步电动机是主要的无功功率消耗设备，电动机空载消耗无功功率占电动机总无功消耗的 60%～70%，因此要防止电动机空载运行并尽可能提高负载率。其次变压器消耗无功功率一般是其额定容量的 10%～15%，应合理选择配电变压器容量，改善配电变压器运行方式，变压器不应空载运行或长期处于低负载运行状态，对负载率较低的配电变压器，一般采取撤、换、并、停等方法，提高其负载率，改善电网自然功率因数。另外供电电压超出规定范围也会严重影响功率因数，当供电电压大于额定值的 110% 时，受磁路饱和影响，一般无功功率将增加约 35%，一般工业企业考虑到二次侧线损、变压器压降等因素，电力系统电压设置大多为正偏值，因此，若电力系统供电电压偏高，可调节变压器分级开关（目前通用 10/0.4kV 干式变压器调压分级为 ±2×2.5%），适当调低配电电压。当多数电动机满负荷时，将电压调低 5% 可明显提高功率因数，若多数电动机欠负荷运行，可以将电压调至更低。电气设备供电电压低于额定值，无功功率会相应减少，但应注意供电电压过低将影响电气设备正常工作，应采取措施尽量稳定电力系统供电电压。

（3）均衡三相负荷。三相负荷不平衡，不仅增加线损，而且直接影响配电变压器性能，造成三相电压不平衡，应将单相设备均匀分接于三相网络，尽量减少三相负荷不平衡情况。

（4）尽量缩短供电线路（特别是低压供电线路）距离。

（5）按经济电流密度选择导线截面。

（二）谐波

随着变频器等电力电子装置在企业的广泛应用，电网谐波造成的危害和损耗日趋严重。谐波治理是新型节能技术，企业应重视谐波治理的重要性和投资回报，在准确测量谐波的基础上，提出适合本企业的治理方案。谐波治理不仅改善整个网络电力品质，而且延长用户设备使用寿命，提高产品质量，降低电磁污染。

（三）电动机

各类电动机（包括泵类、风机等）是工业企业最主要的耗能设备，要有效管理，实现电动机用电合理化，提高运行效率。

1. 电动机选型

电动机选型一般遵循的原则：

（1）对调速要求高或启动转矩大的生产机械，应选用直流电动机，除此之外，应优先选用异步电动机。

（2）在异步电动机中，对机械特性要求较强，无特殊调速要求的一般生产机械，应尽量选用笼型电动机；对启动性能要求高，在小范围内平滑调速的设备，应优先选用绕线型电动机。

（3）对功率大于 250kW，不需要调速的低速负荷，应优先选用同步电动机，对功率大于200kW、企业配电电压又能满足要求的应优先选用高压电动机。

（4）根据实际工作环境，选择电动机结构，保证运行安全可靠。如灰尘少、无腐蚀性气体的场合选用防护式电动机；灰尘多、潮湿或含有腐蚀性气体的场合选用封闭式电动机；有爆炸性气体的场合选用防爆式电动机。

（5）选择合适的电动机容量，能够满足负载的需要，实现合理匹配。轻载和空载运行都会造成损耗相对高，运行效率低。同一台电动机拖动的负载，运行效率也是在变化的，不是固定不变的，随着负载大小的波动而在变化。实践经验表明，负载率为 70%～85% 时的效率最高。当负载低于此值时，很不经济。当长期处于 40% 的负载运行时，效率显著的低，这也是国家规定所不允许的。当电动机的负载率高于前值范围时，效率也不是处于较高的状态，此时运行也不经济。负载率低的感应式电动机，有功损耗比例较大，无功损耗比例更大。空载运行也是如此，无功损耗特别大。

2. 电动机运行管理

（1）空载运行时间长的电动机安装自控装置。为了减少空载时间内的电能损失，对于经常性空载的电动机，应安装空载自控装置。在空载运行一段时间后，能够自动切断电源，退出空载运行，恢复正常运行状态。

（2）低负载率的电动机降压运行。三相异步电动机的铁损和铜损，与输入电压的大小直接有关。一般负载不变的情况下，降低输入电压可使铁损减少，铜损增加。但是这时轻载运行电动机的总损耗中，铁损要比铜损的作用大。因此，适当降低绕组电压运行的办法能使总的损耗下降，具有一定的现实意义。而实现这一措施，可以通过特别的电压自控装置来完成。

（3）安装电动机综合保护器实现安全、经济运行。市场上的定型产品——电动机综合保护器，它能担当简单的安全、经济运行任务。有些产品对于自动实现启动状态时的丫-△转换，从而实现快速启动、减少启动电流的目的。对过流、断相等现象，也有一定的保护作用。

（4）采用磁性槽泥实施电动机改造。采用磁性槽泥对电动机进行技术改造，是一种降低槽口磁阻的有效办法。也就是在竹制槽楔上，用磁性槽泥将槽口抹平。改造后的电动机空载附加损耗降低 25%～80%，约占总损耗的 10%～20%，电动机运行效率提高 1%～1.5%。值得注意的是：

改造后的电动机因槽口磁阻降低，漏磁通增大，引起电动机功率因数和启动转矩略有下降，对要求启动转矩不严格的负载是一弊端，对通常大多数电动机及其所带负载均有利，系统具有节电作用。

（5）负载稳定的绕线型异步电动机同步化。较大容量的绕线型异步电动机改为同步运行后，处于过励磁状态时产生对电动机去磁的无功电流，对电网电压来说呈容性，定子电流超前电网电压，显然功率因数是超前的。这时电动机类似于发电机向电网输送无功功率，对于改善电网质量（提高功率因数）、增大设备利用率、降低系统电能损耗将起积极作用。即使处于正常励磁状态时，电动机的功率因数也为1.0，电动机只从电网上吸收少量的视在功率，供电线路和电动机定子电流处于相对最低值，因此能节约大量的电动机定子铜损和减少供电线路上的无功电流损耗。实践证明，如此改后铁损降低11%左右，节省了大量的无功功率，对电网质量差的地区意义更大。

（6）远离电源的绕线型异步电动机转子串接进相器。假如绕线型异步电动机离电源变压器较远（也就是说电压降大），可在电动机转子上串接进相器。进相器能给电动机转子提供一个同原来的转子电动势不同相的电压，达到提高电动机功率因数、节约电能的目的。这样，功率因数可提高到0.99以上。但是其进相机也需要电动机拖动。

（7）感应电动机采用软启动。电动机软启动器能连续监视、检测电动机的功率因数。软启动与直接启动还有区别：直接启动方式只能给电动机提供固定电压，软启动方式时能控制供给电动机的电压。软启动器的特点是输出满压后能量最优控制。轻载时，监视电动机的功率因数，供给电动机的电压自动减少至全速所需要的最小值，因此有效地节省不必要的铁损。负载增加时，它能以最优的模式控制供给能量，此时电压自动增加防止电动机被停车。

（8）三相异步电动机采用变频调速。三相异步电动机采用变频调速，可在低频启动时大大减少电动机的启动电流，从而实现节电目的。对于较大容量，或者需要经常调节流量和频繁启动的场合非常适应。如风机、水泵，能明显地减少控制时引起的电能浪费。当然，恒转矩和恒功率状态下控制电动机也能起较好的节电作用。

（9）串级调速节电。串级调速节电也具有较好的效果，它有多种形式。以前多数都是在转子回路中串接附加电阻调速，无形地在转子电阻上消耗了全部转差功率。在低速运行时损耗最大，电动机虽然实现调速，但运行效率相当低。该方式调速又是有级的，电流与机械冲击都大，调速不平滑。利用晶闸管串级调速能克服上述缺点。它是利用连接在绕线型异步电动机转子回路中的晶闸管整流逆变器的作用，能给转子回路中加入一个反电动势进行调速控制。它的工作原理是利用三相桥式整流，交流电压变直流电压，经平波电抗器加到由晶闸管组成三相桥式逆变器上，然后再经过逆变器与交流电网连接，将电动机产生的转差功率送回电网。以此来实现调整、节电。

（10）电磁滑差离合器调速节电。利用电磁滑差离合器对电动机进行调速节电的办法也很多，它同变频调速和晶闸管串级调速相比，虽然存在较大的机械摩擦损耗，效率较低，但其控制线路简单，运行双可靠。它的投资也少，对电网无污染，在小容量的电动机上应用具有较好的价值。

（11）其他。

1）保持电源电压稳定和交流三相电压平衡。

2）加强电动机定期维护和保养。

3）采用新技术、新工艺、新材料改造旧型号电动机，大力推广应用新型高效电动机。

（四）电焊机

交流电焊机是一种特殊的降压变压器，也是企业中耗电量较大的用电设备，空载时损耗大，总损耗约为额定容量的9%～11.5%，功率因数很低，特别是在电焊机空载状态下，功率因数约为 0.1～0.3。造成大量的无功损耗，降低了电能的利用率。合理的对电焊机进行配置也非常重要，电焊机与焊接件的距离要尽量缩短，以减小因导线过长，线路电阻过大而产生热量来消耗电能，一般不要超过 15 米，如果电焊机离焊接工件距离太远，应适当加长电焊机一次线的长度；焊接导线的线径和电焊机一次线径要合理配置，根据电焊机的容量选择适当的导线，焊接线过细会增加回路电阻而产生电能损耗；焊接线与电焊机和焊钳要接触牢固，尽量减少接触电阻。电焊机应在通风干燥的环境下使用，在烈日和潮湿雨天环境下作业，应采取必要的相应措施。

根据电焊机有间断工作的特点，适当延长焊接连续作业时间，缩短非焊接时间，或者在不焊接时及时关机，这是电焊作业节电的一些途径。另一种简单易行而效果显著的方法是给电焊机加装空载节电器，这是实现电焊机非焊接时间退出运行的技术装置。如果在焊接作业中加装了安全节电器，它能适时控制电焊机的用电状态，在电焊机停止焊接时，控制器自动断开电源，使电焊机处在休眠状态，电能消耗只有原来空载的 0.5%；当需要焊接时，控制器将自动激活电焊机，使电焊机处在工作电压下正常使用。不仅节约有功电能，还使无功损耗降低为零，提高了电网功率因数，节电效果非常显著。降低了电焊机自身的温度，减少了铜损，提高了连续焊接能力；在安装节电器后，电焊机二次输出电压很低，小于国家规定的绝对安全电压 12V，确保了操作人员的安全。同时也节省了人工开关电源的麻烦，节省了作业时间，提高了效率。可谓一举多得。

（五）电加热设备

工业企业中，电加热设备主要用于热处理，虽然数量少，但单台装机容量较大，应根据生产需要，合理选择和使用电加热设备对企业降损有着重要意义。具体降损措施有：

（1）对功率大于 50kW 的电加热设备，应配置电压表、电流表、有功电能表、无功电能表，检测记录，并系统分析单位产品耗电量、效率、功率因数等经济技术指标。

（2）采用先进电热元件，改善电炉炉壁表面性能和形状，在技术和工艺条件允许的电炉中，应采用热容量小、导热率低的耐火材料。

（3）尽量缩小和密封电热设备的开口部分或在开口处安装双层封盖等措施，减少热损失。

（4）要根据设备构造、被加热物体特性、加热与热处理前后工序等情况不断改善电加热设备的升温曲线。

（5）选择适当装炉量。对间断分散生产的加热设备，实行集中生产，在重复加热的工序中，尽量缩短工序间等待时间。

（6）改进热处理工艺流程，提高热效率。如工艺连续化或简化工序，改变加热温度，整体加热改局部加热等。提高生产效率，节约大量电力消耗。

（六）分时用电

在生产不紧张时，企业一般习惯白、中班集中生产，造成此时段出现用电高峰，严重冲击电网负荷能力，夜班时段则出现用电低谷，电网负荷急剧减少，大量电力设备负荷能力闲置。为此，供电部门实行分时电价政策，鼓励企业合理调整生产，避免用电高峰冲击电网，实现电网负荷均匀，提高电力设备利用率。

三、照明与家用电器节电

据统计，我国照明用电量已占总用量的 10%～12%。按照我国提出的"中国绿色照明工程"，照明节电已成为节能的重要方面。目前的照明节能潜力很大，一般节能方案均能达到节约 20%～35%，按保守的数量采取 20% 的计算，全国节约的电能价值可观，可想而知在国民经济中该有多大的作用。

提倡照明节能，是在保证照度标准和照明质量的前提下，力求减少照明系统中的能量损失，最有效地利用电能。

（一）照明节能

1. 选择优质的电光源

科学的选用电光源是照明节电的首要工作。节能的电光源发光效率要高，使得每瓦电（W）发出更多光通量（lm）。白炽灯泡发光效率一般为 7～20lm/W，其寿命一般为 1000h，特殊的为 2000h；单端的紧凑型荧光灯（俗称节能灯）其光通量一般为 50lm/W，采用一只 9W 寿命 3000～5000h 的节能灯完全可以替代 40W 的白炽灯泡；双端直管荧光灯 T12 型的光通量为 55lm/W，寿命为 3000～5000h，而现在的 T5 型则达到 90～110lm/W，寿命可达 8000～10000h。所以 T12、T10，甚至 T8 型的荧光灯都应该淘汰，不但可以节约大约 50% 的电能，还会改善灯光的显色性。除以上光源外，还有高强气体放电灯，如高压钠灯、金属卤化物灯、微波硫灯、无极灯、发光二极管和半导体照明灯等，科学技术的发展，电光源也层出不穷，现代的灯可以达到薄如纸，细如丝，总是叫人惊喜，现在还在应用那些落后的、费电的灯的场所，应该尽快实行照明工程节能改造。当然了，在选择发光较高的光源时要考虑应用场所，根据场所的特点和电光源的特性进行合理的科学的照明改造。

2. 选择节电的照明电器配件

在各种气体放电光源中均需要有电器配件。例如镇流器，旧的 T12 荧光灯其电感镇流器要消耗其 20% 的电能，40W 灯，其镇流器耗电约 8W；而节能的电感镇流器则耗电小于 10%，更节能的电子镇流器，则只耗电其 2%～3%，也是一笔不小的节电措施。

3. 安装照明系统节电器

目前国内外都大力推广照明节电器，在现在照明系统上加装节电控制设备。国内市场上的照明节能设备很多，其中照明控制节电装置所占比例最大。从工作原理上大致可分为以下三类：

（1）控硅斩波型照明节能装置，该种照明节能装置存在大量谐波，对电网危害很大。

（2）自耦降压式节电装置，由于其核心部件是一个多抽头的变压器，变压比固定，存在无法实时稳压输出的技术缺陷，无法起到对电光源的保护作用。

（3）智能照明调控器，可实现智能照明调控，有效保护电光源，降低电能消耗的功能，使用的经济性和可靠性远远好于前两种产品，因此是目前国际上比较成熟的照明控制方案，在国内也有厂家研制出此类产品，并开始推向市场。

加装照明节电器使所有的照明光源（气体放电灯或卤钨灯），都是要在标准的电压条件下才能保持其寿命，当夜间电压偏高或白天电压不稳定，均会影响光源的寿命。加装照明节电器，除保持电压的稳定或略有所降，即节约用电又能延长光源的寿命，同时由于照明初设计时考虑维护系数的计算往往有 20% 左右的照度余量，所以不会影响照度标准值的维护，更不会对视觉效果有明显的影响。

加装照明节电器对于气体放电光源还可以利用微机进行智能控制，通过内置的专用优化控制软件，可以随时采集、分析和计算，控制内部的综合滤波电路，控制电流波形，补偿功率因数，吸收内部失真电流并循环转化为有用的能量，提高整体电源效率，随负荷变化动态调整运行状态下所需的电流和电压，对功率进行自动调整，达到智能节电的目的，照明节电器大多数节电率在 25% 以上。

照明节电器的优点是接入方便，自动调节无需专人维护，减少有功功率消耗，降低无功功率，多重保护安全可靠，降低启动电流延长光源寿命 1 倍以上。有些节电器还可以采用先进的防雷技术，经过集成优化设计防止照明电路受到雷电损害而引起事故。

4. 科学的节能照明设计

（1）合理的选择照明线路。照明线路的损耗约占输入电能的 4% 左右，影响照明线路损耗的主要因素是供电方式和导线截面积。大多数照明电压为 220V，照明系统可由单相二线、两相三线、三相四线三种方式供电。三相四线式供电比其他供电方式线路损耗小得多。因此，照明系统应尽可能采用三相四线制供电。

（2）合理的选择控制开关和充分利用天然光。天然光是免费的光源，要充分的利用，因此就要合理的设计照明开关。充分利用自然光，正确选择自然采光，也能改善工作环境，使人感到舒适，有利于健康。充分利用室内受光面的反射性，也能有效地提高光的利用率，如白色的墙面的反射系数可达 70%～80%，同样能起到节电的作用。

（3）合理的选择照明方式。在满足标准度的条件下，为节约电力，应恰当地选用一般照明、局部照明和混合照明三种方式。例如工厂高大的机械加工车间，只用一般照明的方式，用很多灯也很难达到精细视觉作业所要求的照度值，如果每个车床上安装一个局部照明光源，用电很少就可以达到很高的照度。

（4）合理的选择照度值。选择照度是照明设计的重要问题。照度太低，会损害工作人员的视力，影响产品质量和生产效率。不合理的高照度则会浪费电力。选择照度必须与所进行的视觉工作相适应。设计照明可按国家颁布的照明设计标准来选择照度，必要的照明质量合理的照度值和优良的照明质量形成的光环境可以提高工作效果和改进人们的心情，要综合考虑照明系统的总效率。企业照明在使用过程中，由于工艺路线变动，或灯具损坏后换用不合适品，造成有些地方照度超标或不足，要定期进行照度检测，在满足使用前提下，禁止使用大功率灯具。同时，根据工艺流程变化情况，及时调整灯具位置和安装方式，充分发挥照明效果。

（5）定期维护管理。加强照明用电管理是照明节电的重要方面。照明节电管理主要以节电宣传教育和建立实施照明节电制度为主，使人们养成随手关灯的习惯；按户安装电能表，实行计度收费；对集体宿舍安装电力定量器，限制用电，这些都能有效地降低照明用电量。当灯泡积污时，其光通量可能降到正常光通量的 50% 以下。灯泡、灯具、玻璃、墙壁不清洁时，其反射率和透光率也会大大降低。为了保证灯的发光效果，应根据照明环境定期清洁灯泡、灯具和墙壁。当灯要闪动或已出现闪动时，要及时更换，可有效的做到节能。因为气体放电源在启动时耗电最高，比平时用电大得多。加强灯具管理，杜绝长明灯现象，按使用、管理、负责一体原则，明确责任，加大监管力度。

（6）采用照明节电控制系统。采用先进的照明控制系统，用先进的照明控制器具和开关对照明系统进行控制。在道路照明系统，采用道路照明控制系统，通过控制电压波动的手段，克服电压波动对道路照明和照明产品寿命的影响，以达到较好的照明及节能效果。在室内照明控制中，主要采用声控、光控、红外等智能化的自动控制系统，减少照明用电和延长照明产品寿命。

5. 推广高效照明节电产品

随着新材料、新技术的发展和运用，高效照明产品趋于向小型化、高光效、长寿命、无污染、自然光色的方向发展。

（1）T8、T5 荧光灯。T8 荧光灯管与传统的 T12 荧光灯相比，节电量可达 10%。受卤粉发光材料显色性影响，稀土三基色荧光粉材料应用逐渐增多。T5 荧光灯管径小，普遍采用稀土三基色荧光粉发光材料，并涂敷保护膜，光效明显提高。如 28WT5 荧光灯管光效约比 T12 荧光灯提高 40%，比 T8 荧光灯提高 18%。同时，大大减少了荧光粉、汞、玻管等材料的使用。

目前 T8 荧光灯管已普遍推广应用，T5 管也逐步扩大市场，并已有更为先进的 T3、T2 超细管径的新一代产品。

（2）紧凑型荧光灯（CFL）。紧凑型荧光灯比普通白炽灯能效高、寿命长，在家庭及其他场所的室内照明中能够配合多种灯具，安装简便。随着生产技术的发展，已有 H 型、U 型、螺旋型和外形接近普通白炽灯的梨型产品，使其能与更多的装饰性灯具通用。大功率紧凑型荧光灯，可在工厂照明，室外道路照明中推广应用。

（3）高压钠灯。高压钠灯和金属卤化物灯是目前高压气体放电灯（HID）中主要的高效照明产品。高压钠灯是一种由钠蒸气放电而发光，灯内钠蒸气的分压强达到 104Pa 的高压气体放电灯，它的特点是寿命长（24000h）、光效高（100～120lm/W）、透雾性强，可广泛用于道路照明、泛光照明、广场照明等领域，用高压钠灯替代目前使用较多的高压汞灯，在相同照度下，可节电37％。

（4）金属卤化物灯。金属卤化物灯是一种在高压汞灯的基础上在放电管内添加金属卤化物，使金属原子或分子参与放电而发光的高压气体放电灯，它的特点是寿命长（8000～20000h）、光效高（75～95lm/W）、显色性好，可广泛应用于工业照明、城市亮化工程照明、商业照明、体育场馆照明等领域，用它替代目前使用较多的高压汞灯，在相同照度条件下，可节电 30％。

（5）电子镇流器。荧光灯用电子镇流器发展较快，已可大批量生产应用。高强度气体放电灯用电子镇流器，目前还处于研制阶段。

（6）半导体发光二极管（LED）。半导体发光二极管是一种固体光源，能在较低的直流电压下工作，光的转换效率高，发光面很小，其发光色彩效果远超过彩色白炽灯，寿命达 5 万～10 万 h。目前光效已超过 30lm/W，实验室已开发出 100lm/W 的产品。LED 光源已经广泛使用在仪器仪表指示光源、汽车高位刹车灯、交通信号灯和大面积显示屏。

（7）高效照明灯具。除了正确选用光源产品外，选择高效照明灯具与光源合理配套使用，在满足照明要求的情况下，可以有效节约照明用电。

6. 应用天然采光技术

充分利用天然采光，节约照明用电。创造良好的视觉工作环境。欧美及日本等发达国家，已开发出一系列利用太阳光自然采光技术，并在学校、博物馆、办公楼、体育场馆、公共厕所、垃圾处理厂等公共设施及工业与民用建筑中广泛应用，实现了白天完全或部分利用自然光，从而大大节省了电能，提高了室内环境品质。目前自然光采光系统的技术及产品正在快速发展中，主要技术的使用方式包括：

（1）带反射挡光板的采光窗。是大面积侧面采光最常用的一种。优点是能有效的反射阳光，把阳光通过顶棚反射到室内深处，提高靠内墙部位的照度，同时起到降低窗口部位的亮度，使整个室内光线分布更加均匀。

（2）阳光凹井采光窗。是一种接收由顶部或高侧窗入射的太阳光比较有效的采光窗。通过一个内部带有光反射井的上部或顶部采光口，将阳光经过反射变为间接光。窗的挑出部分和井筒特性可按日照参数进行设计，尽量提高表面的反光系数，提高窗的阳光利用效能。

（3）带跟踪阳光的镜面格栅窗。这是一种由电脑控制、自动跟踪阳光的镜面格栅，该窗的最大优点可自动控制射进室内的光量和热辐射。

（4）用导光材料制成的导光遮光窗帘。可遮挡阳光直射室内，同时可将光线导向室内深处，其功能和涂有高反光材料的遮阳板相似。

（5）导光玻璃和棱镜板采光窗。导光玻璃是将光纤维夹在两块玻璃之间进行导光。棱镜板采光窗是在聚丙烯板上压出折射光的小棱镜或用激光方法在聚丙烯板上加工出平行的棱镜条，将阳光倒入或折射到室内深处。

（二）家用电器节电

节约用电是指通过加强用电管理，采取技术上可行、经济上合理的节电措施，以减少电能的直接和间接损耗，提高能源效率和保护环境。

1. 电视机

(1) 电视机使用时，控制电视屏幕的亮度，是节电的一个途径。以 20 英寸的彩色电视机为例，最亮时功耗 85W，最暗时功耗仅 55W。

(2) 电视机不看时应拔掉电源插头。有些电视机关闭后，显像管仍有灯丝预热，特别是遥控电视机关闭后，整机处在待用状态仍在用电。

(3) 如不想看某节目，可调小音量和亮度。

2. 电饭锅

(1) 要充分利用电饭锅的余热。煮饭时在锅沸腾后断电 7～8min，再重新通电。

(2) 选择电饭锅时应根据家庭人员多少，经济条件确定其功率大小。实践表明：煮 1kg 米的饭，500W 的电饭锅约需 30min，耗电 0.27kWh，而用 700W 电饭锅约需 20min，耗电仅 0.23kWh。功率大的电饭锅，省时又省电。

(3) 锅上盖一条毛巾，可以减少热量损失。

(4) 电饭锅用完后，一定拔下电源插头，如不拔下则进入保温状态，既浪费电力又减少使用寿命。

(5) 电热盘表面与内锅底如有污渍，应擦拭干净，以免影响传热效率、浪费电能。

3. 洗衣机

(1) 洗涤物要相对集中。

(2) 洗涤时间化纤物以 3min，棉织品和床单类以 7min 为宜。

(3) 冲洗前先脱水。

(4) 要适当掌握脱水时间。

(5) "强洗" 比 "弱洗" 省电，因为在同样长的洗涤周期内，"弱洗" 比 "强洗" 开停次数更多，所以 "强洗" 不但省电，还可延长电动机寿命。

4. 电风扇

(1) 电风扇的耗电量与扇叶的转速成正比，在风量满足使用要求的情况下，尽量使用中挡或慢挡。

(2) 维护良好，省电；缺油、风叶变形、振动等费电。

5. 电冰箱

(1) 开门次数尽量少而短，若以每次开门时间 0.5～1min 计，箱内温度恢复原状压缩机就要工作 5min，耗电 0.08kWh。

(2) 箱内温度调节适宜。

(3) 储存食物不宜过满过紧，食品之间于箱壁之间要留有空隙，以利冷空气对流，使箱内温度均匀恒定、减少耗电。

(4) 及时除霜，如挂霜太厚会产生很大的热阻，影响冷热交换，耗电量增多。

(5) 经常保持冰箱背部清洁，冷凝器和压缩机的表面灰尘影响散热效果，多耗电。

(6) 有内脏的鸡、鱼等要挖去内脏，擦干包装好，先放在冷藏室，过后再移入冷冻室。

(7) 小包装食品省电。

6. 空调器

(1) 不能频繁启动压缩机，停机后必须 2～3min 以后才能开机，否则易引起压缩机因超载而烧毁，且耗电多。

(2) 新风开关不应常开，否则冷气大量外流，浪费电能。

(3) 选择恒温控制器的最佳位置，应是顺时钟旋转到 2～3 格处即能达到人体适宜的温度。

（4）装有空调器的房间应密封较好，不应频繁开关，防止冷气外流。

（5）空调过滤网常清洗，太多的灰尘会塞住网孔，使空调加倍费电。一般 2～3 个星期洗一次。

（6）避免阳光直射空调机身，安装空调器要尽量选择房间阴面，避免阳光直射机身。

（7）连接室内机和室外机的空调配管短且不弯曲，制冷效果好且省电。

（8）出风口保持顺畅，不要堆放大件家具阻挡散热，增加耗电。

7. 电热水器

（1）淋浴器温度设定一般在 60～80℃之间，不需要用水时应及时关机，避免反复烧水。

（2）如果家中每天都使用热水，那么应该让热水器始终通电，并设置在保温状态。因为保温一天所用的电，比把一箱凉水加热到相同温度所用的电要少。

8. 选择节能型家用电器

节能型产品一般都比普通产品价格要高些，但是从产品的整个使用期来看，节能型其实更经济实惠。例如同一规格的空调，普通空调和节能空调差价不过几百元，按夏冬两季运转 200 天，每天开机 5h 计，使用功率 2500W、能效比为 3.0 的节能空调比起能效比为 2.5 的普通空调，一年就可以省电 520kWh，节约 300 元左右。一只普通 40W 白炽灯泡约 2 元，同样亮度的 8W 节能灯管在 10 元左右，按日照明 6h 计，节能灯每年可节电 70kWh，使用寿命还是普通灯的 8～10 倍。同样，节能电冰箱、洗衣机等每年节省的电量都非常可观。

第五章

降 损 管 理 措 施

　　线损是一个综合性指标，涉及电力规划、设计、基建、更新改造、运行维护、检修、计量、管理等众多方面。影响线损变化的因素错综复杂，既反映了供电企业的技术管理水平，又体现企业的经营管理水平。电网经营企业要建立适应商业化运营的线损管理制度，将线损降到合理水平，努力提高企业经济效益。供电企业要积极利用现代化技术，提高线损科学管理水平。

第一节　电能计量管理

　　电能计量装置的准确性直接影响到线损率的准确性，往往由于电能计量、计费的问题造成线损指标的失实，因此，加强对电网中电能计量装置的管理，能够有效地降低电网中的电能损耗，提高供电企业的经济效益。

　　电能计量管理工作是电网企业生产经营管理的重要环节。厂网分开以后，随着电力市场的逐步形成和完善，对上、下网电能量和客户售电量的计量提出了更高的要求。为更好地适应新形势，满足电力市场商业化运营和加强内部管理的需要，在计量管理工作中强化三种观念，即计量工作无小事的观念、精益求精的观念和公平公正的观念。要坚持严格管理、规范运作，坚持集约化、精细化的管理思路。作为电网企业，以提高电能计量管理水平为目标，加强对关口电能计量装置的配置、验收、运行维护的全过程管理；在巩固已有管理成果的基础上进一步加强电力大用户的电能计量管理，同时对小用户的计量管理要充实力量，管理到位，确保用电量计量的准确、可靠。不仅要加强电能表的管理，还要加强互感器和计量二次回路的管理，同时，还要重点抓好计量柜的改造，消除不规范用电隐患，保证售电量计量的准确、安全。

一、电能表的基本知识

　　电能表是电能计量装置中数量最多、影响最广的核心部分，承担着计量负载消耗或电源发出电能的职责，是电网公司与用户及发电企业之间交易结算和公司内部经济考核的主要依据，是保证电力市场公平、公正、公开，维护电力交易双方合法权益的主要电力设备，在整个电网企业中作用异常重要。

　　电能表在世界上的出现和发展已有一百多年的历史，最早的电能表是 1881 年根据电解原理制成的，当时被作为科技界的一项重大发明，受到人们的重视和赞扬，并很快地在工程上采用了它，随着科学技术的发展，1888 年，交流电的发现和应用，又向电能表的发展提出了新的要求。经过科学家的努力，感应式电能表诞生了。由于感应式电能表具有结构简单、操作安全、价廉、耐用，又便于维修和批量生产等一系列优点，所以发展很快。

　　我国交流感应式电能表是在 20 世纪 50 年代从仿制外国电能表开始生产，经过 20 多年的努力，我国的电能表的制造已具备相当的水平和规模，随着科学技术的发展，和对交流感应式电能表过负荷能力、使用寿命的要求。我国在 80～90 年代开始了对长寿命电能表、机电一体化电能表（半电子式电能表）、全电子式电能表、多功能全电子式电能表、预付费电能表、复费率电能表、最大需量表、损耗电能表等的研制生产，目前已开始使用。

1. 电能表的分类

按结构和工作原理的不同分：感应式（机械式）、静止式（电子式）和机电一体式（混合式）。

按型号分：单相有功电能表、三相四线有功电能表、三相三线有功电能表、三相无功电能表、三相三线电子式多功能电能表和三相四线电子式多功能电能表。

按其接入电源的性质分：交流电能表和直流电能表。

按表计的安装接线方式分：直接接入式和间接接入式（经互感器接入式）。

根据计量对象的不同分：有功电能表、无功电能表、最大需量表、分时记度电能表、多功能电能表。

2. 电能表的铭牌标志及含义

电能表的铭牌上通常标注：名称、型号、准确度等级、电能计算单位、标定电流和额定最大电流、额定电压、电能表常数、频率、制造厂名称或商标、工厂制造年份和厂内编号、电能表产品生产许可证的标记和编号、计度器显示数的整数位与小数位的窗口应有不同的颜色，在它们之间应有区分的小数点、使用条件和包装运输条件分组的代号（将代号置于一个三角形内）、对具有止逆器的电能表应标明"止逆"字样。

我国对电能表型号的表示方式规定如下：

第一个字母 D 代表电能表，第二个字母 D 代表单相有功、X 代表三相无功、S 代表三相三线有功、T 代表三相四线有功，第三个字母 S 代表全电子式，第四个字母 D 代表多功能，后边的数字为系列序号。

3. 感应式电能表的基本结构和原理

感应式单相电能表的结构示意图见图 5-1。它由以下几部分组成：

（1）电磁机构。也称电能表的驱动元件，这是电能表的核心部分。它由两组线圈及各自的磁路组成。一组线圈称为电流线圈，它与被测负载串联，工作时流过负荷电流；另一组线圈与电源并联，称为电压线圈。电能表工作时，两组线圈产生的磁通同时穿过铝盘，在这些磁通的共同作用下，铝盘受到一个正比于负载功率的转矩，同时使铝盘开始转动。其转速与负载功率成正比。铝盘通过齿轮机构带动计数器，可直接显示用电量。

（2）计数器。它是电能表计量的指示

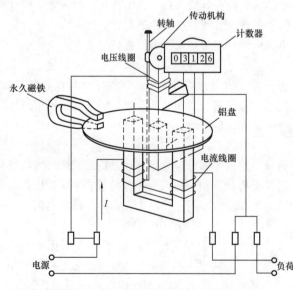

图 5-1 感应式单相电能表的结构示意图

机构。又称为积算器，用电量的多少，最终由它指示出来。

（3）传动机构。也就是电磁机构与积算器之间的各种传动部件。由齿轮、蜗轮及蜗杆组成。铝盘的转数通过这一部分在计数器上显示出来。

（4）制动机构。是一块可以调整位置的电磁铁。电能表正常工作时，铝盘受到一个转矩，此时会产生一个角加速度，若不靠永久磁铁产生的制动转矩，铝盘会越转越快。当制动转矩与电磁转矩平衡时，铝盘保持匀速转动。

（5）其他部分。包括各种调节、校准机构，支架，轴承，接线端子等。它们是电能表的辅助部分，但也是保证电能表正常工作必不可少的。

交流感应式电能表有单相和三相两种，下面就用单相电能表进行描述，单相电能表中，驱动元件和转动元件是交流感应式电能表基本结构中的两个主要组成部分，其工作原理是：交流单相电能表接在交流电路中，当电压线圈两端加以线路电压，电流线圈串接在电源与负载之间流过负载电流时，电压元件和电流元件就产生在空间上不同位置，相角上不同相位的电压和电流工作磁通。它们分别穿过转盘在转盘中产生感应涡流（电流），于是电压工作磁通与电流工作磁通产生的感应涡流（电流）相互作用，电流工作磁通与电压工作磁通产生的感应涡流（电流）相互作用，结果在转盘中就形成以转盘转轴为中心的转动力矩，使电能表转盘始终按一个方向转动起来。

4. 电子式电能表的基本结构和原理

电子式电能表测量的有功电能是有功功率与时间的乘积，与感应式电能表完全一样。它由电压、电流变换器，乘法器，电压/频率转换器，分频器，计数器，工作电源等组成。全电子式电能表的工作原理图如图 5-2 所示。

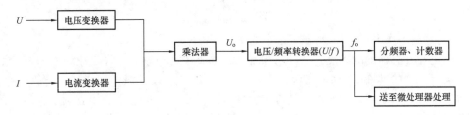

图 5-2　全电子式电能表的工作原理图

工作原理：被测的高电压 U、大电流 I 经电压变换器和电流变换转换后送至乘法器，乘法器完成电压和电流瞬时值相乘，输出一个与一段时间内的平均功率成正比的直流电压 U_0，然后利用 U/f 转换器，U_0 被转换成相应的脉冲频率 f_0，即得到 f_0 正比于平均功率，将该频率分频，并通过一段时间内计数器的计数，显示出相应的电能。

电子式电能表按其功能分为电子式单相电能表，电子式三相有功电能表，电子式分时计费电能表，电子式最大需量电能表，电子式有功、无功带脉冲的电能表，电子式多功能电能表，电子式断压、断流计量电量和时间的计量装置及 IC 卡电能表。

二、互感器的基本知识

互感器是一种变压器，电力系统供测量仪器、仪表和继电保护等电器采样使用的重要设备。当电网电压和（或）电流超过一定量值时，电能表和其他测量仪表及继电保护装置必须经过互感器接入电网，才能实现正常测量和保护电力设备的安全。

1. 互感器的分类

（1）根据互感器的工作原理可分为电磁式、电容式、光电式三种互感器。电磁式互感器是利用电磁感应原理制成的互感器；电容式互感器是利用电容分压原理制成的电压互感器，多用于110kV 及以上的高压电力系统；光电式互感器是为了测量超高压线路的电测量值而研制的，有的是根据铅玻璃的法拉第效应制成的激光电流互感器，也有根据波开尔效应制成的激光电压互感器。

(2) 根据互感器的功能可分为电流互感器（原简称为 CT，现统称为 TA）和电压互感器（原简称为 PT，现统称为 TV）。

(3) 根据用途可分为计量用、测量用、保护用互感器。

(4) 根据使用地点不同可分为户内、户外、独立式、套管式等。

(5) 根据互感器的绝缘结构可分为干式、固体浇注式和油浸式，以及气体绝缘式互感器。

(6) 根据测量对象可分为单相、三相等。

(7) 根据二次绕组的不同可分为单绕组、双绕组及多绕组互感器。

2. 电流互感器

电流互感器能将系统中的大电流变换为规定的标准二次电流，供二次测量用。在电流互感器的铭牌上，标有 TA 的型号、额定电流比、准确度等级、额定容量（或额定负载）、额定电压、极性标志等。我国规定用汉语拼音字母组成互感器的型号，不同的字母分别表示电流互感器的主要结构形式、绝缘类别和用途。如 IEC-10 型即为 10kV 多层式瓷绝缘电流互感器。

电流互感器的一次电流和二次电流都有标准规定，称为额定一次电流和额定二次电流。在额定电流下，电流互感器可以长期运行而不至于因发热而烧坏。当负荷电流超过额定电流时称过负荷，长期过负荷会烧坏互感器线圈，减少其绝缘寿命。额定电流比是指一次电流与二次电流之比，规定以不约分的分数表示。即

$$KI = \frac{I_{1N}}{I_{2N}}$$

式中：I_{1N} 为额定一次电流；I_{2N} 为额定二次电流。如：$KI = 200/5A$

测量用电流互感器的准确度，以其在额定电流下所规定的最大允许电流误差的百分数表示。测量用电流互感器的准确度级别一般有 0.1、0.2、0.1、1、3、5 级，宽量限的 S 级的电流互感器的准确度级别有 0.2S 和 0.5S 级。其额定容量是指在额定二次电流及接有额定负荷的条件下，互感器供给二次回路的视在功率。这就是说额定容量与额定二次阻抗成正比，故额定容量也可以用额定负载阻抗表示。按照标准规定，对于 $I_{2N} = 5A$ 的电流互感器，额定容量有 2.5、5、10、15、20、25、30、40、50、60、80、100VA。电流互感器在使用中，其二次连接导线及仪表电流线圈的总阻抗，不超过铭牌上规定的额定容量（伏安数或欧姆值）时，才能保证它的准确度。

3. 电压互感器

按工作原理的不同，电压互感器可分为电磁式电压互感器和电容分压式电压互感器。常用的 TV 是利用电磁感应原理制作的，其结构类似一台高电压小容量的变压器。TV 的铭牌上，标注有型号、额定电压比、准确级次、额定容量、额定电压等。我国采用汉语拼音字母组成 TV 的型号，表示其主要结构形式、绝缘类别和用途。

电压互感器的额定电压是作为 TV 性能基准的一次绕组和二次绕组的电压值。我国规定的额定一次电压有 0.38、6、10、35、110、220、330、500kV 等；接于三相系统线与地之间的 TV 额定一次电压为上述额定电压的 $1/\sqrt{3}$。二次额定电压一般规定为 100V；其额定电压比是额定的一次电压与额定的二次电压之比。

电压互感器的准确度即规定的允许误差等级。在规定的使用条件下 TV 的误差应在规定的限度以下，我国常用的 TV 的准确度级次有 0.1、0.2、0.5、1 和 3 级。其额定容量也称额定负荷，是和准确度级次对应的容量，即以额定二次电压为基准时规定二次回路允许接入的负荷，通常以视在功率伏安值表示。

在 TV 中，误差限与二次负荷有关，二次负荷越大，则误差越大。因此，一般按各种准确度

级次给出不同的额定容量，同时还根据 TV 长期工作允许的发热条件，给出 TV 的最大容量，即在任何使用条件下，TV 都不应该超过额定容量，更不允许超过最大容量。

三、电能计量装置的构成与分类

电力的生产和其他产品的生产不同，其特点是发电厂发电、供电部门供电、用户用电这三个部门是连成一个系统，不间断地同时完成，而且是相互紧密联系缺一不可，而它们之间电量如何销售，如何经济计算，那就需要一个计量器具在三个部门之间进行测量计算出电能的数量，这个装置就是电能计量装置。没有它，在发、供、用电三个方面就没法进行销售、买卖，所以电能计量装置在发、供用电的地位是十分重要的。把电能表和与其配合使用的互感器以及电能表到互感器二次回路接线统称为计量装置。

电能计量装置作为电能贸易结算的"公平秤"，其合理性和准确性，直接涉及电力企业和用电客户双方的经济利益，因此也就倍受双方的关注，为了能够准确计量电能在供销过程中流通的电能量，必须合理配置和正确设计电能计量装置。

在 DL/T 448—2000《电能计量装置技术管理规程》中对电能计量装置作出了明确的规定。

电能计量装置包括的主要设备有：

（1）各种类型电能表；

（2）计量用电压、电流互感器及其二次回路；

（3）电能计量柜（箱）。

以上电能计量装置中所包括的计量设备，在电能计量中都有各自不同的用途及意义，所计量的不同类别的电量，也是电力公司掌握和考核用户端用电情况的基本依据。电能计量装置是由计量装置的仪表、设备及其相互间的连接装置所组成。计量的准确性不仅取决于电能表和互感器本身的误差，还与连接电能表和互感器之间的二次回路上的压降密切相关。

运行中的电能计量装置按其计量电能量多少和计量对象的重要程度分五类（Ⅰ、Ⅱ、Ⅲ、Ⅳ、Ⅴ，见表 5-1）进行管理。

表 5-1　　　　　　　　电能计量装置中电能表、互感器的准确度等级规定

电能计量 装置类别	准确度等级			
	有功电能表	无功电能表	电压互感器	电流互感器
Ⅰ	0.2S 或 0.5S	2.0	0.2	0.2S 或 0.2
Ⅱ	0.5S 或 0.5	2.0	0.2	0.2S 或 0.2
Ⅲ	1.0	2.0	0.5	0.5S
Ⅳ	2.0	3.0	0.5	0.5S
Ⅴ	2.0	—	—	0.5S

（1）Ⅰ类电能计量装置：月平均用电量 500 万 kWh 及以上或变压器容量为 10000kVA 及以上的高压计费用户、200MW 及以上发电机、发电企业上网电量、电网经营企业之间的电量交换点、省级电网经营企业与其供电企业的供电关口计量点的电能计量装置。

（2）Ⅱ类电能计量装置：月平均用电量 100 万 kWh 及以上或变压器容量为 2000kVA 及以上的高压计费用户、100MW 及以上发电机、供电企业之间的电量交换点的电能计量装置。

（3）Ⅲ类电能计量装置：月平均用电量 10 万 kWh 及以上或变压器容量为 315kVA 及以上的计费用户、100MW 以下发电机、发电企业厂（站）用电量、供电企业内部用于承包考核的计量点、考核有功电量平衡的 110kV 及以上的送电线路的电能计量装置。

（4）Ⅳ类电能计量装置：负荷容量为315kVA以下的计费用户、发供企业内部经济技术指标分析、考核用的电能计量装置。

（5）Ⅴ类电能计量装置：单相供电的电力用户计费用的电能计量装置。

四、关口计量装置的设置和配置原则

关口计量点是指与各电网经营企业贸易结算电量及企业内部考核结算的电量计量分界点。关口表是指安装在发电企业上网、跨区联络线、省网联络线及省内下网等关口电能计量装置中的电能表，用于贸易结算和内部经济指标的考核，在整个电网的电能计量中承担着重要责任，正确合理设置电网各计量关口点，对电网线损的科学、合理划分、统计、管理尤为重要。因此要确保关口电能计量装置的准确和可靠，必须严格遵守电能计量装置现场检验的有关规程要求，加强关口表的运行、管理和维护工作，同时发挥和完善关口表与电能计量系统的功能，从而确保关口表的正常运行。

1. 关口计量点的设置原则

（1）跨省、地区电网间联络线两端装表计量，联络线线损承担原则按双方合约执行。

（2）发电公司上网电量关口计量点一般设在产权分界点，特殊情况按合同规定的计量点执行。

（3）各区域电网有限公司，省、市电力公司内部考核结算电量的计量点由各单位自定。

（4）客户关口计量点一般设在产权分界点，由合约规定的按合约执行。

2. 关口计量装置的要求

（1）所有关口计量装置配备的设备和精度等级要满足 DL/T 448—2000《电能计量装置技术管理规程》规定的要求。

（2）新建、扩建（改建）的关口计量装置必须与一次设备同步投运，并满足本电网电能采集系统要求。

（3）按月做好关口表计所在母线的电量平衡。220kV 及以上电压等级母线电量不平衡率不大于±1%，110kV 及以下电压等级母线电量不平衡率不大于±2%。

3. 电能计量装置的配置原则

（1）电能计量装置的配置必须符合 DL/T 448—2000 的有关要求。设计、改造方案包括但不限于以下内容：计量点、计量方式（接线方式、计量器具型号、规格、准确度等级、装设套数）、互感器二次回路及负载特性、防窃电措施、电能计量柜（箱）、用电现场（负荷）管理系统、配电变压器监测系统、低压集抄系统以及预付费装置的选用。

（2）客户侧技术设备应用，如 IC 卡装置、反窃电装置、失压失流记录装置、用电现场（负荷）管理装置等，应统筹规划，避免重复配置，采用集主开关、用电现场（负荷）管理终端、互感器、多功能电能表等一体的计量装置。

（3）贸易结算用的电能计量装置原则上应配置在供受电设施的产权分界处；发电企业上网线路、电网经营企业间的联络线路两侧都应配置电能计量装置。

（4）Ⅰ、Ⅱ、Ⅲ类贸易结算用电能计量装置应按计量点配置计量专用电压、电流互感器或者专用二次绕组。电能计量专用电压、电流互感器或专用二次绕组及其二次回路不得接入与电能计量无关的设备。

（5）单机容量 100MW 及以上的发电机组上网结算电量，以及电网经营企业之间购销电量的计量点，宜配置准确度等级相同的主、副两套电能表。即在同一回路的同一计量点安装一主一副两套电能表，同时运行、同时记录，实时比对和监测，以保证电能计量装置的准确、可靠，避免较大的电量差错。

（6）35kV 以上贸易结算用电能计量装置中的电压互感器二次回路，应不装设隔离开关辅助触点，但可装设熔断器；35kV 及以下贸易结算用电能计量装置的电压互感器二次回路，应不装设隔离开关辅助触点和熔断器。

（7）安装在用电客户处的贸易结算用电能计量装置，10kV 及以下电压供电的，应配置符合 GB/T 16934—1997《电能计量柜》规定的电能计量柜或计量；35kV 电压供电的，宜配置 GB/T 16934—1997 规定的电能计量柜或电能计量箱。

（8）贸易结算用的高压电能计量装置应装设电压失压计时器。未配置计量柜（箱）的电能计量装置，其互感器二次回路的所有接线端子、试验端子应能实施铅封。

（9）互感器的实际二次负荷应在 25%～100% 额定二次负荷范围内，电流互感器额定二次负荷的功率因数应为 0.8～1.0，电压互感器额定二次功率因数应与实际二次负荷的功率因数接近。

（10）电流互感器在正常运行中的实际负荷电流应为额定一次电流值的 60% 左右，至少应不小于 30%。否则，应选用具有高动热稳定性能的电流互感器，以减小变比。

（11）选配过载 4 倍及以上的宽负载电能表，以提高低负荷计量的准确性。

（12）经电流互感器接入的电能表，其标定电流宜不超过 TA 额定二次电流的 30%，其额定最大电流应为 TA 额定二次电流的 120% 左右。直接接入式电能表的标定电流应按正常运行负荷电流的 30% 左右进行选择。

（13）对执行功率因数调整电费的客户，应配置可计量有功电量、感性和容性无功电量的电能表；按最大需量计收基本电费的客户，应配置具有最大需量计量功能的电能表；实行分时电价的客户，应配置复费率电能表或多功能电能表。

（14）配有数据通信接口的电能表，其通信规约应符合 DL/T 645—2007《多功能电能表通信协议》的要求。

（15）具有正、反向送受电的计量点，应配置计量正向和反向有功电量以及四象限无功电量的电能表。一般可配置 1 只具有计量正、反向有功电量和四象限无功电量的多功能电能表。

（16）中性点绝缘系统（如经消弧线圈接地）的电能计量点，应配置经互感器接入的三相三线（3×100V）有功、无功电能表；但个别经过验证、接地电流较大的，则应安装经互感器接入的三相四线（3×57.7V）有功、无功电能表。

（17）中性点非绝缘系统（即中性点直接接地）的电能计量点，应配置经互感器接入的三相四线（3×57.7V）有功、无功电能表。

（18）三相三线低压线路的电能计量点，配置低压三相三线（3×380V）有功、无功电能表；当照明负荷占总负荷的 15% 及以上时，为减小线路附加误差，应配置低压三相四线（3×380V/220V）有功、无功电能表，或 3 只感应式无止逆单相电能表。

三相四线低压线路的电能计量点，应配置低压三相四线有功、无功电能表。

五、电能计量装置管理

为了准确计量电能，公平合理计收电费，正确统计供、售电量和线损，为线损分析提供准确的依据，首先要求计量装置配置齐全、合理；其次对计量装置（电能表、电压互感器、电流互感器）要做到接线正确、误差合格、定期校验、按周期轮换，发现异常及时处理。另外，要提高校验质量，避免由于计量装置不准确而引起线损升降的虚假现象。要加强对变电站内电能计量装置的监督、管理，对用户的电能计量装置要入箱上锁，严格管理。还要注意推广电能计量新技术、新设备，更新和加强供电企业的计量工作，实行科学管理。

1. 电能表的选择

（1）电能表的准确等级应符合现行 DL/T 448—2000《电能计量装置技术管理规范》的要求。

（2）根据负荷大小正确选择电能表。对于直接接入的电能表，其标定电流应按正常运行负荷电流的30%左右来选择。经电流互感器接入的电能表，其标定电流宜不超过电流互感器额定二次电流的30%，最大负荷电流不应超过电流互感器额定一次电流的120%。

（3）电能表的额定电压应与电路运行电压相符，经电压互感器馈电的电能表，其额定电压应为100V。

（4）为提高低负荷计量的准确度，应选用宽负荷电能表即过载4倍以上的电能表。

（5）计量用电能表应专用一套电流互感器，或单独使用一组副绕组，计量与保护分开。

（6）执行功率因数调整电费的用户应分别装设有功电能表和无功电能表；实行分时段电价的用户，应装设复费率电能表或多功能电能表；按最大需量计收基本电费的用户，应装设最大需量电能表。

（7）电能表应安装在清洁、干燥、无剧烈振动和无腐蚀性气体的地方，安装位置要方便维护和抄表，并垂直安装。

2. 互感器的选择和安装

（1）电流互感器和电压互感器一次绕组额定电压应与被接入电路电压相同。

（2）计量用电压、电流互感器的准确度应符合有关规程规定。

（3）电流互感器额定一次电流的确定，应保证其在正常运行中的实际负荷电流达到额定电流60%左右，至少应不小于30%；电压互感器的额定容量应大于或等于二次负载总和，当三相负载不相等时，应以负载最大的一相为依据配置。

（4）互感器实际二次负荷应在25%～100%额定二次负荷范围内。

（5）三相电路中，各相上的电流互感器额定容量和变比应一致。

（6）电流互感器二次绕组不得开路，因为一旦开路将产生高电压，导致铁芯发热，危及设备和工作人员的安全。因此，电流互感器的二次回路不允许装熔丝，在二次回路上工作时，应将二次绕组短路。

（7）电流互感器安装时，极性不得接错。

（8）互感器的二次回路的连接导线应采用铜芯单股绝缘线，其截面应不小于 $2.5mm^2$。

（9）装在高压电路中的互感器，其二次端钮应接地。

3. 互感器二次回路导线截面的选择

互感器与电能表连接导线截面的大小，直接影响互感器的实际二次负载，进而影响计量装置的准确性。因此，必须正确选择互感器二次回路导线的截面。

（1）电流互感器二次回路导线截面的选择。电流互感器二次回路导线阻抗是二次负荷阻抗的一部分，尤其在大型发电厂、变电站则是其主要部分，它直接影响电流互感器的准确性。因此，当二次回路连接导线的长度一定时，其截面应按电流互感器的额定二次负荷计算确定，一般应不小于 $4mm^2$。

（2）根据负荷电流的大小，配置直接接入式电能表应选择的导线截面如表5-2所示。

表5-2　　　　　　　　　　直接接入式电能表导线截面选择

负荷电流（A）	20及以下	20～40	40～60
铜芯导线截面积（mm²）	4.0	6.0	7×1.5

（3）电压互感器二次回路导线截面的选择。电压互感器的负荷电流通过二次导线时会产生电压降，那么加在电能表上的电压就不等于电压互感器二次绕组的端电压，这将造成电能表端电压对于二次绕组端电压的量值和相位上的变化，由此产生电能量的测量误差。一般用加大导线截面

或缩短导线长度来减小 TV 二次回路电压降。当电压二次回路导线长度一定时，其截面应按允许的电压降计算确定。通常电压二次回路的导线截面应不小于 $2.5\mathrm{mm}^2$。

4．电能计量装置的检验

电能计量装置应按有关规程进行检验和轮换，以保证其准确性。

（1）电能计量装置的定期校验。

1）安装在 35kV 和 10（6）kV 线路上的总表，容量在 1000kW 以上的高压用户电能表，校验用的标准表，每半年校验一次。

2）容量在 1000kW 的每年校验一次。

3）一般农业用户的电能表每 1～2 年校验一次。

4）低压照明表，计量用互感器每 3～5 年校验一次。

（2）电能表的定期轮换。

1）运行中的Ⅰ、Ⅱ、Ⅲ类电能表的轮换周期一般为 3～4 年，Ⅳ类电能表的轮换周期为 4～6 年，Ⅴ类电能表的轮换周期为 10 年。

2）Ⅰ、Ⅱ类电能表的修调前校验合格率为 100％，Ⅲ类电能表的修调前校验合格率应不低于 98％，Ⅳ类电能表的修调前校验合格率应不低于 95％。

3）运行中的Ⅴ类电能表，从安装的第六年起，每年应进行分批抽样作修调前的检验。

（3）电能表和互感器的现场检验。现场检验是电力企业为了保证电能计量装置准确、可靠运行，在电能计量器具检定周期内增加的一项现场监督与检验工作。

现场检验应执行 DL/T 448—2000《电能计量装置技术管理规程》和 SD 109—1983《电能计量装置检验规程》的有关规定，并严格遵守电业生产安全工作规程。

1）新投运或改造后的Ⅰ、Ⅱ、Ⅲ、四类高压电能计量装置应在一个月内进行首次现场检验。检验项目主要有：①检测电能计量器具的准确性；②检查电能计量装置的运行状况，及时发现用电异常（报装容量、变比大小、端子接触、窃电迹象等）；③检查二次负荷有无变化，二次回路接线的正确性等。

2）Ⅰ类电能表至少每 3 个月现场检验一次，Ⅱ类电能表至少每 6 个月现场检验一次，Ⅲ类电能表至少每年现场检验一次。

3）高压互感器每 10 年现场检验一次，当现场检验互感器误差超差时，应查明原因，制订更换或改造计划，尽快解决，时间不得超过最近一次主设备的检修完成日期。

4）运行中的 35kV 及以上电压互感器二次回路电压降，至少每 2 年检验一次。当二次回路负荷超过互感器额定二次负荷或二次回路电压降超差时应及时查明原因，并在一个月内处理。

5）运行中的低压电流互感器可在电能表轮换时检查其变比、二次回路及其负载。

5．电能计量装置的检验考核

（1）电能表校验率。

$$校验率 = \frac{实际校验的电能表数}{到周期硬校验的电能表数} \times 100\%$$

电能表校验率应达到 100％。

（2）电能表校前合格率。

$$校前合格率 = \frac{校前合格电能表数}{实际校验的电能表数} \times 100\%$$

电能表校前合格率应达到 99％以上。

（3）电能表轮换率。

$$轮换率 = \frac{实际轮换电能表数}{到周期应轮换的电能表数} \times 100\%$$

电能表周期轮换率应达到 100%。

（4）电能表现场校验率。

$$现场校验率 = \frac{实际现场校验数}{按规定周期应校验数} \times 100\%$$

$$现场校验合格率 = \frac{实际现场校验合格数}{实际现场校验数} \times 100\%$$

电能表现场校验率应达到 100%。Ⅰ、Ⅱ类电能表现场校验合格率应不小于 98%，Ⅲ类电能表现场校验合格率应不小于 95%。

（5）电能表故障率。

$$故障率 = \frac{电能表故障次数}{运行电能表总数} \times 100\%$$

电能表故障率应小于 1%。

6. 对电流、电压二次回路的技术要求

电能计量装置的二次回路技术要求应按 DL/T 825—2002《电能计量装置安装接线规则》规定执行。

（1）互感器接线方式。对于接入中性点绝缘系统的三台电压互感器，35kV 及以上的宜采用 Yy 方式接线，35kV 以下的宜采用 Vv 方式接线。接入非中性点绝缘系统的三台电压互感器，宜采用 YNyn 方式接线。对于三相三线制接线的电能计量装置，其两台电流互感器二次绕组与电能表之间宜采用四线连接。对于三相四线制接线的电能计量装置，其三台电流互感器二次绕组与电能表之间宜采用六线连接。

（2）35kV 以上计费用电压互感器二次回路，应不装设隔离开关辅助触点，但可装设快速熔断器；35kV 以下计费用电压互感器二次回路，不得装设隔离开关辅助触点和熔断器；35kV 及以下用户应用专用计费互感器；35kV 及以上用户应有电流互感器的专用二次绕组和电压互感器的专用二次回路，不得与保护、测量回路共用。

（3）低压供电，负荷电流为 50A 及以下时，宜采用电能表直接接入方式；负荷电流为 50A 以上时，宜采用电能表经电流互感器接入的接线方式。

（4）所有计费用电流互感器的二次接线应采用分相接线方式。非计费用电流互感器的二次接线可以采用星形或不完全星形接线方式。

（5）导线中间不得有接头。

（6）色相。导线最好用黄、绿、红相色线，中性线用黑色线。

（7）接地。为了人身安全，互感器二次要有一点接地，金属外壳也要接地，如互感器装在金属支架上，可将金属支架接地。低压计量二次电流互感器不需接地。电压互感器 Vv 接线在 b 相接地，Yyn 接线在中性线上接地。电流互感器则将 2 只或 3 只互感器的 K2 端连起来接地。计费用互感器都在互感器二次端纽处直接接地，其他的一般在端子排上接地。

7. 电能计量的检查

（1）停电检查。

1）复核所装电能表、互感器及互感器所装相别是否和工作单上所列相符，有否搞错，核对电能表示度。

2）检查电能表和互感器的接线螺钉螺栓是否拧紧，互感器一次端子垫圈和弹簧垫圈有否缺失。

3）检查电能表、互感器安装是否牢固，电能表倾斜度是否超过 $1°\sim2°$。

4）检查电能表的接线是否正确，特别要注意极性标志和电压、电流线圈所接相位是否对应。

5）核对电能表倍率是否正确。

6）检查二次导线截面是否为 $2.5mm^2$ 以上，中间不能有接头和施工伤痕。接地是否良好。

（2）通电检查。

1）用相序表复查相序，用验电笔测单相电能表相、中性线接对否。

2）空载检查电能表是否空走，即电压线圈有电压，电流线圈无电流情况下圆盘不能转过一圈。

3）带负载检查电能表是否正转及表速正常否，有否倒转、停走情况。

三相四线电能表如为直走表，因不带电流互感器一般直观检查即能发现问题，由于电压线圈和电流线圈用接线盒内连接片连接，不大会有接不同相的情况；如带电流互感器接线，主要检查电压、电流线圈是否接在同一相及电流线圈或电流互感器极性是否接反，可逐相打开电压检查，表速应逐渐慢下来，打开一相慢约 1/3，再打开一相更慢一点。

三相二元件电能表可先断开中相（B）相电压，此时电能表应走慢一半。如要可靠一点可再开动 1 台或数台空载电动机，因空载电动机的功率因数小于 0.5，打开 A 相电压连接片，保持 B、C 相电压线圈有电（带电流互感器接法也可用短接 A 相二次侧电流方法），此时电能表应走快，恢复后打开 C 相电压或短接 C 相二次侧电流，此时电能表应倒转。

4）接线盖板、电能表箱按规定加封。

8．电能表在安装之前应确定的内容

（1）三相三线电能表接线之前首先要确定用户的电源相序，以保证电能表的接线顺序与用户电源的相序保持一致。相序一般分为正相序、逆相序两种。正相序有三种形式，即 ABC、BCA、CAB；逆相序也有三种形式，即 CBA、BAC、ACB；

（2）找出 B 相电压，在高压计量系统中，有功计量一般采用三相三线有功电能表，三相三线有功电能表基本上是由三相两组元件构成的，第一组元件接线使用的是 AB 相电压、A 相电流，第二组元件接线使用的是 CB 相电压、C 相电流，B 相电压为中性相（B 相接地）。

（3）确定电流互感器的相别和极性。

（4）三相四线电能表在接线之前首先要确定三相电压相序 A、B、C、N 方法：用电压表准确找出中性线，即三根线与第四根线的电压分别都为 220V，则第四根线就是中性线。

中性线不能与 A、B、C 中任何一根相线颠倒。因为在三相四线有功电能表接线正常时，三个电压线圈上依次加的都是相电压，即 U_{an}、U_{bn}、U_{cn}。若中性线与 A、B、C 中任何一根相线（如 A 相线）颠倒，则第一组元件上所加的电压变成 U_{na}，第二、第三组元件上所加的电压变成 U_{ba}、U_{ca}。这样，一是错计电量，二是原来接在 B、C 相的电压线圈和负载承受的电压由 220V 上升到 380V，由于电压升高会对用电设备造成毁坏，所以为了防止中性线和相线颠倒的故障发生，必须准确找出中性线。

9．电能计量装置新装完工后在送电前应检查的内容

（1）复核所安装电能表及互感器的相别是否与工作单上所列内容相符。

（2）检查电能表接线端子内的接线螺钉，互感器的接线螺钉，接线盒的接线螺钉是否紧固。

（3）检查电能表安装是否牢固，电能表的倾斜度不能超过 $1°\sim2°$。

（4）检查电能表的接线是否正确，特别要注意极性标志和电压、电流线头所接相位是否对应。

（5）核对电流互感器的变比及电能表的倍率是否正确。

（6）检查二次导线中间不能有接头和施工伤痕。接地是否良好。

10. 电能计量装置新装完工后通电检查内容

（1）检查接线。主要检查电流互感器的极性是否与电能表的电流进出线相符。

（2）用相序表测量电压是否为正相序。如果对相序进行检查，在没有相序表的情况下，用以下方法也可以进行判断：拉开用户的电容器后有功、无功表是否正转（电子表有功功率、无功功率都是正值）？因为正相序时断开用户的电容器，就排除了无功过补偿引起的无功电能表反转的可能。因为负载既然需要电容器进行无功补偿，必定是感性负载。这样有功、无功表都正转才正常。

（3）检查电压与电流是否同相。

（4）接头接触是否良好等。

（5）用验电笔试验电能表外壳、中性线接线端子应无电压。

11. 电能表接线对电能计量的影响

交流电能表的正确接线是保证正确计量的首要条件。但电能表能否实现正确的电能计量，不仅是取决于电能表和互感器的精度等级，更重要的是取决于电能表的正确接线（包括整个电能计量装置的正确接线）。

如果使用一具不符合精度要求的电能表，最多造成百分之几的误差，但错误接线给电能计量带来的误差却往往很大，特别是三相电能表，出现错误接线的种类有几十种，错接线的方式更是形形色色。因此，由错接线造成的电量差错，可能达到百分之几十，有的错接线方式可能造成电能表停转，导致电量丢失。有的错接线方式可能造成电能表某相反转，导致少计电量。总之，错接线给电能计量工作会带来很大的损失。因此，一定要充分认识到，不论所计量的数据是用于贸易结算的还是用于在线监测的，其计量的准确性是同等重要的。

对于电能表的错误接线，不但要善于发现和及时纠正，更重要的是从源头上杜绝。

（1）检查三相三线有功电能表接线是否正确的几种简便方法。

高供高量电能计量装置一般由三相三线有功、无功电能表和 Vv12 接线电压互感器、Vv12 接线电流互感器构成。

1）实负载比较法。通过实际功率与表计功率进行比较，如果误差范围较大，则可判断接线有错误。运用的条件是负载功率必须稳定，其波动应小于 $\pm 2\%$。

2）断开 B 相电压法。若断开电能表的 B 相电压，电能表的转速比断开前慢一半左右（此时电能表电压线圈承受的电压为额定电压的一半，转动力矩也降低一半），则说明原接线是正确的。

3）电压交叉法。对换 A、C 相电压后，电能表不转，则可说明原接线是正确的。因为 A、C 相电压交叉时，电能表产生的转矩为零。

（2）检查三相四线有功电能表接线是否正确的简便方法。

1）实负载比较法。通过实际功率与表计功率的比较，如果误差范围较大，则可判断接线有错。运用的条件是负载功率必须稳定，其波动应小于 $\pm 2\%$。

2）逐相检查法。接进电能表的三根相线中只保留 A 相，断开 B、C 相电压进线，检查 A 相接线，电能表应该正转。同理只保留 B 相，断开 A、C 相电压进线，检查 B 相接线，电能表应该正转。只保留 C 相，断开 A、B 相电压进线，检查 C 相接线，电能表应该正转。运用此方法时每相负载不能低于额定负载的 10%。

如果以上检查的结果与电能表的运行状态不符，则说明接线有错误。至于错接线的方式是什么样的，需要借助设备通过测量各电压、电流的相位角度进一步作出判断。

（3）现场带电检查错接线的设备及判断方法。

1）采用三相电能表现场校验仪。

功能：能够测量三相电流、电压、有功功率、无功功率、相位、功率因数、频率。

能够现场校验感应式三相三线、三相四线有功、无功电能表，电子式电能表。有相量图实时显示功能，可以直接显示电压、电流相量图，瞬间识别错误接线。

2）采用相位伏安表。相位伏安表是一种既能测量交流电压、电流，又能测量电压和电流之间相位关系的电工仪表。

12. 电能计量装置验收内容

（1）电能计量装置验收的技术资料。

1）电能计量装置计量方式原理接线图，一、二次接线图，施工设计图和施工变更资料。

2）电压、电流互感器安装使用说明书、出厂检验报告、法定计量检定机构的检定证书。

3）计量柜（箱）的出厂检验报告、说明书。

4）二次回路导线或电缆的型号、规格及长度。

5）电压互感器二次回路中的熔断器、接线端子的说明书等。

6）高压电气设备的接地及绝缘试验报告。

7）施工过程中需要说明的其他资料。

（2）现场核查内容。

1）计量器具型号、规格、计量法制标志、出厂编号应与计量检定证书和技术资料的内容相符。

2）产品外观质量应无明显瑕疵和受损。

3）安装工艺质量应符合有关标准要求。

4）电能表、互感器及其二次回路接线情况应和竣工图一致。

（3）验收试验。

1）检查二次回路中间触点、熔断器、试验接线盒的接触情况。

2）电流、电压互感器实际二次负载及电压互感器二次回路压降的测量。

3）接线正确性检查。

4）电流、电压互感器现场检验。

（4）验收结果的处理。

1）经验收的电能计量装置应由验收人员及时实施封印。封印的位置为互感器二次回路的各接线端子、电能表接线端子、计量柜（箱）门等；实施铅封后应由运行人员或用户对铅封的完好签字认可。

2）经验收的电能计量装置应由验收人员填写验收报告，注明"计量装置验收合格"或者"计量装置验收不合格"及整改意见，整改后再行验收。

3）验收不合格的电能计量装置禁止投入使用。

4）验收报告及验收资料应归档。

13. 电能计量误差及降低措施

（1）电能计量误差。

1）低压用电且耗电量较少的用户，一般采用直接接入式电能表计量其用电量，电能计量误差也仅限于电能表本身的误差。

2）用电量大的低压用户的电能表需要经电流互感器接入；大型发电机、高压变压器，以及上下网电量和高压供电用户所配置的电能表则需经电压、电流互感器接入，以计量发、供、用电量。此类电能计量装置的误差除了电能表外，还包括互感器的合成误差及电压互感器二次导线压降引起的误差，即电能计量装置综合误差。

电能计量装置综合误差计算公式为

$$r = r_1 + r_2 + r_3$$

式中：r 为电能计量装置综合误差，％；r_1 为电能表误差，％；r_2 为互感器的合成误差，％；r_3 为电压互感器二次回路压降引起的误差，％。

(2) 减小误差的措施。

1) 选用准确度较高的电能表、互感器，以及过载 4 倍及以上的宽负载电能表和 S 级的电流互感器，以减小电能表、互感器自身的误差。

2) 预测用电负荷的大小及性质，合理选择电流互感器的变比。电流互感器一般应在 30％以上的负载电流下运行。

3) 选配电能表时，应考虑互感器的合成误差，使电能表的误差和互感器的合成误差相互抵消，以减少电能计量装置的综合误差。

4) 根据电流、电压互感器的误差，合理地组合配对，尽量减小互感器的合成误差。配对的原则是接入电能表同一组件的电流、电压互感器的比差符号相反、数值接近或相等；而其角差的符号相同、数值接近或相等。

5) 采用计量专用互感器或者专用的计量二次回路（计量回路与测量及保护回路分开）；尽量缩短二次回路导线长度，加大导线截面，降低导线电阻，以减少电压互感器二次回路压降引起的误差。

6) 35kV 及以下的电能计量点，选用符合 GB/T 16934—1997《电能计量柜》规定的电能计量柜（箱），以保证其综合误差符合要求。

六、电能计量发展趋势

电能计量业务是营销管理的核心业务之一，实现对包括营销贸易结算计量点与考核计量点在内的所有计量点的计量装置管理及计量数据管理，具体业务包括电能计量装置、标准器具、实验室、计量自动化及信息化系统的管理，为计费、稽查、客户服务、需求侧管理等其他营销业务提供关键技术支持，并为停电时间统计、四分线损统计、配电网电能质量监测、配电变压器监测以及调度生产运行等其他业务提供数据支持。

1. 电能计量新技术发展动态

随着计量技术的不断发展，特别是智能电网、绿色电网等理念的提出和实施，今后一段时间将是电能表行业的转型时期。随着市场要求的不断提高，电能表将向高精度、长寿命、多功能化、智能化、网络化方向发展，主要呈现以下几大趋势：

(1) 高精度电能表呈现快速发展态势。高精度电能表主要应用于关口点或网口点，由于其技术含量较高，目前大多从国外进口。关口计量点电量大，微小误差能造成巨大损失，因此必须使用精度等级更高的电能表。随着电力工业向大电网、大电厂、大机组、高电压、高参数、高度自动化方向发展以及全国电力联网的推进，电力输送规模将越来越大，高精度电能表将成为电工仪器仪表行业的发展重点。

(2) 感应式电能表加速向长寿命、高稳定性方向发展。感应式电能表在目前国内外民用电能表中仍占有相当一部分，其精度等级、稳定性、可靠性、使用寿命等主要性能指标，仍在不断改进和提高。现在，大量优质感应式电能表（如长寿命技术电能表）正在取代使用多年的老式电能表。感应式电能表将逐步过渡到长寿命、高稳定性、高可靠性，有效使用寿命一般达到 25 年以上，具有 6 倍以上过载能力。

（3）多功能电能表加速发展，各项功能日趋完善。电子式电能表经过一段时间的应用，已经得到了大规模的推广。目前，电子式电能表正在向多功能方向发展，除了单一的计量功能外，增加了事件记录、冻结电量、复费率、费控等一系列功能。多功能电能表性能尤其是安全性和可靠性方面已逐步趋于完善。

（4）智能电能表将成为行业未来发展主流。智能电能表作为智能电网的核心设备，必将随着智能电网部署的增长，呈现快速增长势头。目前，智能电能表在全球范围内已经得到逐步应用。易观国际研究预测，在 2015 年，全球智能电能表和网络基础设施技术应用将超过 150 亿美元的市场规模。智能电网建设也将给国内电能表市场提供巨大的发展机遇。国家电网公司组织编制了智能电能表系列标准，并提出将大规模推广使用智能电能表。国家电网公司于 2009 年底进行了第一次电能表集中招标，2010 年电能表集中招标全面实施，招标额大幅上升，五次集中招标量远超市场预期，全年智能电能表招标数量达到 4533 万块左右。预计 2015 年以前国家电网公司对智能电能表的招标将维持高位，未来每年需改造和更换的电能表总量将达到 6000 万只。

（5）自动抄表技术发展颇具前景。近几年来，随着通信技术的不断进步以及电力市场应用的需要，国内自动抄表技术水平取得了长足的进步。特别是 GSM/GPRS 和 CDMA 通信技术已在大客户抄表和管理系统中得到大量使用并取得了成功，低压电力线载波技术也已逐步被越来越多的电力部门所采纳，效果基本令人满意，而短距离无线抄表也在居民抄表中得到应用和推广。

2. 电能计量需求发展分析

南方电网公司的"十二五"发展规划中明确提出"营销管理向标准化、集约化、精益化转变"的要求，电能计量作为营销业务中的重要业务和技术支持，需着重落实电力企业中长期发展战略，支持实现电力企业战略目标，能满足电价等国家政策，满足公司内部管理、营销服务的需要，并体现经济性原则。因此，对电力企业未来电能计量业务提出了以下更高的要求：

（1）管理需求。

1）降低经营成本的需求。电能计量业务是营销管理的核心业务之一，涉及对营销贸易结算计量点的众多业务。在提高工作效率的同时，要降低营销成本，为电力企业创造价值，提升经济效益。降低经营成本主要从下面几个方向着手：①在保证准确计量的前提下，有效降低计量损失。电能计量业务涉及电网电力企业与用户及发电企业之间电能交易结算。电费作为电网电力企业最主要的营业收入，对电力企业正常经营影响深远。在电力市场公平、公正、公开的前提下，有效减低电能计量损失，可以给企业带来巨大地经济效益。②减少人工抄表给电力企业带来的大量的人力成本。目前，电力企业电费结算仍以人工现场抄表收费方式为主，效率低、劳动强度大。不仅需要大量抄表员工，给电力企业带来数额巨大的人工成本，且错抄、估抄、代抄、漏抄时有发生，造成电力企业经济损失。自动化抄表系统可以有效地实现供、购、售电环节的电能信息实时采集和达到准确抄表、同步抄表、实时抄表的要求，达到降低营销成本，提升经济效益的要求。③转变原有的电费结算模式。受传统的人工抄表周期长、催费手段落后等因素的制约，原有的月度发行结算由于实施人工抄表方式，核算、发行时间跨度大，电费回收时间周期长、效率低，与电力系统营业管理模式改革的矛盾越来越突出，已经不能适应新形势下电力营业管理的需要。通过预付费、远程通断电等先进的技术手段，有效提高电费回收效率，降低企业电费回收的风险，提升电力企业经济效益。④加强线损管理。现有线损管理存在线损分析不同时、分析周期长、人工计算等问题，造成线损分析缺乏真实性，不能反映实际的线损情况。应用电子式电能表、建设自动化抄表系统，强化抄表工作实时性，以满足线损计算数据同时性的要求，为线损分析提供准确的数据基础；缩短数据采集周期，缩短线损分析周期，提高线损数据的时效性、真实性和分析性；通过负荷曲线分析及时诊断和排除异常，快速找到影响线损的症结，以便采取相应的措施，杜绝了跑、冒、滴、漏，降低线损，提高企业经济效益。

2) 业务标准化的需求。电能计量业务作为电能交易结算的核心业务，涉及交易公平、公正、公开问题。为此，统一的管理制度、规范的业务流程尤其重要。目前，电力企业计量业务受设备、技术的制约，人为影响较大，不利于实现营销管理从抄表、核算到电费发行的全封闭管理，不利于进一步规范计量、抄表、结算流程和推进计量、抄表、结算业务标准化建设。计量业务标准化有待进一步将强，需要进一步规范计量标准化建设。

3) 电能量数据采集的需求。新形势下的计量业务要为电力企业营销管理与生产运行提供大量实时、可靠的数据支持，营销、计量自动化信息化建设需求不断提升。传统人工采集电能量数据的做法，已不再适应如今的要求。通过大力推行自动抄表系统，对终端数据进行高准确性、实时性和全面性的采集，促进电网自动化建设。

(2) 社会需求。随着社会的发展，人民生活水平日益提高，对用电量的需求进一步加大，对新形势下的电能计量的正确率和准确率提出了更高的要求，更加注重供电质量和供电可靠性。电能表实现停电统计可以丰富衡量、统计供电可靠性这一指标的手段和方法。在确保电能交易结算的公平、公正、公开的基础上，提高居民用电质量，维护社会稳定，主动承担社会责任。

随着能源形势的进一步紧张，国家相继出台阶梯电价、分时电价等电价政策。电力企业作为关系国家能源安全和国民经济命脉的国有重要骨干企业，在节能减排方面有着义不容辞的责任，要为全面实行新的电价制度提供有力的技术支持，要将阶梯电价、分时电价的电费计算纳入到计量需求当中。为了将高峰用电转移到低谷时段、缓解高峰电力供需缺口、促进电力资源的优化配置而实现"峰谷电价"。为了引导居民避峰就谷、合理用电、节约居民生活费开支、减少能源浪费要实现"分时计费"。为了鼓励居民节约用电、减少能源浪费、促进节能减排、提高能源利用效率要实现"阶梯电价"。用户的要求不断提高，需要电力供应企业人员牢固树立"以用户为中心"的全员服务理念，不断强化服务意识，不断提升服务水平。电能计量业务是用户服务的基础，直接关系到用户、社会是否满意的大问题。依靠计量自动化等先进技术手段实现自动抄表、计量故障远程诊断，大幅度减少对居民小区、家庭的骚扰，保障用户用电的安全、可靠、稳定，切实提高居民用电服务质量，提升用户满意度和公司社会现象。电能计量业务为了适应新形势下的社会需求，需要电能表具备相应的功能，作为基础支撑和技术保障。

第二节　电量抄核收管理

真实准确的线损率是制定降损措施、降低电网电能损耗的基础。而线损率的正确计算与合理计量和严格执行抄、核、收制度有密切关系，因此对高压供电、低压计量的用户应采用逐月加收变压器铜损和铁损，做到合理加收；要严格执行抄、核、收制度，按时抄表，保证抄表率，在规定的时间内，保证抄表率达到100%，杜绝估抄、漏抄、迟抄现象。而且按时抄表，可以及时发现事故表，早日校验或更换，防止电量丢失。在保证抄表率的前提下，还应提高抄表质量，减少抄表差错，提高抄见电量的准确度，以减少和用户的纠纷，提高电网售电量统计的准确性，为准确计算线损率提供保证。

抄、核、收业务主要指供电企业对营业区内的用户按合同约定而进行的抄录电量、审核计算电费、收取电费工作，是供电企业的主营业务。包含以下内容：

(1) 电能计量装置数据信息抄录业务。

（2）电量电费审核计算业务。

（3）营业资料管理业务。

（4）电费收取业务。

一、抄表

抄、核、收是电价电费管理的基础工作，抄表工作又是抄、核、收工作的第一道工序，也是基础工序，准确抄录各类客户电能表示数不仅保证了电量电费的正确计算，是用户正确、按期支付电费的依据，对企业合理使用电能、正确核算企业成本有好处。而且通过抄表能准确反映电网经营企业各个时期的供电量、售电量、线路损失等，保证供电企业的经济效益，为电网经营企业增供促销、降损节电和售电分析工作提供了基础数据，同时，通过统计分析，还能进一步真实反映国民经济的运行情况和各行业的发展情况。

由此可见，抄表工作是一项极为重要的基础工作。抄表工作业务流程如图5-3所示。

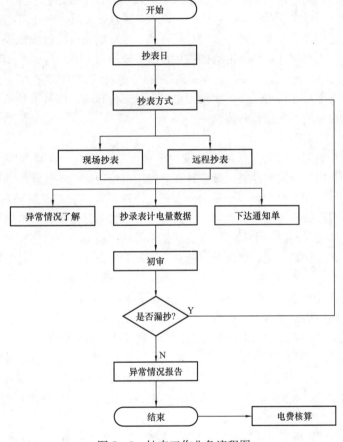

图5-3　抄表工作业务流程图

1. 抄表工作的主要内容

（1）按照抄表计划抄表，对新用户发放缴费卡或缴费通知单，提出调整抄表线路的建议。

（2）对用户运行电能计量装置进行例行常规检查。

（3）了解用户生产经营和财务运作状况，为及时足额回收电费提供依据。

（4）抄表差错、故障处理、违约用电和窃电等工作的报办。

（5）现场解答用户疑问，宣传安全、节约用电知识。

2. 抄表方式

目前的抄表方式主要有以下几种：

(1) 使用抄表卡手工抄表方式。现场手抄是一种传统的抄表方式。这种抄表方式目前在县级以下的农村用户仍在普遍使用。对城市中、小型用户和居民用户过去都采用抄表员到现场手抄。抄表员将电能表示数抄录在抄表卡上，回来后由专人录入计算机，这种抄表方式工作效率低、差错率高，目前只在少数农村使用。

(2) 使用抄表微机手工抄表方式。这种抄表方式是将抄表器通过接口与用电营业系统微机接口，将应抄表用户数据出入抄表器，抄表员携带抄表器赴用户用电现场，将计量电量表的记录数据输入抄表器内，回来后将抄表器现场存储的数据通过接口传入营业系统。目前，这种抄表方式广泛应用在全国大、中型城市。

(3) 远红外抄表方式。抄表员使用红外抄表器就可以不必进入用户的实际装表处抄表，只需利用红外线抄表器远距离抄录，且一次可以录入电能表中的若干数据。

(4) 小区集中抄表系统（简称集抄）抄表方式。小区内居民用电户的用电计量装置读数通过低压载波等通道传送到小区变电站内，抄表员只需到小区变电站内将抄表微机与集中抄表系统的一个集中器相连，一次可将几百块电能表的数据抄录完成。

(5) 远程（负控）抄表系统方式。远程遥测抄表是对负控装置的功能综合开发利用，实现一套装置数据共享及其他无动传输通道，实现用电户电量远传抄表。即抄表员可在负荷管理控制中心，通过微波或通信线路实现远程抄表。

3. 抄表日程编制与管理

抄表员每月抄录的用户电量是供电企业按时上缴电费的依据，也是考核供电企业的线损损失、供电成本指标、用户单位产品耗电量、计划分配用电量指标，各行业用电量统计和分析的重要原始资料。因此，定期抄表和抄表质量十分重要。两次正常抄表结算间隔的时间为抄表周期。根据不同性质的用户抄表周期也不尽相同，一经确定，不得随意变更。通常居民用户抄表周期为两个月，其他用户抄表周期为一个月。对缴费信誉差的用户也可一个月多次抄表结算。由于用户众多，情况复杂，并且经常变化，要完全保证一户不漏地按期抄表，有一定的困难，为此，一般作如下规定：

(1) 抄表日期必须固定，并事先做好安排，公布于众，请用户协助与监督。一般情况下，抄表日期不得变动，即使遇到恶劣天气亦应风雨无阻，若由于客观原因，抄表日期被迫变动，变动后的抄表日期与既定的抄表日期最多不要超过两天，对于大用户，原则上保证按期抄表。

(2) 对于确有某种原因抄不到电能表时，要尽一切努力设法解决。如遇用户周休日，则必须在当天或次日补抄，或允许用户代抄，要求三日内通知电费管理单位；对确因"锁门"不能抄表的，则可经用户同意后，根据用电情况预售当月电费。无论由于任何原因当月未抄到电能数时，必须在下次抄表时进行复核。

(3) 抄表日程实行分级审批，"零点"抄表日程的变更必须由省公司直属供电单位分管电力营销的领导批准。

(4) 抄表例日确定原则。

1) 每月 25 日以后的抄表电量不得少于月售电量的 70%，其中，月末 24 时的抄表电量不得少于月售电量的 35%。

2) 供电单位应根据营业区范围内用户数量、用户用电量和用户分布情况，按有利于电费回收的原则，确定用户抄表例日。

3) 对同一台区的用户、同一供电线路的专用变压器用户、同一户号有多个计量点的用户、存在转供关系的用户，抄表例日应安排在同一天。

（5）抄表日程编排应方便分线、分台区考核线损。

（6）新装用户应在归档后第一个抄表周期进行抄表。

4. 抄表管理基本原则

（1）实行抄、管分离原则。抄、管分离的基本思路是：线损管理责任人不具体抄录其管理责任范围内的电能表，抄表公司或供电所抄表员只对电能表数据抄录的正确性负责。

（2）坚持电量、电价、电费"三公开"原则。电量、电价、电费"三公开"是电力体制改革中产生的行之有效的群众监督手段，城乡居民用电的电量、电价、电费"三公开"是让用户看后对比监督的，不是用来应付上级检查的。电量、电价、电费"三公开"要定时、定点，不走过场。

（3）建立对抄表环节的监抄、会抄、轮抄、盘抄制度。

1）监抄。就是用电营业的主管领导或电力稽查部门有计划地抽查抄表员的某一个责任台区，连续至少两个月派员与该抄表员一起对被抽查的台区的每一户电能表进行抄录。

2）会抄。就是公司一次性组织足够的人力，对某一条线路或一个台区的所有计量表计进行突击抄录并在很短时间内完成。

3）轮抄。就是对抄表员的抄表责任区域实行定期（每季度、半年或者一年）轮换。

4）盘抄。就是在年末、抄表员轮换或者供电所长离任交接之前，对有关的全部计量装置抄录一遍，如同新、老仓库保管员交接手续之前的盘仓一样。

5. 抄表工作规范

（1）严格按照公司批准的抄表时间和顺序组织抄表队进行抄表。

（2）抄表工作至少两人同时进行，全面落实无底码抄表，执行读录户名、表码复诵制。

（3）对营销部传递的新增或变更的10kV用户用电性质和表计信息进行复核，复核率达到100%。

（4）对供电所传递的新增或变更的0.4kV用户用电性质和表计信息进行复核，复核率达到100%。

（5）无错抄、估抄现象，抄表正确率达到100%。

$$抄表正确率 = \frac{抄表正确电量}{抄表总电量} \times 100\%$$

$$抄表正确电量 = 抄表总电量 - 抄表错误电量$$

抄表错误电量包括错抄（含抄表时间不对）、错算、估抄的电量。以上按供、售电量分别计算。

（6）无漏抄现象，实抄户数不包括估抄户数，实抄率应达到大用户100%，一般用户98%。

$$实抄率 = （实抄户数 / 应抄户数）\times 100\%$$

（7）抄表过程中发现窃电、计量装置故障等异常情况时，立即通知有关部门并做好记录。

（8）抄表数据及相关信息于当日内传送到营销部。

（9）抄表人员定期进行轮换，轮换周期不得超过三个月。

（10）抄表路线图和抄表台账及时补充，定期更新。

（11）做好抄表的安全措施及安全防护工作，严格落实交通、防火、防盗安全管理规定。

（12）严格遵守公司优质服务有关规定，注重形象、仪表，使用文明用语。

6. 抄表员抄表标准

（1）抄表人员抄表时，必须挂牌工作，按照抄表例日进行抄表，杜绝估抄、漏抄、错抄现象。

(2) 居民、低压用户和普通工业用户每月要按时抄表，特殊情况可延长一天；专用变压器用户为按规定日期进行抄表，不准随意变动（包括休息日）。

(3) 为保证统计工作的准确性，抄表例日一经确定，抄表人员不准更改。特殊情况需要变动的要经所长审批并报公司相关职能管理部门同意方可实施。

(4) 计费电能表的实抄率要达到 100%。

(5) 接到新开用户表卡或抄表人员抄表交接时，要办理签收手续，做好用户表卡台账建立和核对。

(6) 抄表人员第一次抄表时，应对用户电能表的厂名、表号、容量、倍数、接用线路或变压器等进行核对，避免发生张冠李戴。

(7) 抄表时，要观察计量装置运行情况，如有电能表时走时停、计度器卡字、电能表镜面发黄、潜动、漏电、铅封损坏、配电盘松动、用电性质的改变等情况，应及时向上级部门汇报，由上级部门组织人员查明原因并予以处理。

(8) 抄表时发现电量变动较大，应了解用户用电情况，分析原因并及时向上级部门反映，防止电量损失。

(9) 负责对沿途的供电设施和用电设施安全巡视检查，如发现私拉乱接电线用电或危及线路安全用电的行为，应及时制止并向上级部门汇报。

(10) 到大工业用户抄表时，应首先对用户的设备容量和生产情况进行了解，起到用电检查的作用。要按电费卡所列项目抄录，不错抄，不漏抄，不漏乘误乘倍数，经复核无误后，再在现场算出电能数，并与上月比较，如发现用电异常情况，影响用户查询原因，并记在电费卡上，供计算复核电费时参考。

(11) 对实行峰谷电价的用户，应注意以下几点：

1) 考核用户功率因数时，应分别计算不同时段的有功电量和无功电量之和，并按三个时段电能电费与基本电费之和调整应收电费。

2) 对用户负担的变压器和线路损失电量，可与平段电量合并计费。

3) 对有输出电量的用户，应在转供电出口处加装分时电能表，各算各账。

4) 如分时电能表发生故障，应参照上月三个时段电量的比例计收电费。

5) 生产和生活照明用电量应从总有功电量与高峰电量中分别扣除，按照明电价计费。

(12) 对装有最大需量表的用户，每月抄表时应会同用户一起核查，经双方共同签认后，打开电能表封印，待小针掉下复归到零位，再将大针拨回零，并加新的封印。

7. 预防抄表不同步措施

抄表不同期引起线损率波动的危害在于：导致了线损率失真和线损管理水平失真；由于抄表不同期引起线损率波动的大小无法准确地计算，使在分析引起线损上升还是下降的其他因素时被干扰，甚至于掩盖了其他原因，失去查找、处理问题的最佳时机。虽然抄表不同期的问题不能绝对避免，为把抄表不同期对线损波动的影响减少到最小，可采取了以下措施：

(1) 对于企业电力生产经营的各级计量点，均应建立供、售同步抄表制度，不得随意变动。

(2) 对于公用线路来说，为了与上一级关口表对应，下一级应科学地确定抄表起、迄时间和抄表路径。

(3) 抄表例日与上级供电企业不同时，应安排与上一级同日加抄（35kV 变电站及以上），以作线损统计分析之用。

（4）例日变动小的时候，可科学估算到例日。

（5）大用户例日定时抄表，努力提高例日抄表比重，比如，可以与大用户配电工商定让其定点（时）将电能表走字记录在其配电运行记录上，待抄表员到后复核即可。

（6）科学确定公用线路抄表起、迄日期和抄表路径。

（7）加强对抄表员的素质培训、教育。

（8）积极采用电能表远抄、集抄和配电网自动化技术。

二、电量核算

抄表、核算工作是决定线损率统计是否准确的基础工作，没有及时、正确无误的抄表与核算，线损的统计和分析就失去了基础，依靠线损率制定的降损措施也就没有了根据。因此，建立抄表核算制度的目的就是为了进一步规范抄表和核算工作，为线损的统计分析提供可靠的依据，从而为降损措施的制定提供可靠的依据。电量电费审核业务流程如图 5-4 所示。

1. 核算前准备工作

（1）对营业窗口受理的新装、增容与变更用电以及表计轮换等业务办理完毕后交送的资料进行审核归档。

（2）对新装用户计费信息进行审核，并打印信息卡片。根据用电申请、业务工作单和新建抄表卡片等，及时、准确建立电费抄

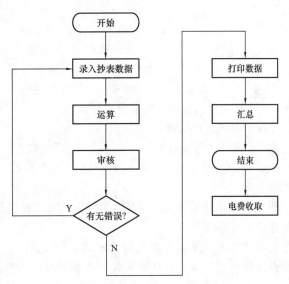

图 5-4　电量电费审核业务流程图

收台账信息。若有疑问，及时与相关部门联系或到现场核实，保证记录准确无误，建账记录完毕的用电申请和工作单及时归档。

（3）对电量、电费有动态的用户进行审核，根据电量、电费异动处理权限，报相关人员审批后，制定相应的处理方式（新老相加、分日计、退电量、补电量等）。

（4）审核动态用户电能计量装置的各种参数是否和实际相符，并据此核实相关计费参数。如果计费参数错误则将其反馈给动态处理人员进行处理。

（5）对电价异动客户执行的电价类别和标准正确性进行审核。

（6）对抄表人员及其他人员传来的工作传票或反映的异常问题进行分类整理审核（如违约用电、窃电、计费表计异常、电量突增及突减等），并传递给相关人员处理，根据处理结果变动计费信息和参数。

2. 电量电费计算审核

（1）在数据上报结束并确认后，审核人员应及时计算电量电费并按册分户审核、更正或重新计算电量电费。

（2）审核缺抄、错抄情况，打印缺抄用户清单交抄表员补抄，并在补抄数据录入后对补抄户进行计算并审核。

（3）另账电费的处理，打印另账清单、另账日报、退补清单等，并装订存档被查。（注：另账，指对按正常抄表日程抄表计费外的电费账务的处理。另账分以下类：增账、减账、补费、退款、余度、临时用电、违章补费、违章窃电等。）

（4）审核发现电费差错后引起的退、补电费，必须按管理权限经主管人员审核后按规定处理。严禁未经批准，私自抵扣冲账。

（5）按抄表册打印当日审核完毕的正式清单及应收日报，并装订存档。

（6）打印填报实抄率、抄表差错率、电费回收率、收费差错率和核算差错率等报表。以上考核指标按下列公式计算

$$实抄率 = 实抄户数 / 应抄户数 \times 100\%$$

其中应抄户数等于应抄总户数，扣减报停户数、双月抄表的用户中当月未安排抄表的户数。

$$抄表差错率 = 抄表差错件数 / 抄表总户数 \times 100\%$$
$$电费回收率 = 实收电费 / 应收电费 \times 100\%$$
$$收费差错率 = 收费差错件数 / 收费总户数 \times 100\%$$
$$核算差错率 = 核算差错件数 / 抄表总户数 \times 100\%$$

（7）建立电费差错台账，对审核发现的差错，分人逐户登记，并按差错发生时间进行登记，注明差错原因，填报营销差错报表。

（8）审核主管要对审核人员进行工作质量检查，考核核算差错率。

（9）电量、电费计算结果审核确认无误后，形成电费应收数据信息并提交给收费人员收费。

（10）编制应收电费汇总凭证，经审核签章后分别送上级主管部门凭以考核和财务部门作记账凭证，并存档备查。

（11）审核人员对收费人员交来的实收日报表、发票存根应进行审核，核对电费与发票存根是否相符。对批量开具且暂未收回电费的发票要按日逐户对照抄表卡序号、电量、金额进行登记，然后交收费员补收或派人催收；每月的电费发票存根，应按顺序绑扎成捆，交专人保管。

3. 核算人员工作规范

（1）审核抄表员的抄表簿、电费收据、用电类别及执行电价情况。

（2）按月、季做好供、售电量统计，负责电费账目的建立，电费报表要按时报出。

（3）做好应收、实收、未收的电费账目的管理，保证电费账、卡、据的完整，定期与财务部对账，做到日清月结。

（4）负责审核有关用电业务工作传票的运转、登记和执行情况，如计量装置的拆、装、换，用户用电类别的变更等。

（5）对各种差错追补电量或违章用电追补电量提出处理方案，经审核后方可调整，差错达到百元的经所长审核后报公司相关职能部门。

（6）严格执行国家电价政策，加强用电分析工作。

三、收费管理

电费回收工作是供电企业管理中抄、核、收工作环节中最后一个环节，也是电力企业资金周转的一个重要环节。电费回收工作的好坏直接影响电力企业的财政收入，因此，收费人员应努力做好各项工作，争取用户的支持，实现及时全部收回应收电费。

1. 按期回收电费的作用

电费是电力企业生产经营活动中唯一的产品销售收入。电力企业从销售电能到回收电费的全过程，表现在资金运转上就是流动资金周转到最后阶段回收货币的全过程。回收的电费既反映了电力企业所生产的电能产品的价值，也是电力企业经营成果的货币表现。由于电费收入不仅是电

力工业的电能生产、输送及其管理所需消耗资金的来源，也是国家重要的财政收入之一，因此电费回收额是电力企业的一项重要经济指标。其作用如下：

（1）电费回收可保证电力企业的上缴资金和利润，保证国家的财政收入。如果电费不能按期回收，必然会影响国家的财政收入，影响国家的国民经济发展所需的资金。

（2）为电力企业可持续发展提供资金，从而促进电力企业更好地完成发、供电任务，满足国民经济发展和人民生活的需要。

（3）按期回收电费是维护国家利益、维护电力企业和电力用户的利益，如不能按期回收电费，则有可能形成呆账，减少电力企业生产资金，给电力企业和各行业的生产带来不应有的损失，还会导致浪费资源。因此电力企业营业部门应及时、足额回收电费，加快资金的周转。

2. 收费方式

供电企业营业部门向用户收取电费的方式有抄表人员代收、现场收费、柜台收费、银行代收、银行托收及预收电费等方式。

（1）抄表人员代收。抄表人员代收方式是指电费由抄表人员在抄表的同时一并回收电费，该种方式有利的一面是方便用户，节约人力，并可及时回收电费，适用于边远地区。但该种收费方式不符合财务管理制度，容易发生流弊。

（2）现场收费。现场收费是指由专责人员赴用户处收取电费，即上门收费，也称专人走收。专责收费人员应在收费前领取电费发票，办理领用手续，预先通知用户，按时上门走收。

上门收费时，应对用户交付的现金、支票等应当面进行清点，注意支票上的日期、用途、大小写金额是否正确，印鉴是否清晰齐全。做好现场收费登记，记录用户名称、收费金额、种类（现金、支票）、收费时间、发票号等，请用户确认签字，同时对超期交纳电费的用户应收取电费违约金，当客户逾期不能交纳电费时，收费员应现场填写催费通知单并请用户在回执上签字。

收费后，收费员应对当日收费情况按实收、欠收进行清点，核对现金、支票和发票，无误后填制缴款单。现金、支票、银行汇票等必须当日全额进账，不得存放他处，严禁挪用电费。对银行进账回单、发票（收据）存根、未收电费发票、作废发票（收据）进行核对。将收费数据输入营销信息系统，编制收费日报表，并将收费日报表及银行进账回单、发票存根等收费凭据转交电费账务管理员，履行签收手续。

（3）柜台收费。柜台收费是指通过供电企业营业部门设立的营业厅或收费站，固定值班收费。收费员应预先领取空白收费票据，检查计算机、打印机运行是否正常，票据安装是否到位。

收取电费时，收费人员应问清用户名称，核对用户编号等信息，告知用户电费金额及收费明细，避免错收。收取现金时，应当面点清；收取支票时，应仔细检查票面金额、日期及印鉴等是否清晰正确；电费发票应加盖收费专章。当日收费完毕后，应对现金和支票进行清点，无误后填制缴款单。现金、支票必须当日全额进账，不得存放他处。严禁挪用电费。对银行进账回单、发票（收据）存根、未收电费发票、作废发票（收据）进行核对，编制实收电费报表。将实收电费报表及银行进账回单、发票存根等收费凭据转交电费账务管理员，履行签收手续。

（4）银行代收。银行代收电费是指抄表人员在每月抄表时根据用户使用电量计算出用户应交电费，并当时填写"电费收据"三联单交给用户，由用户持三联单到银行交费。

银行凭三联单上所列金额收款，三联单中一联为收据交给用户，二联银行留存，三联汇总后，填写当日代收电费送款簿一并移交供电企业营业部门，电费存入其账户。

电费管理人员根据每月电费付单办理收账手续,次日将银行辅助账户的电费开出付款委托书上缴入库。

(5)银行托收。银行托收电费也称结算、划拨电费,是供电企业与用户之间通过银行拨付电费的方法。该种收费方式手续简单,资金周转快,便利用户,账务清楚。目前供电企业的电费收入有90%左右是通过银行托收入账的。

银行托收分为"托收承付"和"托收无承付"两种方法,"托收承付"方式就是将托收承付结算凭证送交银行,由银行通知付款单位,经付款单位同意后,再由银行拨入收款单位账户;"托收无承付"方式就是由收款单位将托收无承付结算凭证交给银行,不用经过付款单位同意,而由银行直接拨入收款单位账户。

(6)预收电费。预收电费是一种新的收费方式,每月由用户向供电企业营业管理部门按计划用电指标预购电票或购买磁卡,所谓电票是记名或不记名的预收电费凭证。凭证用电,抄表后凭电票结算电费,多退少补。凭卡用电是用户每月到供电企业营业管理部门购买磁卡,此卡内存有一定电量,插入此卡电能表即可用电,如卡中电量用完则自动断电。

3. 收费人员工作规范

(1)收费人员应按照规定的收费项目、收费依据和收费标准进行收费。

(2)收费人员确认电费通知单无误后,再行收取电费,并按规定编制实收电费日、月报表。

(3)对逾期交费的用户,要按规定收取电费违约金;对托收电费的用户,其交费时间截止到银行托收日期,电费违约金可以和下一个月份电费并收;如果是由于银行责任而不能按时托收电费的,收费员要及时汇报财务部。凡因电能表计量错误或计算错误,向客户退补电费必须经过所长核对并向上一级领导审批后方可处理。

(4)收费人员要严格按照财务的管理制度及规定保管好现金、发票和收据。电费回收必须日清月结,并按时上缴。

四、营销档案管理

电力用户档案管理是营销管理工作的一项重要工作内容,电力用户档案信息的完整性、准确性直接影响着电力营销工作中的电费计算、报表统计、线损统计、营销分析等诸多业务的准确程度以及优质服务的质量。用户档案的主要内容有用户的基本资料、电源、用电、计费参数、计量、设备以及供用电合同等相关信息,是供电企业与用户形成供、用电关系的主要依据。如果用户所提供的是一个错误的户名,供电企业与用户之间形成的是一种错误的供用电关系,一旦出现法律纠纷,而其法律依据将不充分,容易使得供电企业陷入被动局面,造成严重的损失。如果用于日常业务联系的通信电话不正确,非常状况下供电企业通知用户有关用电信息的时候,用户无法及时获取相关信息,将会给用户产生不便,用户也就无法享受供电企业所提供的优质服务,对于供电企业的服务质量产生负面影响。

1. 营销档案的作用

电力用户档案是开展电力营销业务的前提与基础,它是指导服务、加强营业管理、正确处理日常营业工作的重要依据,具有如下作用:

(1)用户用电变动的历史档案。用户档案内所记录、保存的,是从用户申请用电开始到接电立户和正式用电所发生的变更用电事宜等全部原始资料,它集中了一个用户的每一件申请书、每一页工作传票、每一张业务联系单、每一份供用电协议或凭证,以及各经办部门的有关批示、签注的意见、办理的日期等,它记录了用户的主要用电情况,用电生产中的问题和处理结果,用电关系、方式及其管电机构、人员变动等。打开资料,能一目了然,清楚了解一个用户的用电始末全过程。一旦发生问题，能帮助供电企业营业部门迅速查明原因，分清责任，因此用户档案一定要科学管理，严格做到不损不丢。

（2）处理工作的借鉴。用电营业上往往有很多已处理过的特殊事例，由于时间较久，机构变动，经办人员变更或记忆不清，当新的情况出现时，往往难以解决，此时用户档案就能弥补其不足，起到工作借鉴作用，有相当的参考价值。

（3）调查研究的向导。营业管理需要大量的调查，核实工作，在进行现场调查，核实之前，首先要熟悉用户情况，弄清调查目的、内容，才能抓住关键，有的放矢。单靠用户账卡是不能满足的，必须详细了解用户档案，才能对用户情况有一个完整的了解，翻阅用户档案，熟悉情况，是营业工作进行调查研究的不可或缺的一步，起到向导作用。

（4）学习业务知识的教材。由于营业工作中的问题各式各样，处理方法应遵循政策，规章制度较多，有很多事件的处理结论，实际上是某些工作人员正确执行政策的结果。也是工作经验的总结，具有较高的业务水平，这些结论都保存在档案袋里，利用这些指导性资料，对用电营业人员进行培训，既生动又实际，对学习业务具有较大好处。

（5）衡量管理水平的重要标志。用户档案不仅反映电力用户用电始末全过程，也反映营业管理水平，营业管理各个环节、各工序的人员水平，工作效率，管理秩序等可在户务资料的传票、凭证中的批示、签注、日期中全部表现出来。通过对典型用户档案的分析、提炼，可以发现营业管理中的薄弱环节、失误及规章制度不全、不合理等问题，从而找出矛盾，采取措施，及时处理。

2. 用户档案的主要内容

用户档案的基本内容包括：用户户号，户务档案（或用电申请书）编号，用户户名，用户地址，供电线路及供电电压，受电变压器容量或用电设备容量，最大需量表，有功、无功电能表的厂名、表号、安培、表示数、倍率，铜损铁损表，线损表和有无转供其他电网用电的表计，电能表铅封号码，电流及电压互感器的变比数，是否高压供电低压计量，主变压器损耗的计算公式，总分表（或称子母表）关系，电价，附件费率，电费托收协议编号，行业用电分类，抄表须知、备注等。

用户档案建立或更改时应注意的事项：

（1）建立与更改抄表卡片，须以工作凭证（用电登记书）为依据。

（2）新装、增容、减容的工作凭证（用电登记书）应按其各种用电类别的容量大小、用电性质、电压等级，根据现行电价规定，确定电价标准及收费方式。

（3）凡工作凭证（用电登记书）与抄表卡片内容不同时，须逐项抄录或核对后更改，并在卡片上注明建立更动的日期及凭证的编号。

（4）新用户要按其地址纳入由全局按配电变压器或扩大为一条配电线路划分为一个抄表区段，以抄表路径最短为原则编制的抄表区、段，并编上抄表顺序的号码。

3. 用户档案的分类

用户档案资料建立一般分为高压用户、低压用户和一般照明用户三类。

（1）高压用户。一般以档案袋形式建立，一户一袋。应包括以下三方面资料：

1）原始凭证，包括用户用电申请报告及其所附属资料。供电企业营业部门进行查勘、供电方案确定及其文字记录，用户电气装置设计，竣工的图纸资料即供电企业的审查、检查文字记录，业务扩充办理进程中的各种凭据，电量计量装置的现场接线示意图及其变更记录，供用电协议及其历次修改本，用户办理变更用电的历次记录及凭证，电气设备资产移交记录及协议等方面内容。

2）用电的营业资料摘登，其一般可按当地实际情况，印制高压用户资料册，包括用户生产的产品、规模、用电设备、供电设施及无功补偿，继电保护和自动装置，电能计量装置的配置，电气及计量接线图，历年（季、月）用电量、用电最大负荷、电费、用电功率因数、单位产品单耗、产品产量（产值），违章用电行为，特殊事项等内容。这部分是前述原始凭据的精华并补充登入用电营业有关数据。

3）人事联系及用户用电管理机构的记录，其中包括用户主管部门及隶属关系，用户主管电气人员及其领导的姓名，职称、技术状态，用户电工及其管理记录等。

（2）低压用户。

1）以电网公用配电变压器为单位，建立档案袋。

2）按配电变压器和用户相结合，在一台配电变压器供电的用户中，凡报装用电设备总容量在 100kVA 以上者，仍一户一袋，其余用户可多户一袋。

低压电力用户户务资料内容主要包括以高压用户 2）3）两项为主，以配电变压器为一个档案袋的，应有一张各个用户简要情况汇总表。

（3）一般照明用户。以一户一卡为宜，以配电变压器为单位成册、立账，卡片上应有户名、地址、用电认可书号及接电日期，报装容量及电能表型号、规格，资产权的记录及其变更记录，违章用电记录，误差更正及地方退补记录等内容，一般照明用户的用电报装、变更等凭证，宜按配电变压器为单位进行装订成册，扉页上要有清单、编号，以便查找。

4．抄表卡片的制作

（1）抄表卡片由地、市公司统一制定，报省公司审核备案。

（2）按客户用电性质选择抄表卡片类型。

（3）抄表卡片须用蓝色或黑色墨水填写，内容清楚完整。应填写的主要内容及要求：

1）用户编号、申请书号、户号填写完整，户名、用电地址填写全称。

2）报装容量、计费容量、主电源与备用电源关系、电价标准、功率因数执行标准等填写准确。

3）电能表表号、互感器编号、自编号、规格型号、装换日期、变比、总分表关系等填写齐全。电能表的示度数必须按位数全部填写。

（4）各类卡片应及时进行翻卡和换卡，必须将建卡时所登记的内容全部翻制。

（5）填写发生错误，原内容用红笔划双横线删除，再用蓝黑墨水在上方纠正并签章。

5．抄表本编制

（1）抄表本编制是指对用电客户账页（或计算机信息系统中的用户计量、计费信息）进行分类并汇编成册，以适应抄表需要。传统纸质抄表本应与计算机信息系统中所记录的信息严格一致。

（2）负责编制抄表本的人员应对辖区内客户有较深入的了解，熟悉其地理位置分布，配电网络、台区的分布等，以便能更合理的编制抄表本。提倡应用先进技术手段辅助编制抄表本。

（3）对影响抄表人员工作效率的各项因素，编制抄表本时应综合考虑，合理制定日工作量，同时考虑月度工作均衡。

（4）在编排抄表本时应考虑抄表路径最合理，便于线损电量的统计和线损四分考核。编制原则次序如下：

1）一台公用变压器的用户应该编排在同一个或相邻的抄表本。

2）一条配电线路上的用户（包括城网、农网公用变压器总表）应该编排在同一个或相邻抄表本。

3）一个变电站若干条10（6）kV出线用户应该编排在同一个抄表本或相邻的抄表本。

4）按一个抄表工作日能够完成的工作量编制，避免抄表员携带多个抄表本。

（5）每一抄表本在一个日历年内只能有唯一的编定册号，相对应的抄表卡片也只能有唯一永久的用户编号（和合同号），抄表本内还应有用户目录、分类户数及容量统计卡、抄表核算复核记录等。

总之，电力用户档案管理是一项复杂而又艰巨的工作，既要从微观上抓好各个环节的具体降损措施，又要从宏观上加强治理，从上到下建立起有技术负责人参加的线损治理队伍，及时制定措施。

五、其他措施

为了加强供电营销工作中抄表、审核、收费及账务（简称抄核收）全过程的管理，提高工作效率、改进服务质量，做到准确、及时、全面地回收电费，根据《中华人民共和国电力法》、《电力供应与使用条例》、《供电营业规则》和有关规章制定有效的管理措施。具体相关措施如下：

1. 预防抄核收数据传递失误

相对于抄表、核算差错来说，数据传递失误发生的概率要小很多，但这类失误一旦发生，往往不容易及时发现和纠正。为了避免或减少以上失误，必须重点采取以下措施：

（1）加强营业窗口人员的素质教育，提高其责任感和敬业精神以及业务技能，杜绝抄表中"错、漏、估、送"现象的发生。

（2）完善抄表制度、程序和标准，加强部门之间的协调、配合，避免疏漏。

（3）规范抄表行为，坚持上下同期，坚持定时、定点、定路径。

（4）要特别注意避免以下环节数据录入、传递的差错和失误。

（5）避免以上环节产生差错和失误的关键还在于：

1）严格执行相关工作标准、管理标准和工作流程标准（如业扩传递单、计量工作票等），更好地规范员工行为，避免随意性。

2）具体规定初始数据或更新数据录入的责任人及录入时限，避免遗忘和丢失。

3）建立和完善约束机制，明确规定那些工作必须有几个部门配合去做，那些工作不允许个人擅自去做。比如：计量表计的轮换必须由计量部门与线损员和计量装置的运行监护部门配合进行；抄表员个人无权更改计量台账和卡片的基础数据，即便是运行数据的涂改也必须加盖抄表员的印章等。

4）建设营销管理系统，应用现代化管理手段避免失误和违规操作。

a. 实现无纸化办公，微机录入、数据共享，避免数据传递失误。

b. 严格管好抄表卡片和抄表器的下装和上装。

c. 完善营销管理的审核、提示功能。

d. 在营销管理系统中严格设置操作权限，实施操作员、营销部、主管领导"三级"监督机制。

2. 严格抄表卡管理

（1）抄表卡上的计费基础信息应采用微机打印，项目齐全、数据准确，不得使用铅笔、圆珠笔填写抄表数据。

（2）计量器具的更换时间、起止度、编号等重要信息必须及时、准确记录在卡上。

（3）抄表卡的新建或所载内容的更动，必须经相关负责人员的审查批准，任何人员未经批准不得随意新建抄表卡或修改抄表卡所载内容。

（4）抄表员使用抄表卡应建立领用、退还制度。

3. 健全抄表监督机制

（1）用户监督。实行用户监督，发现电量差异及时反映，是防止抄表误差，防止人为多抄、少抄电量的有效手段。

（2）轮换抄表区域，实行相互监督。对抄表区域根据实际情况定期轮换一次，可以实现抄表员之间的相互监督，提高抄表的真实性。

（3）定期抽查。营销专责人员对各抄表员的抄表区域定期进行抽查，对于估抄、漏抄现象是一种有效的监督、检查办法，提高实抄率。

4. 严把电量审核关

（1）通过审核分析和熟悉用户的用电变化规律，发现其月用电量或低电价时段用电量与一次设备（变压器）容量不相吻合的情况，立即报查。

（2）建立电量异常波动筛选程序，发现电量波动异常的用户，立即报查。

（3）随时掌握用户功率因数的变化情况，发现功率因数异常波动（超出10%）的用户，立即报查。

5. 健全电力用户业扩报装管理制度

为了进一步规范高、低压用户的业扩报装工作，并从受理业扩申请时起就为线损管理打下一个良好的基础，电网企业应制定《高、低压用户业扩报装管理制度》。

《高、低压用户业扩报装管理制度》的主要内容应有：

（1）明确各类业扩业务的工作流程；

（2）确定供电方案应遵循的原则；

（3）对变压器、线路设备的要求；

（4）对计量方式及计量装置的要求；

（5）供电方案答复时间；

（6）业扩工程质量要求；

（7）装表、验收及送电要求；

（8）计量数据的传递以及有关资料及供用电合同要求；

（9）检查与考核。

6. 加强大用户用电管理制度

相对一般用户而言，大用户的特点是数量少、电量大，对一个供电企业的线损和经营效益起着关键作用。因此，建立《大用户用电管理制度》是为了进一步加强营销管理，针对大用户做好个性化管理，提高企业效益。

相对一般用户的管理要求，《大用户用电管理制度》应突出：

（1）明确大用户的标准；

（2）大用户的供电方案管理；

（3）电价及基本电费的管理；

（4）抄表及用电检查的管理；

（5）供用电合同的管理；

（6）用电信息管理；

（7）用电服务管理等；

（8）检查与考核。

7. 完善供电企业的自用电管理制度

为了加强企业自用电管理，杜绝浪费，降低拟耗，电网公司应建立《供电企业的自用电管理制度》

《供电企业的自用电管理制度》内容主要应有：

（1）应明确自用电管理责任单位；

（2）应明确自用电管理标准和要求；

（3）检查与考核。

第三节 窃电防治管理

窃电是一种社会现象。近年来，窃电案件有增无减。甚至出现一些供电部门的员工见利忘义，内外勾结包庇纵容、协助他人窃电。供电部门电力管理的政府职能移交后，使查处窃电增加了难度。因此，必须十分重视这项工作，全方位采取措施预防与打击窃电。

一、窃电的方式

长期以来，一些单位和个人，特别是私营企业，将盗窃电能作为获利手段，采取各种方法不计或者少计电量，以达到不交或者少交电费的目的，造成电网企业电能大量流失，损失惊人。这严重损害到了供电企业的合法权益，扰乱了正常的供用电秩序，严重影响了电力事业的发展，而且给安全用电带来严重威胁。但随着窃电技术智能化的不断升级，窃电主体由原来的居民用户向企业、由生活向经营、由供电企业外部到内部相勾结的发展，甚至还出现了一批专门研究电能计量装置的"能人"，使得窃电现象依然得不到有效遏制。现就电能计量装置，来分析常见的窃电方式和相应的防范技术措施，以期更好地提高反窃电技术水平，彻底堵塞窃电漏洞。

窃电的目的，就是想无偿地获得电能，其手段是使计量电能表少计量甚至不计量。所以研究窃电必须从电能表的工作原理说起。感应式电能表是利用电压和电流线圈在铝盘上产生的涡流与交变磁通相互作用产生电磁力，使铝盘转动，同时引入制动力矩，使铝盘转速与负载功率成正比，通过轴向齿轮传动，由计度器积算出转盘转数而测定出电能。故感应式电能表主要结构是由电压线圈、电流线圈、转盘、转轴、制动磁铁、齿轮、计度器等组成。

窃电的手法虽然五花八门，但万变不离其宗，最常见的是从电能计量的基本原理入手。一个电能表计量电量的多少，主要决定于电压、电流、功率因数三要素和时间的乘积，因此只要想办法改变三要素中的任何一个要素都可以使电能表慢转、停转甚至反转，从而达到窃电的目的；另外，通过采用改变电能表本身的结构性能的手法，使电能表慢转，也可以达到窃电的目的；各种私拉乱接、无表用电的行为则属于更加明目张胆的窃电行为。尽管各种窃电的手法很多，但是其手法变来变去也不外乎如下六种类型。

1. 欠压法窃电

窃电者采用各种手法故意改变电能计量电压回路的正常接线，或故意造成计量电压回路故障，致使电能表的电压线圈失压或所受电压减少，从而导致电量少计，这种窃电方法称为欠压法窃电。

下面将介绍几种常见的欠压法窃电手法。

（1）使电压回路开路。例如：①松开 TV 的熔断器；②弄断熔丝管内的熔丝；③松开电压回路的接线端子；④弄断电压回路导线的线芯；⑤松开电能表的电压连片等。

（2）造成电压回路接触不良故障。例如：①拧松 TV 的低压熔丝或人为制造接触面的氧化层；②拧松电压回路的接线端子或人为制造接触面的氧化层；③拧松电能表的电压连片或人为制造接触面的氧化层等。

（3）串入电阻降压。例如：①在 TV 的二次回路串入电阻降压；②弄断单相表进线侧的中性线而在出线至地（或另一个用户的中性线）之间串入电阻降压等。

（4）改变电路接法。例如：①将三个单相 TV 组成Ⅴ，Ⅴ接线的 V 相二次反接；②将三相四线三元件电能表或用三块单相表计量三相四线负荷时的中线取消，同时在某相再并入一块单相电能表；③将三相四线三元件电能表的表尾中性线接到某相的相线上等。

欠压法窃电手法，如表 5-3 所示。

表 5-3 欠压法窃电手法

欠压法分类		窃电手法	欠压法分类	窃电手法
三相用户	经 TV	熔断器开路或接触不良； 接线端子开路或接触不良； 连接导线开路； 电压连片开路或接触不良； 电压回路串入电阻； Yy 接线 TV 的 V 相反接	单相用户	电压连片开路或接触不良； 进表中性线开路，出表中性线经电阻接地或邻户； 进出表中性线开路，户内中性线接地或邻户
	不经 TV	电压连片开路或接触不良； 三相四线表无中性线且三相不平衡； 三相四线表中性线接到某相的相线		

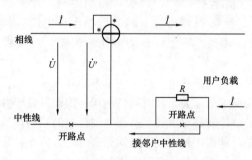

图 5-5 断开进表中性线，出表中性线接邻户窃电电路图

如图 5-5 所示，某单相用户电能表为直接接入式，其窃电手法是断开中性线而将出表中性线串入一个高阻值的电阻，然后接到邻户的中性线上。

根据图 5-5 接线分析，此时加在电能表上的功率为

$$P' \approx U'I\cos\varphi \qquad (5-1)$$

其中
$$U' \approx \frac{R_U}{R_U + R}U$$

式中：R_U 为电能表电压回路的等效电阻。显然 $U' < U$，则 $P' < P$，少计了电量。

2. 欠流法窃电

窃电者采用各种手法故意改变计量电流回路的正常接线或故意造成计量电流回路故障，致使电能表的电流线圈无电流通过或只通过部分电流，从而导致电量少计，这种窃电方法称为欠流法窃电。

下面介绍几种常见的欠流法窃电手法。

（1）使电流回路开路。例如：①松开 TA 二次出线端子、电能表电流端子或中间端子排的接线端子；②弄断电流回路导线的线芯；③人为制造 TA 二次回路中接线端子的接触不良故障，使

之形成虚接而近乎开路。

（2）短接电流回路。例如：①短接电能表的电流端子；②短接 TA 一次或二次侧；③短接电流回路中的端子排等。

（3）改变 TA 的变比。例如：①更换不同变比的 TA；②改变抽头式 TA 的二次抽头；③改变穿芯式 TA 一次侧匝数；④将一次侧有串、并联组合的接线方式改变等。

（4）改变电路接法。例如：①单相表相线和中性线互换，同时利用地线作中性线或接邻户线；②加接旁路线使部分负荷电流绕越电能表；③在低压三相三线两元件电能表计量的 V 相接入单相负荷等。

欠流法窃电手法，如表 5-4 所示。

表 5-4　　　　　　　　　　欠 流 法 窃 电 手 法

欠流法分类		窃电手法	欠流法分类		窃电手法
三相用户	经 TA	短接 TA 一次或二次线； 断开 TA 二次线； 改变 TA 变比； 加接旁路线绕越电能表； 三相三线表 B 相接入单相负荷	单相用户	经 TA	短接 TA 一次或二次线； 断开 TA 二次线； 改变 TA 变比； 加接旁路绕越电能表； 相线、中性线对调，同时中性线接地或邻户； 相线、中性线对调，同时与邻户联手
	不经 TA	加接旁路线绕越电能表； 短接电能表电流端子； 三相三线表 B 相接入单相负荷		不经 TA	加接旁路线绕越电能表； 短接电能表电流端子； 相线、中性线对调，同时中性线接地或邻户； 相线、中性线对调，同时与邻户联手

如图 5-6 所示，某单相用户将电能表的相线和中性线对调，同时将中性线接地。

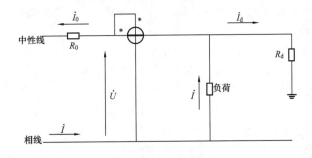

图 5-6　进表相线与中性线对调，并将中性线接地窃电电路图

从图 5-6 分析可知

$$\dot{I} = \dot{I}_0 + \dot{I}_d \tag{5-2}$$

忽略相位差则有

$$I_0 = I - I_d = \frac{R_d}{R_d + R_0} I \tag{5-3}$$

故有 $P'=UI_0\cos\varphi=UI\cos\varphi\dfrac{R_d}{R_d+R_0}<P$，显然少计了电量。

如图 5-7 所示，某单相用户利用一只变流器使电能表的计量发生改变，分析如下：

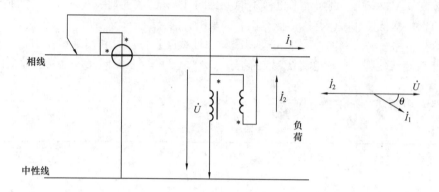

图 5-7　利用变流器窃电电路图

根据图 5-7 接线原理可得

$$P'=UI_1\cos\varphi-UI_2 \tag{5-4}$$

而负载消耗的功率为

$$P=UI_1\cos\varphi \tag{5-5}$$

从式（5-5）可知，当 $I_1\cos\varphi>I_2$ 时电能表慢转，$I_1\cos\varphi=I_2$ 时电能表停转，$I_1\cos\varphi<I_2$ 时则电能表反转。实际上往往用户此时会选择变流器的二次电流 I_2 比负载电流 I_1 大很多倍，因而接入的变流器可使电能表快速倒转。另外，采用这种窃电手法的实施时间往往是短时性的，所引起的计量误差也就无法用更正系数来表达。

3. 移相法窃电

窃电者采用各种手法故意改变电能表的正常接线，或接入与电能表线圈无电联系的电压、电流，还有的利用电感或电容特定接法，从而改变电能表线圈中电压、电流间的正常相位关系，致使电能表慢转甚至倒转，这种窃电手法称为移相法窃电。

（1）改变电流回路的接法。例如：①调换 TA 一次侧的进出线；②调换 TA 二次侧的同名端；③调换电能表电流端子的进出线；④调换 TA 至电能表连线的相别等。

（2）改变电压回路的接线。例如：①调换单相 TV 一次或二次的极性；②调换 TV 至电能表连线的相别等。

（3）用变流器或变压器附加电流。例如：用一台一、二次侧没有电联系的变流器或二次侧匝数较少的电焊变压器的二次侧倒接入电能表的电流线圈等。

（4）用外部电源使电能表倒转。例如：①用一台具有电压输出和电流输出的手摇发电机接入电能表；②用一台类似带蓄电池的电动机改装成具有电压输出和电流输出的逆变电源接入电能表。

（5）用一台一、二次侧没有电联系的升压变压器将某相电压升高后反相加入表尾中性线。

（6）用电感或电容移相。例如：在三相三线两元件电能表负荷侧 u 相接入电感或 w 相接入电容。

移相法窃电手法，如表 5-5 所示。

表5-5 **移相法窃电手法**

移相法分类		窃电手法	移相法分类	窃电手法
三相表	不经TA	调换电能表电流端子进出线； 调换进表线相别； 用隔离变压器、变流器附加电流； 用外部电源使电能表倒转； 用变压器将某相电压升高接入表尾中性线； 用电感或电容移相	单相表	调换电能表电流端子进出线； 调换TA极性； 用变压器或变流器附加电流； 用外部电源使电能表倒转
	经TA	改变TA极性； 改变电流回路的相别； 改变电能表电流端子进出线； 改变TV极性； 改变电压回路相别； 改变TA的极性和相别； 改变TV的极性和相别； 改变电流极性电压相别； 改变电压极性电流相别； 用变压器或变流器附加电流； 用外部电源使电能表倒转； 用变压器将某相电压升高接入表尾中性线； 用电感或电容移相		

4. 扩差法窃电的常见手法

(1) 私拆电能表，改变电能表内部的结构性能。例如：①减少电流线圈匝数或短接电流线圈；②增大电压线圈的串联电阻或断开电压线圈；③更换传动齿轮或减少齿数；④增大机械阻力；⑤调节电气特性；⑥改变表内其他零件的参数、接法或制造其他各种故障等。

(2) 用大电流或机械力损坏电能表。例如：①用过负荷电流烧坏电流线圈；②用短路电流的电动力冲击电能表；③用机械外力损坏电能表等。

(3) 改变电能表的安装条件。例如：①改变电能表的安装角度；②用机械振动干扰电能表；③用永久磁铁产生的强磁场干扰电能表等。

扩差法窃电手法，如表5-6所示。

表5-6 **扩差法窃电手法**

扩差法分类		窃电手法	扩差法分类	窃电手法
拆开电能表	感应型电能表	减少电流线圈匝数； 短接电流线圈； 增大电压线圈的串联电阻； 断开电压线圈； 更换传动齿轮； 损坏传动齿轮； 增大机械阻尼； 增大轴承阻力； 改变表内接线； 倒转表码	不拆开电能表	用过负荷电流烧坏电流线圈； 用短路电流冲击电能表； 用机械外力损坏电能表； 改变电磁型电能表安装角度； 用机械振动干扰电能表； 用外部磁场干扰电能表

续表

扩差法分类	窃电手法		扩差法分类	窃电手法
拆开电能表	电子型电能表	改变表内零件参数； 改变表内有关接线； 制造表内接线或零件故障； 制造表内传动部件故障； 倒转表码		

5. 无表法窃电

未经报装入户就私自在供电部门的线路上接线用电，或有表用户私自甩表用电，称为无表法窃电。这类窃电手法与前述四类在性质上是有所不同的，前四类窃电手法基本上属于偷偷摸摸的窃电行为，而无表法窃电则是明目张胆的带抢劫性质的窃电行为，并且其危害性也更大，不但造成供电部门的电量损失，同时还可能由于私拉乱接和随意用电而造成线路和公用变压器过负荷损坏，扰乱、破坏供电秩序，极易造成人身伤亡及引起火灾等重大事故发生；其次，无表法窃电对社会造成的负面影响也更大，还可能对其他窃电行为起到推波助澜的作用。

6. 智能窃电法

智能窃电法是指窃电者采用特制的窃电器或专用的仪器、仪表改变电能表的电气参数、分时表的时段设置、时段电量数据以及电能表的正常运行条件，以达到少计或不计电量、少交或不交电费的目的。常见的表现手法有：

（1）用产生电磁场的窃电器阻扰电能表圆盘的正常转动，使表计慢转或停转。

（2）采用编程器等专用的仪器、设备改变分时电能表的时段设置，将高电价时段电量转移至低电价时段。

（3）采用专用的仪器、设备改变电能表电子部分的电量累计总数或各时段电量累计数。

（4）采用其他设备或方式改变电能表电量累计数或转移高电价时段电量的。

二、查窃电方法

由于窃电行为近年来呈现了多元化、隐蔽性、多发性、复杂性和智能化的特点，甚至出现了有组织和有计划的发展趋势，而且窃电者逐渐具备了一定的反检查手段和能力，增大了反窃电工作的难度。因此，用电检查人员应顺应形势，加强培训和锻炼，提高反窃电的策略手段和政策水平，根据需要变换检查方法，采用周期性检查和突击检查相结合、常规检查和重点检查相结合、日常检查和节假日及夜间突查相结合等灵活机动的方式，并熟练掌握全面、过硬的检查方法。常用的检查方法归纳起来有直观检查法、仪表检查法、电量分析检查法和经济分析法四类，分别介绍说明如下：

1. 直观检查法

用电检查人员通过眼看、耳听、口问、手摸对电能表、计量二次回路连线、计量互感器、用户配电装置、仪表等进行检查，从中发现窃电的蛛丝马迹。

（1）检查电能表。

1）观察电能表的外壳是否完好；

2）观察电能表运转情况，是否有转动摩擦声、卡阻现象，用手摸电能表外壳有无抖动现象；

3）观察铅封是否完好、正确，有无伪造痕迹；

4）观察表计型号、规格、表号是否与用户档案信息一致；

5）观察表计的安装和运行环境、条件；

6）观察表计接线是否规范、牢固，有无杂线；

7）观察表计外壳灰尘，是否留有接触过表计的痕迹；

8）观察表计是否有因内部故障在外壳玻璃、塑料透明部分造成的污渍；

9）观察电流、电压、功率表的指示情况和用户的现场负荷情况及工况是否吻合。

（2）检查接线。

1）观察接线有无开路或接触不良；

2）观察电压指示表，检查 TV 熔断器是否存在开路或接触不良；

3）观察电能表接线盒、计量电流端子排、TA 端子是否短路；

4）检查计量二次回路接线，极性是否正确、连接是否有效、有无杂线存在；

5）检查计量二次回路接线是否有改接的痕迹；

6）检查是否有绕表接线和私拉乱接的线。

（3）检查互感器。

1）观察 TA 的 K1、K2 端子螺钉压接是否紧固，是否存在虚接；

2）观察 TV、TA 接线是否符合要求，接线中间是否连接有其他负载（如监测仪表等），连接组别是否正确；

3）观察 TV、TA 的变比、型号、规格、编号是否与用户档案信息一致；

4）观察 TV、TA 的运行工况，是否有不正常的声音、不正常的发热现象或因绝缘材料过热发出的焦灼味。

2. 仪表检查法

用电检查人员通过采用钳形电流表、电压表、相序表、相位仪、电能表现场检定仪等仪器、仪表对计量装置的各电气参数进行现场测量，以此对计量装置是否正常运行作出判断。

（1）用钳形电流表检查。

1）检查低供低计直读表时，将相线、中性线同时穿过钳口，根据相线、中性线电流的代数和应为零，钳形表的读数应为零，如有电流，则必然存在窃电或漏电；

2）检查高供低计套接 TA 的电能表时，要同时测量一、二次回路的电流，以此判断 TA 变比是否与铭牌一致，是否存在开路、短路现象或极性错误等；

3）通过现场测得的电流值，可粗略的计算出有功功率，并与用户现场实际负荷和电能表反映出的功率作对比，三者是否基本一致。

（2）用电压表检查。用电检查人员通过对表头电压的测量，可对以下几个方面的问题作出判断：

1）电压二次回路是否存在开路、接触不良或回路上串接了负载而引起的失压、电压明显偏低；

2）检查是否存在 TV 极性接错造成的二次电压异常；

3）检查 TV 出线端至表头的电压是否在规程规定的压降范围内。

（3）用相序表检查。用电检查人员通过对表头电压相序的测量和无功电能表运行状况作比较，可对以下几个方面的问题作出判断。

1）检查电压是否反相序接入；

2）检查是否存在二次电压线相别错误接入。

（4）用相位仪检查。用电检查人员通过用相位仪检查电能表的电压和电流的相位关系，根据测量显示的矢量图或根据测量数据画出的矢量图，可判断是否存在表计接线错误。

1）对于三相三线两元件电能表，主要是测量电能表进出线 U_{AB} 与 I_A，U_{CB} 与 I_C 之间的相位差；

2）对于三相四线三元件电能表，主要是测量电能表进出线 U_A 与 I_A，U_B 与 I_B，U_C 与 I_C 的相位差。

使用相位仪检查时，应特别注意用户现场的功率因数，由于 φ 角的不同，会引起矢量图中电流、电压夹角的较大变化，否则会影响正常判断。

（5）用计量故障分析仪（专用窃电检查仪器）检查。用电检查人员可采用专用窃电检查仪器对有窃电嫌疑的用户进行检查，该仪器功能较之普通仪表更近完善，能显示出多项相关电气参数及相量图，由检测出的参数和结果可简捷快速对现场情况作出判断。

1）现场检查用户计量装置的综合误差；

2）显示用户现场一、二次电流及电压相量图；

3）现场检测出 TA 的实际变比值；

4）根据检测出的综合误差结果可粗略判断是否存在二次回路故障、错误接线以及表计内部故障；

5）根据现场显示的电流和电压一、二次相量图的对应关系和相位差，可粗略判断是否存在二次回路故障、错误接线，是否存在窃电行为。

3．电量分析检查法

用电检查人员根据用户运行变压器容量、用电负荷性质、用电负荷构成、现场负荷状况、生产经营情况与近期用电量、历史同期用电量作分析对比，从中判断用户是否存在窃电行为。

（1）根据运行设备容量检查电量。根据用户运行中的变压器容量、变压器的负载情况与电能表记录的累计电量和各时段的电量作分析对比，判断用户是否存在窃电行为。

（2）根据负荷情况检查电量。根据用户现场实测负荷情况和用电时间推算出日电量，与电能表记录的电量作对比分析，判断用户是否存在窃电行为。

（3）根据三种对比分析电量。将用户近期月用电量与历史同期电量作分析对比；将用户当月月用电量与前几个月电量作分析对比；将用户近一时期月平均用电量与同行业、同属性的其他用户作对比，分析是否存在电量突增、突减的较大波动，或用电能耗明显低于其他用户、同行业用户的情况，并查明原因，以此做出判断。

4．经济分析法

经济分析法即采取内外结合的方式进行调查，对内主要是对线损率进行综合分析，从线损波动较大或线损居高不下的线路入手，找到检查窃电的突破口；对外主要是对用户的单位产品耗电量、产品产量等入手进行调查分析，查找窃电线索。

（1）线损分析。电网的线损率由理论线损和管理线损两部分构成，理论线损由电网设备的参数和运行工况决定，而管理线损则是由供电部门的管理因素和人为因素构成，这其中就包含了因窃电因素造成的电量损失。

1）做好线损率的统计、计算和分析；

2）做好理论线损的计算，并建议实施理论线损的在线监测；

3）减少因内部管理因素造成的线损波动；

4）将线损的变化情况作时间上的纵向对比以及与同类线路设备作横向对比，查找波动原因。

通过以上的调查分析，可以缩小检查范围，找到检查窃电的突破口，开展针对性的检查。

（2）用户单位产品耗电量分析。通过将国家对一些常见工业产品颁布的产品单耗定额或同类型企业正常的产品单耗与被检查用户的实际产品单耗作对比分析，可以判断用户是否存在窃电行为。

1）将用户用于生产的总用电量除以该用户生产报表中的产品总量，得出产品单耗；

2）将用户用于生产的总用电量除以已了解掌握的产品单耗，推算出该用户的产品总量；

3）将同类别、同生产属性用户的用电单耗进行横向比较，或者是将重点嫌疑户的单耗按时间作纵向对比。

5. 用户功率因数分析法

一个生产比较稳定、计量装置和无功补偿运行正常的企业，其功率因数应该是比较稳定的，一般都在10％内变动。而窃电的企业就很难保证其功率因数的变化在这个正常范围内，因此用电检查人员可以通过电费信息系统查找功率因数超范围波动或突变的用户，对其波动和突变的原因进行横向对比和纵向分析，从中可查找到用户窃电或计量装置故障的线索。

三、防窃电技术措施

全国每年因窃电产生的损失十分惊人。窃电者为了达到窃电目的，往往千方百计使用更加隐蔽和更加巧妙的手法窃电。窃电不仅使电量流失，线损增加，影响供电部门的经济效益，同时也存在很大的安全隐患。因此，必须高度重视反窃电工作，对各种窃电行为进行深入的调查研究和分析，有针对性地制定反窃电措施，切实做好反窃电工作，使国家的财产免遭损失。

从电能表的基本计量原理和电功率（$P=UI\cos\varphi$）的计算式可知，一块电能表能否正确计量，主要决定于接入电能表的电压、电流及其相位是否正确，任何一个输入量不正确，都可能使电能表运转不正常而错计或少计电量。

有窃电就有反窃电。窃电者之所以能得逞，是因为能够触及电能计量装置和计量回路。在没有发明接线盒、计量箱（柜）之前，表计、TV、TA及计量回路都是裸露的，用户可以随时触及计量装置，这就使得窃电者有机可乘。由此，制定反窃电技术措施的原则是：确保电能计量装置和计量回路有可靠的封闭性能和防窃电性能；在进行电能计量装置安装和改造时，应贯彻"线进管、管进箱、箱加锁"的原则。防窃电的技术措施主要有：

1. 提高计量装置封闭性能

绝大多数窃电方式是通过破坏计量装置的准确运行来实现的。其前提条件是窃电者能够触及计量装置和计量回路。所以确保计量装置封闭性能是提高计量装置防窃电能力的根本。这里所说的封闭性能是指从电源的引入到计量装置的封闭性能，即要贯彻"线进管、管进箱、箱加锁"的思想。对于高供低计的三相专用变压器用户，其封闭性能尤其重要，必须封闭其低压桩头，封闭其变压器低压端出线口至计量装置之间的线路。低压瓷柱到计量装置间的连接线还可以用电缆或用塑料套管将所有导线一起套住。变压器低压端若用铝排的，可在铝排上喷一层油漆或包一层热塑纸，窃电者若在此挂线用电，将会破坏漆面或纸面而露出窃电痕迹被稽查人员发现。采用专用计量箱（柜）是封闭计量装置的一个重要措施。计量箱（柜）除了足够牢固外，还应有较强的防撬能力。目前比较常见、实用的防撬方法有如下三种：

（1）箱、柜门加封印，计量箱、柜的门上都必须设计有铅封柱，便于打上防撬铅封；在计量箱、柜的前后门缝处贴上不干胶纸质封条，实行两种封印双保险。

（2）箱、柜门加挂防盗锁或密码锁，其优点是开启难度大，强行开锁后则不能复原，容易被检查人员发现。

（3）将箱、柜门焊死，这是针对个别窃电比较猖狂或有重大窃电嫌疑的用户，不得已采取的措施。

2. 规范计量装置的安装

贯彻"线进管、管进箱、箱加锁"的思想，规范计量装置的安装，减少工作漏洞，是提高计量装置防窃电能力的一个重要方面。要严格按照有关标准进行计量装置的安装。

（1）要按电能表安装要求的高度、地点、线径、颜色、接线图一丝不苟进行安装。布线应简洁、整齐，不随意交叉。

（2）采用防窃型计量器具。

1）采用防窃型电能表或在表内加装防窃电装置，如双向电子式电能表就能防止使表计倒转的窃电手法。

2）采用二次接线端子全封闭的防窃电型计量电流互感器、电压互感器。

3）计量二次线采用铠装电缆并穿管敷设。

（3）规范计量回路的接线。

1）单相表的相线、中性线须固定采用不同颜色的导线，排列整齐，不得随意对调；中性线必须经表计接线孔穿过电能表，不得在主线上单独引入一根中性线进入电能表。

2）三相表计的相线和中性线应采用规范的相序色别的导线进行接线，排列整齐，套接互感器的表计接线须使用编号规范的号头，套在表计接线盒下侧。

3）三相四线表计的中性线不得与单相表计的中性线共用，防止中性线断开产生中性点位移，造成单相表少计量。

4）尽量使用与表计接线孔内径大小一致的导线接线，避免给接线孔留下空隙；接线头剥开绝缘层的长度要合适，不要将导线金属裸露部分暴露在接线孔以外。

5）严禁从计量箱、柜外去接三相表计的中性线。

6）高压组合式计量箱的计量二次线一律采用铠装电缆。

7）计量箱、柜的进出线孔在安装完毕后应采取措施进行封堵，进、出线尽量采取穿管方式。

3．采用防撬铅封或条码封

（1）按照工作性质不同使用不同权限铅封。

为了相互制约和责任分划，必须按照工作性质的不同来使用不同权限的铅封。

1）校表铅封，限于检定人员对经检定合格的电能表大盖进行加封。

2）装表铅封，限于装表人员对电能表的接线盒、表箱、联合接线盒、端子牌、计量箱（柜）外壳等进行加封。

3）用电检查铅封，限于用电检查人员对表箱、计量箱（柜）外壳、开关箱进行加封。

（2）封钳印模的分类及使用范围。

1）印模分类与铅封分类相对应。例如"某校某号"封钳为校表专用，"某装某号"封钳为装表专用。

2）封钳印模的使用范围与铅封的使用范围相同。

（3）铅封和封钳印模的使用管理。

1）铅封必须与同范围的印模对应使用才有效。

2）铅封、印模由班长（或基层营业部门负责人）保管，领用须办理登记和审批手续，并由计量专职监督使用。

3）领用人（加封人）对设备加封后，必须开具工作传票，由用户签证。

4）领用人（加封人）因工作需要开启设备原有封印时，必须通知用户到场。

5）因工作需要拆下的铅封必须如数交回保管人妥善保管，备查。

6）电能表大盖的封印只能在计量室由计量检定人员开启、加封。

（4）严禁私自启封。

1）无论班组或个人都不得越权私自开启封印，否则一经查出将按有关规定严肃处理，造成重大损失的还要追究法律责任。

2) 用户私自开启封印的，一经查出即按窃电论处，并依据《中华人民共和国计量法》和《电力供应与使用条例》有关规定进行严肃处理，造成重大损失的可送交司法机关处理。

4. 推广使用全电子多功能电能表

供电部门使用电子产品的原则是：可靠性、实用性和先进性。全电子电能表在技术上已经成熟，民用电将逐步推广峰谷电价，因此，电子式分时电能表今后将成为计量表计的首选设备，具备 485 通信接口，功能可靠，耐用（至少 8 年），价格适宜，工艺精良。电子式电能表具有不能倒字、底度不能清零，不可更改表计常数，有失压、失流记录及电流不平衡记录、逆相序记录、编程等事件记录的防窃电功能。检查人员每次检查表计时，可将有关的数据读出或记录，以便分析、发现电压开路、电流短路或不平衡、逆相序等窃电。最大需量采用滑差式，比区间更科学准确，具有自我诊断及报警功能，系统能够对内部硬件、外部输入进行连续自检，对出现的不良状况发出报警并锁存出现过的报警。具有正反向有功、四象限无功和最大需量等功能，测量及记录各种瞬时量（电压、电流、有功功率、无功功率、频率等），事件记录功能强大。强大的防窃电功能，可记录事件发生或恢复的日期、时间、事件原因、正向电量底度，三相电压、三相电流、相位，便于电量追补。

5. 三相负载采用分相计量

特殊情况下，对高供低计三相四线供电用户和普通低压三相四线供电用户采用三块单相电能表计量。与三相四线电能表相比，采用三块单相电能表计量有如下好处：

（1）便于查电。三相四线有功电能表的结构特点是三元件共用一个转轴、一个计度器，当窃电者使其中一相电流短路或一相电压开路时，在三相负荷平衡的情况下电能表少计 1/3 电量，电能表表现为正向慢转，查电时从直观上很难觉察出来。而采用三块单相电能表计量时，一旦某相电流或电压为零，该相的电能表就会停转。又如一相 TA 极性反接，在三相负荷平衡的情况下，三相四线电能表相当于缺两相运行，计量的电量只是实际用电量的 1/3，而采用三块单相电表计量时，一块电能表反转，其他两相则正常计量，通过比较，即可知道用户的用电情况是否正常。所以采用三块单相电能表计量可防止使三相四线电能表慢转的窃电行为。

（2）使窃电比较困难。采用三相四线电能表计量时只有一个电能表，而采用三块单相电能表计量时，电能表数量增加。如果窃电者采用拆开表壳作案，其难度将大得多；如果窃电者故意改变电能表的正常接线或故意制造接线故障，要想做到比较隐蔽，比较巧妙，其难度也比采用三相四线电能表时大得多。

6. 低压用户装剩余电流动作断路器

电流型剩余电流动作断路器的动作条件是通过剩余电流动作保护器的剩余电流达到额定漏电动作电流值。只要穿过剩余电流动作断路器的零序电流互感器的电流值达到其额定动作电流，剩余电流动作断路器就会动作跳闸，切断电源。所以窃电者如采用漏计电流的方法窃电，是无法得逞的。

（1）剩余电流动作断路器防窃电的范围。

1）单相电流型剩余电流动作保护器防窃电的范围。

a. 从电能表前接一根相线（或中性线）进户。

b. 相线、中性线对调，同时中性线接地或接邻户。

c. 进表中性线开路，出表中性线经电阻接地或接邻户。

d. 进表、出表中性线均开路，表内中性线接地或接邻户。

e. 用变压器（或变流器）移相倒表。

f. 相线、中性线对调，与邻户联手窃电。

2）三相电流型剩余电流动作保护器防窃电的范围。采用三相三线制供电时，三相电流型剩余电流动作保护器防窃电的范围如下：

a. 从电能表前接一相或二相进户与地或邻户中性线供单相负载。

b. 在表后接单相负载。

c. 用变压器或变流器移相倒表。

可见，剩余电流动作断路器既可以保证安全用电，也可以作为反窃电的有效措施之一，因此应大力推广使用。但是，必须注意以下几点：

a. 对于分散装表的居民单相用户，应将剩余电流动作断路器与单相电表装于同一地点，以免为窃电者提供方便。

b. 剩余电流动作断路器不能装在表箱内，而应另设开关箱，因表箱的门锁由供电部门掌握，而开关箱仅作防雨用，不需设锁。

c. 供电部门应加强对剩余电流动作断路器的日常维护，并定期检查其动作是否可靠，以保证漏电保护开关在出现漏电故障或窃电时能自动跳闸。

7. 采用远方抄表技术

采用远方抄表技术可以实现对电能计量装置的远距离实时监视，具有防窃电、远方抄表、计量装置在线监测、电压监测等用电管理功能，既能及时发现窃电行为，又能提供窃电证据，计算窃电量。

一些远抄系统可根据采集数据，自动判断运行状态，如果出现异常，自动报警。其原理：一是系统可根据用户的历史值分析是否用电异常。二是一些采集终端本身也具有测量功能，能将电能表的数据与本身测量的数据进行比较，以发现用电是否异常。三是在表箱或表盖加装信号发生装置（如行程开关），用户一旦打开表箱或表盖，采集终端自动报警并记录打开时间。系统还可对各种数据分类管理，根据这些原始数据分析，生成报表，并可检测系统运行状态及异常用户状况。

8. 计量回路配置失压、断流异常情况记录仪

在计量二次回路加装失压、断流异常情况记录仪，该装置可准确记录断开电压回路、短接电流回路窃电以及计量电压互感器熔断器故障的时间，这对于准确计算损失电量都较为方便。针对窃电嫌疑户还可在计量二次回路配置失压、断流保护装置，一旦窃电者因窃电造成失压、断流，保护即刻发出信号动作于开关，断开电源，窃电者无法自己恢复送电，防窃效果较为明显。

9. 其他措施

（1）有效补偿电压互感器二次压降，减少电能计量损失。电压互感器二次回路中，由于导线、开关、接线端子等元件的电阻及流过的电流，导致电压互感器出口处的电压与电能计量装置进口端电压产生差别，即电压互感器二次回路压降。而目前 TV 二次压降超标问题是一个比较普遍的问题，也就是说，由于 TV 二次压降的存在，致使电能装置计量的临时性量少于实际用电量，造成发、供电企业巨大的电费损失。为了解决好 TV 二次压降问题，供电部门尝试了不少的解决方案：

1）以 TV 端子侧电压为基准，通过压降补偿仪补偿 TV 二次压降所引起的误差，使计量表头电压升高。这种方法操作简便，投资简单，但是由于这种方法补偿结果会受当时该电能表的负荷电流、功率因素等参数影响，而且这种方法没有法定依据，不能令用户信服，容易造成纠纷，在法制化市场的环境下，不能推广使用。

2）增加二次回路电缆的截面。这种方法能使电缆本身的电阻减少而达到降低压降的目的，但不能根本解决问题，改造后还不能达到规程的要求。理由是产生二次压降的阻抗不仅是电缆本

身的电阻，更多的是所经的隔离开关、辅助触点、熔断器等元件的接触电阻。

3）在 TV 出口经熔丝接专线供电能计量装置用，这种方法甩开了二次回路中复杂的走向以及太重的负荷，大大降低了压降，效果十分显著。采用非专用化的计量回路，现有的变电站 TV 电压监视装置就不能监视到该回路。也就是说得另外加装一套监视装置，否则电能计量回路就失去了电压监视，安全生产得不到保证。现有的解决手段是就近装表，二次线不宜过长，经常检查端子线路是否老化需更换。

（2）降低互感器运行状况对计量准确度的影响。互感器的选型，不仅从防窃电管理出发，而且也是准确计量的基本要求。经对电网的调研，电网改造工作已基本完成，用电质量及线损指标有了明显的好转，在原有基础上，如能合理配置互感器，对提高用电质量及优化线损指标是一种较为适应的方法。由于有企业用电负荷较大，变压器额定容量是现有用电负荷十几倍，电流互感器配置一般均按变压器额定容量进行配置，当企业全部或部分生产时，电流互感器运行负荷能达到电流互感器额定一次电流不低于30％，对电流互感器计量准确度影响不大。当企业不能停止生产时，企业所用负荷基本上是生活用电，电流互感器实际运行负荷为额定负荷的10％以下，严重影响电流互感器的准确计量。尤其农网用电负荷一直存在季节性用电问题，农忙与农闲时，用电负荷相差 10 倍以上，造成电流互感器配置困难，按最大负荷配置变比，虽然解决了农业用户最大负荷电流不烧毁设备，但对电流互感器的计量准确度影响较大。针对负荷变化较大的用户，适合安装 S 级电流互感器，计量准确度由原来的额定一次用电负荷的 5％～120％，扩展到1％～120％。当二次电流过小时，即使保证电流互感器下限负荷时的精度，但此时电能表的误差很大，需要电能表也要达到 S 级高精度全电子电能表，才能保证计量综合误差合格。对于以冶炼为主的高耗能企业一直是防窃电关注的重点，以冶炼为主的高耗能企业为了减少初期投资，采取少报多用的方法。造成电流互感器严重超负荷运行，当电流互感器额定一次运行负荷电流大于120％以上时将不能保证电流互感器的计量准确度，并且电流互感器由于超负荷运行使得电流互感器铁芯饱和，一次负荷电流与二次负荷电流的电流比呈现非线性变化，电流互感器计量准确度向负的方向变化，经验证明电流互感器一次额定电流 150％负荷点测量，电流互感器计量准确度近似 10％的误差，如再进行电流互感器 150％以上超负荷试验则无法读取电流互感器计量准确度。在发现用户电流互感器超负荷运行时，必须采取有效手段进行调整负荷或更换电流互感器变比，更换为 0.2S 级高精度防窃电互感器，即满足准确计量，同时满足防窃电管理要求。

四、防窃电管理措施

供电企业应当组织有关技术业务培训，提高业扩流程参与人员的技术业务素质。通过培训或技术交流等形式，使业扩流程参与人员熟悉掌握有关防窃电的技术业务知识。从防窃电角度对业扩流程实行规范化管理，新增和增容业务应对现场查勘、方案审定、设计审核、中间检查、竣工验收、装表接电制定相关的操作程序。建立约束机制，加强内部防范措施。主要包括：供电方案审批、设计图纸审核和装表复核，这些复核制度既是防窃电技术措施，也是必不可少的组织措施，既可以防止工作失误和疏漏，也是防止人为制造窃电漏洞的有效措施。

1. 供电方式确定

根据用户报装容量，尽量采用高供高计，对三相供电的用户来讲，为防止用户表前接线，用户供电线路尽可能采用电缆暗敷，提高防窃电能力。按《供电营业规则》规定，计量点尽可能设在产权分界点，或用户工程电源接入点，综合考虑是否方便抄表和用电检查，防止用户表前接线或改接进表线。高供高计采用专用计量柜、专用计量箱；对低压单相用户，尽量采用集中电表箱，便于抄表和用电检查，用户还可以互相监督，避免单表箱供电。

2. 针对特殊用户的计量方式

有时候由于技术原因造成的计量不准确，不能说是用户窃电，针对目前电铁牵引站和炼钢电炉特大型用电设备，可以安装全电子基波高精度电能表，适应宽电压、宽电流量程，可计量50Hz基波电能，消除谐波对电能计量的负面影响，计量才能公正，最大限度地保证供电企业的利益。

3. 加强装表接电管理

(1) 把好开票关。业务人员每开具一张装表工作票必须依据相应的业务传票，工作票所载内容应与实际发生的业务内容相吻合。

(2) 把好工作票的质量关。对于每一张装表接电工作票，应按照工作项目填写完备，准确记录计量器具的型号、规格、编号、互感器变比、电能表的起止度等数据，装表人员必须规范填写并签字。工作完成后应由用户代表确认签字，如有遗漏项目必须查明原因。

(3) 把好工作票的审查关。每一张装表接电工作票必须经计量班长、计量专责人员审查，签字确认后，装表人员方可按工作票所载内容开展工作，严禁无票工作。

(4) 把好工作票的归档关。对于每一张完成的工作票，电费审核人员应及时根据工作票内容建卡、立账或修改计费信息系统的相关数据，保证计费基础信息的适时性和正确性。

3. 强化计量封印管理制度

(1) 严格区分封印的分类和使用范围。在封印上用"XX计量中心"、"XX供电局"等字样严格区分封印的使用区域，用"内校"、"外校"、"装表"、"用检"等字样或颜色严格区分不同工种使用的封印，并按照不同工种划分电能表上表盖、电能表下接线盒、计量箱（柜）门、二次接线实验端子、失压记录仪使用封印的范围，不得混用；封印钳与此对应使用，否则视为无效。

(2) 严格划分加封权限。供电局的外校、装表、用电检查人员可对用于贸易结算的电能表、计量箱（柜）门、二次接线实验端子及失压记录仪进行加封；供电所管理人员只能对结算点以下的分表进行加封，并在封印的字样上严格区分。

(3) 健全铅封钳和封印的管理和领用制度。由电业局统一定做封印和刻制封印钳，各供电局计量专责负责铅封钳的登记、领用，定人定编号；严格对照工种领用封印。因工作需要拆下的封印必须如数交回保管员，留存备查。

(4) 完善加封确认手续。外校、装表、用电检查人员对计量设备加封后，必须开具加封确认书一式三份，由用户代表签字后，一份交用户，一份由加封人保存，一份交用电检查班留存。

4. 开展用电检查，定期开展营业普查

用电检查要经常进行。在重视安全用电的同时，每一次检查都应该查看计量装置运行是否完好正常，用户有无违章用电或窃电行为或嫌疑。营业普查每年1～2次。营业普查要认真组织，提前策划好营业普查方案，确定普查的项目、范围、时间，组织好所需要的人员、车辆、仪表工具、表格记录等，还应准备好对普查中有可能发现违章用电或窃电嫌疑的处理预案。

通过营业普查，及时纠正存在问题，消灭无表用电、漏电及营业管理不善等缺陷，查处窃电和违章用电，以减少和消除不明损耗。

营业普查的内容如下：

(1) 查电费账、抄表卡、用电设备登记簿是否相符。

(2) 查抄、核、收手续是否合理。

(3) 查电量、电价、电费的核算是否正确。

(4) 查用户装机容量是否与抄表卡相符。

(5) 查配电变压器容量是否与设备档案相符。

（6）查电流互感器变比、一次穿心匝数是否与抄表卡相符，一次穿心匝数是否正确。

（7）查电能计量装置（电能表、电流互感器、电压互感器）的接线是否正确，一次和二次接点是否松动、氧化。

（8）查电能计量装置是否准确，电能表、互感器是否烧损，是否更换互感器铭牌。

（9）查用户有无违约用电和窃电行为。

（10）掌握用户用电规律，做到心中有数。

5. 以营销为重点开展电力稽查

电力营销的各个环节是电力稽查的重点；各级线损分析以及母线电量平衡计算分析发现的问题是电力稽查工作的切入点；电力稽查的重点是维护电力营销市场秩序，不仅要查处用户的违章用电与窃电，而且还要查处企业员工在电力营销各个环节中有无以电谋私的职务行为；企业电力稽查在查处员工职务违纪案件时接受公司纪检监察部门的领导，同时，还必须接受公司线损领导小组安排的查处违章用电、窃电任务。

6. 加强宣传教育

广泛深入地宣传《中华人民共和国电力法》及其配套法规和反窃电等地方性法规，营造良好的反窃电舆论环境。要利用广播、电视、报纸、网络等媒体，向人民群众广泛宣传窃电的社会危害性，激励人民群众的反窃电热情，使窃电者处于人民群众的监视之中；另外利用新闻媒体对所查处的窃电案例进行报道，弘扬正气，使部分窃电者警醒，在社会上形成威慑力，使反窃电工作能起到事半功倍的效果。

7. 完善机制

加强电力营销管理，建立切实可行的反窃电管理制度，认真落实在业扩、计量、抄收等各环节的反窃电措施。加强对从事电力营销工作的职工的管理教育和技术培训，可实行交叉轮岗，定期考核，奖惩逗硬，确保思想过硬、业务熟悉、纪律严明，使他们成为反窃电工作的主力军。

8. 加强巡视检查

反窃电工作点多、面广、线长，用电检查人员要加强巡视和检查，做到定期和不定期相结合，重点检查和抽查相结合，随时跟踪了解用户的生产、经营情况，做到心中有数。对用电量大而且有窃电嫌疑的用户加大检查力度，并在表箱中加装"电能计量装置异常运行测录仪"，以监测计量装置的各种故障（如失压、欠压、电流开路和短路、相序错误、接线错误等），又随时了解用户用电情况，对用户的用电情况进行实时监测和管理。

9. 依法行事

随着人们法律意识的不断提高，电力企业在查处窃电的工作中势必受到各种挑战，用电检查人员要言行文明规范，程序合法，手续完备。应不断总结反窃电工作的经验、教训，努力提高反窃电工作的能力。

防窃电的管理措施和技术措施是相辅相成的，严格的、科学的、规范的管理措施以及完善的、可靠的技术措施可使防窃电管理工作日益完善。总之，防窃电工作应贯穿于用电管理的全过程，只有从用电业务一开始层层设防，事前、事中、事后管理三管齐下，防反结合，防范严密，才能从业扩管理角度有效的防治窃电，制定组织管理上防窃电的制度办法，最大限度地减少窃电造成的电量损失。

第六章

线损管理信息化

线损管理是供电企业综合管理水平的集中体现，是提高供电企业经济效益的重要手段。随着电力企业专业管理信息化水平的不断提高，最大程度地降低网络在电能传输中的电能损耗，是提高电网经济效益的重要内容。建立电网网损、线损的在线计算统计和在线理论计算分析系统，是增强线损管理的技术手段，也是电网线损管理信息化的重要标志。通过现代化电网线损管理，不断完善线损管理制度，规范线损管理流程，有效落实降损整改措施，确保线损指标达到最优化，降低电网损耗，为企业带来巨大的经济效益。

第一节　电能自动采集与线损统计分析

电能信息化系统是集现代数字通信技术、计算机软硬件技术、电能计量技术和电力营销技术为一体的用电需求侧综合性的实时信息采集与分析处理系统。它以公共的移动通信网络和电力专用通信网络为主要通信载体，以移动无线、光纤网为辅助通信载体，通过多种通信方式实现系统计算机主站和现场计量终端之间的数据通信。系统覆盖范围包括发电厂和变电站内电能计量自动化、专用变压器大用户电能计量自动化、配电变压器电能计量自动化、低压用户电能计量自动化。系统具有远程自动化实时抄表、用电异常信息报警、电能质量监测、线损分析、用电检查和负荷管理等功能。

一、电能采集终端

电能采集终端作为智能电网建设的重要基础设备，也越来越受到电力企业、研究机构和生产公司的高度重视。电能采集终端的发展历史可追溯 20 世纪 80 年代，它的发展是随着数字电能表的发展而发展起来的。电子技术的发展，使得数字电能表逐渐代替机械式电能表，伴随着数字电能表的推广应用，电力市场就需要一种新型设备能够采集数字电能表电能数据，因此，电能采集终端就应运而出。早期的大部分终端主要用于数字电能表电能数据的抄读和传送，功能比较简单、单一。随着电力市场需求的不断增加，智能电能表的出现以及智能电网概念的提出，终端也迎来了新的发展机遇。由原来的单一功能逐渐扩展到电能量计量、电能质量检测、电压监测、停电监测、窃电监测、双向通信、远程控制、远程维护升级等功能。不仅要实现对电力系统的数据采集、数据传输和实时监控，并且还要利用其双向通信功能作为需求侧管理接口，以达到对需求侧的实时管理操作，实现这些功能成了电能采集终端发展的新趋势。因此，原来的单片机技术平台已经无法满足电能采集终端快速发展的要求，硬件技术和软件技术都需要进行全面的革新。硬件上，随着微电子集成技术的飞速发展，DSP 和 ARM 微处理器因其具有运算速度快、功能强大、性价比高等诸多优点逐渐成为终端硬件设计新技术平台，以此为基础，增加新的计量电路、通信电路等新功能硬件电路。同时，新的电磁兼容理论和应用技术也在电能采集终端上使用，终端运行更加稳定、性能更加优异。

电能采集终端完成各种电能数据的实时采集和状态监视，可以根据设置完成重要数据（如电能表码）的定时存储、上行和系统主站通信，完成数据上传功能。电能量自动采集的重要基础是基于各类远程信息采集技术，主要由安装在各电网环节中的各类电能采集终端来实现。根据不同用户需求和电网计量管理要求，电能量采集终端可分为厂站电能量终端、负荷管理终端、配电变压器监测计量终端、低压居民集抄设备、售电管理装置等，这些终端的功能及其质量是保证系统建设顺利推进的基础。

（一）终端硬件特点

电能采集终端综合了高精度电能计量技术、远程无线双向通信技术、实时监控技术等技术，具备电能计量，电能质量分析，远程抄表，TA 二次侧开、短路故障检测，需量管理及远程控制等功能，功能强大、使用简单、运行稳定、维护方便。根据电能采集终端功能需求，终端硬件主要由 CPU 主板、计量模块、通信模块、电源模块、故障检测和人机交互接口等构成。其原理框图如图 6 - 1 所示。

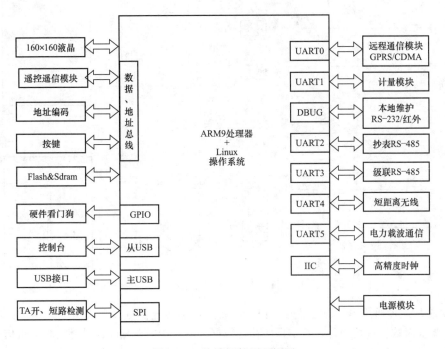

图 6 - 1 终端硬件原理框图

1. CPU 主板

CPU 主板是由 ARM9 和外部存储器构成的最小系统，是电能采集终端的"大脑"，负责电能采集终端数据处理、数据存储、人机交互等多任务管理。CPU 不但对本终端进行管理，还可能需要对与其连接的电能表进行管理，需要冻结存储的数据较多，且电能采集终端以 Linux 嵌入式操作系统为软件平台，程序较大，需要很大的存储空间。而 ARM9 嵌入式处理器内部没有 Flash，并且内部自带的 Sdram 空间很小，不能满足智能计量终端存储要求，因此，通过处理器外部总线外扩了 32MB 的 Nand Flash 和 32MB 的 Sdram。

CPU 小主板处理速度快，存储空间大，实际运行情况表明完全满足电能采集终端对数据处理及存储的要求。CPU 小主板采用模块化设计，PCB 多层板设计，抗干扰性能强；使用邮票孔封装，方便与其他板件焊接。

2. 计量模块

计量模块是电能采集终端的重要组成部分，是终端的传感器，用于获取电流、电压及相关设备工况等各种实时信息，向 CPU 提供基础数据，作为多种任务管理的关键依据。因而，要求计量模块计量精度高，运算速度块。而 ARM 处理器在数字运算方面的性能逊于 DSP，因此终端的计量部分由专门的计量芯片完成。该模块由互感器、采样电路、高精度计量芯片等高精密器件构成。电流采样电路如图 6-2 所示，电流信号经过 TA 隔离后按一定变比转换为毫安级小电流，此电流经过 Ⅱ 型滤波后由高精密电阻变换为电压信号传送给计量芯片，计量芯片将模拟信号转化为数字信号。电压采样电路如图 6-3 所示，电压信号通过电阻限流后转换为毫安级电流，经过毫安级精密电流互感器隔离后通过采样电阻变换为电压信号传送给计量芯片。计量芯片根据采样得到的数字信号进行相关运算，从而精确地获得各种电能数据，如电流值、电压值、功率、电能量等。

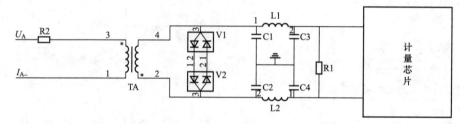

图 6-2　电流采样电路图

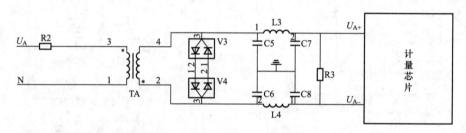

图 6-3　电压采样电路图

计量芯片通过通用串口与处理器通信，将相关数据传送给处理器，微处理器依据相应费率和需量等要求对数据进行处理。其结果保存在数据存储器中，并随时向外部接口提供信息和进行数据交换。另外，计量芯片带有后备电池切换功能，当终端掉电时，计量芯片将瞬时电量保存在芯片内部的 SRAM 中，数据保存可长达十年以上。

3. 远程通信模块

远程通信模块是智能计量终端远程无线传输数据的通道，主站系统通过通信模块远程抄读终端数据、监测用电情况、下发控制命令等，并且能够实现终端远程升级。

4. 电力载波通信

电力载波通信最大的特点是不需要重新架设网络，只要有电线，就能进行数据传递，无疑成为解决远程自动抄表系统远程数据传输的最佳方案之一。随着电力载波通信技术的逐渐成熟，载波电能表也得到了推广应用。因此，为了满足市场需求电能采集终端也配备了电力载波通信功能。

目前现场应用的载波芯片（模块）有青岛鼎信、东软和晓程等品牌产品，电能采集终端载波可采用模块化设计，实现良好的系统兼容性和开放性，接口统一，不同厂家的载波模块可以互通互用。

5. 电源模块

电源模块是电能采集终端的"心脏"，为终端提供"血液"，电源的好坏直接影响到终端的使用。目前，常用的电源有变压器线性电源和开关电源。线性电源纹波小、调整率好，但效率低、发热大、输入范围窄、质量重；开关电源体积小、输入范围宽、质量轻，纹波相对稍大，如果采用有效的滤波，完全可以满足 IC 芯片要求。电能采集终端要求电源输入范围宽，在一相或两相掉电和输入电压偏差±30%的情况下，终端亦可正常工作，且整机静态功耗要求低。因此，最好选用开关电源。

电能采集终端的电源模块典型电路如图 6-4 所示。外部输入的交流电经过防雷、过流保护、共模干扰抑制等处理，通过三相全波整流后经过隔离 DC/DC 开关电源转换为两路在电气上隔离的 5V 和 12V。5V 电源再转换为 4.0、3.3V 等电源供给 CPU、逻辑 IC 等芯片使用。12V 电源用于光耦隔离电路（如 RS-485 电路、遥信遥控电路等），对外电源输出等。

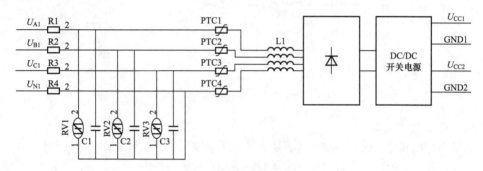

图 6-4　电源模块电路图

另外，终端配有后备可充电电池电源，当外部交流电停电后，终端切换到电池供电状态，通过远程无线通信模块主动将停电事件上报主站。上报完毕后，终端自动关闭电池电源，使终端处于休眠状态，可以通过红外或唤醒键随时唤醒终端。

6. 硬件看门狗电路

看门狗是保障电能采集终端运行可靠必不可少的重要部分，终端在使用软件看门狗的同时也设计了硬件看门狗电路以防止程序发生死循环或其他异常情况。

7. 人机交互接口

电能采集终端具备丰富人机交互接口，人性化设计、使用简单、操作方便。

（1）液晶显示。由于电能采集终端要求显示的内容较多，段式液晶无法满足要求，终端选用点阵液晶，分按键显示和轮显两种显示方式。用于显示电量信息、通信状态、运行状况等内容。

（2）按键。电能采集终端设置了↑、↓、←、→、确认、返回 6 个显示选择按键，可以方便快捷地查看数据、设置参数。

（3）本地 RS-232 维护接口。RS-232 接口用于本地专用通信接口，采用 PS/2 接口外观形式，供手持终端或计算机等设备连接读取终端数据和设置参数，更新终端软件、通信规约等。

（4）红外接口。红外接口是本地专用通信接口的备用接口，供手持终端等读取终端数据和设置参数。

（5）USB 接口。USB 接口用于程序升级和抄读数据。

（6）运行指示灯。面板设置运行指示灯，如电源指示、通信指示、告警指示等。

8. RS-485 接口电路

RS-485 接口可以用于电能表抄表、相邻终端级联以及与其他装置通信。作为抄表使用时，可以接入多块电能表，把抄读到电能量数据通过终端的远程无线通信模块上传给主站；作为级联使用时，可以把相邻的几台终端通过 RS-485 接口连接起来，使其共享一个远程无线通信通道；另外，RS-485 接口通过特定的规约可以和其他设备通信，如无功补偿电容器装置、校表台体等。RS-485 接口波特率在 300~9600bit/s 范围内可设置。RS-485 电路采用多级防雷保护措施，即使误接入 380V 交流电也不会损坏该接口。

9. 开关量输入检测电路

开关量输入检测电路为无源输入方式，采用 Ⅱ 型滤波，有效防止干扰，绝缘耐压要求可达 4000V，主要用于遥信/脉冲的检测，见图 6-5。

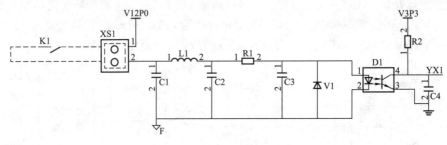

图 6-5　遥信电路图

10. 开关量输出电路

开关量输出电路用于控制回路和告警输出，开关量输出电路设计主要要防止外界干扰造成继电器误动作，以免影响正常电力设备正常运行，避免造成经济损失。

11. 时钟电路

时钟电路是终端必不可少的重要组成部分，为终端提供时间标准。终端运行时几乎每一个事件的处理如数据存储、事件告警、通信等都会用到时间标准。时钟的精度将直接影响终端的正常工作。

终端常用的时钟有软件时钟和硬件时钟。软件时钟是靠 CPU 内部的定时器产生，不需额外搭建电路，实现简单，但软件时钟由于受温度和晶体的影响较大而有诸多缺点，精度不高，累计误差大，CPU 掉电或复位都会造成时钟停走；相对于软件时钟，硬件时钟的优势极为显著，精度高、误差小、抗干扰能力强。电能采集终端选用可靠的硬件时钟电路，一般采用双电源供电，终端正常工作时，3.3V 供电，终端掉电后使用后备电池供电，在完全停电的状态下可维持终端时钟运行 5 年以上。

（二）终端软件要求

1. 终端软件设计原则

（1）层次化设计。考虑到终端在满足用户个性化需求时，常常需要对终端的功能进行改进。尽管需求在将来会发生变化，但是终端有一部分功能是基础性的，并且这部分功能是比较稳定的、核心的，不易随需求变化。可以对终端的功能按照其与业务相关性和稳定性将终端各个功能划分成几个层次。有利于终端软件今后开发的复用，简化设计复杂度。

（2）模块化设计。每个功能都是一个独立的模块，基础功能模块是以动态库的方式存在，上层功能模块亦可执行文件方式存在。通过配置方式以适应不同功能应用场合的需要。

（3）单一功能设计。每一个功能模块做到只实现一个功能。

（4）模块重用。从行业应用的角度建立基础公用动态库。

（5）可动态配置的设计。终端的每个功能模块均是满足整个终端需求中的一部分功能或性能需求，在设计中可以将容易变化的部分与业务相关紧密地部分拿出来用配置（参数的方式）实现，而与业务相关部紧密地部分不同需求的相同逻辑部分用程序代码的方式实现。有利于提高终端程序的通用性。当需求变化时，只要实现逻辑不发生变化，就可以只修改配置就能动态满足新的需求。

2. 终端软件系统总体结构

（1）层次结构。应用软件的软件结构按照层次可以分成 4 个层次：支撑层、数据源层、业务处理层、数据表示层。层次之间通信遵循：只有相邻的层次相互通信。但是支撑层作为终端其他业务相关的功能的支撑可以供其他模块调用。具体的层次划分参见图 6-6。

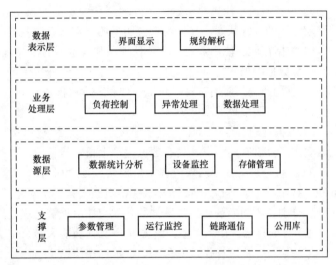

图 6-6 终端应用软件系统结构

1）支撑层。包含的功能模块有：运行监控、参数管理、链路通信和公用库。作为终端功能的基础层，为其他模块提供运行、参数、通信等方面的支持，对于此层模块的设计不仅要求做到与规约相分离而且要做到与业务逻辑（功能）相分离。

2）数据源层。包含的功能模块有：数据采集与统计、设备监控、存储管理。向上层模块提供所有的业务数据，并对数据进行管理和存储。此层体现了终端的采集、存储的基本功能。对于此层模块的设计要求做到与规约无关，并且采用配置化的思想进行设计。

3）业务处理层。包含的功能模块有：负荷控制、异常处理、数据处理。业务处理层体现着终端的管理功能，负荷控制、异常处理、主动上报等都在这一层中体现。对于这层应用模块的设计要求做到严格从需求出发，充分体现终端功能。并且在设计上区分核心需求和非核心需求，有利于将来功能的改进和完善。

4）数据表示层。包含的功能模块有：界面显示（本地操作）、规约解析。数据表示层是终端与外界的接口层，本地交互、远程交互功能在此层实现。对于规约解析要求体现其屏蔽的作用，即规约转换的作用。规约解析需要将所有主站的规约转换成相应的终端内部的数据/参数的形式，或者进行相反的转换。对于界面显示要求按照需求进行功能设计，在设计时必须考虑适应不同功能的硬件，其显示内容必须可以配置。

（2）终端软件系统模块设计。终端软件系统设计时涉及的模块主要包括：运行监控、参数管理、链路通信、数据采集与统计分析、设备监控、数据存储、负荷控制、数据处理、报警处理、界面显示和规约解析等，下面简要介绍各个模块的设计。

1）运行监控。使用对象：自动运行。终端启动后同步系统时钟，设置被监控程序的环境变量并启动其他功能模块，监视其他功能模块的运行。当其他功能模块出现故障时，根据配置采用如下处理方式的一种：重新启动该程序、复位终端、不作任何处理。

2）参数管理。使用对象：其他模块。提供终端所有参数的存取控制，验证参数的合法性，管理参数的修改时间，当参数修改后产生参数修改异常事件。

3）链路通信。使用对象：规约通信、数据采集。管理不同物理通信通道的链路通信，建立、维护链路，同时与多主站进行通信；进行链路协议的解析和封装，链路差错控制。

4）数据采集与统计分析。使用对象：业务处理层和表示层的模块。从电能表中采集原始数据转换成终端内部统一格式，生成电能表和测量点的工况状态，统计出用电数据。参见需求说明书的数据采集、数据统计、异常状态监测与处理部分。

5）设备监控。使用对象：业务处理层和表示层的模块。监控终端遥信设备的变位事件，监控终端系统的异常状态。参见需求说明书的异常状态监测与处理部分。

6）数据存储。使用对象：业务处理层和表示层的模块。存储、检索、管理终端的历史数据，终端存储数据的格式可自由定义。

7）负荷控制。使用对象：异常处理和表示层模块。响应主站控制命令，完成购电控、功控、电量控、临时限电控等功能。

8）数据处理。使用对象：表示层模块。生成终端历史数据，响应表示层历史数据的查询，检索要求，提供查询结果。具有数据主动上报功能。

9）报警处理。使用对象：表示层模块。处理所有异常事件（电能表工况事件、测量点工况事件、终端异常事件），上报异常事件，当地报警。记录事件。事件的产生与处理相分离，事件的产生分别在不同模块，异常事件的处理统计由报警处理进行。

10）界面显示。使用对象：终端操作员（功能人员、电力用户、终端维护员）。作为终端本地操作的接口，响应操作员的命令，显示终端信息。

11）规约解析。使用对象：主站。作为终端进行数据通信的接口，转换规约形式的数据转换成终端内部的数据（参数）形式，响应主站的命令。

终端应用软件的模块间的关系见图6-7。

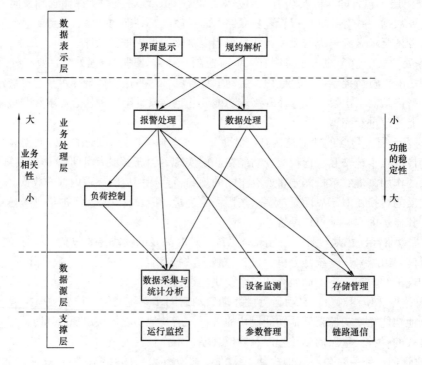

图6-7　应用层功能模块层次关系图

二、电能管理信息化系统

电能计量信息化系统，主要是用来实现对采集终端（变电站、大用户、配电变压器终端、电厂等）的各种电能量相关参数及数据的自动采集，并通过对采集的原始数据进行统计、分析。根据区域网损、线损以及采集终端的运行状况的监控和主动上报的实时事项，找出电网中的主要电能损耗点。统计分析后的数据最终呈现给监视电网的值班人员，实现对所监控电网的监控，为电力企业的商业化运营提供决策支持。

电能计量信息化系统以统一的数据采集和管理平台，建立电能数据采集中心，以先进的技术措施，确保数据中心数据的完整性和各类数据的同时性。系统根据电力营销和电力生产业务的需要特点，建立一个通用的标准化的数据平台，以统一的数据接口，面向电力市场营销业务和为生产管理的数据使用者提供服务，方便相关业务部门和数据处理系统实现数据共享。

近年来，随着新一代电力负荷管理系统和厂站电能量遥测系统的建成，以及低压集中抄表系统和配电变压器监测计量系统的逐步建设，形成对变电站、发电厂、馈线、电力大用户、公用变压器以及低压用户数据采集和管理的大范围覆盖。通过整合和构建统一的电能计量信息化系统，可实现远程自动化实时抄表、用电信息异常报警、电能质量监测、线损分析、预付费、用电检查及负荷管理和负荷控制，在此基础上能够实现线损四分以及需求侧管理的分析决策。

电能计量信息化系统以实现变电站、电厂、专用变压器大用户、公用变压器、低压用户用电数据采集与管理的一体化应用为目标，在功能上实现负荷管理与负荷控制、厂站电能量数据自动采集、配电监测、低压抄表、防窃电、预付费、线损四分和需求侧管理等于一体的业务管理，能够对数据进行自动统计、考核结算、报表打印、信息发布。

电能计量信息化系统，就是利用计算机网络，构建企业计量管理信息平台，使计量管理的各层次用户（包括决策层、管理层和操作层），对有关计量数据进行共享，并实现数据的实时分析与处理，以提高工作质量和工作效率。计量自动化系统属于电能量管理信息化典型系统，主要由主站系统、通信信道、现场终端、电能表四部分构成，如图6-8所示。终端和主站的通信信道

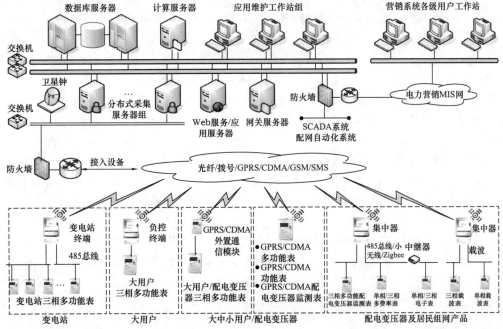

图6-8 电能量管理信息化系统典型结构

目前主要采用 GPRS/CDMA、230MHz 无线电台，随着通信技术的发展，有向光纤网络发展的趋势。终端和电能表的传统通信方式有 485、载波、小无线等，随着智能电网的发展，有条件的现场采用了宽带、电力光纤、宽带载波等通信方式。

（一）主站系统

电能计量信息化系统主站系统的总体结构如图 6-9 所示。主站系统包括了前置采集层、数据处理层、业务处理层和综合应用层。

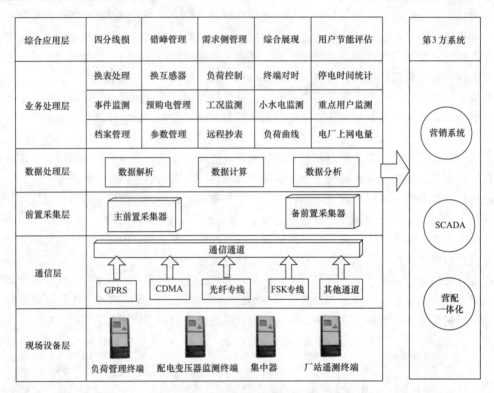

图 6-9　电能计量信息化系统主站系统总体结构

前置采集层对终端数据进行采集，并将采集到的数据向上传给数据处理层。

数据处理层一是完成业务处理层和前置采集层的数据交换和处理；二是完成电能计量自动化主站系统与外部系统，如电力营销系统、SCADA 监控系统、GIS 系统等的数据交换。前一功能是读者能够理解的，后一功能则是将现有电力网络的各个系统进行连接，形成一个整体，让各个系统之间的数据进行共享，达到彼此互相提供相关支持的目的。

业务处理层则包含了四个基本的应用子系统——大用户负荷管理系统、厂站电能量计量遥测系统、配电变压器监测计量系统、低压用户集中抄表系统。各子系统主要包括换表处理、负荷控制、终端对时等业务处理操作。

综合应用层主要包括了线损四分分析、需求侧管理、用户节能评估等内容。

为了适应大区域的系统应用，避免海量终端数据造成的主站系统负荷较大的问题，整个电能计量自动化系统不只有一个主站系统，往往根据需要将大区域划分成若干子区域，在各子区域内构建单独的主站系统，然后在此基础上构建全区域的主站系统。这个全区域的主站系统的数据来源于各子区域主站系统，全区域主站系统接收来自子区域主站系统的数据，然后汇总得到全区域的数据。电能计量信息化系统主站系统网络拓扑结构见图 6-10。

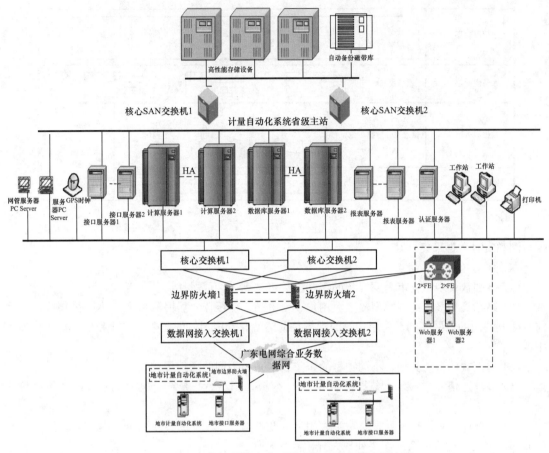

图 6-10 电能计量信息化系统主站系统网络拓扑结构

电能计量信息化系统主站系统硬件设备主要包括数据存储服务器集群、业务处理服务器集群、网络接入设备。数据存储服务器是整个系统的核心，系统运行中的所有信息都与数据存储服务器存在联系。业务处理服务器主要有计算服务器、报表服务器、接口服务器等，负责各个应用系统的功能实现以及数据处理任务。网络接入设备包括防火墙、路由器、交换机等，是主站系统与其他主站系统或终端设备进行信息交换的必由之路。

电能计量信息化系统主站应用服务层，是指使用 J2EE 框架架构出来的前台应用展现层应用集成集，基于 SOA 的思想，应用服务层使用多应用的 Portal 方式设计实现，具体的服务拓补图如图 6-11 所示。

应用服务层主要规划认证服务、综合应用、四分线损、主题应用、业务监管、协同办公、BO 应用和接口服务八个子应用。

应用逻辑结构图如图 6-12 所示。

（二）数据采集子系统

系统的数据采集，需要对分布在全市甚至是全省大用户专用变压器计量点（专用变压器配电房）、厂站计量点（变电站或电厂）、低压计量点（居民集中器）及配电计量点（公用配电房）数万个采集终端进行实

图 6-11 应用服务拓补图

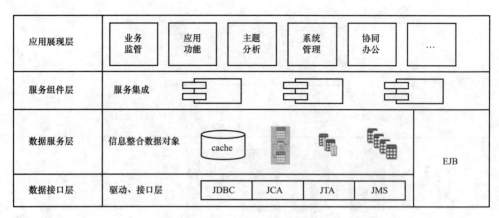

图 6-12 应用逻辑结构图

时检测和实时数据采集。

本系统有以下几个特点：

（1）终端数量多。全市需要安装的终端总数可达到 10 万数量级。

（2）终端类型多。终端类型覆盖大用户、变电站、变压器、居民集抄上的不同采集终端，目前有变电站侧的地网终端、大用户侧的现场负荷终端、变压器侧的配电网终端和居民低压集抄集中器。

（3）通信规约多种类型。不同类型的采集终端采用不同的通信规约。

（4）多种通信方式。系统需要兼容 GPRS、SMS、CDMA、光纤、电力载波、电话拨号等通信方式。

（5）大规模的并发任务处理。对于大用户、变电站、变压器的计量数据，要求系统需要在同一时间内采集，就是说系统需要处理大规模的并发任务。

（6）实时通信。此系统要能在短时间内响应用户召测请求。

（7）数据处理量大。电能计量自动化接入的终端数量多，每个终端上传数据包括电量、遥测数据，采集间隔要求 15min 或 1h 甚至 1 个月，整个系统的数据处理量非常大。

数据采集子系统是大用户电力负荷管理主站系统的核心子系统，也是整个系统原始数据来源的入口。它对数据的准确性、实时性、灵活的对外接口等均有很高的要求，同时也要求具有很强的可扩展性。根据以上分析，本系统应具有如下功能：

（1）能够同时支持不同设备供应商提供的负荷管理终端、厂站遥测终端、低压集中器及配电变压器计量终端等电能计量自动化终端的远程接入，支持通过手持抄表设备采集到的现场数据的导入。

（2）系统通信接口需符合相关通信规约。

（3）支持定时采集、随机召测和数据补采，支持数据主动上传。

（4）支持 GPRS/CDMA 无线数据通信方式与大用户负荷管理终端、低压抄表集中器、配电变压器终端进行通信，支持通过专线和电力专用数据网络方式与厂站电能量采集终端进行通信。

（5）统一的解析处理输出接口。无论采用何种通信方式还是不同厂家的采集装置，通过数据采集解析处理后，整个系统的后端高级应用不会发生改变。其他系统的数据也可以通过这个统一的数据输出模型接入到系统中来。

（6）具备远程诊断和支持终端远程升级。提供接口可以实现与不同厂家装置或终端的远程故障检测和在线升级（需要装置或终端具备相应功能）。

（7）通信报文监视功能。提供原始报文监视工具，可以实时对需要监控的终端进行监视通信报文，为终端、通道的故障检测和判断提供方便。

1. 数据采集系统结构

整个数据采集子系统可以划分为两个比较独立的部分：前置采集和采集处理两部分。前置采集主要是终端接入、链路管理、负载均衡等方面，采集处理主要针对采集数据的分析处理。

由图 6-13 主站系统物理结构图可以看到，本系统在数据采集部分采用了"集群前置机"技术，方便实现系统的一体化。

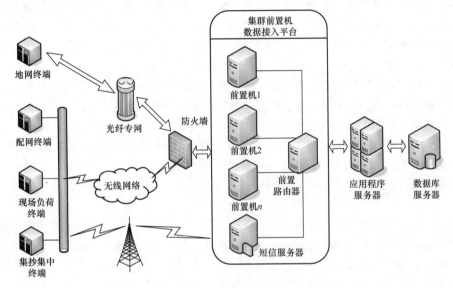

图 6-13　主站系统物理结构

（1）前置机。数据接入前端，完成通信的核心功能，直接面对采集终端，某种规约的终端对应相应的前置机，系统可以适配多种规约前置机。最前端兼容各种通信通道，接收数据时进行规约识别和简单处理后通过内部接口转入前置路由器。

前置路由器的作用：

1）路由转发。根据应用服务器的报文，寻找此报文的终端地址所在的前置机 n，将此报文转发给相应的前置机和相应的主站模块。

2）数据汇总。对于下行数据，将数据汇总，统一将数据转发给应用程序服务器，为应用程序服务器提供统一的数据接口。

3）通信调度。统一调度各前置机，可以根据数据采集实时性高低级别和内容，按照最优方式进行负载均衡，互为备用，协同工作。多个前置机和一个前置路由器（可以还有备份前置路由器）形成集群前置机，是前置采集部分。

（2）应用程序服务器。主要完成数据预处理、数据检查、数据计算、用户数据下发、采集任务调度和数据入库等应用逻辑功能，是采集处理部分。在这里采用"集群"的技术，前置接入服务器的数量可以根据实际情况进行扩展。如果要支持新增规约的终端，则只需要加入支持此规约的前置机，后续的前置路由器相应配置一下，就可以实现不同类型、不同厂商的电能计量自动化终端的接入。

数据采集系统采用层次架构模式和模块化设计思想，在实现中采用组件技术和分布式计算，以实现最小模块化设计，以便于功能的扩展和可维护性。

2. 数据采集关键技术

针对电能计量自动化系统接入终端多、通信资源消耗大、数据处理量大、实时性强的特点，这里进一步详细阐述相对应的关键的具体解决模型。

(1) 集群前置机。在电能计量自动化系统中，终端的数量可达到 10 万数量级，而单个前置机的平均负载能力是 1 万个连接数，因此单个前置机不能满足系统的采集要求，应考虑采用集群技术。集群技术有三种：高性能科学计算集群、负载均衡集群、高可用性集群。

电能计量自动化系统中，使用负载均衡集群解决方案：以一台前置路由器为调度中心，使用多台前置机的并发处理模式。前置机主要负责连接接入和连接管理。前置路由器负责路由、数据汇总、通信调度和前置机的管理。对不同类型的终端，适配不同的前置机，然后全部接入前置路由器。前置机的数量和类型完全可以根据需求动态配置，极大的适应终端数量、终端类型的变化，实现了一体开放性。

在这里采用"集群"的技术，前置接入服务器的数量可以根据实际情况进行扩展，如果要支持新增规约的终端，则只需要加入支持此规约的前置机，后续的前置路由器相应配置一下，就可以实现不同类型、不同厂商的电能计量自动化终端的接入。

(2) 分布式计算。终端数量庞大（最大规模可达 10 万数量级），给系统数据处理带来严峻挑战。如无一套很好的解决方案，则整个系统会出现严重的性能问题。在实现方案中，分布式计算是重要的设计思想之一，它能充分利用现有主机资源，是解决大规模数据处理系统的有效方案。

分布式计算为了解决超大数据量计算的问题而提出的解决方案。总体思想是将大事务进行分解，分解成合适的最小事务，称为元事务，整个计算过程由许多元事务组成，每个元事务可以独立运行，并不依赖于其他元事务，它们之间通过接口协同工作，全部元事务可以同时并行工作，极大提高整个计算过程。同时每个元事务可以分布在不同的计算机上，从而降低对一台计算机的资源消耗，从而提升系统的效率，因而充分的利用了现有的主机资源。

实时系统的系统反应时间小于 1s，准实时系统的反应时间小于 15min。

为提高系统性能，加强系统稳定性和建立数据处理异常机制，在数据处理部分，采用文件系统进行数据分析处理。

图 6-14 是本系统的准实时数据处理模型，该处理流程模块体现几个设计概念：

1) 模块化设计。每个模块和其他模块的关联少，而功能尽量独立而不重复，模块间接口简洁易处理。在某个模块出问题时，都不影响其他模块运行。

2) 开放一体化设计。经过数据解析归类，将不同规约、不同类型的数据统一合并成系统内部使用的业务数据。

3) 以文件为接口。以文件为接口能保证每个模块的独立性，体现模块间的松耦合设计原则。

4) 数据可重处理。采用接口文件格式，系统需要重新处理数据时，只需要将备份文件拷贝到接口文件目录，就可以轻松实现数据的重处理。以文件系统为备份中心进行数据备份。对于每个入库前的业务数据，都有相应数据备份文件，能简单、轻松的恢复数据库数据。

3. 数据前置采集层

前置采集层包括通信通道层、通信管理层、规约处理层、应用逻辑层和数据接口层，其结构图如图 6-15 所示。由图可以清楚地看到数据的流向与处理过程。

(1) 通信通道层。通信通道层是数据采集系统的基础，其稳定性和传输速率直接影响系统的性能。

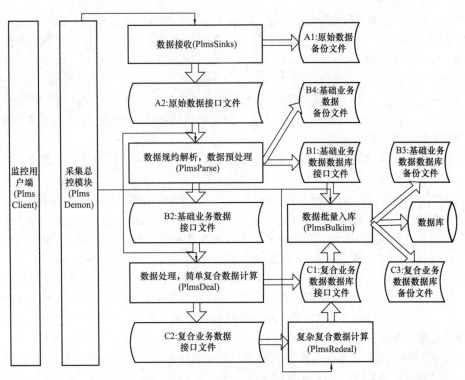

图 6-14 准实时数据处理模型

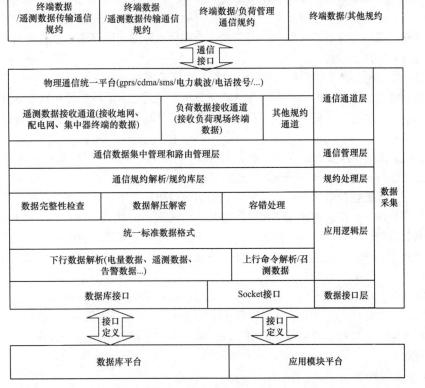

图 6-15 数据采集分层图

（2）智能接入。智能接入就是能自动适应接入的规定范围内的所有终端，也自动支持规定范围内的所有通信方式，而不需人工手段进行干预，提高终端接入的速度，极大地减轻系统在安装终端时的安装维护工作量。

（3）通信网络统一接入。由于电力主站系统的网络种类比较多，有 PSTN 拨号、电力微波、数字专线和模拟专线、GSM、GPRS/CDMA 无线网络等多种方式进行通信，为了解决多种信道进行通信和互为备份的问题，当一个信道产生故障时，自动切换到其他的信道中，避免因信道的阻塞而影响系统时时数据的处理。

主站通道接口层能够同时接入多个不同的通信信道，屏蔽了因不同信道而导致重新增加新设备的问题。

（4）终端统一接入。在电能计量自动化系统中，使用的终端类型比较多，包括大用户终端、地网终端、配电网终端、低压集抄终端，终端生产厂家也是多家并行，每个终端厂家又有多种终端型号，导致系统实际接入的终端繁杂多样。为了解决此问题，可采用终端统一接入的方式，通过内部处理机制，处理了各个终端类型和终端厂家各自的差异，对外就实现了统一接口。这样就提升了系统的处理效率，减少系统的施工工作量。从而体现了主站系统的开放性和灵活多样性。

（5）负载均衡。目前系统数据采集支持的通信方式有 GPRS、CDMA 等公共无线数据通信方式、拨号方式，同时支持网络通信、短信相结合的通信方式。系统可以灵活配置多个通道互为备用，多通道根据任务繁重程度自动均衡负载。在网络通信中，系统支持 IP 协议族中的 TCP 和 UPD 协议。在数据采集中，根据通道通信的拥挤状况自动进行通道切换，以达到数据快速传输的目的，并提高了整个系统抗风险的能力。

（6）通信管理层。对所有的通信链路虚拟成一个通信对象，而忽略此通信对象的通信方式（GPRS、CDMA、SMS、拨号等）和通信协议（TCP、UPD）。通信管理层管理所有的通信对象，并行通信调度，路由查找和数据汇总，且对通信资源的统一进行优化调度。

通信管理层可以有序、高效的进行通信控制，在接入新的通信终端和改变通信方式时不影响后续模块处理，实现了系统开放性。

（7）规约处理层。通信规约是主站系统建设和功能扩展的基石与核心，也是用户需求变化比较大的地方，本系统采用规约动态库的方式，充分考虑了适应今后新的用户需求。在用户数据采集通信规约更改的情况下，使系统改动最小，也为电能计量自动化系统建立统一标准、平台和功能打下坚实基础。

（8）应用逻辑层。在数据处理中，首先对采集的数据进行完整有效性检查和异常数据的鉴别，若有异常数据，则向异常告警模块发送告警通知。

同时为了提高数据通信的安全性和降低通信运行费用，主站与现场终端之间的数据通信采用了可靠的加密算法、数据压缩算法。在应用层采用面向服务的加密技术，其实现相对简单灵活，也不需要对数据传输网络提出特殊要求。由于采用专业的传输规约、加密算法和文件格式，使得普通的网络黑客无法理解其含义，即使截获了信息也无法进行恶意攻击，从而又为网络安全增添了一层保障。

当然在实际应用中，也可以针对采集数据重要性的不同采取不同的形式。

（9）数据接口层。经过应用逻辑层处理后的数据统一经过应用数据接口层，将数据导入数据库和应用服务器。此数据接口层可以面向不同的数据库和不同的应用服务器做出一个统一接口，为采集处理服务。

4. 数据采集处理层

数据采集处理层分为数据接入层、数据解析层、数据处理层和数据库接口层以及采集任务调度层，利用分布计算思想，使各个子模块相对独立，可以单独运行，同时每个子模块内功能相对简单，模块间耦合少，可以使每个模块同时并行工作，使整个处理流程可靠性高，数据处理快。

数据采集层的分层模型如图 6 - 16 所示。前置采集层采集的数据通过接口传给采集处理层，然后数据解析层对接收的数据进行分析得到数据类型和其含义，然后交由数据处理层进行相关的数据验证等操作，完成之后在对数据进行再次的加工，最后将数据表示的信息呈现给用户。

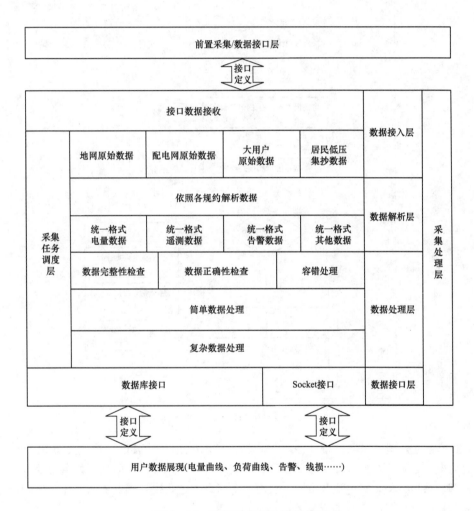

图 6 - 16　数据采集层的分层模型

（1）数据接入层。接收前置采集层的原始报文数据，或者将采集调度的任务数据发送给前置采集层。数据接入层通过内部定义接口和前置采集层进行数据交互。

（2）数据解析层。数据解析层对数据处理的流程如图 6 - 17 所示。数据解析层将各种协议的原始报文数据，按照各自规约解析成统一格式的电量数据、遥测数据、告警数据以及其他系统需要的数据。数据解析层可以是比较独立的模块，在规约变动或增加时，只需要增加对应的解析模块或配置新的解析库，不影响后面数据的处理。

从原始数据接口文件提取数据，并将数据放到临时文件中，对此原始数据进行数据解析，生成基础业务数据。同时对数据进行时间规整。在处理成功后才删除临时文件，避免数据丢失，同时对于无法解析或资料不齐的数据，放到挂起文件中。

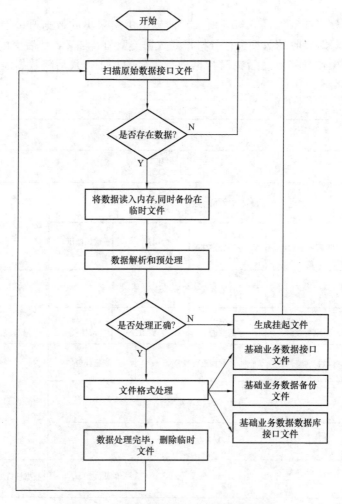

图6-17　数据解析层对数据处理的流程

　　（3）简单数据处理。提取基础业务数据，加上资料数据，再通过一定的运算模型和运算方法，然后对电量数据完成换表操作事前处理、事后处理，旁路替代事前处理、事后处理，换互感器事前处理、事后处理，对电流、电压、功率等负荷数据进行换互感器事前处理、事后处理。通过以上的数据处理后得出简单的业务数据。

　　数据处理完毕后，生成简单业务数据，并作文件格式处理供复杂数据处理模块使用。

　　（4）复杂数据处理。此模块提取简单的业务数据，根据系统业务需求（可以定制），生成各种复杂用户数据和报表数据，比如全市负荷数据、全市电量数据、各镇/区负荷数据等。

　　（5）数据压缩备份。由于原始数据需要进行相应的备份，为了更好的节约磁盘空间，并提升磁盘空间的利用率，对需要进行备份的文件进行压缩。

　　为了有效地压缩存储数据，选取了业界最优的数据压缩算法，使压缩的效率达到6:1的效率（理论值为8:1）。并且压缩算法消耗的资源较小，算法可逆，为数据备份节约了大量的存储空间，从而提升了存储的效率。节约了系统在存储方面的资金。

（6）采集任务调度层。负责调度各个采集终端的任务采集策略，并按照定时采集间隔、用户随机召测和数据补采策略进行任务调度，提交各类采集任务数据，并根据数据采集实时性的高低级别和内容，按照最优方式给前置机下发指令进行负载均衡，互为备用，协同工作。

采集任务调度层需建立良好的数据采集处理机制，保证数据采集的完整性，合理分配通信资源和计算机资源。

采集任务调度层完成以下功能：

1）从数据库获取定时任务。

2）接收用户接口的随机召测任务。

3）定时数据补抄。

4）按排队和优先级策略安排以上任务调度和资源分配，实行负载均衡。

（7）数据库接口层。处理生成的业务数据，最终都必须将数据保存到数据库供用户使用。数据库接口层就是把各种业务数据进行归类划分，转化成数据库提供的批量入库所需要的数据，再每隔一定时间或记录数达到某个阈值时将数据批量入库。

5. 业务数据处理

对于采集的业务数据通过表码编码对照后进行相关约束，然后和原始数据库的数据进行融合得到业务工作数据库。在经过一次增量后得到对应的需要分析的各类对象的数据，即应用数据，其具体流程如图 6 - 18 所示。

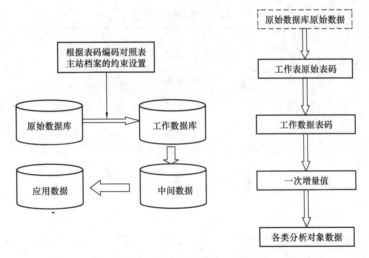

图 6 - 18　主站数据处理流程

（1）数据预处理。主站对采集回来的原始数据进行预处理，经过预处理的数据打上标志，保存在工作数据库中。系统数据预处理主要是标明数据状态，确保数据的正确性、连续性和可用性。系统提供的预处理实现同一个数据源数据的自身历史性的连续、完整比较：检查数据的时间完备性和数据的正确性，时间完备性主要是检查相邻的两个数据点的时间差是否在一个合理的时间误差范围，没有在这个范围就给定一个报警信息，同时允许用户通过控制界面设计自动处理或手工处理这种故障，处理的方式有多种方式供用户选择，包括计算插值、人工置数、替代数据转换等。

除了对原始数据进行辨识外，系统还对数据进行过滤处理，当某一个电能表的数据已经采集回来以后，用户要进行数据补抄，则软件提供一个选项，丢弃刚采集回来的数据，或者将原来同一时间的数据覆盖掉。

（2）数据处理。采集数据合法性及完备性检验，异常数据自动辨识并报警记录，提供多种自动和手动的数据修补方法，并确保原始数据的不可修改性。

正确处理换表、换互感器、旁路替代和主备表替换等多种操作业务对电量统计的影响，确保电量统计的正确和准确。

完善的系统数据备份和恢复等功能，并提供特有的数据稀疏功能，针对重要的原始数据和最终数据，系统可以确保其长期的安全性。

系统具有自动的定时数据采集处理功能，具有自动的定时报表打印功能，但也可以由用户采用手动的方式来操作。

（3）后台计算控制子模块。本模块可以分为后台控制、前台控制两部分。前台控制主要负责用户端程序发送命令、触发后台程序进行计算并返回计算结果。后台控制主要负责后台守护进程根据模块运行的配置参数自动进行启动进程、运算的任务。

（三）主站应用子系统

1. 大用户负荷管理系统

（1）档案管理。基础档案的管理维护包括对接入大用户负荷管理系统的所有计量装置档案、变电站档案、馈线档案、大用户档案的管理，档案管理的具体内容如表6-1所示。档案管理还提供档案录入、档案变更、档案注销、档案查询、档案打印等功能。

表6-1　　　　　　　　　　　　　大用户档案管理内容

档案名称	内　　容
变电站	变电站编号、名称、地址、电压等级、管辖单位等
馈线	馈线编号、名称、管辖单位、所属变电站等
大用户	大用户名称、地址、联系人、联系电话、电压等级、用户编号、所属线路、所属变电站、所属镇/区、所属供电所等
现场终端	终端型号、资产编号、逻辑地址、生产厂家、软件版本、出厂编号、终端IP、电话号码、SIM卡号等
电能表	资产编号、出厂编号、型号、电流、电压、准确等级、生厂厂家、产权、生厂日期、TA及TV参数等

大用户用电组织结构：一条馈线下面接一个或多个大用户，每个大用户都有一个专用变压器，变压器下面接了一个或多个大用户现场终端，终端下面接电能表。主站直接对大用户现场终端进行数据采集，获取电能表的数据。

（2）抄表管理。大用户负荷管理系统的核心功能之一就是远程抄表和终端的电量、负荷等数据，为负荷管理系统提供分析数据，也为电力营销提供计费基础表码数据。

1）抄表任务管理。通过抄表任务管理可设定终端任务，终端根据任务的时间间隔和数据项对表计进行数据的采集，并按任务的上送时间将采集的数据上传。

2）原始数据管理。提供详细查询的电量和负荷数据，包括正反向的总、峰、平、谷、尖有功数据，和正反向的总、峰、平、谷、尖无功数据，A、B、C相电流，A、B、C相电压等数据。

3）远方数据召测。通过远方数据召测可以随时对一个终端或多个终端进行召测，根据召测得到的数据，进行分析和监控。

4）人工补抄电量数据录入。当用户发现某个计量点（线路）的电量数据丢失又没有办法通过其他方式补入数据时通过人工手动录入某时刻的电量数据。

5）换表。授权用户进行表计更换的业务处理，录入表计更换时需要用户录入新旧表计的表底值、换表起止时间以及换表期间丢失的电量。预留与电力营销系统互联数据交换的功能，直接从营销系统读入换表有关数据进行换表自动计算。换表处理可以支持事前（电量计算之前录入）和事后（电量计算后）处理。

6）换互感器。更换时需要用户录入计量点新旧 TA＼TV、TV＼TA 更换起止时间，以及 TV＼TA 更换期间丢失的电量。预留与电力营销系统互联数据交换的功能，直接从营销系统读入 TV＼TA 更换有关数据进行 TV＼TA 更换自动计算。更换互感器处理可以支持事前（电量计算之前录入）和事后（电量计算后）处理。

7）满刻度归零。根据表计计量最大值和资料中的表计满刻度归零值判断回零事件，电量计算程序根据事件进行特殊处理，从而保证电量统计计算的准确。

（3）负荷控制。系统在解除保电状态下，可以通过直接遥控终端用户，实现远方拉合闸；或预先设置功率定值、电量定值、月购电量等分别实现功率控制、月电量控制、购电量控制。

（4）应用分析。应用分析模块是系统的核心功能。可对各类电量数据和运行数据按日、月、季、年分时段进行统计计算，也可分用户类型、分电压、分用户区域、分线路统计计算。可以以饼图、曲线图、报表等各种方式展现分析结果。

通过电量、负荷统计分析，可以清楚地了解整个供电公司各种用电情况、负荷情况，为用户制定用电计划、错峰计划和降损方案提供有力、科学的决策工具。

1）电量数据分析。按分馈线、大用户、表计、区、镇/所、用电类别的电量。显示主要信息包括变电站、馈线编号、馈线名称、大用户名称、地址、大用户号、表号、计费号等。具体电量数据类型包括：电量统计实时数据、电量统计日数据和电量统计月数据。

2）负荷数据分析。按分馈线、大用户、表计、区、镇/所、用电类别的负荷数据。显示主要信息包括变电站、馈线编号、馈线名称、大用户名称、地址、大用户号、表号、计费号等。负荷数据具体包括：

1）实时电流数据、电流极值。

2）实时电压数据、电压极值。

3）实时功率、日平均功率、月平均功率。

4）实时功率因数、日平均功率因数、月平均功率因数。

5）实时负载率、日负载率、月负载率、年负载率。

6）三相不平衡率分析。

（5）用户节能评估。分析专用变压器用户的用电情况，对用户的用电状况进行评估，提出用电建议，指导用户合理用电。

从功率因数、三相电流不平衡率、负载率、峰谷用电比等方面定义阈值，系统根据阈值自动分析每个用户的用电状况，并根据每个超阈值的指标给出初步建议，以提供用电指导意见。

（6）供电质量统计。根据系统采集回来的负荷数据，对用户的供电质量进行分析统计。统计的数据包括电压合格率、功率因数（合格率）、负载率（合格率）、三相平衡（合格率）、谐波（合格率）的阈值（或区段）等参数定义功能；可按照管理片区、用电性质等进行统计分类电压合格率、功率因数（合格率）、负载率（合格率）、三相平衡率（合格率）、谐波（合格率）等，提供多维度的同比、环比分析功能，提供分析数据的多种展现形式。

（7）供售电量统计。可按时间点、时间段、多时间段对比进行分析，时间段可以是日、月、季、年或任意时间段。分析指标主要包括总用电量、尖用电量、峰用电量、平用电量、谷用电量、同比趋势变化、环比趋势变化、行业用电特征、用电季节性特征等。同时支持多对象间对比分析。

供售电量统计包括几个步骤：一是单个计量点日、月电量计算，二是分析对象叠加计算。在单个计量点日、月电量计算时，应考虑换表处理、更换互感器、满刻度归零等业务事件；分析对象叠加计算应基于单个计量点日、月电量数据而进行累加计算。

2. 配电变压器监测计量系统

配电变压器监测计量系统是由主站（局内计算机网络）、通信信道、配电变压器采集终端、多功能电子表构成。

采集终端完成各种电能数据的实时采集和状态监视，可以根据设置完成重要数据（如电能表码）的定时存储；上行和系统主站通信，完成数据上传功能。

通信信道是子站和系统主站通信的桥梁，支持多种通信方式，典型的方式有：电话拨号方式、专线方式、TCP/IP 网络方式、光纤专线或以太网、GSM/CDMA 无线通信方式（该方式安装简单，运行维护方便，综合成本较低）。对于一套主站，系统同时支持几种通信方式。

为了形成整个供电局的以电量为中心的集成应用，系统可以方便地和其他厂家的抄表系统相连，进行信息共享。

配电变压器监测系统结构图如图 6-19 所示，程序结构图如图 6-20 所示。

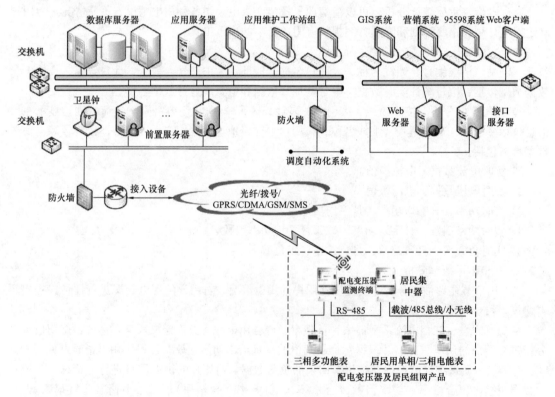

图 6-19　配电变压器监测系统结构图

（1）档案管理。配电网子系统管理的档案资料包括台区（变压器）资料、配电变压器终端资料、环网结构，包括资料的新建、资料的变更维护、资料查询、资料打印等。具体的档案资料内容如表 6-2 所示。

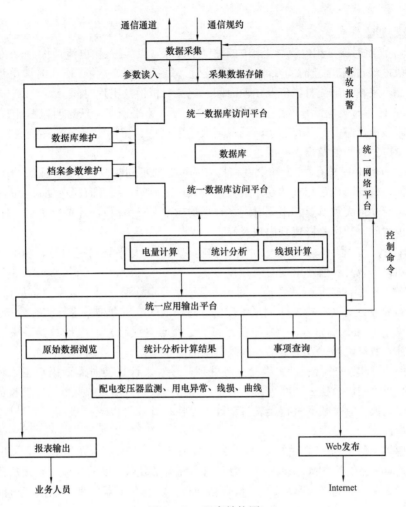

图 6-20 程序结构图

表 6-2 配电变压器检测计量档案管理内容

档案名称	内 容
变压器	台区号、安装地址、所在线路、变压器编号、变压器型号、生产厂商、资产编号、变压等级、额定功率等
配电变压器终端	终端型号、资产编号、逻辑地址、生产厂家、软件版本、出厂编号、终端 IP、电话号码、SIM 卡号等
环网结构	环网线路、双电源线路、多电源线路

（2）抄表管理。电能计量自动化系统的核心功能之一就是远程抄表和终端的电量、负荷等数据，为负荷管理系统提供分析数据，也为电力营销提供计费基础表码数据。通过抄表任务管理可设定终端任务，终端根据任务的时间间隔和数据项对表计进行数据的采集，并按任务的上送时间将采集的数据上传，可提供详细查询的电量和负荷数据，包括正反向的总、峰、平、谷、尖有功数据，和正反向的总、峰、平、谷、尖无功数据，A、B、C 相电流，A、B、C 相电压等数据，

1）远方数据召测。通过远方数据召测随时对一个终端或多个终端进行召测，并进行分析和

监控。

2）运行数据监测。

a. 电流。任意时段三相电流越上限的累积时间、任意时段三相电流最大/最小值及其出现时间、任意时段电流过流起/止时间及本次越限极值（每日保存 5 次）、任意时段电流三相不平衡率、零序电流不平衡、电流日极值及出现时间、电流月极值及出现时间。

b. 电压。任意时段电压合格率、任意时段电压三相不平衡率、任意时段三相过压/欠压累计时间、任意时段电压越上/下限起/止时间及当次越限极值，相标记（每日存 5 次）、电压日极值及出现时间、电压月极值及出现时间。

c. 功率。任意时段总有功/无功电量，具有按规定的不同时段、不同区段、不同类别分别累计电量的功能，任意时段三相有功功率最大值及其出现时间，任意时段有功最大需量及其出现时间，任意时段无功最大需量及其出现时间，日平均功率（日负荷），月平均功率（月负荷），功率日极值及出现时间，功率月极值及出现时间。

d. 功率因数。任意时段功率因数、日平均功率因数、月平均功率因数、功率因数日极值及出现时间、功率因数月极值及出现时间。

e. 负载率。任意时段负载率、最小间隔负载率、日负载率、月负载率、年负载率

f. 电压合格率统计。终端实时测量电压值，对当前的电压合格率进行实时计算。

g. 人工补抄电量数据录入。当用户发现某个计量点（线路）的电量数据丢失又没有办法通过其他方式补入数据时通过人工手动录入某时刻的电量数据。

h. 换表。授权用户进行表计更换的业务处理，录入表计更换时需要用户录入新旧表计的表底值、换表起止时间以及换表期间丢失的电量。预留与电力营销系统互联数据交换的功能，直接从营销系统读入换表有关数据进行换表自动计算。换表处理可以支持事前（电量计算之前录入）和事后（电量计算后）处理。

i. 换互感器。更换时需要用户录入计量点新旧 TA＼TV，TV＼TA 更换起止时间，以及 TV＼TA 更换期间丢失的电量。预留与电力营销系统互联数据交换的功能，直接从营销系统读入 TV＼TA 更换有关数据进行 TV＼TA 更换自动计算。更换互感器处理可以支持事前（电量计算之前录入）和事后（电量计算后）处理。

j. 满刻度归零。根据表计计量最大值和资料中的表计满刻度归零值判断回零事件，电量计算程序根据事件进行特殊处理，从而保证电量统计计算的准确。

（3）台区线损。计算各个台区分时线损，再按日、月、季度、年度汇总统计出日报、月报、季报、年报。并提供理论线损的导入功能和理论线损与实际线损的比较功能。

（4）应用分析。可对各类电量数据和运行数据按日、月、季、年分时段进行统计计算，也可分用户类型、分电压、分用户区域、分线路统计计算。可以以饼图、曲线图、报表等各种方式展现分析结果。

1）电量数据分析。按分馈线、大用户、表计、区、镇/所、用电类别的电量。显示主要信息包括变电站、馈线编号、馈线名称、大用户名称、地址、大用户号、表号、计费号等。具体电量数据类型包括电量统计实时数据、电量统计日数据和电量统计月数据。

2）负荷数据分析。按分馈线、大用户、表计、区、镇/所、用电类别的负荷数据。显示主要信息包括变电站、馈线编号、馈线名称、大用户名称、地址、大用户号、表号、计费号等。负荷数据具体包括：

a. 实时电流数据、电流极值。

b. 实时电压数据、电压极值。

c. 实时功率、日平均功率、月平均功率。

d. 实时功率因数、日平均功率因数、月平均功率因数。

e. 实时负载率、日负载率、月负载率、年负载率。

f. 三相不平衡率分析。

3. 厂站电能量计量遥测系统

（1）档案管理。基础资料模块的功能是对接入地网遥测系统的变电站、发电厂、馈线（包含旁路）、电能表等资料的管理。提供资料录入、资料变更、资料注销、资料查询、资料打印等功能。

1）变电站（发电厂）管理。对变电站或发电厂的信息进行维护和管理，增加、删除变电站档案，维护变电站的所属营业区、电压等级以及其他相关信息。

2）供电线路管理。维护变电站所对应的线路信息，增加、删除线路档案，维护线路的所属营业区、电压等级以及其他相关信息。

3）地网采集终端管理。维护地网采集终端的终端型号、资产编号、逻辑地址、终端 IP 地址、生产厂家以及其他相关信息。

4）电能表管理。维护线路所对应电能表类型、资产编号、计量方向、电能表类别、额定电压、额定电流、生产厂家、出厂编号、型号、准确等级以及其他相关信息。

5）变电站考核表档案及计算关系维护。对某变电站的用户进行基本档案、电源、变压器、计量点、计量点套扣、用户表计、互感器等相关信息进行维护；对考核表的输入、输出关系进行维护；并对信息的更改进行说明。

（2）应用分析。对各类电量数据、负荷数据和运行数据按日、月、季、年分时段进行统计计算，也可分电压、分区域、分线路统计。可以定义各种分析对象以及对象之间的关系，根据定义自动计算出供电量、售电量情况以及其他统计分析。可以以饼图、曲线图、报表等各种方式展现分析结果。

通过电量、负荷、线损的统计分析，可以清楚的了解整个供电公司各种用电情况、负荷情况和线损情况，为用户制定用电计划、错峰计划和降损方案提供有力、科学的决策工具。

数据处理的流程如图 6-21 所示，由下至上，先采集得到基础业务数据，即原始电量、遥测数据值，然后进行业务数据的分析，最终用图表的方式展现给用户。

（3）数据分析。按不同时段自动绘制出所需的各类曲线、棒图和饼图，并可与计划值进行比较和显示报警，曲线图具备放缩功能，所绘制的数据主要应包含以下几类：

1）全局和区县级电网的供电量、售电量、线损电量、线损率、电压合格率及变化趋势。

2）省关口网供电量、变电站供电量、大用户电量及变化趋势。

3）地方火电厂发电量、接管的小火电厂发电量、地方水电发电量及变化趋势。

4）上网电量、下网电量和穿越电量及变化趋势。

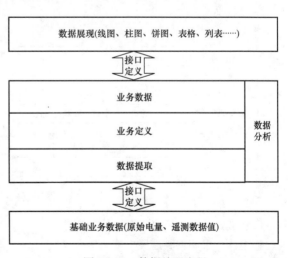

图 6-21　数据处理流程

5）分压统计某一电压等级的输入电量、输出电量、供电量、线损电量、线损率、功率因数、电压合格率及变化趋势。

6）分线统计某线路的供电量、售电量、线损电量、线损率、功率因数、电压合格率及变化趋势。

7）某母线的输入电量、输出电量和母线电量不平衡率，判别母线不平衡是否合格及变化趋势。

8）分析各主变压器的损耗率及变化趋势。

9）任意设定时段进行线损计算，与历史值和理论线损值进行比较分析。

（4）提供电厂上网电量的查询和统计。允许业务人员根据需要建立电厂模型，提供对电厂上网关口点的电量查询。按照电厂类型等分类统计，提供电厂日、月上网电量，同比/环比分析。实现与营销等外部系统的接口，将关口点的电量及时准确地传送给营销等系统用于费用结算。

4．低压用户集中抄表系统

结合采集数据技术，由带 RS-485 数据输出口的全电子电能表、采集器及带 GPRS/Modem 模块的集中器和（主站）服务器组成。采集器通过（RS-485 接口）实时采集电能表所记录的用户用电量数据；然后经过低压电力线载波（PLC）方式，将数据上传到集中器；集中器将各采集器上传来的数据按要求格式汇总寄存，再（通过 GPRS/Modem）将数据传输、汇集到服务器。描述的系统结构如图 6-22 所示，系统硬件结构图如图 6-23 所示。

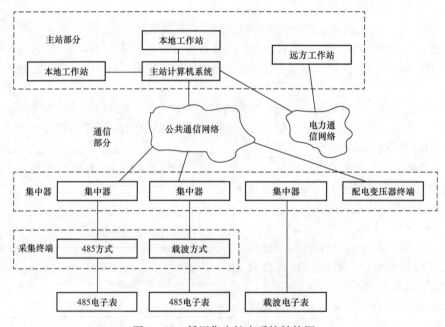

图 6-22　低压集中抄表系统结构图

（1）档案管理。基础资料模块的功能是对接入低压集抄系统的台区变压器、配电变压器终端、集中器、采集器、居民电能表等资料的管理。提供资料录入、资料变更、资料删除、资料查询和资料打印等功能。

1）集中器管理。对集中器的信息进行维护和管理、新增、删除、编辑集中器档案，维护集中器的所属台区等资料。

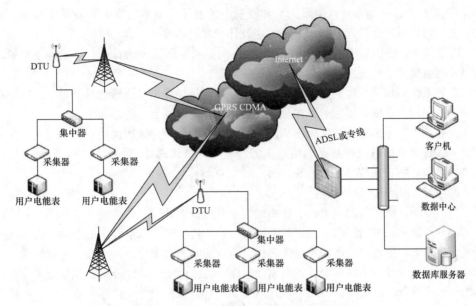

图 6-23　低压集中抄表系统硬件结构图

可通过主站前台对集中器的参数进行远程设置，并可召测查看参数的值。对集中器采集的居民用户电能表日末、月末冻结电量进行召测并展示。

需要设置的集中器参数按类型可分为四类：通信参数、配置参数、任务参数、集中器对时。

可通过集中器召测的数据类型包括：通信参数、配置参数、任务参数、集中器对时、集中器参数、日常综合数据召测、抄收电能表编号等。

2）居民电能表管理。对居民用户的信息以及电能表的信息进行维护和管理，新增户表、删除户表和编辑户表档案。维护用户以及电能表的相关信息。

居民用户可分为两大类：普通居民用户和重点用户。

居民用户的基本属性包括：用户编号、用户名称、用电类型、重点户标志、用户状态、联系电话、用户地址。

测量点资料的基本属性包括：所属集中器、所属用户、电能表资产编号、电能表号、电能表型号、电能表类别、基本规格、满刻度归零值、生产厂家、出厂编号、最后鉴定日期。

电能表的参数包括：普通户序号、重点户序号、电能表号、通信方式、电能表类型、总分类型、采集终端地址、拉闸、载波初抄相位、TA 倍率、中继器 1 地址、中继器 2 地址、中继器 3 地址、中继器 4 地址。

（2）抄表管理。

1）换表处理。支持授权用户进行表计更换的业务处理，录入表计更换时需要用户录入新旧表计的表底值、换表起止时间以及换表期间丢失的电量。预留与电力营销系统互联数据交换的功能，直接从营销系统读入换表有关数据进行换表自动计算。

换表处理可以支持事前（电量计算之前录入）和事后（电量计算后）处理。

2）更换互感器。更换时需要用户录入计量点新旧 TA＼TV，TV＼TA 更换起止时间，以及 TV＼TA 更换期间丢失的电量。预留与电力营销系统互联数据交换的功能，直接从营销系统读入 TV＼TA 更换有关数据进行 TV＼TA 更换自动计算。

更换互感器处理可以支持事前（电量计算之前录入）和事后（电量计算后）处理。

3）满刻度归零。根据表计计量最大值和资料中的表计满刻度归零值判断回零事件，电量计算程序根据事件进行特殊处理，从而保证电量统计计算的准确。

（3）电量统计。低压集抄系统的核心功能之一就是采集居民户的日末、月末冻结电量，并将月末冻结电量传送给营销系统，作为收缴电量的依据。

低压集抄系统可根据采集回来的日末、月末冻结电量计算出日增量、月增量，并可对每个台区下的所有民居用户表的日增量、月增量进行叠加累计，得到台区的总用电量。

为了统计集中器采集电能表完整率情况，低压集抄系统提供了居民用户抄表完整率功能，按台区统计台区日末冻结电量、月末冻结电量的完整率。统计的信息包括应抄表总数、实抄表总数、未抄表总数、抄表完整率、采集率。

三、线损监测与统计分析功能

线损监测与统计分析涉及变电站、联络线、主变压器、开关、计量点、电能表、台区、低压用户等不同分布区域、逻辑层次、类型的电网对象，如何将这些数量众多的电网对象以清晰、直观的形式表现出来，供用户方便的定位、选择，是线损监测与统计分析功能实现的难点和关键点之一。线损监测与统计要求线损统计方式灵活多样，包括可变的计算公式、多种线损计算时间间隔、不同管理区域等，同时线损监测与统计本身也具有数据量庞大、计算任务繁重、计算方式多样等特点。针对以上情况，系统提供一个开放式的线损计算平台，允许用户自行定义线损计算模型，包括设定线损计算策略和线损计算任务，用户可以方便地定义线损计算的范围、计算线损的时间段、线损的计算时间等，并可根据从营销 MIS 获得的管理对象的档案信息实时获取电网拓扑关系和计量点关系，自动建立线损计算模型，实现线损计算方便、快捷、高效地完成。

线损计算可以针对不同的管理区域实行分级线损计算，包括对全网线损、输电网线损、配电网线损、各供电区域（供电部）线损、线路线损、台区线损等的计算方式，并可按照分线、分台区、分压、分区四种统计逻辑对线损进行统计和分析，同时电网线损在线监测及统计分析要求能够及时准确的反映电网实际线损率，并实时形成监测曲线。线损四分统计模式一般要求如下：

（1）分压线损。能够将区域电网的线损按照不同电压等级按固定周期或指定时间段统计分析。

（2）分区线损。能够按照预先设置号的区域固定周期或指定时间段统计线损，并能够根据层次关系逐层分析。

（3）分线线损。对不同的线路可按固定周期或指定时间段统计线损。

（4）分台区线损。能够将各个公用变压器低压部分的损耗统计出来，可按固定周期或指定时间段统计线损。

1. 线损处理分析流程

对线损对象层次关系进行定义，据具体情况生成线损分析对象，不同的线损对象具有不同的计算模型，根据该模型对线损对象进行解析，得到考核表电量，再对该电量进行校验审核，然后依照报表抽取基础数据和电量数据，数据抽取成功后进行线损异常判断，得到统计报表和分析的结果。线损处理分析具体流程如图 6-24 所示。

2. 模型定义设计

四分线损的每个线损对象彼此之间都是关联的，并不是孤立的，那么就需要每个线损对象做一个层次关联管理。在不同的局，线损对象的层次关系定义也是不同的。这里就要求使用可扩展的、动态生成的线损层次关系。线损对象也就是线损层次关系定义中的非管理节点的节点。可以通过以下方式生成：

（1）手工直接定义。

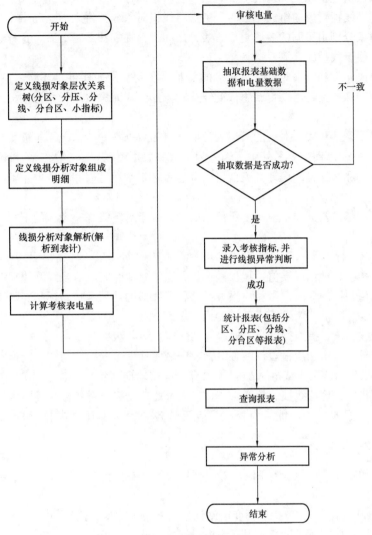

图 6-24　线损处理分析总体流程图

（2）通过资料界面的关联，将已有的相关资料作为节点拖入到子节点显示。

（3）通过规则生成。从对象生成规则表中进行选择规则，在规则中按照一定的参数生成子节点。在生成系统的线损对象后，就需要定义这些线损对象的具体计算公式和计算规则。

对已经确认各种线损对象的计算模型，各种不同的线损对象有不同的计算规则，但将它们抽象出来，全部都可以简单的表示成

$$线损率 ＝（供入电量－供出电量）／供入电量$$

与模型关联的属性有表计进出线类型、关口类型（关口表、计费表、参考表……）、子母线类型（子线、母线）、变高或变低属性、开关柜等。

在一些应用场合下，线损的元素组成并不能简单通过线损计算模型简单得出，还需要用户进行人工参与。比如特殊不符合计算模型的线损计算，符合计算模型的但发生了以下情况：代供、环路、换表、线路调整、追捕电量或其他特殊情况。在这些情况下，需要通过用户手工详细的提取各种表计资料并编辑对应的加减关系和生效时间。

供入电量和供出电量在正常情况下都是由一些特定属性的表计电量通过加减运算而来。所以为简单起见，定义线损对象的组成明细时，考虑将线损对象分为供入类型和供出类型，供入或供出类型的线损对象分别由不同的表计组成，表计之间只存在加减运行关系，这样就避免了乘除的复杂运算关系，便于线损的计算。

线损对象组成元素和线损对象是一对多的关系，在发生例如代供、环路、换表、线路调整、追捕电量或其他特殊情况时需要重新生成此线损对象的组成元素以及元素之间的运算关系和时间范围。

在一些情况下，某些线损对象的所属表计所计量的数据在一些情况下不能直接获取（如采集失败、追补电量……），而需要另外手工输入编辑这些数据资料，这些人工编辑输入的数据单独保存在一个表中，那么这里的表计类型就可以分为系统正常运行表和特殊电量输入表两类。

3. 档案管理

维护要考核的部门及其关系。对上级部门的考核等于对下级部门考核的汇总。具体考核指标维护如下：

（1）线路考核指标。录入或导入数据的内容：考核周期（年、月、季度）、线路编号、线路名称、线损计划指标、理论线损值。授权操作员，通过此功能完成对各线路线损考核指标计划的录入及理论线损值数据的导入。由相应报表反映各级线路的计划考核指标与实际线损率的对比。

（2）部门考核指标。录入或导入数据的内容：考核周期（年、月、季度）、部门名称、线损计划指标、理论线损值。授权操作员，通过此功能完成对各级部门线损考核指标计划的录入及理论线损值数据的导入。由相应报表反映各级营业区域的计划考核指标与实际线损率的对比。

（3）台区考核指标。录入或导入数据的内容：考核周期（年、月、季度）、台区编号、台区名称、线损计划指标、理论线损。授权操作员，通过此功能完成对各台区线损考核指标计划的录入及理论线损值数据的导入功能。由相应报表反映各个台区的计划考核指标与实际线损率的对比。

4. 线损统计分析

系统架构图如图6-25所示。系统能够根据从采集终端及相关计量系统收集到电量数据，进行以下内容的数据统计分析：

（1）支持多种原始数据（包括地调变电站计量遥测系统数据、授权的手工录入、居民集抄系统等）的输入，可实现实时或设定时间段线损指标的统计、分析。

（2）分压线损。能够将全网损耗划分为220kV变损、220kV线路损耗、110kV变线损、10kV及以下损耗（含10kV母线、电容器、电抗器、站用电损耗）进行按要求时段统计分析。

（3）分区线损。指预先设置区域划分以下属供电局、供电所、营业所、农电所等为单位，分区统计线损，并能够根据继续细化要求设置多层"分区"。

（4）分线线损。对各变电站10kV馈线统计线损。包括10kV及低压总损耗、分时段损耗、分馈线段损耗、线路损耗、变压器损耗等。

（5）分台区线损。能够将各个公用变压器低压部分的损耗统计出来。

（6）交叉统计。分压、分区、分线、分台区四种线混合综合统计分析。

根据线损分压统计表、线损分区统计表、线损分线（分变）统计表、线损分台区统计表、变电站母线不平衡统计表、线损四分小指标统计表、分线分台区完成情况统计表。

线损异常统计追溯：

（1）系统可带时标的存储线损分析记录。

（2）可根据预先设定的线损值阈值，自动生成线损异常事件。

系统架构

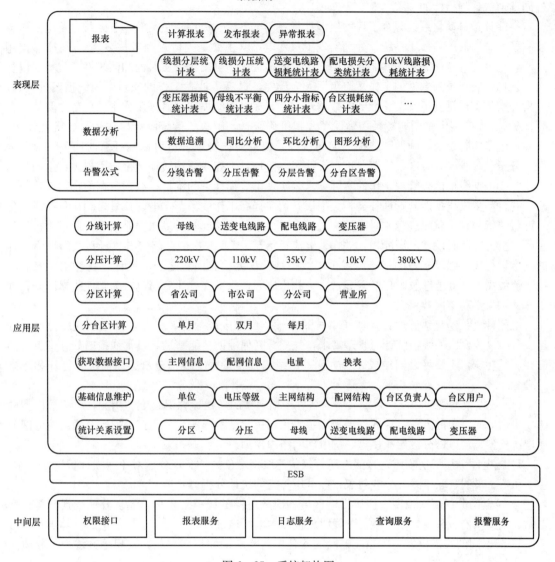

图 6-25　系统架构图

（3）可对线损异常事件进行分析、统计和追溯，分析其产生原因，例如拓扑档案错误、缺电表数据、时间异常等。

（4）可提供手工方式执行线损分析修正，可自动对已经保存的线损记录进行修正，并保存修正日志。

线损四分异常认定：

（1）分压异常。以母线电量不平衡率（绝对值）判断，220kV 及以上电压等级大于 1%，10～110kV 电压等级大于 2%；波动幅度超过同期值或计划指标的 20%。

（2）分区异常。分区线损率波动幅度超过同期值或计划指标的 20%。

（3）分线异常。城网 10(6)kV 有损线损率（含变损）大于 5%，农网 10(6)kV 有损线损率（含变损）大于 7%，波动幅度超过同期值或计划指标的 20%。

（4）分台区异常。城网低压台区线损率大于8%，农网低压台区线损率大于11%波动幅度超过同期值或计划指标的20%。

电能计量自动化系统融合了厂站电能计量遥测子系统、大用户负荷管理子系统、配电变压器监测子系统、低压集抄子系统，分别实现了对变电站（主要是关口表和考核表）、专用变压器用户、公用台变（考核表）和终端低压用户计量的远程化、自动化、实时性和同步性，代替了以往人工现场抄表和录入数据的工作，避免了人为误差，提高了抄表工作的质量，为线损四分统计、分析和查询工作提供了真实、准确的数据基础。其在日常线损四分管理工作中的优势主要体现在4个方面：①实现电量同期抄录，确保了线损准确统计，解决了传统统计模式带来的统计误差；②实现电量实时抄录，确保了线损的实时统计，使得线损管理人员可以在任意时间节点对各分区、分压、分线或分台区线损情况进行有针对性监控，为查找管理线损产生原因提供科学的技术手段。③根据线损四分管理工作的实际需求，实现了线损模型的维护、线损数据的自动计算与分析，并自动生成线损四分管理各类相关报表，切实提高工作效率。④电能计量自动化系统还具备对计量装置的异常状况进行实时监控与分析，对计量异常情况及时发出报警信息，通过对报警信息的分析，能及时发现电压断相、缺相、电流过负荷、TA二次侧开路等各种计量故障，为表计的正常运行提供强而有力的保障，减少了线损统计误差。总而言之，电能计量自动化系统的应用，使线损管理者能够及时地发现异常、查找出原因，指导查处违章窃电行为，使线损四分管理工作达到事半功倍的效果。

电能计量自动化系统通过4大子系统采集输、配电电能数据，在此基础之上完成分区、分压、分线、分台区的线损统计与管理需求，并配合其他辅助功能来满足日常线损四分管理工作的需要。其功能，主要可以归纳成4个方面，即线损模型管理、线损分析、线损报表管理和基础管理。

（1）线损模型管理功能。系统具备对各种线损模型的新建、编辑、维护功能，对线损模型的建立采用面向对象的方法，在数据展现层主要采用树状结构导航，分为三种层次结构：输电网分压层次模型、输电网分区层次模型、配电网的线损模型。

1）输电网分压层次模型。按照电压等级构建线损对象树，实现分压对象线损分析；变电站、主变压器、母线、联络线等分线对象按照电压等级的统计分析。

2）输电网分区层次模型。按照供电区域构建输电网的线损对象树，实现分区线损分析；变电站、主变压器、母线、联络线等分线对象按照供电区域统计。

3）配电网的线损模型。按照配电网的管理层次构建线损对象树，实现分区线损、分馈线线损、分台区线损分析。

在日常线损管理工作中，可以利用电能计量自动化系统通过与营配一体化系统之间的接口获取线变、变户等关系档案资料，在系统中自动创建线损模型，或通过监控档案的变更自动更新线损模型，同样可以根据工作实际需要手工编辑模型。

（2）线损分析功能。

1）母线平衡分析。自动生成平衡分析报表，报表包括输入线路、输入电量、输出线路、输出电量、损耗电量（损失电量）、母线平衡率等。

2）变电站平衡分析。自动生成平衡分析报表，报表包括输入线路、输入电量、输出线路、输出电量、损耗电量（损失电量）、变电站平衡率、母线平衡率、变压器平衡率等，层次结构清晰。

3）主变压器平衡分析。自动生成平衡分析报表，报表包括输入线路、输入电量、输出线路、输出电量、损耗电量（损失电量）、主变压器平衡率等。

4）区域平衡分析。系统能自动生成平衡分析报表，报表包括输入线路、输入电量、输出线路、输出电量、损耗电量（损失电量）、区域网损平衡率等。

5）不同电压等级平衡分析。系统能自动生成平衡分析报表，报表包括输入线路、输入电量、输出线路、输出电量、损耗电量（损失电量）、该电压等级的平衡率等。

系统具备了对线损四分即分区、分压、分线和分台区的线损以及主变压器线损、母线不平衡率、主网网损、全网损耗等进行一系列分析的功能，主要包括：线损查询、同期线损分析、线损异常统计和线损异常分析处理。其功能主要是通过线损模型解析、计量点电量抽取和线损率计算3个步骤来实现的。

1）线损查询。可以选取不同的时间段（包括按年、按季、按月、按日等）对单个或多个线损对象（包括供电单位、电压等级、变电站和线路等）的线损情况进行查询，并可以逐级查看供入、供出电量，追踪最底层的计量点信息（包括计量点名称、编号、变比、电量类型和统计周期的电表起、止码等）。

2）同期线损分析。具备对线损对象的同比、环比等数据进行对比分析，直观明了展示线损对象在供入、供出电量及线损情况的变化。

3）线损异常统计。根据设置的线损异常条件及选定的时间段，查看线损异常的线损对象清单。线损异常分析处理：对统计异常的线损对象提供电量追踪、电量波动异常等手段辅助分析线损异常产生的原因，并通过生成内部工单，在系统中经工单审核、派工、处理、处理审核等流程后，将异常处理结果返回系统，使线损异常管理责任落实到人，在系统内部高效、及时完成线损异常处理的闭环管理。

（3）线损报表管理功能。系统根据工作的实际需要自动生成各类线损报表，内容涵盖了线损四分管理工作所需的全部报表，具体包括损耗类报表、变电站电量类报表、电量类报表、电能质量类报表、设备统计报表和指标报表等6大类，线损管理者可以进行报表生成、上传和浏览相关操作，或直接将报表导出到本地计算机。

（4）基础管理功能。

1）权限管理。根据实际情况预配置相应的角色信息以适应系统的各个岗位要求，同时可以根据后期情况调整角色信息，主要功能包括角色管理、账号管理、密码管理。

2）档案管理。根据不同业务对用户基础档案信息进行添加和维护。主要功能包括对专用变压器用户、配电变压器/台区、低压集抄、变电站、线路、联络线的变更修改以及集抄批量导入和档案审核。

3）设备运行管理。对系统设备的运行工况进行统计，使用户对系统全局的设备运行情况一目了然。主要功能包括设备运行统计、设备故障统计、设备故障查询、设备在线统计、设备流量查询、通信源码查询。

电能计量自动化系统的应用，实现了线损四分数据的自动计算和分析，利用系统数据来源的实时性、计量点数据时间一致性，摆脱了原有线损管理的滞后、不同步带来的困扰。在日常线损四分管理工作中，利用系统异常分析处理功能，将线损异常管理责任落实到人，实现线损异常处理的闭环管理。系统的应用，有效提高了线损四分管理工作效率和质量，但在有些方面还有待改进：①由于电能计量自动化系统起步慢导致低压集抄覆盖率低；②早期投入使用的部分脉冲低压集抄终端，由于老化及受自然和外力破坏等原因，出现了不计或少计电量情况，造成数据采集不实；③一些"城中村"用电秩序相对混乱，破坏表计或采集终端的事情时有发生，导致数据采集不完整；④配电网改造频繁而线变、户变资料更新不及时，导致线损模型的创建和计算存在误差。但随着电能计量自动化项目的推广、电能计量表计改造和"城中村"用电秩序整治力度的加大以及相关管理制度流程的完善，存在问题将游刃而解。

实践证明，电能计量自动化系统的应用，有效促进线损四分管理工作，对于降低线损率、实现降损目标和绿色环保起着非常积极的作用。

计量装置信息化系统为用户带来了直接和间接的经济效益和社会效益，主要将在以下几点体现出来：

1）电力调度中心及各供电分公司根据系统的关口各计量点实时及历史数据，提高了负荷预测及线损预测的准确性。

2）由于系统实现了电网各电压等级的计量点自动采集，当个别计量点因计量设备故障或因电网改造造成计量点无法计量时，可通过其他计量点较准确估算出故障计量点故障其间的电量，解决了以前因计量点设备故障而造成的电量估算误差较大的问题。满足了线损分析人员对线损分析相关电量数据同时性的要求。

3）根据实时采集的系统变电站母线不平衡及主变压器损失率，能够及时发现各相关计量点设备故障，减少了因计量点设备故障对电量统计造成的偏差，使相关计量点电量得到及时追补。

4）通过按线分析，结合线损理论计算，可以及时发现了送电线路由于所带负荷重、线径不合理造成损失大的问题，及时为公司提出了线路改造建议，从而优化电网结构。

5）通过每日分析大用户的用电情况，有效防止了用户窃电的发生，在夏季和冬季高峰负荷时，部分农电变电站及大工业用户需要限电，通过系统对有关用户的用电曲线监测，保证限电任务的完成。

6）利用线损系统配电变压器线损监测功能，实行台区电量监测，达到打击窃电的目的。

7）利用线损系统配电变压器线损监测功能，实行台区负荷监测，达到经济运行的目的。由于配电台区负荷变化较大，各供电分公司利用已经安装的配电台区采集装置，监测配电台区负荷变化情况，使得配电台区管理更趋于科学化。

8）通过对配电台区变压器负载率、电流三线不平衡率以及电压合格率的分析，合理调整投运变压器容量，合理规划电网结构，提高能源利用率，为配合发展节约型社会的国家倡议做出实际的行动。

第二节　理论线损在线计算分析系统

理论线损在线计算分析系统目的在于满足电网公司对电网负荷实测和线损理论计算工作必须常态化要求，适应负荷实测和线损理论计算对数据的同时性和准确性的特点，与调度自动化相结合，通过遥测、遥信、GPRS 等方法，利用 SCADA 系统、能量管理系统（EMS）、配电管理系统（DMS）、负荷管理系统、无功 MIS 系统等现有的各个自动化系统中有关电网运行参数实时信息和数据，计算出设定时段的电网损耗的线损理论计算软件系统。

由于负荷实测需要在一天内记录各个测量点的 24h 整点的有功功率、无功功率、有功电量、无功电量、电压、电流等计算所需的运行数据，同时还要根据运行方式的变化调整电网结构数据，尽管线损理论计算软件给使用者提供了很多方便，但由于数据量大、时间短，使用者的工作量仍然很大。同时负荷实测和线损理论计算对数据的同时性、准确性等要求较高，目前采用的离线计算的方式在一定程度上会影响实测的精度。电力部门需要一种能与调度自动化相结合，直接调用电网实时测量数据的线损理论计算的软件。采用实时数据进行电网线损理论计算，可减少人为错误，提高效率，实现电网线损理论计算实时监测，提高及时性和准确度，真正实现理论计算全过程计算信息化管理。

随着电网硬件水平和自动化程度不断提高，特别是 GIS 系统、电能计量自动化系统、EMS/SCADA 系统的全面推广应用，在线线损理论计算已成为未来的发展趋势。通过整合 GIS 系统，电能计量自动化系统和 EMS/SCADA 系统的资源，具备了实现基于 EMS/SCADA 系统和营配一体化的在线线损理论计算的条件。在线线损理论计算不仅能有效减轻线损理论计算工作量，使大范围进行线损理论计算成为可能，而且还能随时开展线损理论计算，进行线损实时分析，给电网降损节能提供全面的、可靠的、准确的依据。

一、设计原则

充分利用 GIS 系统、电能计量自动化系统、EMS/SCADA 系统等已有的技术资源，系统符合技术先进、功能实用的要求，理论线损在线计算分析系统建设采用以 J2EE 应用服务器为中心的 B/S 多层分布式系统构架，提供稳定、可靠、高效、可扩展的应用运行环境。系统软件构架如图 6-26 所示。

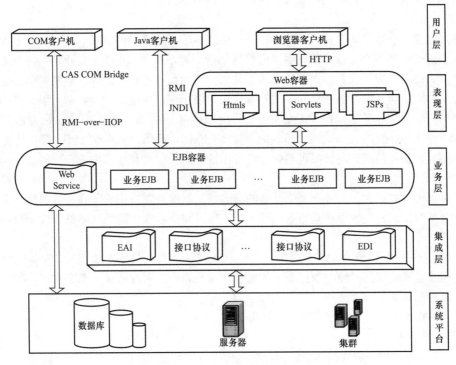

图 6-26 系统的软件构架图

1. 用户层

用户层包含各种终端设备，例如手机、电脑、Palm 设备等。终端设备的用途是提供灵活多样的用户接口和服务渠道，用户可以根据各自的需要访问相关的服务。业务操作将通过使用浏览器的形式展开，即 B/S 结构，操作界面的显示通过发布在服务器的 Web 容器中的静态网页 html、动态网页 JSP 和 Servlet（服务器小程序）类的形式完成。其优点在于用户无需安装繁琐的用户端软件，只需要通过浏览器就可以访问多种服务，并且在今后的使用过程中，如果需要对应用系统升级，用户一般无需安装升级程序，便可以获得最新的服务，从而大大降低了系统的维护成本。

2. 表现层

表现层负责系统的操作界面的显示，提供 Web 服务、移动设备接入等服务渠道。用户可通过任何一种渠道，或几种渠道的灵活组合，方便有效地访问到企业应用系统的服务。

在 B/S 的结构中，表现层以 Html 文件、JSP 文件和 Servlet 类的形式完成用户界面的显示，与用户交互、传递数据，进行表单处理。此层采用 MVC（Model－View－Controller）的设计模式：

1）Model（模型）。主要由 JavaBean 组成，用于实现对用户数据的封装、验证和处理，分离界面逻辑与业务逻辑。

2）View（显示）。负责处理用户界面逻辑，以静态页面（Html）和动态页面（JSP）两种形式显示应答结果，实现与用户交互。

3）Controller（控制器）。主要由应用服务器的核心 Servlet（服务器小程序）和自定义 Servlet 组成。Servlet 是一个与协议无关、跨平台的服务方组件，可以实现网络上的远程动态加载。控制器主要负责对用户界面的显示进行控制，调度 Web 页面，并实现与后台的 EJB 进行通信，将封装好的用户数据传至业务层，接收业务层返回的数据。

3. 业务层

业务层用于实现理论线损在线计算分析系统中的各项具体功能性需求，例如对继电保护设备基础台账信息的管理等。业务功能子层遵循组件化的原则，采用 J2EE 规范开发，各业务子功能以组件的形式部署在应用服务器提供的应用平台之上。因此，各功能之间有着良好的互通性与外联性，今后不管是新开发系统还是与其他系统集成，由于有了规范的保障，都可以无缝的实现。

业务层各项具体业务逻辑的实现是在 J2EE 应用服务器的基础之上，应用服务器除了提供 J2EE 标准所需的基础服务，如 JSP、Servlet、EJB、JNDI、JMS、JTA 和 JDBC 等，还提供了保障企业应用运转所需的高效率、高可靠性、高可用性、高伸缩性和完善的安全机制。

4. 集成层

随着系统规模的扩大，与外部系统互联的增多，大型的企业应用着重强调数据的集成，应用的集成与业务的集成，集成层就是为此而引入的，用以完成系统内部的功能整合以及与外部其他系统的互联。

由于 Web Service 已成为异构系统事实的互联规范，并且此技术是以 XML 为基础的，通过采用这些标准技术实现新系统与遗留系统的集成，并且为今后系统的整合奠定技术基础。

二、系统总体技术要求

理论线损在线计算分析系统总体技术要求如下：

1. 系统平台先进性、兼容性和可扩展性要求

（1）软件结构采用开放式的体系结构和模块化构造，可以根据需要修改某个模块、增加新的功能和接口。

（2）软件应为其他软件提供标准接口，以利于其他软件调用及二次开发。

（3）线损理论计算软件作为一个软件系统，会随着硬件技术升级、管理需求改变等因素变更而不断升级，因此要求软件满足一般软件版本的升级原则，按照规范对软件版本进行管理。

（4）数据库应具有一定的开放性，能与第三方数据库通信。

（5）数据存储结构具有较好的可维护性，系统应具有完善的维护管理功能模块。

2. 系统平台安全性和稳定性要求

（1）采用操作权限控制，防止系统数据被窃取和篡改。

（2）软件使用过程中，不同级别的单位或同一单位不同职能的部门应设有不同的访问和管理权限。

（3）应采用先进的备份机制，有效地对系统和数据进行备份。

（4）数据库要满足高速度、大容量、相对稳定的访问。

（5）系统稳定性要求：系统的全年无故障时间应占全年运行时间的97%以上。

3. 系统计算规模和时间响应要求

（1）要求能够对大规模输电系统进行潮流计算、优化计算。

（2）软件平台时间响应要求：图形刷新时间的要求，刷新时间延迟不超过1s；数据存储、查询与检索时间的要求，单机内响应时间不超过2s，局域网内响应时间不超过5s，广域网内响应时间不超过15s；要求单一时间点对应的计算耗时不超过60s。

4. 软件环境和运维管理要求

（1）操作系统：Windows XP、Windows 7。

（2）系统应支持或兼容Office文档（.doc/.xls/.mdb）、CAD图档（DWG/DXF/DWF）等主要图档文件类型。

（3）输入数据出错、出现非法字符时能提示。

（4）图形拓扑有明显出错能及时提示。

5. 总体功能要求

电网线损理论在线计算分析系统采用B/S架构实现，总体功能主要包括数据管理层、数据计算层、业务应用层、运行支撑模块几个部分。其中数据管理层负责数据接入管理及用户权限管理功能；数据计算层将各种算法封装后台服务，通过服务提供给其他模块调用；业务应用层负责前端的各类高级应用；运行支撑模块负责记录数据修改日志、定时计算任务等功能。如图6-27所示。

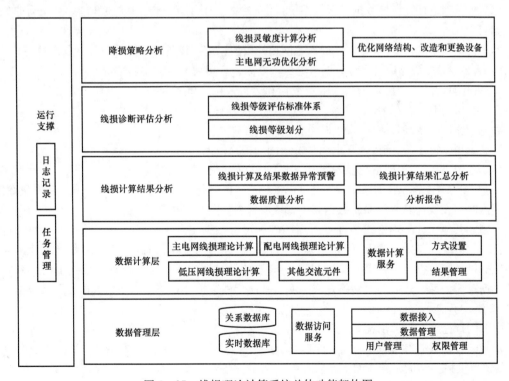

图6-27　线损理论计算系统总体功能架构图

三、系统主要功能

系统功能总体功能结构图如图6-28所示。

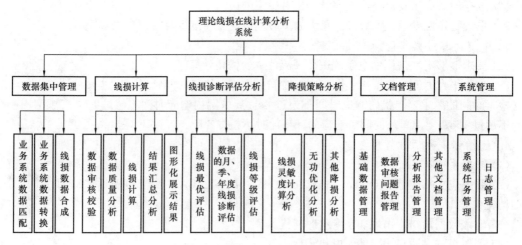

图 6-28　系统功能总体功能结构图

1. 数据集中管理

数据集中管理模块的主要功能是将现有的 GIS 系统、电能计量自动化系统、EMS/SCADA 系统等各业务系统与线损理论计算、线损分析和降损辅助决策等相关的数据抽取到指定的数据集中数据库中，然后经过匹配、转换和合成，形成主网、配电网、低压网、其他元件线损理论计算所需基础数据和运行数据，保存到理论线损在线计算分析系统数据库中。

（1）线损理论计算原始数据。根据系统提供的线损理论计算方法，线损理论计算所需原始数据包括：

1）从 EMS 系统 CIM 模型文件接入主网拓扑模型、主网设备基础数据、主网量测信息；

2）从 SCADA 系统接入运行数据（电压、电流、有功功率、无功功率等）；

3）从电能计量自动化系统接入电量数据和运行数据（电量及电压、电流、有功功率、无功功率）、统计线损数据（分压、分区、分设备、分台区）；

4）从主网生产管理系统接入主网设备、其他元件；

5）从配电网 GIS 系统接入配电网和低压网的拓扑模型、站线变户关系；

6）从配电网生产管理系统接入配电网和低压网的设备基本信息；

7）从营销综合业务管理系统接入月度电量数据，包括分压、分区、分设备、分台区电量数据。

理论线损在线计算分析系统数据集中管理流程图如图 6-29 所示。

主网、其他元件的理论线损计算所需基础和运行数据主要来源于主网 EMS/SCADA、电能计量自动化系统。其中主网 EMS 系统提供拓扑和设备基础台账信息，SCADA 和电能计量自动化系统提供运行数据。主网 EMS/SCADA 与电能计量自动化系统经过数据匹配找出两个系统之间的数据对应关系，然后经过转换合成主网、其他元件线损计算需要的基础数据和运行数据，见图 6-30。

配电网理论线损计算所需基础和运行数据主要来源于配电网生产管理系统、配电网 GIS 系统、营销综合业务管理系统、电能计量自动化系统、营配集成平台，见图 6-31，其中配电网 GIS 系统提供拓扑结构、配电网生产管理系统提供设备台账基础信息，营销综合业务管理系统、电能计量自动化系统提供电量、电流、电压等运行数据。而营配集成平台作为营配电子化移交的中心，该平台已保存各个业务系统设备、用户的映射关系，通过以上各个系统之间的关联关系可以找出各个系统之间的设备映射关系以形成配电网线损计算需求数据。

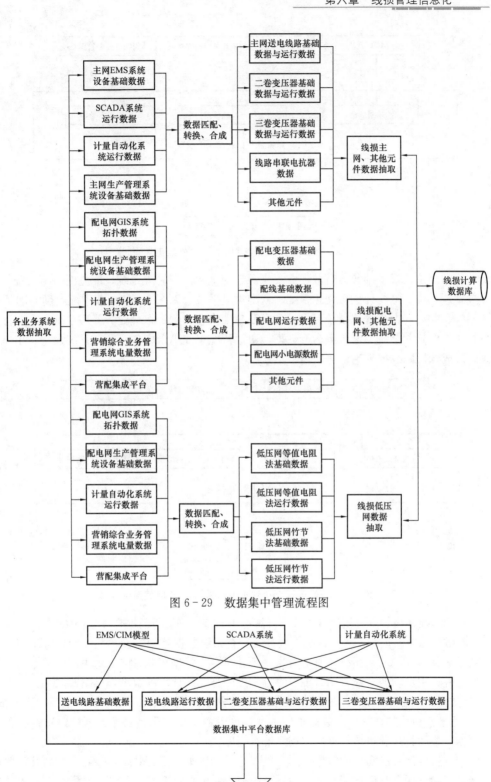

图 6-29　数据集中管理流程图

图 6-30　主网、其他元件理论线损基础和运行数据关系图

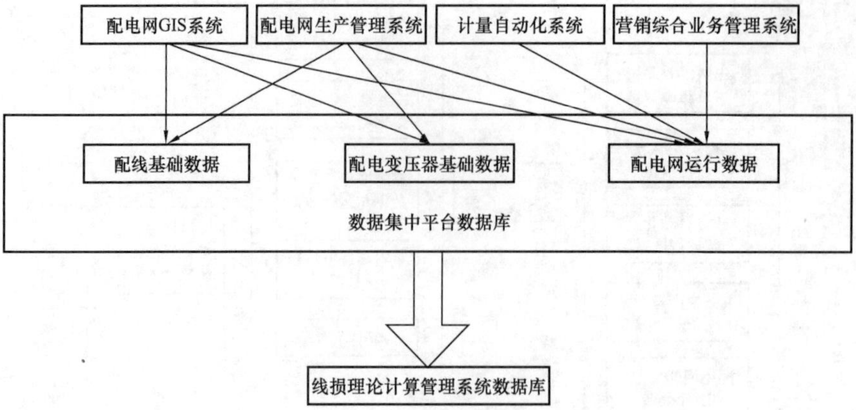

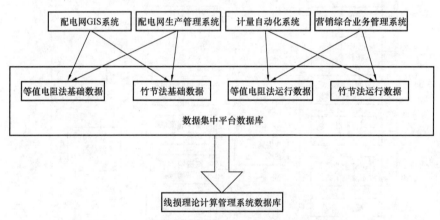

图 6-31 配电网理论线损基础和运行数据关系图

低压网的理论线损基础和运行数据主要来源于配电网生产管理系统、配电网 GIS 系统、营销综合业务管理系统、电能计量自动化系统、营配集成平台，见图 6-32，其中配电网 GIS 系统提供拓扑结构、配电网生产管理系统提供设备台账基础信息，营销综合业务管理系统、电能计量自动化系统提供电量、电流、电压等运行数据。通过营配集成平台中各个业务系统设备、用户的映射关系，形成低压网线损理论计算所需数据。

图 6-32 低压网理论线损基础和运行数据关系图

电网理论线损在线计算分析系统中线损计算所需的基础和运行数据合成流程如图 6-33 所示。

（2）数据自动导入。由于理论线损在线计算分析系统数据库中主网、配电网、低压网、其他元件的数据表为不同的表，系统为避免对这些表同时存入数据相互影响，对主网、配电网、低压网、其他元件采用启动四个线程同时抽取数据，以满足在线计算的要求，见图 6-34。

1）主网数据自动导入功能。由数据集中平台将主网线损数据相关的系统——主网 EMS/SCADA、电能计量自动化数据抽取到数据集中平台，再由数据集中平台将数据匹配、转换、合成线损需求数据。最后，系统将该数据抽取到系统数据库。

主网均方根电流算法需要的数据包括送电线路基础数据和运行数据、二卷变压器基础数据和运行数据、三卷变压器基础数据和运行数据、线路串联电抗器数据。主网潮流算法需要的数据包括发电机基础数据和运行数据、负荷数据、无功补偿数据、母线数据、线路数据、双绕组变压器数据、三绕组变压器数据、线路串联电抗器数据、架空线温度补偿数据、避雷线数据、电缆数据、接地支路数据。

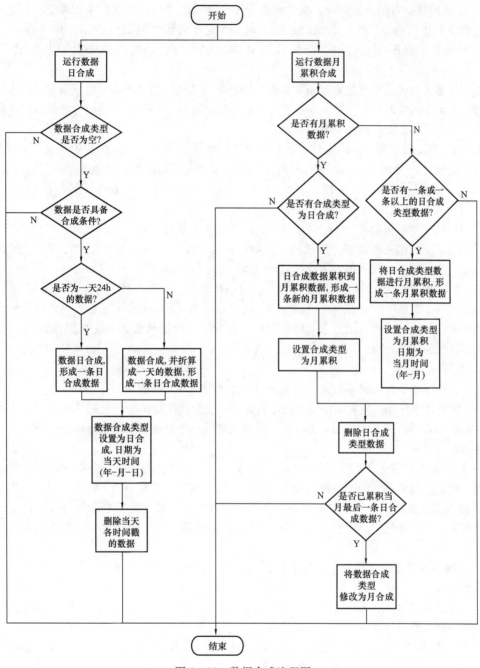

图 6-33　数据合成流程图

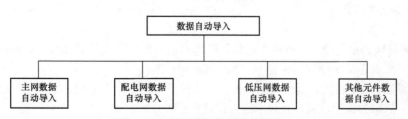

图 6-34　理论线损数据的自动导入

2）配电网数据自动导入功能。由数据集中平台将配电网线损数据相关的系统—配电网 GIS 系统、配电网生产管理系统、电能计量自动化、营配集成数据抽取到数据集中平台，再由数据集中平台将数据匹配、转换、合成线损需求数据。最后，系统将该数据抽取到系统数据库。

配电网等值电阻法包括配电变压器基础数据、配线基础数据、配电网运行数据、配电电网小电源数据；配电网均方根电流算法包括配电变压器基础数据、配电变压器运行数据、配线基础数据、配线运行数据、配电网小电源数据。

3）低压网数据自动导入功能。由数据集中平台将低压网线损数据相关的系统—配电网 GIS 系统、配电网生产管理系统、电能计量自动化、营配集成平台数据抽取到数据集中平台，再由数据集中平台将数据匹配、转换、合成线损需求数据。最后，系统将该数据抽取到系统数据库。

低压网基于用户电量等值电阻法包括台区电能表个数数据、台区属性数据、用户月用电量数据、用户与低压线路关系数据、低压网运行数据、台区低压干线基础数据；竹节法包括表计个数、分支线数据、下户线数据、主干线运行数据、主干线数据。

4）其他元件数据自动导入功能。由数据集中平台将其他元件线损数据相关的系统—主网 EMS/SCADA、配电网生产管理系统、电能计量自动化抽取到数据集中平台，再由数据集中平台将数据匹配、转换、合成线损需求数据。最后，系统将该数据抽取到系统数据库。包括电容器、电抗器、互感器、调相机、站用变数据导入功能。

2. 线损计算

电网理论线损在线计算分析系统线损理论计算流程图 6-35 所示。

（1）数据自动审核。为满足线损理论计算要求，理论线损在线计算分析系统在进行线损理论计算前先对接入的主网、配电网、低压网、其他元件线损数据按照数据审核标准进行审核。审核内容包括以下几项：

1）如果该值的审核标准要求为不能处于某区域值，但该值不能满足此要求，则该数值为错误数据，此条数据将存入问题数据列表中，标识为错误数据，并且不纳入计算范围。

2）如果该值的审核标准要求该值为非空值，但该值不能满足此要求，如果存在典型值则以典型值填补，否则该值为错误数据，此条数据将存入问题数据列表中，标识为错误数据，并且不纳入计算范围。

3）如果基础数据和运行数据经过审核都为非错误数据且暂纳入计算范围，则进行基础数据和运行数据匹配：

a. 如果基础数据有，运行数据无，则该条数据为错误数据，此条数据将存入问题数据列表中，标识为错误数据，并且不纳入计算范围。

b. 如果基础数据无，运行数据有，则该条数据为错误数据，此条数据将存入问题数据列表中，标识为错误数据，并且不纳入计算范围。

c. 如果基础数据有，且运行数据也有，则暂纳入计算范围，进入基础数据与运行数据正确与否判断：

（a）如果基础数据正确，运行数据错误，则该两条数据为错误数据，此两条数据将存入问题数据列表中，标识为错误数据，并且不纳入计算范围；

（b）如果基础数据错误，运行数据正确，则该两条数据为错误数据，此两条数据将存入问题数据列表中，标识为错误数据，并且不纳入计算范围；

（c）如果基础数据正确，运行数据正确，则该两条数据为正确数据，纳入计算。

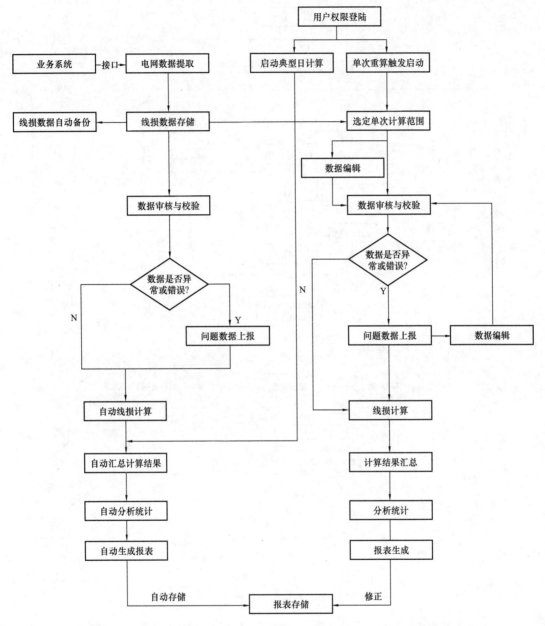

图 6 - 35　理论线损在线计算分析系统线损理论计算流程图

数据审核流程如图 6 - 36 所示。

（2）线损计算。主网线损计算方法有：基于电力的潮流算法、基于电量的潮流算法、基于实测电流的均方根电流法、基于平均电流的均方根电流法、基于平均负荷的均方根电流法、基于最大电流的均方根电流法。

计算范围包括：

1）线路损耗计算。线路电阻损耗、电晕损耗、串联电抗器损耗、架空地线损耗、电缆线路介质损耗、温升损耗、线损率等，并给出每条电路的运行情况评价。提供排序功能，可以按照损耗大小进行排序，也可以按照损耗率排序。

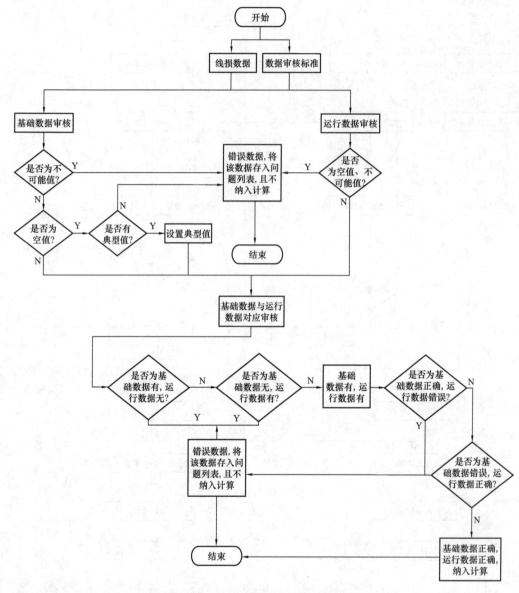

图 6-36 数据自动审核流程图

2）二卷变压器损耗计算。二卷变压器电能损耗、低压侧限流电抗器损耗、线损率等，并给出每台主变压器的运行情况评价，提供排序功能，可以按照损耗大小进行排序，也可以按照损耗率排序。

3）三卷变压器损耗计算。三卷变压器电能损耗，中、低压侧限流电抗器损耗，线损率等，并给出每台主变压器的运行情况评价，提供排序功能，可以按照损耗大小进行排序，也可以按照损耗率排序。

配电网线损计算方法有：基于平均电流的均方根电流法、基于平均负荷的均方根电流法、基于最大电流的均方根电流法、基于配电变压器容量的等值电阻法、基于配电变压器电量的等值电阻法、潮流计算方法。

　　线损计算范围包括馈线总损耗、线损率、各台配电变压器空载损耗和短路损耗、配线各节段电阻损耗等，并给出每回馈线的运行情况评价，提供排序功能，可以按照损耗大小进行排序，也可以按照损耗率排序。

　　低压网的线损计算方法有：基于有功、无功组合的电压损失法，基于电流、功率因素组合的电压损失法，基于有功、无功组合的典型台区损失法，基于电流、功率因素组合的典型台区损失法，基于电能表容量的等值电阻法，基于电能表电量的等值电阻法、竹节法、实测法。

　　线损计算范围包括台区总损耗、线损率、各台区线路损耗和表计损耗等，并给出台区的运行情况评价，提供排序功能，可以按照损耗大小进行排序，也可以按照损耗率排序。

　　其他元件线损计算包括电容器、电抗器、互感器、站用变压器、调相机损耗计算，采用常规计算方法。

　　（3）线损结果汇总和分析。系统在完成线损理论计算后，需对全网线损理论计算结果进行分析和统计，具体包括：

　　1）统计主网、配电网、低压网和其他元件的损耗情况。

　　2）变电站、主变压器、母线不平衡率分析。

　　3）线路供电量、售电量统计及其波动分析。

　　4）线路电量损耗统计、线损率计算及其波动分析。

　　5）理论线损与统计线损对比分析。

　　6）本期线损与上年同期对比分析。

　　7）固定线损、可变线损、管理线损所占比重统计分析。

　　8）按评价标准对主网、配电网、低压网和其他元件的损耗情况进行评价。

　　9）分区线损统计分析。

　　10）按分压等级进行分压线损统计分析。

　　11）分台区线损统计分析。

　　线损计算结果汇总可按日线损计算结果汇总与月线损计算结果汇总，见图6-37。

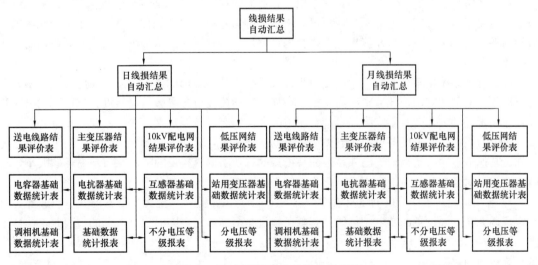

图6-37　线损结果自动汇总示意图

　　1）日线损计算结果汇总，将每天的线损结果按日期进行汇总，分为基础数据统计、不分压数据统计、分压数据统计。

2）月线损计算结果汇总，包括输电线路、主变压器、配电网、低压网、电容器、电抗器、互感器、站用变压器、调相机、基础数据统计表、不分压数据统计、分压数据统计。

（4）结果图形展示。为了方便用户做线损分析工作，系统提供了结果图形展示功能，这些功能主要通过饼状图、柱状图、曲线图等图形展示计算范围中的线路数量、线路长度、变压器数量、变压器容量、配电网变压器数量、台区数、其他元件数量和根据线损四分（分区域、分压、分线、分台区）标准统计的供电量、线损电量、线损率。

3．线损诊断评估分析

线损的大小与电源的布局、负荷分布、网络结构、运行方式、电压等级的技术性能因素有关，并与调度、运行、检修等管理水平有关。因此，对电网运行方式、电气设备有必要进行线损诊断分析。

（1）全网线损分析。系统建立基于线损最优的线损诊断评估模型，即以无功优化后得到的理论最优线损为基准，结合线损等级评估标准确定电网的线损状况所处的等级。该功能可以为电网的在线线损状况、不同优化方案中线损状况的对比分析提供必要的依据，供系统调度人员参考。同时系统还提供基于数理统计数据的月/季/年度线损诊断评估方法，并在此基础上进行降损潜力分析。

（2）线损异常诊断。对线损超限的线路和设备应进行自动异常报警，并针对以下异常情况进行诊断和分析：

1）铜损小于铁损的变压器；

2）单条线路线损率高于某给定值；

3）运行电流超出经济运行电流的线路；

4）功率因数低于设定值/规定值的线路；

5）按电压等级的线路供电半径高于某给定值。

4．降损策略分析

（1）线损灵敏度计算。电力系统中的线损是电能在输送、分配等过程中产生的损耗，它对电力企业的经济效益有着巨大的影响，一个电力企业的线损率的高低是衡量该企业生产经营和经济效益的重要指标，反应了电力网的规划设计水平和电力企业的生产经营和管理水平，因此，电力公司需要进行线损分析，从而找出电能损耗的主要原因，这样才能从根本上找出降低线损的方法和措施。

灵敏度是系统中某一参数发生改变对系统或系统中某一指标的影响程度，在电力系统中有着广泛应用。电网的有功损耗通常称为线损，计算出有功损耗对各参数的灵敏度，就可以找出对线损负主要责任的支路，对制定降损对策，实施降损措施有着重要意义。

在电力系统中，平衡节点担负着整个系统的功率平衡，其注入功率在潮流计算结果得出之前未知，其他节点注入功率均为已知，因此平衡点的有功功率直接反映了网络有功损耗的大小，求解有功损耗对各参数的灵敏度即可转化为求解平衡点有功注入对各参数的灵敏度。

1）有功损耗对 PU 节点电压灵敏度分析。PU 节点一般是有一定无功储备的发电厂或安装有一定可调无功电源设备的变电站母线，其电压幅值是提前给定的，因而也是可调的，因此，计算出有功损耗对 PU 节点电压的灵敏度，并根据灵敏度的大小适当调节 PU 节点的电压，可以达到降低系统线损的效果。

2）有功损耗对变压器/线路参数的灵敏度分析。网络中最基本的元件是线路和变压器，电能损耗主要是输电线路损耗和变压器损耗。结合有功损耗对变压器/线路参数灵敏度指标，将对有功损耗影响较大，对线损负主要责任的线路及变压器支路进行更换，可以达到降低系统线损的效果。

3）根据灵敏度降损效果分析，给出有针对性的降损措施。

（2）无功补偿模拟分析。为了实行无功补偿，优化无功潮流分布，应以统一规划、合理布局、分级补偿、就地平衡为原则，提出全网无功补偿和电压优化控制方法，在分析电网电压质量和无功潮流分布的基础上，以电压无功限值区间的划分为依据，确定需要进行无功补偿的线路和变压器，制定无功补偿模拟方案，并对无功补偿方案进行模拟计算和补偿结果分析，计算无功补偿方案的补偿费用评价无功补偿的经济效益。

（3）变压器经济运行分析。分析变压器经济运行区域，确定变压器运行最佳容量，通过平衡变压器低压侧相间负载、调整变压器运行电压、提高配电变压器功率因数、投切最佳容量等措施制定变压器经济运行方案，并通过模拟计算得出变压器经济运行效益分析。

（4）配电网重构模拟分析。配电网重构是指在正常或非正常运行条件下寻找最佳开环点，使网络损耗最小。系统能制定配电网重构模拟方案，在配电网接线图上，从树状网潮流分布出发，通过改变开关的开关状态来改变网络的拓扑结构，求出经济电流分布，使配电网某些指标如配电网线损、负荷均衡或供电电压质量等达到最佳的配电网运行方式。

（5）该功能模块除能进行上述降损分析外，还能对优化网络结构、改造和更换设备进行降损分析，具体包括：

1）线路切改降损分析；

2）缩短供电半径降损分析；

3）电网升压改造降损分析；

4）更换导线截面降损分析；

5）调整运行电压和运行方式降损分析；

6）变压器负荷切除、转移和停运降损分析。

5. 文档管理

（1）基础参数管理。基础参数管理主要包括数据字典对象及数据管理，经验评估参数管理和系统配置管理内容，见图 6-38。

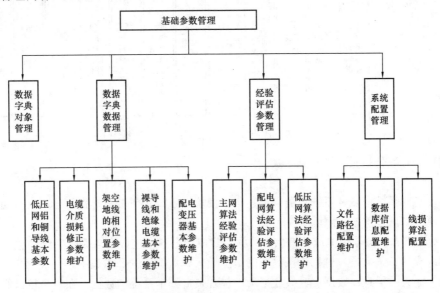

图 6-38　基础参数管理管理框架

由于在线损理论计算中，部分电气设备基础参数相对稳定，如导线及电缆基本参数，低压电网铜、铝基本参数，配电变压器基本参数等，系统把它作为数据字典供用户查阅和进行线损理论计算，但随着电网先进技术的发展，一方面电气设备更新换代，故需要对数据字典进行相应的维护，另一方面，节能降损新技术的出现，电网线损经验评估参数、标准也要跟着修正，另外，随着线损理论计算新方法的深入研究，系统数据库、线损算法配置等也要更新。

（2）分析报告自动生成。系统能根据需要自动生成线损分析报告。线损分析报告生成流程如图 6-39 所示。

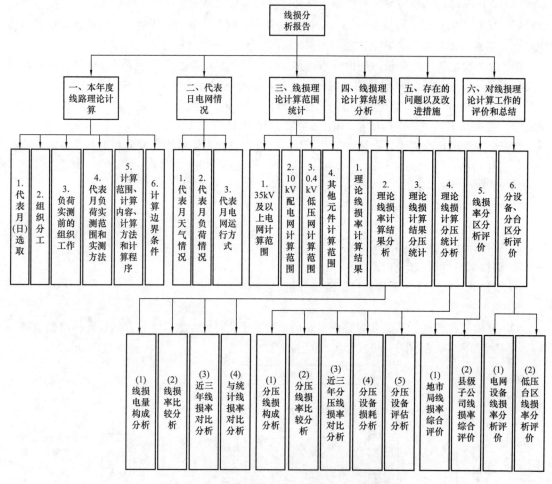

图 6-39　地市局线损分析报告生成流程图

线损理论计算分析报告模板见附录。

6．系统管理

本模块是对系统信息及系统功能模块、菜单模块、系统工作日志等进行管理，包括功能模块和系统菜单的新增、修改、删除。

（1）系统日志。数据传输成功信息：数据传输成功记录，包含来自哪个系统的数据。在每个接口每插入成功一条数据，就把该条数据的信息插入到数据传输日志表中。

数据传输失败信息：数据传输失败记录，包含来自哪个系统的数据。在每个接口每插入失败一条数据，就把该条数据的信息插入到数据传输日志表中。

（2）任务管理。系统的任务管理功能如图6-40所示。

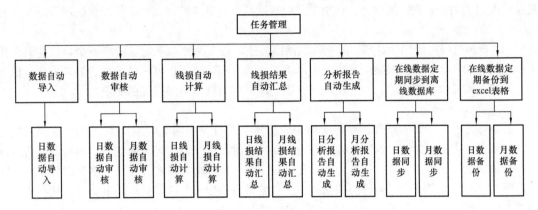

图6-40　系统的任务管理功能结构图

系统任务管理主要是系统各功能模块的自动运行，包括数据自动导入、数据自动审核、线损自动计算、计算结果自动汇总、分析报告自动生成以及数据备份等。

四、未来发展趋势

随着科学技术的发展，技术先进的线损实时在线监测及计算分析系统使线损定量分析成为可能，系统能贯穿于电网的输、变、配、供用电各个环节，通过稳定的信息采集渠道，建成覆盖公司各部门的电力信息资源共享体系，综合分析生产经营指标，措施、计划、分析、考核、线损理论计算与分析等线损日常管理工作同时纳入同一系统，通过静、动态结合，生成电网线损拓扑图形，直观的显示出电网线损分布情况，而且线损高的原因也会一目了然，从而做到有的放矢，尽快使线损率降低到一个合理的范围，实现线损管理工作的全过程闭环管理，是一个真正意义上的实时高、低压线损理论计算及线损管理工具。系统不仅能对高、低压线路的理论线损进行快速准确地实时计算，而且实现了现场运行数据自动采集、线损率等经营指标在线监测、自动生成报表、综合管理。在现场设备实时监控、防窃电和实时数据共享及综合应用等方面充分发挥作用，为供电企业从粗放型管理向集约型管理转换、提高企业竞争力和经济效益、提高企业服务信誉度奠定了坚实的基础。

1. 继续完善的理论线损计算方法

在理论线损计算中，如果只用某一典型日的线损率略加调整或者用某一阶段的平均电量与形状系数K来估算该阶段的线损率，其结果不能令人满意，在实时监控系统的历史数据库中，5min或10min存储1次的数据完全可以用来模拟实时运行状态（包括各种运行曲线），从而使得理论线损的计算结果接近于实际的线损率。

（1）输电网线损理论计算。输电网线损理论计算适用于各种复杂电网的线损理论计算，既可用于代表日线损理论计算、全月线损估算和全年线损估算，也可用于线损预测。输电网由于表计安装充足，各种测量设备也十分多，因此各种数据丰富，采集方便，应采用潮流的方法来进行线损理论计算，鉴于潮流算法不能考虑温度对电阻的影响，要对潮流法计算结果进行修正。

（2）配电网线损理论计算。与高压输电系统相比，配电系统的网络结构一般为辐射状、设备型号多、主馈线有很多支线、接有不同容量的配电变压器、网络结构变化频繁等。一般仅在变电站馈线出口装有表计，各分支线以及多数元件的数据无法获取，从而给配电网的线损计算带来许多困难。但随着配电网的发展，各种运行数据将逐渐齐备，这使得利用潮流的方法计算各时刻的功率损失成为可能。为此未来配电网线损计算中也应考虑采用潮流方法。配电网潮流计算的各种方法中，前推回代法以编程简单、速度快、收敛性好、占用的系统资源少而得到较多的应用。尤其是对配电网的辐射状网络结构，和很少采用环网的运行方式的特点，前推回代法可以说是一种效率很高的方法。

(3) 低压电网电能损耗计算。低压网的网络复杂，且负荷分布不匀，资料不全，目前只采用了简化的方法计算，如台区损耗率法、电压损失率法。但随着低压电网技术的发展，采用等值电阻法，甚至潮流法成为可能，同时还应考虑负荷不对称对低压电网损耗的影响。

2. 线损分析方法

影响线损大小的因素众多，且与电力企业管理水平有关，因此应对电能损耗进行深入的分析。分析内容应按实时、正点、日、月分时段或累计时段进行，并与计划值、同期同口径值、理论计算值分重点、分压、分线、分台区进行比较分析，分析结果以各种分类表格、图形、曲线输出，同时系统还应具有线路运行模拟功能和线损异常自动报警与诊断分析功能，分别从技术线损和管理线损两方面进行分析。

(1) 技术线损分析。

1) 统计线损及理论线损对比分析。应按电压等级、分线路、分台区对统计线损和理论线损进行对比分析，分别列出变压器绕组及空载损耗、线路损耗及其他元件的损耗电能及其所占该电压等级的总损耗电能的百分比，判断损耗结构变化，诊断可能的漏电元件和窃电现象。

2) 线损电能损失分布规律分析。根据电网的有功、无功潮流分布情况，分析负荷分布情况、供电半径、电流密度、对电能损耗的影响。

3) 根据电网的功率因数和无功潮流分布情况，分析无功功率是否符合分压、分区、就地平衡的原则。

4) 分析三相负荷不平衡对电能损耗的影响。

5) 分析电压合格率、供电质量以及售电构成变化对电能损耗的影响。

6) 根据线路损耗、变压器铜损、变压器铁损的对比值，分析变压器和线路经济运行情况，列出超负荷运行或未达到经济负载率的变压器和线路。

(2) 管理线损分析。

1) 对线损电量、线损报表根据分级管理的要求，分为网公司、省公司、地市局、区县局等管理模块，各个级别之间有统一的数据接口连接。可以实现逐级上报，也可越级上报。

2) 自动汇总处理日常所需的各种线损报表、线损台账，自动完成日常线损的管理工作。

3) 可以输出本单位本月以及累计全局、分区、分压供售电量、线损电量、线损率、扣无损电量后的线损率、去年同期线损率的完成情况，线损小指标统计结果等。

4) 可输出每个变电站每个电压等级电能平衡情况。

5) 可输出每条线路线损的完成情况。

6) 可输出每月关口表位电能、关口表位所在母线的平衡情况、关口表分线线损统计。

7) 可输出线路、变压器、各电压等级线损、电能平衡等台账。

8) 可输出分析结果，如高损线路、电能平衡、功率因素、时差、用电构成、主网潮流等对线损的影响分析。

3. 降损改造决策制定

(1) 降损改造方案制定分析。在对线损进行综合比较分析的基础上，能找出损耗的主要环节，自动生成降损分析网络改造方案，并进行无功补偿模拟分析、变压器及线路经济运行分析和配电网络重构模拟分析。

(2) 降损方案计算结果分析。对各项制定的降损方案进行计算，并比较分析各种降损方案计算结果，迅速、准确地计算各种降损优化方案对考核指标线损率的改善并评价改造工程经济效益。

随着电力企业经营机制的转换，电能损耗和经济效益将密切联系起来。电网线损是一个综合性的技术经济指标，它不但可以反映电网结构和运行方式的合理性，而且可以反映电力企业的技术水平和管理水平。未来的线损在线计算与分析系统应采用灵活的系统设定方法，适用于各种不同的电网结构和管理模式，可实现发电、输电、供电、配电和用电各环节的全过程自动统计、计算与监测，帮助线损工作人员及时发现管理中存在的问题，提高线损管理水平。

附录 线损理论计算分析报告模板

_____（单位）

_____年线损理论计算分析报告

_____年__月__日

一、本年度线损理论计算有关情况

1. 代表月（日）选取

〔提示〕：简要说明负荷实测代表月（日）的选取情况。

2. 组织分工

〔提示〕：说明负荷实测及线损理论计算的各级组织领导机构及其职责和分工、理论计算和汇总分析归口部门以及各机构、部门之间的工作协调关系。

3. 负荷实测前的准备工作

〔提示〕：包括关口表计检查、实测和计算人员培训以及设备结构参数和特性数据的收集和整理等。

4. 代表月（日）负荷实测范围和实测方法

〔提示〕：实测方法是指人工抄表或自动采集。

5. 计算范围、计算内容、计算方法和计算程序

〔提示〕：计算程序应简单介绍其功能特点和使用情况。

6. 计算边界条件

〔提示〕：说明有关计算边界条件的取值情况及其依据。

7. 其他需要说明的情况

二、代表月（日）电力网基本情况

1. 代表月（日）天气情况

表 2-1　　　　　　　　　　各 地 区 天 气 情 况

代表月（日）：___年_月（__日）

地区								
天气								
最高气温（℃）								

2. 代表月（日）负荷情况

___年_月（__日）为全网最大负荷月（日），最大负荷为_____MW，月（日）供电量为_____MWh；代表月（日）最大负荷为_____MW，为最大负荷月（日）最大负荷的_____％；代表月（日）供电量为_____MWh，为最大负荷月（日）供电量的_____％；代表月（日）负荷水平基本代表电力网____（较大、平均、较小）负荷水平。

3. 代表月（日）网间交换电量

表 2-2　　　　　　　　代表月（日）交换电量（单位：MWh）

送出	送___省	送___省	送___省	送___省	送___省	合计送出
500（400）kV						
联络线名称						/
220kV						
联络线名称						/
受入	从___省受	从___省受	从___省受	从___省受	从___省受	合计受入
500（400）kV						
联络线名称						/
220kV						
联络线名称						/

4. 代表月（日）电力网运行方式

〔提示〕：描述代表月（日）各电压等级电力网运行方式，包括厂、站主要设备检修以及临时负荷转带等情况。

三、线损理论计算范围统计

表 3-1 基础数据统计报表

说明：参与计算范围与实际运行范围比较

四、计算结果分析

表 3-2 ××电网公司属下供电局线损计算结果表

说明：

表 3-3 ××电网公司线损计算结果分压统计表

说明：

表 3-4 直流输电系统线损计算结果表

说明：

五、存在的问题及措施改进

1. 存在的问题

2. 建议

六、对线损理论计算工作的评价和总结

〔提示〕：评价本年度线损理论计算工作是否达到了预期目的，有哪些值得总结的经验，有哪些需要进一步改进的地方，提出具体建议。

参 考 文 献

[1] 广东电网公司. 线损理论计算原理与应用. 北京：中国电力出版社，2009.

[2] 张利生. 电力网电能损耗管理及降损技术. 北京：中国电力出版社，2008.

[3] 刘福义. 县供电企业线损规范管理辅导. 北京：中国电力出版社，2006.

[4] 廖学琦. 农网线损计算分析与降损措施. 北京：水利水电出版社，2008.

[5] 《电力节能技术丛书》编委会. 输变电系统节能技术. 北京：中国电力出版社，2008.

[6] 《电力节能技术丛书》编委会. 配电系统节能技术. 北京：中国电力出版社，2008.

[7] 刘丙江. 线损管理与节约用电. 北京：水利水电出版社，2005.

[8] 李景村. 防治窃电实用技术，北京：水利水电出版社，2009.

[9] 李国胜. 电能计量及用电检查实用技术，北京：中国电力出版社，2009.

[10] 朱秀文，刘东升，陈蕾. 电力营销工作与管理技术. 北京：水利水电出版社，2011.

[11] 王柳. 电网降损方法与管理技术，北京：水利水电出版社，2010.

[12] 丁毓山，翟世隆. 电网线损实用技术问答. 北京：水利水电出版社，2009.

[13] 陈拥军，姜宪. 农村电网规划与设计. 北京：水利水电出版社，2010.